计算机基础与应用案例教程

（第3版）

主　编　郭艳华　肖若辉　陈　萌

副主编　梁冲海　楼永坚　吴禀雅

　　　　谢　楠　庞晓枫　韩春玲

科学出版社

北　京

内 容 简 介

本书依托 Windows 10 操作系统和 Office 2019 办公软件，将基础理论阐述与操作实践指导按两个相对独立的篇章结构安排，力求较好地兼顾理论教学与实践操作的平衡，同时注重对学生综合应用能力的培养和提升。

第 1 篇为基础理论篇，强调计算机核心基础知识的引导和普及，内容包括计算机概述、信息表示、计算机硬件系统、计算机软件系统、数据库技术、计算机新技术与网络空间安全；第 2 篇为应用操作篇，目标是加强计算机常用操作技能的辅导和培训，培养和提升计算机常用操作的综合应用能力。第 2 篇均以案例的形式分别围绕 Windows 10 操作系统的操作、文字处理软件 Word 2019、电子表格软件 Excel 2019、演示文稿软件 PowerPoint 2019、计算机网络应用和常用应用软件展开介绍。

本书内容组织合理，对知识取舍得当，叙述通俗易懂，适应面广泛，可作为普通高校、高职高专和成人教育等大中专学生计算机基础课程的教学教材或实践指导教材，也适合作为计算机爱好者的自学指导教程。

图书在版编目(CIP)数据

计算机基础与应用案例教程/郭艳华，肖若辉，陈萌主编. —3 版. —北京：科学出版社，2022.2

ISBN 978-7-03-061981-5

Ⅰ. ①计… Ⅱ. ①郭…②肖…③陈… Ⅲ. ①电子计算机-高等学校-教材 Ⅳ. ①TP3

中国版本图书馆 CIP 数据核字（2019）第 158428 号

责任编辑：赵丽欣 王会明 / 责任校对：马英菊
责任印制：吕春珉 / 封面设计：东方人华平面设计部

科学出版社 出版
北京东黄城根北街 16 号
邮政编码：100717
http://www.sciencep.com

三河市骏杰印刷有限公司印刷
科学出版社发行 各地新华书店经销
*
2013 年 2 月第 一 版 2024 年 1 月第三十四次印刷
2019 年 8 月第 二 版 开本：787×1092 1/16
2022 年 2 月第 三 版 印张：21
字数：516 000

定价：49.00 元

（如有印装质量问题，我社负责调换<骏杰>）

销售部电话 010-62136230 编辑部电话 010-62134021

前　言

“大学计算机基础”作为普通高等教育中大学生的第一门计算机课程，其教学的目标与宗旨不但侧重引导学生全面了解计算机科学与技术的基础知识，同时注重训练学生熟练掌握计算机的常用操作技能，并且重点培养学生初步具备利用计算机分析问题和解决问题的思维方式与应用能力。

然而，计算机技术的发展日新月异，软硬件更新换代频繁，如何与时俱进地追随计算机技术迅猛发展的步伐？如何准确定位大学计算机基础课程教学的内容与重心？如何很好地兼顾有理论深度的基础知识与有实用价值的操作技能的平衡？这一直都是在教学第一线的广大教师不断思索和探究的课题。

本书依托 Windows 10 操作系统和 Office 2019 办公软件平台，将基础理论叙述与操作实践指导规划在两个相对独立的篇中：第 1 篇是基础理论篇；第 2 篇是应用操作篇。这样的安排力求较好地兼顾理论教学与实践操作的平衡，同时注重对学生综合应用能力的培养和提升。

基础理论篇主要用于课堂讲座，强调计算机核心基础知识的引导和普及。本篇共分 6 章：第 1 章计算机概述；第 2 章信息表示；第 3 章计算机硬件系统；第 4 章计算机软件系统；第 5 章数据库技术；第 6 章计算机新技术与网络空间安全。

应用操作篇主要用于上机实践，加强计算机常用操作技能的辅导和培训。本篇共分成 6 个应用操作：应用操作 1 Windows 10 操作系统；应用操作 2 文字处理软件 Word 2019；应用操作 3 电子表格软件 Excel 2019；应用操作 4 演示文稿软件 PowerPoint 2019；应用操作 5 计算机网络应用；应用操作 6 常用应用软件。

本书主要特色如下：

- 理论部分以简练概括的笔触，展开对最核心的计算机基础理论知识的讲解和介绍；着力将计算机科学与技术发展的最新成果融入课程内容之中；将“计算思维”的新理念纳入教学中并借此提升计算机普识教育的新观念。
- 注重计算机基本概念与理论知识的架构建立，让学生清楚地了解计算机能做什么以及如何利用计算机来解决实际问题。
- 操作部分以案例的形式展开对计算机基础知识要点的归纳与总结，以及对案例的具体解决方案的分析与实现；广泛而深入地剖析和演示计算机基础应用操作的过程与实现方法；着力将计算机基础应用操作中最常用、最实用和最通用的方法融入应用操作实践之中。
- 注重计算机基础知识与综合应用操作的有机结合，让学生清楚地了解计算机能做什么，以及如何利用计算机来解决综合性的问题。

为方便学生自主学习及教师教学备课，凡购买本书的个人或学校，均可以通过科学出版社（www.abook.cn）网站下载电子资料，内容包括：

- 对全书各篇章的知识要点进行了延伸性的展开概述并制作了 PowerPoint 演示文稿。
- 与全书完全配套的案例作品实样（Office 2019 系列）。

- 学生 Office 系列作品集锦。

限于编者水平，加之计算机技术的迅猛发展，书中如有疏漏与不妥之处，恳请读者批评指正，不胜感激。

编　者

目　录

第1篇　基础理论篇

第 2 篇 应用操作篇

第1篇 基础理论篇

第1章 计算机概述

内容提要

- ◆ 信息与信息技术
- ◆ 计算机的发展史
- ◆ 冯·诺依曼体系结构
- ◆ 计算机的工作原理与系统组成
- ◆ 计算机的特点、应用领域和发展趋势

1.1 信息与信息技术

随着全球信息化的迅猛蔓延，世界对信息的需求快速增长，信息产品和信息服务对于每个国家、地区、企业、单位、家庭、个人都必不可少。信息技术已成为支撑当今经济活动和社会生活的基石。

1.1.1 信息、数据和信息处理

信息和数据有着密切的关系，信息来源于数据。

任何事物的属性都是通过数据来表示的。数据是信息的物理表示和载体，数据经过处理，组织并赋予一定的关联和意义后即可成为信息。

例如，一个单纯的数据95，它本身并没有什么实际的意义，但是如果赋予这个数据一定的关联和意义，它就变成了有用的信息：一个算式的运算结果为95；一个孩童的身高为95cm；一个女生的体重为95斤；一个门牌号为95；一门课程的成绩为95分；等等。

信息处理是指将数据转换成信息的过程。广义地讲，处理包括对数据的收集、存储、加工、分类、检索、传播等一系列活动。

信息、数据和信息处理的关系可以简单表示为

信息=数据+处理

人类处理信息的历史大致分为四个阶段。

① 原始阶段　语言、绳结语、画图或刻画标记和算筹等。

② 手工阶段　文字、造纸术和印刷术等。

③ 机电阶段　蒸汽机、机械式计算机、无线电报的传送、有线电话和雷达等。

④ 现代阶段　计算机技术、现代通信技术和控制技术。

人类社会中，语言、文字、书刊、报纸、文章、信件、广告、图片、影像、声音等都是信息的表现形式。

随着社会科技的发展，也许还会出现各种各样新的信息形式，但各种信息只要通过一定的编码技术可以转化为二进制，那么就可以进入计算机系统进行存储、加工和传播等一系列的信息处理过程，这个过程也是现代信息技术信息处理的基础和前提。

1.1.2 信息技术

信息技术（information technology，IT）可以理解为与信息处理有关的一切技术，或者说依据信息科学的原理和方法来实现信息处理的技术。

这里的信息处理指对信息的收集、识别、提取、变换、存储、传递、整理、检索、检测、分析和利用等。

就现代信息技术的主体而言，最重要的部分是以微电子技术为基础的“计算机”“通信”“控制”技术，所以从这个层面的意义上说，信息技术（IT）也可以简单地理解为3C技术：

IT（信息技术）= Computer（计算机）+ Communication（通信）+ Control（控制）

现代信息技术的关键是计算机技术、现代通信技术和控制技术。计算机在信息社会中有着重要的地位，计算机改变了人们的工作方式、生活方式、学习方式和组织机构的运作方式。

信息技术代表着当今先进生产力的发展方向，信息技术的广泛应用使信息的重要生产要素和战略资源的作用得以充分发挥，使人们能更高效地进行资源优化配置，从而推动传统产业不断升级，提高社会劳动生产率和社会运行效率。

1.2 计算机的发展史

计算机是人类对计算工具的不断开拓创新和不懈努力追求的最好回报。计算机最早是为了解决复杂烦琐的数学计算问题而设计制造的计算工具。

前面我们提及信息处理与信息技术，的确，计算机无论做什么，其基础都是建立在运用信息技术进行信息处理的过程，而计算机则可以简单地理解为用于信息处理的现代化工具。

1.2.1 计算机的发展

1946年，美国宾夕法尼亚大学摩尔学院教授莫克利(John Mauchly)和埃克特(J.P. Eckert)共同研制成功了ENIAC（electronic numerical integrator and calculator，电子数字积分器和计算器），从此人类社会进入以数字计算机为主导的信息时代。ENIAC采用了电子管技术。

ENIAC是世界上第一台真正能够工作的电子计算机，但它还不是现代意义的计算机。ENIAC能完成许多基本计算，如四则运算、平方立方、sin和cos等。但是，它的计算需要人的大量参与，做每项计算之前技术人员都需要插拔许多导线，非常麻烦。

美籍匈牙利科学家约翰·冯·诺依曼（John von Neumann）看到计算机研究的重要性，立即投入到这方面的工作中，他提出了现代计算机的基本原理：存储程序控制原理。

根据存储程序控制原理造出的新计算机 EDSAC（electronic delay storage automatic calculator）和 EDVAC（electronic discrete variable automatic computer）分别于 1949 和 1952 年在英国剑桥大学和美国宾夕法尼亚大学投入运行。EDSAC 是世界上第一台存储程序计算机，是所有现代计算机的原型和范本。EDVAC 是最先开始研究的存储程序计算机，在这台机器里使用了 10000 只晶体管。

电子计算机硬件是计算机的物质体现，它的发展对电子计算机的更新换代产生了巨大的影响，因此在过去半个多世纪中，计算机时代划分均以计算机硬件变革为依据。计算机硬件的发展受到电子开关器件的极大约束。因此，习惯上是以电子开关器件更新作为计算机技术划时代的一种标志。

从 ENIAC 诞生到现在，计算机大致走过了电子管、晶体管、集成电路，以及大规模和超大规模集成电路四个时代。

1. 电子管时代

1946 年到 20 世纪 50 年代中末期属于第一代计算机。

- 硬件：这个时代的计算机主要以电子管为逻辑元件，迟延线或磁鼓做存储器。结构上以中央处理器（center process unit，CPU）为中心进行组织。没有专门的输入/输出设备，数据输入使用穿孔纸带，输出采用电传打字机。
- 软件：一般只能使用机器语言编写程序，20 世纪 50 年代中期才出现汇编语言。
- 性能：运算速度只有 5000 次/秒到 1 万次/秒。
- 特点：由于电子管元件有许多明显的缺点，如在运行时产生的热量太多，元器件磨损率高，可靠性较差，运算速度不快，价格昂贵，体积庞大，这些都使计算机发展受到限制。
- 应用领域：主要用于科学计算和军事方面。

2. 晶体管时代

20 世纪 50 年代中末期到 20 世纪 60 年代中期属于第二代计算机。

- 硬件：这个时代的计算机主要以晶体管为逻辑元件，用磁心为主存储器，并开始使用磁盘机及磁带机等外存储设备。
- 软件：汇编语言得到实际应用，各种高级语言（如 FORTRAN、BASIC、COBOL）相继问世。
- 性能：运算速度达到十万次/秒到百万次/秒，计算机增加了浮点运算，使数据的绝对值可达到 2 的几十次方或几百次方。
- 特点：晶体管不仅能实现电子管的功能，而且具有尺寸与质量小、寿命长、效率高、发热少、功耗低等优点。使用了晶体管以后，电子线路的结构大大改观，制造高速电子计算机的设想也就更容易实现了。
- 应用领域：计算机性能大为提高，使用更方便，应用领域也扩大到数据处理和事务管理等方面。

3. 集成电路时代

20 世纪 60 年代中期到 20 世纪 70 年代初期属于第三代计算机。

- 硬件：这一时期的计算机以集成电路为主要功能器件，主存储器采用半导体存储器。1965年，世界头号CPU生产商Intel公司的创始人之一戈登·摩尔（Gordon Moore）发表了一篇文章，该文章中提到：集成电路芯片上所集成的晶体管电路的数目，每隔1～2年就翻一番。这就是对今后半导体发展有着深远意义的"摩尔定律"。
- 软件：软件功能大大增强，出现了批处理、分时及实时操作系统。程序设计语言方面开展了标准化及结构化工作，编译系统、各类高级语言得到全面发展。
- 性能：运算速度已经达到百万次/秒到千万次/秒。
- 特点：由于改用集成电路元件，质量只有原来的1/100，体积与功耗减少到原来的1/300，运算精度和可靠性等指标大为改善。
- 应用领域：计算机应用已遍及科学计算、工业控制、数据处理等各个方面。

4. 大规模和超大规模集成电路时代

20世纪70年代初期到21世纪的现在属于第四代计算机。

- 硬件：这个时代的计算机将CPU、存储器及各种输入/输出接口集成在大规模集成电路和超大规模集成电路芯片上，像拇指指甲那样大的约1cm^{2}的芯片上，就可以集成上亿个电子元件。
- 软件：在软件方面发展出了分布式操作系统、数据库和知识库系统、高效可靠的高级语言以及软件工程标准化等，并形成软件产业。同时力图朝着智能化、模拟人的思维方式方面探索和发展。
- 性能：运算速度超过千亿次浮点运算/秒。
- 特点：计算机在存储容量、运算速度、可靠性及性能价格比方面均比上一代有较大突破。
- 应用领域：计算机应用除了遍及科学计算、工业控制、数据处理等各个领域外，由一片或几片芯片组成的微处理器派生出一种新的微型计算机进入了人类的社会生活，加之计算机网络的构建，进一步开拓了计算机应用的新领域并在个人和家庭中得到普及。

1.2.2 微型计算机的发展

微型计算机属于第四代计算机。微型计算机主要以其核心元件CPU的字长和芯片上的晶体管电路集成度来划分发展阶段。

字（word）是指由一个或多个字节组成的，作为整体进行存取的一个数据单位。字是计算机的重要性能指标，决定了指令系统的规模，也是运算速度的决定因素，字长越长计算机运算速度越快。另外，字长也决定了计算机的数据表示精度和大小。

微型计算机从早期的4位字长的CPU已经发展到现在非常普遍的64位字长的CPU；晶体管电路集成度从早期的只有几十个晶体管发展到现在的数十亿个晶体管。而微机的CPU也由早期的单核发展到现在的多核架构。

1.2.3 我国计算机的发展

我国计算机工业从1956年起步，1958年第一台电子管计算机DJS-1型试制成功。1964年，中国制成了第一台全晶体管电子计算机441-B型。1974年起步开始研制微机，主要有长城、东海、联想、方正等系列产品。

在研制大型机及巨型机方面，国防科技大学研制的超级计算机有“银河”系列和“天河一号”系列，而曙光信息产业有限公司和国家智能计算机研究开发中心研制推出的是“曙光”系列。

2010年11月14日，“天河一号”首次进入全球超级计算机500强排行榜并排名全球第一。它是中国首台千万亿次超级计算机系统，其系统峰值性能为每秒1206万亿次双精度浮点运算，Linpack测试值达到每秒563.1万亿次。在“天河一号”中，共有6144个Intel处理器和5120个AMD图像处理单元（相当于普通计算机中的图像显示卡），它的运算速度是中国此前最快的超级计算机的四倍多。“天河一号”广泛应用于航天、勘探、气象、金融等众多领域。

1.3 计算机系统组成

1.3.1 冯·诺依曼体系结构

半个多世纪以来，计算机已发展成为一个庞大的家族，尽管各种类型的性能、规模和应用等方面存在着差异，但是它们的基本组成结构和工作原理却都是相同的。

1945年，被西方人誉为“计算机之父”的美籍匈牙利科学家约翰·冯·诺依曼首先提出了“存储程序”的概念和二进制原理，后来，人们把利用这种概念和原理设计的电子计算机系统统称为“冯·诺依曼体系结构”计算机。

冯·诺依曼体系结构的计算机具有以下特点：

- 必须有一个存储器，用于存储数据和程序；数据与程序以二进制形式存储。
- 必须有一个控制器，用于实现程序的控制。
- 必须有一个运算器，用于完成算术运算和逻辑运算。
- 必须有输入和输出设备，用于进行人机通信。

所以冯·诺依曼体系结构的计算机必须具备五大基本组成部件，包括输入数据和程序的输入设备、记忆程序和数据的存储器、完成数据加工处理的运算器、控制程序执行的控制器和输出处理结果的输出设备。

1.3.2 系统构架与工作原理

计算机是由高科技电子元器件、线路和机械装置等部件或设备构成的，在计算机软件（程序）的控制下，依照存储程序和程序控制的工作原理，能够高速、有效地完成人们指定的对信息进行各种操作的自动化综合系统。

1. 系统构架

计算机硬件系统是指计算机系统中由各种电子线路、机械装置等器件或部件组成的物理实体部分，其构成计算机的“躯体”。

计算机的软件系统是指控制、管理和指挥计算机工作和解决各类应用问题的所有程序和数据的总和。其可称为计算机的“灵魂”。

计算机是依靠硬件和软件的协同工作来执行给定的任务，一个完整的计算机系统由计算机的硬件系统和计算机的软件系统组成，如图 1-1-1 所示。

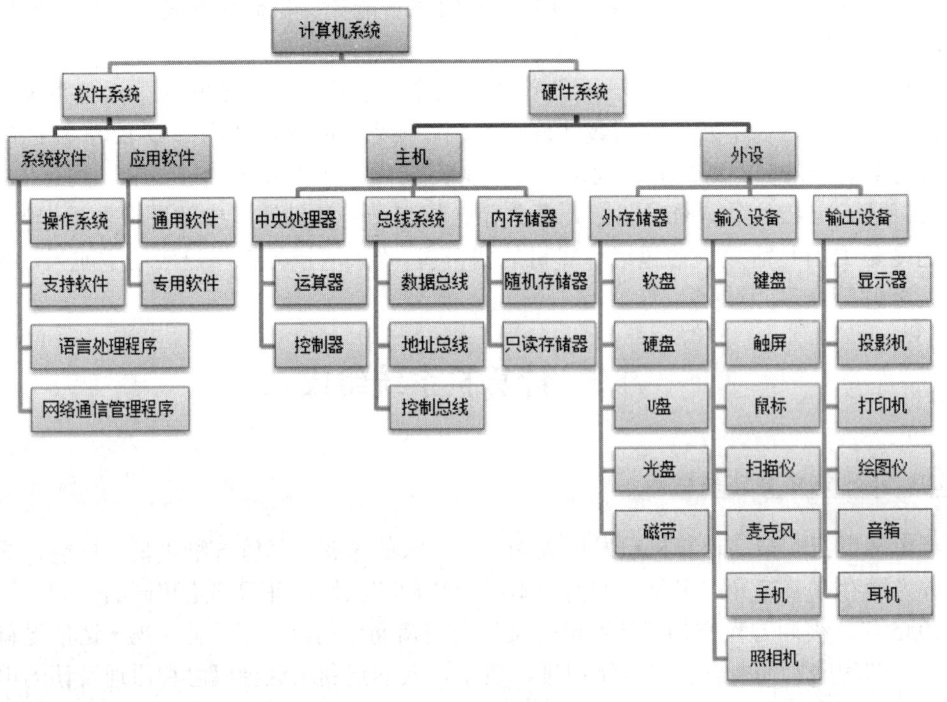

图 1-1-1 计算机系统组成

2. 工作原理

计算机能够自动完成运算或处理信息的基础，是先将解决问题的具体处理步骤（算法）以程序代码的方式存储到计算机的存储器中，然后计算机严格依照程序指令的控制逐步进行整个工作过程，所以可以简单地用八个字归纳计算机的工作原理（冯・诺依曼原理）：存储程序、程序控制。

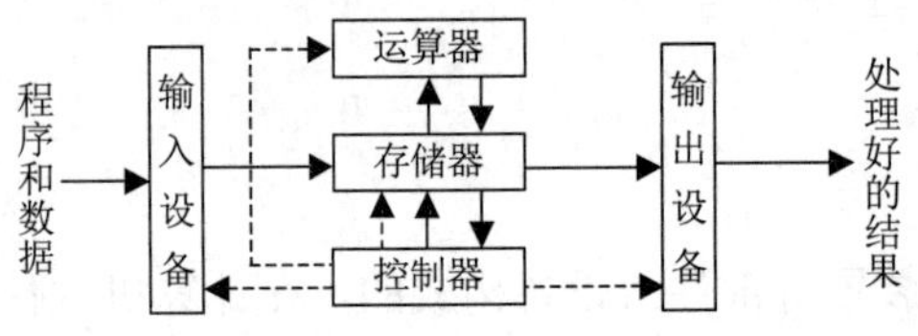

图 1-1-2 典型的冯・诺依曼计算机结构框图

现在我们所使用的计算机硬件系统的结构一直遵循着冯・诺依曼体系结构，它由运算器、控制器、存储器、输入设备和输出设备五大功能部件组成，如图 1-1-2 所示。

随着信息技术的发展，各种各样的信息，如文字、图片、影像和声音等，经过编码处理，都可以变成二进制数据。各种各样的信息（程序和数据），通过输入设备，进入计算机的存储器，然后送到运算器，运算完毕把结果送到存储器存储，最后通过输出设备呈现出来。整个过程由控制器进行控制。

1.4　计算机的应用与特点

1.4.1　计算机的应用

计算机的应用与信息技术的应用在很多方面是相互重叠的，信息技术应用是计算机应用的子集，而计算机的应用更为广泛。

1. 科学与工程计算

科学计算是计算机最原始也是最基础的功能应用。

在科研领域，人们使用计算机进行各种复杂的运算及大量数据的处理，如卫星飞行的轨迹、天气预报、太空探索、科学研究中的数学计算和处理等。由于计算机能高速、准确地进行运算，并具备海量的信息存储能力，因此，人们往往需要花费数天、数月、数年时间，甚至一辈子才能完成的计算任务，计算机只需很短时间就能完成。

进行这种科学与工程计算，一般会根据问题的复杂程度、数据量大小、计算精度和时效要求情况，选择不同类型的计算机来完成，通常能胜任这种既快又准处理工作的非超级或大型计算机莫属。

2. 信息管理

信息管理是随着计算机技术的发展和信息时代的到来，而逐渐分化和衍生出的新的应用，也是目前最广泛最重要的功能应用。

现代信息管理充分利用了计算机信息技术的优势，突破了传统信息管理技术范围，大量采用了网络、数据库、数据仓库、联机分析技术等先进技术手段与方法。

事实上，大到世界、国家，中到省、市地域，小到单位、个人，计算机信息管理与我们的工作和生活早已经融合得不可分割了。例如，企事业部门的人事管理、图书馆信息检索、办公自动化（office automation，OA）、银行账户管理、网络信息浏览与查询、各种专用的管理信息系统（management information system，MIS）等，举不胜举。计算机信息管理给我们带来的便利和改变令人目不暇接。

3. 多媒体技术应用

多媒体技术是当今信息技术领域发展最快、最活跃的技术，是新一代电子技术发展和竞争的焦点。多媒体技术融计算机、声音、文本、图像、动画、视频和通信等多种功能于一体，借助日益普及的高速信息网，可实现计算机的全球联网和信息资源共享，因此被广泛应用在咨询服务、图书、教育、通信、军事、金融、医疗和娱乐等诸多行业，正潜移默化地改变着我们的生活。

4. 计算机通信和网络应用

现在人们的交流越来越多，要求信息的传送速度更快、传送的范围更广，“信息高速公路”Internet 也就应运而生了。

计算机通信和网络应用大到国防、军事和太空探索的卫星无线通信，小到个人计算机

(personal computer，PC）的日常信息的传递与获取。用户只要把自己的计算机接到网络中，就可以与全世界联络，坐在家中就能获取该系统上的各种信息，如电子新闻、电子图书资料和电子邮件（E-mail），甚至直接可以在网上通过语音、视频交流并洽谈业务等。

由此派生出的各种电子商务或网络交流平台术语也是层出不穷，如G2B（government to business）、B2C（business to customer）、G2C（government to gustomer）、B2B（business to business）、G2G（government to government）、C2C（customer to customer）等。

国内著名的电子商务网站阿里巴巴就是典型的B2B模式的电子商务平台，各类企业可以通过阿里巴巴进行企业间的电子商务，如发布和查询供求信息，与潜在客户/供应商进行在线交流和商务洽谈等。而后来衍生出的亚太最大的网络零售商圈淘宝网则是B2C和C2C模式的电子商务平台。

5. 计算机辅助系统

计算机辅助系统，统称为CAX（computer aided X），包括CAD（computer aided design，计算机辅助设计）、CAT（computer aided testing，计算机辅助测试）、CAE（computer aided engineering，计算机辅助工程）、CAM（computer aided manufacturing，计算机辅助制造）、CAI（computer aided instruction，计算机辅助教学）等内容。

计算机正广泛应用于教学领域，计算机辅助教学正将计算机技术与各学科教学结合起来，内容丰富、形象生动有趣的教学软件提高了学生们的学习兴趣，增强了教学效果；此外，将课程内容及练习编成软件，计算机还可以成为学生的一位百问不厌的家庭老师。

6. 过程控制

在许多行业，如一些环境危险恶劣或批量化程度高的生产线，用由计算机控制的机器人来代替人类进行劳动，大大减轻了人类的劳动强度，提高了生产效率。在生产中，用计算机控制生产过程的自动化操作，如温度控制、电压电流控制等，从而实现自动进料、自动加工产品以及自动包装产品等。

7. 嵌入式系统

现在的很多电子产品，如各种各样的掌上学习机、游戏机等都有操作系统，也具备简单的计算机基础存储、信息处理能力，这就是时下非常流行的嵌入式系统。实际上就是将计算机的处理器芯片嵌入到各类电子产品中，以实现相应的信息处理功能。就在嵌入式系统应用诞生的那一天，几乎没有人意识到它会像今天这样改变着我们的生活、工作和娱乐，更无法预测今后还将会怎样颠覆我们目前对它的理解和认识。

而如今，不但在手机、Pad、MP3、MP4、数码照相机、电视机，甚至电饭锅、手表里都有嵌入式系统的身影，工业自动化控制、仪器仪表、汽车、航空航天等领域更是嵌入式系统的天下。据估计，每年全球嵌入式系统带来的相关工业产值已超过万亿美元。“行业舞台，嵌入有术”，作为撬动整个信息时代的支点，谁又能小看嵌入式应用的光明未来呢？

8. 人工智能

人工智能（artificial intelligence，AI）是研究、开发用于模拟、延伸和扩展人的智能的理论、方法、技术及应用系统的一门新的技术科学。

人工智能是计算机科学的一个分支，它企图了解智能的实质，并生产出一种新的能以人类智能相似的方式作出反应的智能机器。该领域的研究包括机器人、语言识别、图像识别、自然语言处理和专家系统等，具体应用有智能家用电器、计算机智能医生、计算机自动识别系统（指纹识别、人脸识别、视网膜识别、虹膜识别和掌纹识别等）、智能搜索、定理证明、博弈、自动程序设计等。

但目前的人工智能的研究与应用也仅仅停留在对已有信息的处理和依照程序完成指定的操作，并不具备超人能力和智慧。

1.4.2 计算机的特点

简单地归纳，计算机具有快、准、海量存储和逻辑判断能力、自动信息处理能力、网络通信能力及稳定、可靠和通用等特点。

1. 运算速度快

通常度量计算机运算速度的单位是 MIPS（million instructions per second，每秒百万条指令），但是现在的超级计算机的运算速度却是使用太浮 TeraFLOPS（Tera floating-point operations per second，每秒万亿次浮点运算）和帕浮 PetaFLOPS（Peta floating-point operations per second，每秒千万亿次浮点运算）为单位来衡量其快慢。

这些速度是个什么概念呢？让我们拿个人计算机来比一比。现在最快的个人计算机每秒钟能处理数十亿条指令，而超级计算机的浮点运算要比这复杂得多。超级计算机处理信息的速度至少相当于普通家用微型计算机的数百万倍。

2. 计算精度高

计算机不但具有超乎想象的运算速度，同时也能保证惊人的运算精度。

计算机的计算精度是指进行数值运算时所能处理和表示的有效数值的位数，位数越多，精度就越高。

计算机的计算精度与计算机的字长有关，目前的计算机的字长最长为 128 位。

目前个人计算机的字长最长为 64 位，数据表示的精度是有限的，虽然可以通过算法来分段处理数据，进而达到高精度，但毕竟有限。但是超级计算机，一般都是多个 CPU 或者多机系统，按照并行处理方式工作，而其主存储器容量可达到 TB 数量级，虽然单个 CPU 的运算器计算的字长为 64 位或 128 位，但是多个 CPU 并行处理可以表示更高的精度。

3. 具有记忆存储功能

计算机具有记忆存储大量信息的存储部件，它可以将原始数据、程序和中间结果等信息存储起来，以备调用。

使用数据库技术的计算机系统可以将一个大型图书馆所藏的几百万册图书的编目索引和书籍内容摘要等大量信息存入存储器，并建立一个自动检索系统，让读者迅速查到所需书目，并输出内容摘要。

目前超级计算机的内存可达到 TB（太字节）数量级，而外存已经超过海量的 PB（帕字节）数量级。

4. 具有逻辑判断功能

计算机不但具备算术运算能力，还兼具逻辑运算能力。而正是这种逻辑运算能力决定了计算机的“判断”“推理”“自动控制”的能力。

三种基本逻辑运算为与（AND）、或（OR）、非（NOT），基于二值逻辑的任何复杂的逻辑运算都可以由这三种基本逻辑运算来实现。通过程序就可以让计算机进行判断、推理和自动控制，从而代替人的部分脑力劳动，也许这就是计算机也被称为“电脑”的缘故吧。

5. 自动处理能力

由于计算机遵循着由程序控制机器运行的工作机制，因此，只要编好程序，将程序输入计算机系统，并运行程序，计算机就能实现自动化操作。

随着装入程序的不同，计算机完成的工作也随之改变。如果再配上必要的外部设备和附属装置，就可以在各种不同的应用领域中工作，完成各种不同的任务。

6. 网络与通信功能

现代的计算机系统都配备有实现网络连接和信息通信功能的支持软件和硬件设备。

将地理位置不同的具有独立功能的多台计算机及其外部设备，通过通信线路连接起来，在网络操作系统、网络管理软件及网络通信协议的管理和协调下，实现资源共享和信息传递的计算机系统就是计算机网络，这是计算机技术和通信技术相结合的产物，它综合了计算机系统资源丰富和通信系统迅速及时的优势，具有很强的生命力。

7. 可靠性高、通用性强

计算机系统由硬件系统和软件系统组成，整个系统的可靠性和通用性由计算机的硬件和软件共同支撑。

现在的计算机硬件都是由高科技的电子元器件（超大规模集成电路）构成，受外界环境影响而磨损、氧化和松动的机会小，稳定性高，故障率低，保证了计算机硬件的可靠性。

现在的计算机软件开发与维护都有严格的软件工程标准和规范，而在使用中出现的问题可以及时地通过补丁程序或软件升级来弥补。

计算机的通用性取决于计算机硬件可以支持多少种软件平台，而软件可以通过编程实现多少种不同应用问题的解决。现代计算机都具有较强的通用性。

1.5 计算机的分类与发展趋势

随着微电子技术和计算机软件技术的迅猛发展，也为计算机的分类和发展趋势开拓了更广泛、全方位的可能空间。

1.5.1 计算机的分类

前面我们所提及的计算机，都是对电子计算机庞大家族的笼统称谓。实际上，电子计算机根据应用功能和系统规模又有具体分类。

1. 按应用功能分类

计算机按照应用功能，可分为专用计算机和通用计算机。

① 专用计算机　指专为解决某一特定问题而设计制造的计算机。一般拥有固定的存储程序，通常其指令程序是固化或永久存储在该机器上的，虽然它缺乏通用性，但它执行单一任务时速度很快，效率很高。

如著名的IBM公司的“Deep Blue”（深蓝）计算机就专门用于国际象棋竞技；又如为了解决复杂的导航问题，美国将几个专用的处理器装在了核潜艇上。但是，这种高端专用计算机对大多数用户来讲仍然既不实用又很昂贵。现在，客户定制的微型计算机已大量生产，它们用于完成诸如监视家庭设施、控制燃料、点火以及汽车中的仪表系统等，这种生活领域的专用计算机，相对结构简单，并且价格便宜。

② 通用计算机　指可安装存储不同的程序，其应用功能和应用领域都相对宽泛的计算机，在各行业、各种工作环境都能使用并且功能齐全。平时我们购买的品牌机、兼容机都属于通用计算机。通用计算机适应性很强，应用面很广，但其效率、运行速度和经济性依据不同的应用对象会受到不同程度的影响。除非特别说明，本书以下所讨论的计算机都是指通用电子计算机。

2. 按系统规模分类

通用计算机按其规模、速度和功能等可分为巨型机、大型机、中型机、小型机、微型机及嵌入式机（单片机）。这些类型之间的基本区别通常在于其体积大小、结构复杂程度、功率消耗、性能指标、数据存储容量、指令系统和设备、软件配置等的不同。

目前所有使用的计算机，它们的输入设备、CPU和输出设备的硬件都是相似的。所有计算机都是在存储程序的控制下完成基本的机器操作，但是种类繁多的应用要求不同的系统资源去处理。

巨型机又称为超级计算机，是计算机中性能最高、功能最强的。其运算速度超过每秒千万亿次，字长64位甚至更长，主存储器容量达到TB数量级，外存储器容量达到PB数量级，一般是多CPU或者多机系统，按照并行处理方式工作。

微型机以使用微处理器、结构紧凑为特征，是计算机中价格最低、应用最广、发展最快、装机量最多的一种。当今微型机字长可达64位，主存储器容量可达到GB级别，时钟频率也在GHz以上，已经达到或超过20世纪70年代大中型机的水平。

工作站是具备强大数据运算与图形、图像处理能力的高性能计算机。与大中型机相比，其体积较小，价格比较便宜，规模属于微型机范畴，适用于工程设计、图形处理、科学研究、模拟仿真等专业领域。

嵌入式计算机则只由一片或多片集成电路芯片制成，其体积与质量小，结构相对简单，完成的功能相对专一。

性能介于巨型机和微型机之间的就是大型机、中型机和小型机。它们的性能指标和结构规模则相应地依次递减。

1.5.2 计算机的发展趋势

当前计算机发展的趋势是由大到巨，由小到微，网络化和智能化。

现代计算机在许多技术领域都取得了极大的进步，比如多媒体技术、计算机网络、嵌入式技术、面向对象技术、并行处理技术、人工智能、不污染环境并节约能源的“绿色计算机”等。许多新技术、新材料也开始应用于计算机。

尽管大半个世纪过去了，但毕竟还没有出现所谓的第五代计算机。在计算机高速发展和普及的今天，我们依然处于第四代计算机的技术范畴。

至于什么是第五代计算机也尚无定论，但突破迄今一直沿用的冯·诺依曼原理是一个必然趋势。前四代计算机是按照构成电子计算机的主要元器件的变革划分的，第五代计算机可能是采用激光元器件和光导纤维的光计算机，也可能不是按元器件的变革作为更新换代的标志，而是按其功能的革命性突破作为标志，比如是能够处理知识和推理的人工智能计算机，甚至可能发展到以人类大脑和神经元处理信息的原理为基础的生物计算机等。

总之，计算机的发展仍然是方兴未艾，其发展前景是极其广阔和令人期待的。

1. 微型化

计算机的微型化发展追求的是精简型，包括台式、便携式、笔记本式和掌上型，使用方便，价格低廉。

微型机从出现到现在不过四十几年，因其小、巧、轻、便、廉的特点，应用范围急剧扩展，从太空中的航天器到家庭生活，从工厂的自动控制到办公自动化，以及商业、服务业、农业等，遍及各个社会领域。个人计算机的出现使得计算机真正面向个人，真正成为大众化的信息处理工具。如今的微型计算机在某些方面已可以和以往的大型机相媲美，其中笔记本型和掌上型等微型计算机已经以更优的性能价格比受到人们的普遍欢迎和认可。

2. 巨型化

计算机的巨型化发展追求的是高速度、高容量、高精度和高性能。

研制巨型机（又称超级计算机）是现代科学技术，尤其是国防尖端技术发展的需要。核武器、反导弹武器、宇宙空间技术、大范围天气预报、石油勘探等都要求计算机有超高的速度和海量的存储能力，而一般的大型通用机远远不能满足要求。很多国家投入了巨资开发研制速度更快、性能更强的超级计算机。同时，巨型机的研制水平、生产能力及其应用程度已成为衡量一个国家经济实力和科技水平的重要标志。

3. 网络化

计算机的网络化发展追求的是信息传递和资源共享。

从网络计算机（network computer，NC）的角度来看，可以把整个网络看成是一个巨大的磁盘驱动器（现在的云计算与云存储也基于此），而网络计算机可以通过网络从服务器上下载大多数乃至全部应用软件。这就意味着作为个人计算机的使用者，从此可以不再为个人计算机的软硬件配置和文件的保存煞费苦心。由于应用软件和文件都是存储在服务器而不是各自的个人计算机上，因此无论是数据还是应用软件，用户总能获得最新的版本，正如现在的软件安装已经基本摆脱了传统的光盘，可以直接通过网络快速完成。

4. 智能化

计算机的智能化发展追求的是让计算机来模拟人的感觉、行为、思维过程的机理，使计算机具备逻辑推理、学习等能力，这也是第五代计算机要实现的目标之一。

研究人员采用心理学学科知识，把认知理论、人机交互等结合起来，建立了“智力问题解决和学习”的模型，将人脑的思维方式、技巧、规则以及策略等以程序的形式事先告诉计算机，使计算机能够通过推理规则去探索解决方案。IBM 公司研制的“深蓝”就是具有这种能力的计算机。

但是，现代的超级计算机性能再好，速度再快，却仍在按人们事先编制好的程序指令来照章办事，仍旧无法成为容忍程序错误的计算机，也不具备真正意义上的智能。

展望未来，计算机的发展必然要经历很多新的突破。从目前的发展趋势来看，未来的计算机将是微电子技术、光学技术、超导技术和电子仿生技术相互结合的产物。第一台超高速全光数字计算机，已由英国、法国、德国、意大利和比利时等国的 70 多名科学家和工程师合作研制成功，光子计算机的运算速度比电子计算机快 1000 倍。在不久的将来，超导计算机、神经网络计算机等全新的计算机也会诞生，届时计算机将发展到一个更高、更先进的技术水平。

思 考 题

1. 判断题

（1）IT 行业有一条法则恰如其分地表达了“计算机功能、性能提高”的发展趋势，这就是美国 Intel 公司的创始人摩尔提出的“摩尔定律”。（　）

（2）电子计算机的发展已经经历了四代，第一代的电子计算机都不是按照存储程序和程序控制原理设计的。（　）

（3）与科学计算相比，数据处理的特点是数据输入/输出量大，而计算相对简单。（　）

（4）计算机中用来表示计算机存储容量大小的最基本单位是位。（　）

（5）计算机硬件的某些功能可以由软件来完成，软件的某些功能也可以用硬件来实现。（　）

2. 单选题

（1）一个完整的计算机系统应该包括______。

A. 主机、键盘、鼠标和显示器　　B. 硬件系统和软件系统

C. 主机和其他外部设备　　D. 系统软件和应用软件

（2）计算机之所以按人们的意志自动进行工作，最直接的原因是______。

A. 二进制数制　　B. 高速电子元件

C. 存储程序和程序控制　　D. 程序设计语言

（3）计算机的应用领域可大致分为若干大类，下列选项中属于这几大类的是______。

A. 计算机辅助教学、程序设计、人工智能

B. 工程计算、数据结构、文字处理

C. 实时控制、科学计算、数据处理

D. 数值处理、人工智能、操作系统

（4）现代信息技术的核心是______。

A. 电子计算机和现代通信技术　　B. 微电子技术和材料技术

C. 自动化技术和控制技术　　D. 数字化技术和网络技术

（5）计算机的性能指标包括多项，下列项目中______不属于性能指标。

A. 主频　　B. 字长　　C. 运算速度　　D. 带光驱否

（6）OS 是在第______代计算机才出现的。

A. 1　　B. 2　　C. 3　　D. 4

（7）个人计算机是随着构架处理器的电子元件______的发展而发展起来的。

A. 电子管　　B. 晶体管　　C. 集成电路　　D. 半导体

（8）在计算机领域中通常用 MIPS 来描述______。

A. 计算机的可靠性　　B. 计算机的运行性

C. 计算机的运算速度　　D. 计算机的可扩充性

（9）世界上第一台计算机诞生至今，经历了若干代的发展、更替和变革，当下的计算机是属于第______代的计算机。

A. 4　　B. 5　　C. 6　　D. 7

（10）现代计算机的工作模式（原理）是由科学家______提出的。

A. 香农（Claude Elwood Shannon）

B. 比尔·盖茨（William Henry Gates）

C. 冯·诺依曼（John von Neuman）

D. 图灵（Alan Mathison Turing）

3. 多选题

（1）下列对第一台电子计算机 ENIAC 的叙述中，______是错误的。

A. 它的主要元件是电子管

B. 它的主要工作原理是存储程序和程序控制

C. 它是 1946 年在美国发明的

D. 它的主要功能是数据处理

（2）可以作为计算机存储容量的单位是______。

A. 字母　　B. 字节　　C. 位　　D. 兆

（3）计算机信息技术的发展，使计算机朝着______方向发展。

A. 巨型化和微型化　　B. 网络化　　C. 智能化　　D. 多功能化

（4）完整的计算机硬件系统一般包括______。

A. 外部设备　　B. 存储器　　C. CPU　　D. 主机

（5）下列关于计算机硬件组成的说法中，______是正确的。

A. 主机和外设

B. 运算器、控制器和 I/O 设备

C. CPU 和 I/O 设备

D. 运算器、控制器、存储器、输入设备和输出设备

（6）微型计算机通常是由______等几部分组成。

A. 运算器　　B. 控制器　　C. 存储器　　D. 输入/输出设备

第2章 信息表示

内容提要

- ◆ 数制的概念
- ◆ 计算机中的数制
- ◆ 数制的运算与转换
- ◆ 数值信息在计算机中的表示
- ◆ 文本信息在计算机中的表示
- ◆ 多媒体信息在计算机中的表示

2.1 数制的概念

计算机的硬件系统构造决定了计算机中的信息表示形式，任何信息都要以二进制的形式进行存储、处理和传输，这就要求我们日常熟悉的信息，如十进制数值、文字符号、声音、图形、图像和视频等，都必须转换为二进制的表示形式，才能被计算机识别、理解和处理。

2.1.1 数制与术语

1. 数制

数制也称计数制，是指计数的方法。即采用一组计数符号（数码）的组合来表示任意一个数的方法。

在进位计数法中，数码系列中相同的一个数码所表示的数值大小与其在该数码系列中的位置有关。例如，我们熟知的十进制数 999，其中三个数码 9 却分别表示不同的数值，因为各自所处位置不同。

2. 数码

一种进位计数制中用来计数的符号称为数符或数码，如十进制的数码有 0～9，二进制的数码有 0、1。

3. 基数

在任何一种计数制中，所使用的数码个数总是一定的和有限的。将一种计数制中所使用的数码个数称为该计数法的基数。例如，十进制的基数为 10，二进制的基数为 2。

4. 位权

在任意一个数码系列中，每个数位上的数码所表示的数值大小等于该数码自身的值乘以与该数位相应的一个系数。该系数为位值，称为位权，简称为“权”，如十进制的位权为10^n；二进制的位权为2^n。

2.1.2 常用计数制

在计算机领域，常用的计数制有二进制、八进制、十进制和十六进制。其中十进制是我们所熟知和日常使用的计数制；而二进制是计算机内部的计数制；至于八进制和十六进制则主要用于十进制与二进制之间的过渡转换之用。

1. 二进制数

二进制的数码有两个（0、1），基数为2，位权为2的整数次幂，计数规则为“逢二进一，借一当二”。例如：

111101001001111 0010B+11110010111110B=111111000011011 0000B

1111010010011110010B−11110010111110B=1110110100000110100B

书写表示二进制数时，可在数后加字母 B，或将数用小括号括起，在右下标 2，如10010.011B 或$(10010.011)_2$。

2. 八进制

八进制的数码有八个（0、1、2、3、4、5、6、7），基数为8，位权为8的整数次幂，计数规则为“逢八进一，借一当八”。例如：

1722362O + 36276O =1760660O

1722362O – 36276O =1664064O

书写表示八进制数时，可在数后加字母O，或将数用小括号括起，在右下标 8，如1276.543O或$(1276.543)_8$。

3. 十进制

十进制的数码有十个（0、1、2、3、4、5、6、7、8、9），基数为10，位权为10的整数次幂，计数规则为“逢十进一，借一当十”。例如：

987654321D+123456789D=1111111110D

987654321D−123456789D=864197532D

书写表示十进制数时，可在数后加字母D，或将数用小括号括起，在右下标 10，如9876.543 D 或$(9876.543)_{10}$。

4. 十六进制

十六进制的数码有十六个（0、1、2、3、4、5、6、7、8、9、A、B、C、D、E、F，其中 A、B、C、D、E、F 分别代表数值 10、11、12、13、14、15），基数为 16，位权为16的整数次幂，计数规则为“逢十六进一，借一当十六”。例如：

7A4F2H + 3CBEH=7E1B0H

7A4F2H – 3CBEH=76834H

书写表示十六进制数时，可在数后加字母 H，或将数用小括号括起，在右下标 16，如9A8E6.5B1H 或$(9A8E6.5B1)_{16}$。

2.2 计算机中的数制

计算机的硬件组成结构决定了计算机的信息表示的局限性。在计算机中要表示一种计数制，首先必须考虑的是这种数制的数码个数是否容易找到对应的物理元件，并在技术上容易实现，其次是运算规则是否简单、易表达且易实现。

在多种计数制中，二进制的数码是最少的，运算规则是最简单的，即使进行逻辑运算，也非常容易实现。

2.2.1 计算机为什么采用二进制

在诸多的计数制中，计算机之所以采用二进制，主要是基于以下原因。

1. 容易实现

仅有两种稳定状态的物理元件很容易找到，并在技术上很容易实现，如电位的高和低、灯泡的开和关、晶体管的导通和截止、电容器的充电和放电等，刚好与二进制的0和1这两个数字相对应，可以表示两种不同的状态。

而十进制数有十个数码，很难找到一种同时具有十种稳定状态的物理元件，同时在技术的实现上也很比较困难。

2. 运算简单

二进制的运算规则是“逢二进一，借一当二”，算术运算非常简单。这在技术实现上要比十进制运算更加容易，且不易出错。

在计算机中，对二进制数作基本的算术运算包括加、减、乘、除。

加：0+0=0，0+1=1，1+0=1，1+1=0（有进位）。

减：0-0=0，1-0=1，1-1=0，0-1=1（有借位）。

乘：0×0=0，0×1=0，1×0=0，1×1=1。

除：是乘法的逆运算，主要采用乘法和减法进行除运算。

3. 便于逻辑表示

在计算机中，除了对二进制数作基本的算术运算外，还需要用于实现计算机自动判断功能的逻辑运算，包括与、或、非。

可以表示“真”与“假”、“对”与“错”、“是”与“非”等具有逻辑性质的二值信息称为逻辑量，而二进制的1和0刚好与逻辑运算的二值相对应，便于计算机进行逻辑判别和逻辑运算。

一般来说，在计算机中，逻辑量用于判断某一事件是否成立，成立为1（真），事件发生；不成立为0（假），事件不发生。

逻辑量间的运算称为逻辑运算，结果仍为逻辑量。

基本逻辑运算包括与（常用符号×、·、∧表示）、或（常用符号+、∨表示）、非（常用符号¯表示）。

逻辑与运算规则：0∧0=0，0∧1=0，1∧0=0，1∧1=1。例如：

$$11011101 \wedge 10110100 = 10010100$$

逻辑或运算规则：$0 \vee 0=0$，$0 \vee 1=1$，$1 \vee 0=1$，$1 \vee 1=1$。例如：

$$11011101 \vee 10110100 = 11111101$$

逻辑非运算规则：$\overline{0}=1$，$\overline{1}=0$。例如：

$$\overline{11011101}=00100010$$

逻辑运算的优先级依次为“非”“与”“或”；改变优先级的方法是使用括号“()”，括号内的逻辑式优先执行。

4. 缺点与不足

计算机内部只能处理二进制信息，所以信息处理技术的基础是信息的数字化，即任何形式的信息，包括十进制数值、文字符号、声音、图像、视频等，要进入计算机处理，就必须将这些信息转换成0和1的二进制编码。同样，经过计算机处理后的信息，又要从0和1的二进制编码形式转换成各种人们习惯上熟知的信息，这样才能有效地被利用。

但在具体的使用中，通过二进制表示一个数所用的位数比用十进制表示时的位数要冗长得多，书写很不方便，而且读记麻烦，容易出错。

在计算机的程序或文档书写中，为使得数的表示更精练、直观，书写更方便，经常使用八进制和十六进制作为过渡表示，来弥补二进制的冗长缺点和不足。

2.2.2 计算机信息的计量单位

各种信息在计算机内部都以二进制形式存储。计量存储信息的基本单位是字节。但由于现代计算机存储容量的激增，对原有的计量单位做了进一步的扩展。

1. 基本存储单位

① 位（bit） 比特，计算机存储信息的最小单位，能够存储二进制数据中的一位数据0或1。

② 字节（byte） 计算机信息处理和存储分配的基本单位，由8位二进制位组成，简记为B，1B=8bit。

③ 字长（word） 作为一个整体进行存取的一个二进制数据串。由一个或多个字节组成。

2. 扩展存储单位

随着计算机存储容量的激增，也出现了多种扩展度量存储容量的单位。但计算机存储分配的基本单位依然是字节。

千字节（KB）：$1KB=2^{10}B=1024B$。

兆字节（MB）：$1MB=2^{10}KB=1024KB$。

吉字节（GB）：$1GB=2^{10}MB=1024MB$。

太字节（TB）：$1TB=2^{10}GB=1024GB$。

帕字节（PB）：$1PB=2^{10}TB=1024TB$。

艾字节（EB）：$1EB=2^{10}PB=1024PB$。

泽字节（ZB）：1ZB=2^{10}EB=1024EB。

尧字节（YB）：1YB=2^{10}ZB=1024ZB。

2.3 数制间的相互转换

由于不同进制的计数方式不同，各进制数无法直接比较大小，也无法混合运算，因为即使是同一个数码，在不同进制中表示的值和方式都不同。通过转换算法可以实现不同进制数之间的换算。

1. 二进制、八进制、十六进制数转换为十进制数

将一个二进制、八进制、十六进制数转换成十进制数，只需将其按位权展开表达式，然后计算出该表达式的值，即为十进制的值。例如：

1110101.101B=$1\times2^6+1\times2^5+1\times2^4+0\times2^3+1\times2^2+0\times2^1+1\times2^0+1\times2^{-1}+0\times2^{-2}+1\times2^{-3}$=117.625D

735.16O=$7\times8^2+3\times8^1+5\times8^0+1\times8^{-1}+6\times8^{-2}$=477.21875D

3BC1.7H=$3\times16^3+11\times16^2+12\times16^1+1\times16^0+7\times16^{-1}$=15297.4375D

2. 十进制数转换为二进制、八进制、十六进制数

将一个十进制数转换成二进制数、八进制数或十六进制数时，整数部分和小数部分需要分别转换，转换后再用小数点将两部分结果连接起来。

整数部分的转换方法为除以基数（2、8、16）取余法。将十进制数的整数部分除以对应基数取余数，所得的商再除以基数取余数，一直到商为0止，最后得到的余数是转换后的最高位，即余数从后到前排列就是转换后的结果。

小数部分采用乘以基数（2、8、16）取整法。将十进制数小数部分乘以对应基数取结果的整数部分，最先取得的整数为转换后的小数最高位，再将去掉整数部分剩下的小数部分乘以基数取结果的整数部分，一直到小数部分为0或者达到所要求的精度为止。

由于十进制数到八进制、十六进制之间的转换运算比较复杂，所以如果通过口算或手算的方式转换十数制到八进制、十六进制时，可以以二进制为中介再转换会更方便些。

如将十进制数43.625D转换成等值的二进制数，需要分别对整数和小数部分计算，将得到的两部分结果合并为一个最终结果。

除数	被除数/商		余数	
2	43			
2	21	……	1	↑ 低位
2	10	……	1	
2	5	……	0	
2	2	……	1	
2	1	……	0	
	0	……	1	高位

计算	取整数	
0.625 ×2		
1.250 ×2	1	高位 ↓
0.5 ×2	0	
1.0	1	低位

43D=101011B，0.625D=0.101B，最终结果为43.625D=101011.101B。

3. 二进制数、八进制数、十六进制数间的相互转换

前面提到，八进制和十六进制主要用于精简冗长二进制数的过渡表示，之所以这样做，是因为八进制、十六进制与二进制之间存在着简单快捷的转换关系。

由于 $2^3=8$，所以 3 位的二进制数排列组合可以表示八种情况，刚好对应八进制的 0～7 数码，这说明 3 位的二进制数可以用 1 位的八进制数表示。

而 $2^4=16$，所以 4 位的二进制数排列组合可以表示十六种情况，刚好对应十六进制的 0～9、A～F 数码，这说明 4 位的二进制数可以用 1 位的十六进制数表示。

如表 1-2-1 所示，二进制与八、十六进制间的相互转换是非常直观和简单的。

表 1-2-1 二进制数与八进制、十六进制数的转换表

二进制	八进制	二进制	十进制	十六进制	二进制	十进制	十六进制
000	0	0000	0	0	1000	8	8
001	1	0001	1	1	1001	9	9
010	2	0010	2	2	1010	10	A
011	3	0011	3	3	1011	11	B
100	4	0100	4	4	1100	12	C
101	5	0101	5	5	1101	13	D
110	6	0110	6	6	1110	14	E
111	7	0111	7	7	1111	15	F

正是由于八进制、十六进制与二进制之间存在的这种快速互换关系，使得八进制和十六进制常常作为二进制的精简过渡表示形式。同时八进制、十六进制与十进制之间的转换，也常常借助二进制作为中介进行快速换算。

（1）二进制转换为八进制、十六进制

将二进制数转换成八进制数的方法是，从小数点开始，往左和往右分别 3 位一组分组，两端不足 3 位以 0 补足 3 位（左边补在前面，右边补在后面），将每组二进制数码转换成 1 位八进制数即可。

将二进制数转换成十六进制数的方法是，从小数点开始，往左和往右分别 4 位一组分组，两端不足 4 位以 0 补足 4 位，将每组二进制数码转换成 1 位十六进制数即可。例如：

1111010010011.110010B=(001) (111) (010) (010) (011) . (110) (010) B =17223.62O

1111010010011.110010B=(0001) (1110) (1001) (0011) . (1100) (1000) B =1E93.C8H

（2）八进制、十六进制转换为二进制

将八进制数转换成二进制数的方法是，将每位八进制数码写成 3 位二进制数；将十六进制数转换成二进制数的方法是，将每位十六进制数码写成 4 位二进制数，整数部分最左边的 0 和小数部分最右边的 0 无意义不用写出来。

2.4 数的表示

计算机中所有的信息都是以二进制数的形式存在的。我们日常使用的十进制数值，在计算机中也需要转换为二进制形式表示。但是数的存在形式，不仅仅只有整数形式，还有小数、正负数、指数等形式。所以在计算机中，不但要考虑表示一个数的值，还要考虑正负符号、小数点和指数幂次的表示等。

2.4.1 整数的表示

整数虽然是最简单的一种数的形式，但也有正负数之分。在计算机中是将一个存储单位的最高位拿出来，专门用于存放数的符号，正数为 0，负数为 1。

如果以一个字节为存储单位，真值数为-01010011，那么机器数为 11010011；真值数为+01010011，机器数为 01010011。

可是这样又出现了新问题，就是机器数在具体计算时，若将符号位与数值一并处理，结果必然就会出错；但若将符号位与数值分别处理，又会增加运算的复杂度。

由于补码（R 进制的两个数 A、B，如果 A+B=R，那么称 A 和 B 互为补码或称补数）可以将加减法互换，运算规则统一、简单，在数值的有效范围内，可以将符号位与数值位一起参加运算。原理类似顺逆调整钟表的方法。所以计算机系统中大多用补码表示整数。

为了便于数的补码换算，提出三种形式的编码：原码、反码和补码的换算方法。

对于正整数而言，它的原码、反码、补码都相同，最高位为符号位，值为 0，其他位是存放整数二进制形式的数值位。而负整数的三种编码表示方式却各不相同。

1. *原码*

最高位为符号位，负值为 1，其他位是数值位，存放负整数绝对值的二进制形式。例如：

$$[-2]_{原}=10000010，[-1]_{原}=10000001$$

2. *反码*

最高位为符号位，负值为 1，数值位是原码的数值位按位求反。例如：

$$[-2]_{反}=11111101，[-1]_{反}=11111110$$

3. *补码*

最高位为符号位，负值为 1，数值位是原码的数值位按位求反再加 1，即反码加 1。例如：

$$[-2]_{补}=11111110，[-1]_{补}=11111111$$

如果计算 5−2 的值。先用+5 和−2 的原码计算：

$$[00000101]_{原}+[10000010]_{原}=[10000111]_{原}$$

结果得到−7，显然是错误的。

但是用补码计算：

$$[00000101]_{补}+[11111110]_{补}=\boxed{1}00000011$$

丢失高位 1，运算结果是 00000011，即 3。

如果得到的结果是一个负数的补码，还需要将补码还原后才能得到最终的正确结果。

还原的方法为“补码的补码将还原为原码”。

由此可见，用补码表示整数，在数的有效表示范围内，符号位与数值可以一起参加运算，允许丢失所产生的最高位进位，而结果却是正确的。

2.4.2 实数的表示

实数有整数和小数两部分，由小数点分隔，有时还有指数表示形式，这就涉及幂次的表示。

1. 定点数

通常计算机中只表示整数和纯小数，小数点约定在一个固定的位置上（定点数），不实际占数位。小数点位置固定的数，在计算机中没有设专门表示小数点的数位，小数点的位置是约定默认的。

小数点位置固定在机器数的最低位之后称为定点纯整数，用于表示整数。

小数点位置固定在符号位之后，数值位之前称为定点纯小数，用于表示小于1的纯小数。

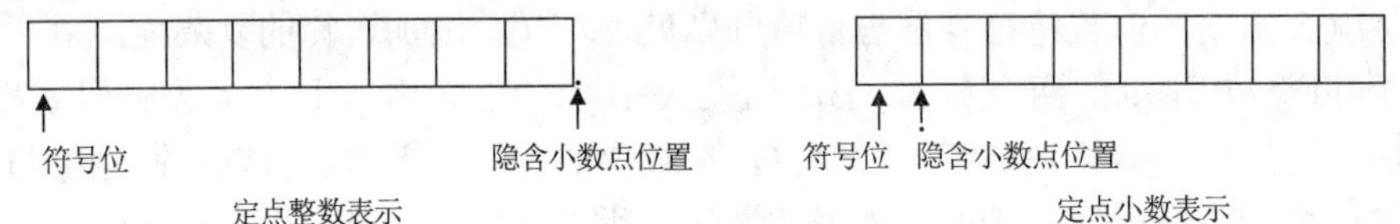

在计算机的输出中，有时会发现这样的结果：.235（+0.235）或者-.415（-0.415），这说明小数点前的0是可以忽略不写的，因为在计算机中并没有这个0。

定点数表示法简单直观，但表示的数值范围受字长的限制，运算时容易产生溢出。

2. 浮点数

机器数表示的精度和大小范围都受到计算机字长的限制，如果用一个字节表示整数，因为最高位是符号位，那么可以表示的最大数就是127，即二进制01111111，若数值超出127，就会发生溢出。为了扩大数值可表示的范围，计算机采用浮点数来表示。

相对于定点数，浮点数是小数点的位置可以变动的数，类似于十进制中的指数计数法：$-0.2355459\times10^{-142}$。在计算机中通常把浮点数分成阶码和尾数两部分来表示。阶码（如-142）的位数决定数的大小范围，尾数（如-0.2355459）的位数决定数的精度长短。

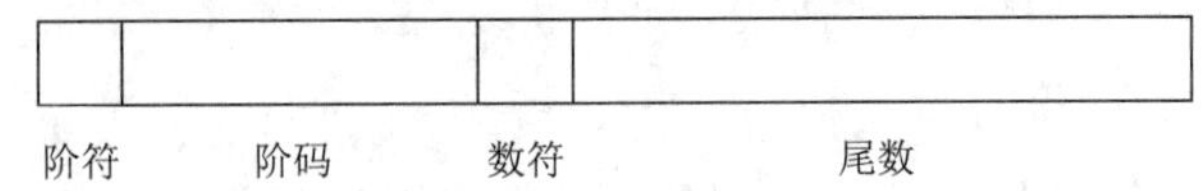

阶符表示指数的符号位、阶码表示幂次、数符表示尾数的符号位、尾数表示小数值。

$$二进制浮点数值=尾数\times2^{阶码}$$

阶码只能是一个带符号的整数，本身的小数点约定在最右边；尾数是用纯小数表示数的有效部分，本身的小数点约定在数符和尾数之间。所以浮点数是定点整数和定点小数的混合。只是阶码和尾数的位数会因对于数值要表示的精度和大小范围的要求不同而不同，也会因整个数的字长不同而不同。浮点数表示数的范围大，精度高，但运算规则比定点数要复杂。例如，二进制数-1001110110.101011可以写成$-0.1001110110101011\times2^{1010}$。

以4字节的字长32位表示一个浮点数为例，若规定阶码8位，尾数24位表示，则这

个数在机器中的格式为

0	0001010	1	10011101101010110000000

2.5 文字的表示

文字信息由各种符号组成，如西文字符（拉丁文字字母、数字字符、各种运算符号、标点符号等）和中文字符（图形文字和符号等）。由于计算机内部只能识别和处理二进制代码，所以在计算机中，文字符号必须按照一定的规则用一组二进制编码来表示。

编码就是用若干二进制数的不同排列组合来标识各种符号，编码所采用的二进制位数由所表示符号集合中的符号总数决定，各种符号所采用的编码应具有唯一性，不能重复，否则符号就无法标识。

2.5.1 西文信息编码

目前计算机中用得最广泛的字符集及其编码，是由美国国家标准局（American National Standards Institute，ANSI）制定的 ASCII 码（American standard code for information interchange，美国标准信息交换码），它已被国际标准化组织（International Organization for Standardization，ISO）定为国际标准，称为 ISO 646 标准，适用于所有拉丁文字字母。

一般在微型计算机中，西文字符普遍采用 ASCII 编码，而在大型计算机中，则采用 EBCDIC 编码。

1. ASCII 码

ASCII 码采用 7 位二进制编码，有 0～127 即 128 个编码，可表示 128 个字符，可以涵盖键盘上的所有字符。

ASCII 码一览表如表 1-2-2 所示。7 位编码 b_6 为最高位，b_0 为最低位，从表中可以看出，二进制编码对应的十进制值为 0～31（第 1、2 列）、127（最后一个）的是控制字符，属于不可见字符，32 是空格，其余 94 个是普通字符，属于可见字符。

表 1-2-2 ASCII 码一览表

$b_6 b_5 b_4$ / $b_3 b_2 b_1 b_0$	000	001	010	011	100	101	110	111
0000	NUL	DLE	SP（空格）	0	@	P	`	p
0001	SOH	DC1	!	1	A	Q	a	q
0010	STX	DC2	"	2	B	R	b	r
0011	ETX	DC3	#	3	C	S	c	s
0100	EOT	DC4	$	4	D	T	d	t
0101	ENQ	NAK	%	5	E	U	e	u
0110	ACK	SYN	&	6	F	V	f	v
0111	BEL（报警）	ETB	'	7	G	W	g	w
1000	BS（退格）	CAN（作废）	(	8	H	X	h	x

续表

$b_6 b_5 b_4$ \ $b_3 b_2 b_1 b_0$	000	001	010	011	100	101	110	111
1 0 0 1	HT	EM	)	9	I	Y	i	y
1 0 1 0	LF（换行）	SUB	*	:	J	Z	j	z
1 0 1 1	VT	ESC（换码）	+	;	K	[	k	{
1 1 0 0	FF	FS	,	<	L	\	l	|
1 1 0 1	CR（回车）	GS	-	=	M	]	m	}
1 1 1 0	SO	RS	.	>	N	^	n	~
1 1 1 1	SI	US	/	?	O	_	o	DEL（删除）

由于计算机以 8 位二进制数码作为一个基本存储单位（字节），ASCII 码 7 位比一个字节少一位，为存储方便，给 ASCII 码首部增加一位，多出的最高位用“0”填充。

2. EBCDIC 码

EBCDIC(extended binary coded decimal interchange code)为 IBM 公司于 1963 年到 1964 年间推出的字符编码表，根据早期打孔机式的二进制化十进制数（Binary Coded Decimal，BCD）排列而成。

EBCDIC 码采用 8 位二进制编码，有 0～255 即 256 个编码，用于表示字母、数字和一些特殊字符，可表示 256 个字符。但是它的英文字母不是连续地排列，中间出现多次断续，给撰写程序的人带来了一些困难。

2.5.2 汉字信息编码

无论是 ASCII 码还是 EBCDIC 码，都只能表示西文符号。由于计算机现有的输入键盘与英文打字机键盘完全兼容，那么计算机是如何识别和表示非拉丁字母的文字（包括汉字）呢？所以，汉字要进入计算机，首先必须配备识别汉字的汉化操作系统，其次要具备包括编码、输入、存储、编辑、输出和传输等功能的软硬件支撑。这其中，编码是关键。

为了尽量少增加计算机操作系统的负担，并有效利用原有的输入/输出设备，根据汉字的特点，汉字信息从输入到处理，再到最后输出，需要有三种不同的编码：输入码、内部码和字形表示。三种不同编码的转换过程如图 1-2-1 所示。

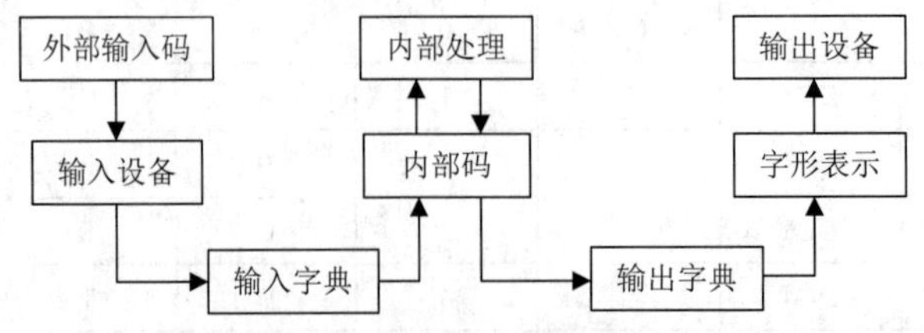

图 1-2-1 汉字的三种不同编码的转换过程

1. 汉字的内部码

虽然汉字与西文文字在组成结构上完全没有交集，但是为了不增加全新的编码机制，就在原有 ASCII 码的编码基础上，对汉字进行了编码，这就是国标码。

国标码是指中国标准总局 1981 年制定的中华人民共和国国家标准 GB 2312—1980《信息交换用汉字编码字符集 基本集》，国标码与 ASCII 码属于同一种制式，是 ASCII 码的扩展。

① 区位码　信息交换用汉字编码字符集(基本集)，是以 94 个可显示的 ASCII 码字符为基集，由两个字节构成一个汉字交换码。第一个字节称为区，第二个字节称为位，共可表示 94×94=8836 个字，组成汉字 6763 个（其中，一级常用字有 3755 个，以汉语拼音字母顺序排列；二级非常用字有 3008 个，以部首排列），另外还有一些非汉字图形字符。

区位码的四位十进制的数码组成 0101～9494，可以分别表示 8836 个字，如汉字“码”的区位码为 3475。具体分布情况如图 1-2-2 所示。

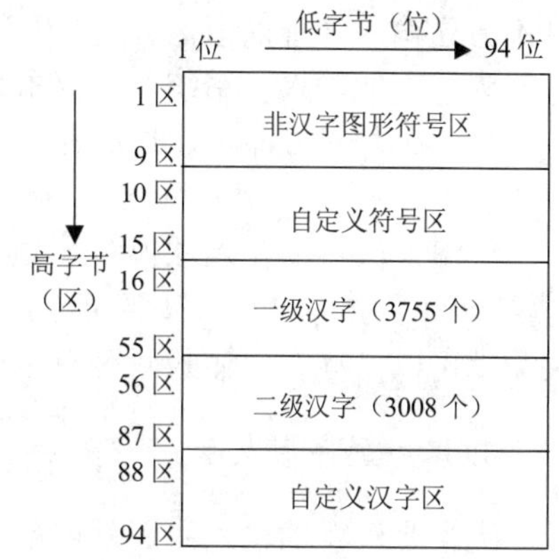

图 1-2-2　GB 2312—1980 区位分布情况

② 国标码　国标码是将区位码的区和位的十进制分别转换为二进制并各加上 32 的二进制而组成的二进制编码（因为国标码是以 94 个可显示的 ASCII 码字符为基集）。

例如，汉字“码”的国标码换算过程为

转换为二进制：34D=100010B，75D=1001011B，32D=100000B。

加 32 的二进制：100010 B+100000B=1000010B，1001011B+100000B=1101011B。

两个 8 位码组合成 16 位码：0100001001101011B（国标码）。

③ 内部码　因为国标码是由两个 ASCII 码合并为一个汉字编码，所以在计算机内部常常存在中西文混合存储和处理的情况。为了有效地区分两个并排的 ASCII 码西文字符和一个汉字编码，汉字的内部码将国标码的高八位和低八位的首位用 1 表示组成 16 位二进制的数码。

如汉字“码”的内部码为 1100001011101011B。

④ 繁体编码与扩展编码　台湾、香港和澳门地区普遍使用的繁体汉字的编码标准是 BIG 编码，包括符号 440 个、一级汉字 5401 个、二级汉字 7652 个。

因为 GB 2312—1980 只能处理 6763 个汉字，无法表示一些冷僻汉字。国家信息技术标准化技术委员会 1995 年发布了扩充后的汉字编码方案 GBK。GBK 即汉字内码扩展规范，GBK 编码标准兼容 GB 2312—1980，共收录汉字 21003 个、符号 883 个，并提供 1894 个造字码位，简、繁体字融于一库。2000 年颁布的 GB 18030 是取代 GBK 的正式国家标准。该标准收录了 27484 个汉字，同时还收录了藏文、蒙古文、维吾尔文等主要的少数民族文字。2005 年颁布 GB 18030 第二版，收录汉字 70000 余个，以及多种少数民族文字。GB 18030 编码采用单字节、双字节和 4 字节方案。其中，单字节、双字节和 GBK 是完全兼容的。

注意

由于国标码与 ASCII 码属同一制式，是 ASCII 码的扩展，而在实际应用中，中西文信息常常混合使用，处理中西文信息兼容问题采用的方法是“八位码方案”。即将 ASCII 码扩充为八位：如果两个高八位都为 1 时，表示一个汉字；如果两个高八位都为 0 时，表示两个西文符号。

2. 汉字的输入码

汉字在计算机内部的存储和处理由16位的二进制内部码实现，但是这样的二进制编码既不方便输入（难以记忆），也不适合输出（无法看懂）。

为了方便输入，系统并不要求直接输入内部码，而只要求用一些可区别的信息，只要能与内部码相对应即可，这种输入的可区别信息的码，称为外部输入码，简称外部码或输入码。

时下，汉字的输入法很多，如搜狗输入法、五笔字型输入法等，采用不同的汉字输入方法（不同的输入码），只要通过其对应的转换输入字典，能与汉字的内部码建立一一对应关系就可以，亦即，输入码可有多种，但内码是唯一的。

3. 汉字的字形表示

无论是汉字的输入码还是内部码，都不是我们希望看到的输出信息。在计算机中表示的各种复杂的文字形状，都是通过特定图形结构绘制出来的。

（1）字形表示

在输出汉字时，要考虑一种特殊的数据结构，称为字形表示，就是以图形方式存于计算机中，用于表示文字形状的结构。

字形表示占用较多的存储空间，在实际处理中，文字在计算机内部并不需用字形表示，只有在输出时，才希望看到字形。那么只要将汉字的内部码与字形表示通过特定的转换字典，建立严格的一一对应关系即可。特定的内部码只要通过软件或硬件的方法，通过转换输出字典或转换函数获得对应的字形表示，就可以完成文字的显示和打印。

（2）字形表示的实现方法

汉字字形表示的实现方法有点阵式和矢量式两种。

点阵式方法是将一个汉字或符号用二维平面上的若干个不连续的点来表示，有点处用1表示，无点处用0表示。将这些二进制串一行行按顺序存储起来，就可得到一个汉字或字符图形的二进制表示信息，称为字模。用点阵组成的字形表示如图1-2-3所示。

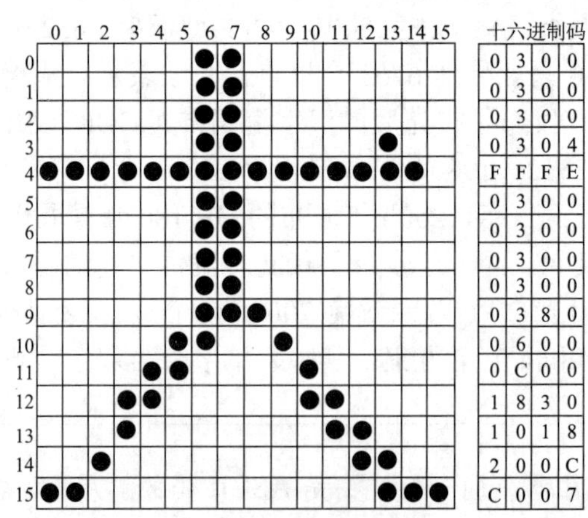

图1-2-3　用点阵组成汉字字形

点阵法中一个汉字所占字节与点阵大小有关，存储量等于：行点数×列点数/8（B）。

点阵法表示的汉字字形与点阵密度有关，当密度不高，字被放大时，会出现锯齿边缘。

矢量式字形表示存储的是描述汉字字形的轮廓特征。将汉字分解成笔画，每种笔画使用一段段的直线（向量）近似地表示，这样每个字形都可以变成一连串的向量。

矢量表示法输出汉字时要经过计算机的计算，还原复杂，但可以方便地进行缩放、旋转等变换，与大小、分辨率无关，能得到美观、清晰、高质量的输出效果。Windows 操作系统中使用的 TrueType 技术就是汉字的矢量表示方式。

（3）汉字字库

将每个汉字都用点阵表示出来，再按某种顺序存入计算机中，就成为汉字字模库，简称字库。当需要显示或打印汉字时，由内部码通过输出字典找出字库中该汉字的存放地址，然后取出汉字的点阵信息送入输出缓冲区供显示或打印。

通常，汉字操作系统把汉字字库存放在磁盘上，使用时全部或部分调入内存储器，这种字库称为软字库。而将汉字字库固化在 EPROM（erasable programmable read-only memory，可擦除可编程只读存储器）或 MASK-ROM（mask read only memory，掩模型只读存储器）的芯片中，作为机器的一个扩充只读存储区使用，这种字库称为硬字库，俗称“汉卡”。如为了提高汉字输出速度，打印机等设备中都安装有带有固化汉字库的集成电路芯片。

汉字字库根据点阵密度分为 16×16 点阵（简易型）、24×24 点阵（普通型）、32×32 点阵（提高型）和 128×128 点阵（高精密型）。由于字库所占的存储量庞大，所以，一般将汉字字库存放分两级制：一级字库（常用字）存放在汉卡中，二级字库（非常用字）存放在外存储器上。

2.5.3 扩展文字编码

Unicode 是一种由国际组织设计的编码方法，可以容纳全世界所有语言文字的字符编码方案。

Unicode 码采用两个字节的编码方案，可以表示 $2^{16}-1=65535$ 个字符，前 128 个字符是标准 ASCII 字符，接下来是 128 个扩展 ASCII 字符，其余字符供不同语言的文字和符号使用。Unicode 给每个字符提供了一个唯一的数串编码，它将世界上使用的所有字符都列出来，并给每一个字符一个唯一特定编码值。

从 ASCII、GB 2312、GBK 到 GB 18030 的编码方法都是向下兼容的，但是 Unicode 只与 ASCII（在 Unicode 中，ASCII 字符也采用两字节编码，只是在编码前插入一个值为 0 的字节）兼容，与 GB 码不兼容。例如，“汉”字的 Unicode 编码是 6C49H，而 GB 内码是 BABAH。ISO 颁布的 10646 号标准称为 UCS（Unicode character set，Unicode 字符集）。在 UCS 通用集中，每个字符用 4 个字节编码。

Unicode 标准已经被 Apple、HP、IBM、JustSystem、Microsoft、Oracle、SAP、Sun、Sybase、Unisys 等厂商所采用。许多操作系统，所有最新的浏览器和许多其他产品都支持 Unicode。Unicode 标准的出现和支持它工具的存在，是近来全球软件技术最重要的发展趋势。目前 Windows 的内核已经采用 Unicode 编码，这样在内核上可以支持全世界所有的语言文字。

2.6 多媒体信息的表示

声音、图像和视频都属于多媒体信息。进入计算机中的多媒体信息也必须转换为二进制编码形式，这样才能被存储、处理、传输和利用。

多媒体信息都是一些幅度、亮度等连续变化的模拟信息，要让计算机处理这些信息，必须先进行数字化处理，即通过采样、量化和编码的过程，将这些多媒体信息转换成计算机可以接受的数字化信息。

2.6.1 多媒体信息的数字化技术

多媒体信息的数字化是指将声音、图像和视频等多媒体信息由模拟信息，通过采样、量化和编码的过程转换为数字信息的技术过程。

1. 采样

采样也称取样，是模拟信号数字化的第一步。

对音频信号的采样过程如下：将连续变化的模拟音频信号在时间轴（x 轴）上进行垂直分割，以转换成计算机能处理的离散化数字信号，如图 1-2-4（a）所示。

对图像信号的采样过程如下：将一个连续的画面划分为离散的网格区域，每个小方格是一个采样点（称为像素），将连续画面转换为像素点特征信息的离散化数字信息组合，如图 1-2-4（b）所示。

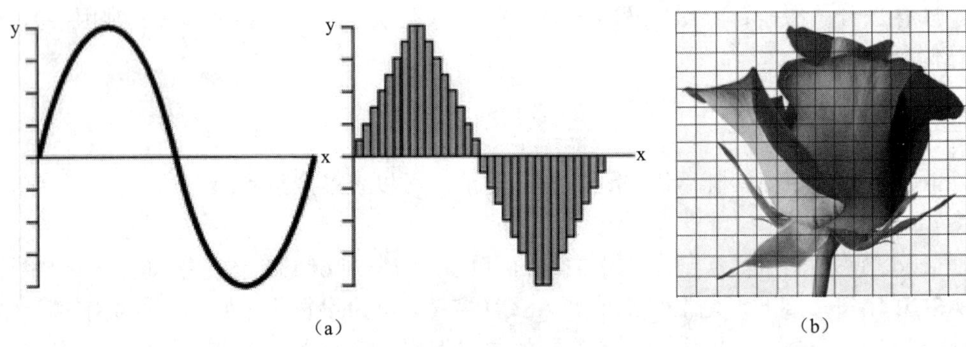

图 1-2-4 声音和图片的采样

2. 量化

量化是将每个采样点得到的信息用二进制数值来度量，即将若干采样点表示为离散的二进制数值的过程。

对于音频信号的量化方法如下：确定量化位数（即采样精度），它表示存放采样点振幅值的二进制位数，也就是在幅度轴（y 轴）上进行水平分割的密度，它决定了模拟信号数字化后的动态范围。若量化位数为 16 位，则可表示 2^{16}=65536 个等级不同的量化值。

对于图像信号的量化方法如下：确定像素点的量化位数（颜色深度），它表示存放采样点的色彩浓淡（亮度）的二进制位数，也就是将每个像素点分为多级色彩值，它决定了模拟信号数字化后的色彩效果和清晰度。根据原始图片的色彩属性，颜色深度位数一般可以取 8 位、16 位、24 位或更高的位数来表示图像的颜色。

3. 编码

编码就是将经过采样、量化得到的离散数据记录下来，按一定的规则进行组织，形成计算机内部可处理的编码信息。

2.6.2 声音信息的数字化

声音的声波具有周期性和幅度。周期性表现为频率，控制音调的高低。频率越高，声音越尖，反之就越沉。幅度控制声音的音量，幅度越大，声音越响，反之就越弱。

1. 数字化过程

（1）采样

声音采样主要解决将音频信号在时间坐标（x 轴）上的模拟波形分割成时间上等分的离散数据，该时间间隔称为采样周期 T，它的倒数 1/T 称为采样频率 f，即每秒钟的采样次数，单位为赫兹（Hz）。具体说就是将一秒钟的声音分成多少个数据去表示。采样频率的高低决定声音的保真度。

人耳能听见频率范围为 20Hz～20kHz 的声音信号，所以，在实际采样中通常用 40.1kHz 作为高质量声音的采样频率。

（2）量化

量化位数用来记录声音的振幅，表示了声音的动态范围，声音的动态范围越大则声音的波形能描述得越精确，量化位数越多，音质越细腻。量化位数一般有 8 位和 16 位两种。采样量化位数越高音质越好，但数据量也越大。专业级别可使用 24 位甚至 32 位量化位数。

反映音频数字化质量的另一个因素是声道数，即声音通道的个数。记录声音时，如果每次生成一个声波数据，称为单声道；每次生成两个声波数据，称为立体声（双声道），立体声更能反映人的听觉感受。目前，数字化的声音可以做到多声道，让听众有亲临现场的感觉。

（3）编码

编码就是将采样、量化后的二进制信息按一定的格式记录下来，使之可以在计算机中运行。计算每秒钟存储声音容量的公式为

字节数=采样频率×采样精度（量化位数）×声道数/8

如标准采样频率为 44.1kHz，量化位数为 16 位，双声道立体声，其每秒音乐所需要的存储量为 44.1×1000×16×2/8=176400（B）。

可见，声音数字化的采样频率和量化级越高，结果越接近原始声音，但记录数字声音所需的存储空间也随之增加。

编码方式有很多种，常见的有 PCM（pulse code modulation，脉冲编码调制）。PCM 编码的主要特点是，抗干扰能力强，失真小，传输特性稳定，适用于高保真音乐及语音。CD-DA（compact disc-digital audio，数字式音乐光盘）就采用这种编码方式。

2. 数字音频的文件格式

在多媒体技术中，存储音频信息的文件格式主要有以下几种：

（1）WAVE 文件—— .wav

WAVE 格式是 Microsoft 公司开发的一种声音文件格式，它符合 RIFF（resource interchange file format，资源互换文件格式）；其特点是声音还原性好，用于保存 Windows 平台的音频信息资源，几乎所有的播放器都支持这种音频文件。WAVE 文件是由采样数据

组成的，所以它需要的存储容量很大，多用于存储简短的声音片段。

（2）MPEG 文件—— .mp1/.mp2/.mp3/.mp4

MPEG 是运动图像专家组（moving picture experts group）的英文缩写，MPEG 音频层（MPEG audio layer）代表 MPEG 标准中的音频部分。MPEG 音频文件的压缩，理论上属有损压缩，根据压缩质量和编码复杂程度的不同可分为三层（MPEG audio layer1/2/3），分别对应 MP1、MP2 和 MP3/MP4 声音文件。MPEG 音频编码具有很高的压缩率和相对优质的音效。

MP3（moving picture experts group，audio layer III），它所使用的技术是在 MPEG-1（VCD）音频压缩技术上发展出的第三代。MP3 是一种音频压缩的国际技术标准，它可以将语音文件压缩到 10∶1 以上，并保持接近 CD 音质的音响品质。每分钟音乐的 MP3 格式只有 1MB 左右大小，每首歌的大小只有 3～4MB。使用 MP3 播放器对 MP3 文件进行实时的解压缩（解码），这样，高品质的 MP3 音乐就播放出来了。正是因为 MP3 体积小、音质高的特点使得 MP3 格式几乎成为网上音乐的代名词。

MP4 是一种音频格式，是 MPEG-2 AAC（advanced audio coding）的缩写，它完完全全是一种音频压缩格式，增加了诸如对立体声的完美再现、多媒体控制、降噪等新特性，最重要的是，MP4 通过特殊的技术实现数码版权保护，这是 MP3 所无法比拟的。

（3）MIDI 文件—— .mid/.rmi

乐器数字接口 MIDI（musical instrument digital interface）是数字音乐/电子合成乐器的统一国际标准，它规定了不同厂家的电子乐器与计算机连接的电缆和硬件及设备间数据传输的协议，以及计算机与具有 MIDI 接口的电子设备交换信息的规则，可用于为不同乐器创建数字声音，如可以模拟大提琴、小提琴、钢琴等常见乐器。

MIDI 文件不是对模拟信号进行数字编码，而是记录演奏乐器的信息和指令，它是一系列指令的集合。这些指令包括使用什么 MIDI 设备的音色、声音的强弱、声音持续多长时间等，计算机将这些指令发送给声卡，声卡按照指令将声音合成出来，MIDI 在重放时可以有不同的效果，这取决于音乐合成器的质量。

相对于保存真实采样资料的声音文件，MIDI 文件显得更加紧凑，其文件存储空间通常比声音文件小得多。

（4）RA 文件—— .ra

RA（real audio）是一种音乐压缩文件格式，压缩比可达 96∶1，主要用于在低速广域网中实现网上实时播放，即边下载边播放。网络连接速率不同，得到的声音质量也不相同。

（5）WMA 文件—— .wma

WMA（windows media audio）文件是 Windows media 的一个子集，表示 Windows media 音频格式。WMA 文件只有 MP3 的一半大小，音质基本保持相同，目前，大部分的 MP3 播放器都支持 WMA 文件。

2.6.3 图像信息的数字化

图像是我们视觉所感受到的形象化的信息，如照片、图片、景物图像等，其特点是亮度变化是连续的，也称为模拟图像。图像的数字化就是将模拟图像转化为计算机能处理的数字图像。

1. 数字化过程

（1）采样

图像采样就是将连续的模拟图像转换成离散点的过程。方法是将画面划分为 M×N 个网格，每个网格是一个采样点，称为像素（pixel）点，这样就将一幅模拟图像转换成 M×N 个像素点构成的离散像素点集合。水平方向和垂直方向像素的乘积称为分辨率，分辨率越高，信息量就越大，图像也越清晰。

（2）量化

量化位数也称图像的颜色深度，若只表示纯黑、纯白两色的图像，颜色深度只要用 1 位二进制位；如果要通过调节黑白两色的过渡程度（称为颜色灰度），颜色深度可以选择为 8（2^8=256）位，即将灰度级别分为 256 级，可以有效地表示单色图像；由于彩色图像是由红、蓝、绿（R、G、B 三基色）不同亮度混合而成的，当三基色每个颜色的强度级别分为 256 级，则每个颜色分量要用 8 位二进制来量化，每个像素点的颜色深度就要用 24 位二进制来表示，它们共可表示 2^{24}=16777216 种颜色，称为真彩色。

（3）编码

编码就是将采样、量化后的二进制信息按一定的格式记录下来，使之可以在计算机中运行。计算一幅没有压缩的图像数据量的公式为

字节数=水平分辨率×垂直分辨率×颜色深度（位数）/8

例如，一幅分辨率为 1024×768（即有 1024×768 个采样点）的 24 位真彩色图像所需要的存储量为 1024×768×24/8=2359296（B）=2.25（MB）。

由计算可知，数字化后的图像数据量非常大，在图像的传输、存储时开销过大，必须经过编码技术来大大压缩信息量，才有实用价值。图像和视频编码技术主要包括 JPEG、MPEG 和 H.264 标准。

2. 图像文件格式

图像在存储介质中的存储格式称为图像文件格式。图像文件格式有很多种，常用的有以下几种。

（1）BMP 格式—— .bmp

BMP（bitmap）是一种与设备无关的图像文件格式，它是 Windows 软件中常用的一种位图形式的图像格式。这种格式的特点是，图像信息丰富，颜色深度可达 24 位真彩色，一般不压缩，占磁盘存储空间过大。

（2）GIF 格式—— .gif

GIF（graphics interchange format）图像文件格式，主要是能够在不同平台之间交流图片，是 Internet 上的重要文件格式之一，支持 64000×64000 像素的图像。GIF 格式的特点是，压缩比高，所占存储空间少，但不能存储超过 256 色的图像，常用于网页制作、网上交换等。

（3）JPEG 格式—— .jpg

JPEG（joint photographic experts group）是利用 JPEG 方法压缩的图形文件。JPEG 格式的特点是压缩比高，适用于处理 256 色以上的图像及大幅面图像，但压缩及解压缩算法复杂，存储和显示速度慢，对计算机性能要求较高，适用于在 Internet 上进行图像传输。

（4）TIFF 格式—— .tif

TIFF（tag image file format）是用于扫描仪和桌面出版系统的文件格式，具有压缩和不压缩的两种格式，使用灵活。TIFF 格式的特点是支持单色到 32 位真彩色的所有图像，不依赖操作平台及机型，有多种数据压缩存储方式。

（5）PDF 格式—— .pdf

PDF（portable document format）是一种可移植文档格式，用于 Adobe Acrobat。Adobe Acrobat 是 Adobe 公司用于 Windows、UNIX 和 DOS 系统的一种电子出版软件，目前十分流行。PDF 可以包含矢量和位图图形，还可以包含电子文档查找和导航功能，应视具体情况来决定究竟采用哪种格式。一般来说，Windows 下的位图文件 BMP 格式是目前使用的最广泛的文件格式之一。

（6）PNG 格式—— .png

PNG（portable network graphics）格式是一种网络图像格式，它汲取了 JPEG 及 GIF 的优点，存储形式丰富。PNG 格式的特点是采用无损压缩使图像不失真，显示速度快，但不支持动画应用效果。

2.6.4 视频信息的数字化

图像和视频技术有密切的关系，实际应用中许多图像来自视频采集。视频实际上是一组内容随时间变化的动态图像，其中每一幅图像画面称为一帧。视频的表示与图像序列、时间有关，帧与帧的图像之间有微弱改变，通过快速地播放帧，加上人眼视觉效应，可产生连续的视频显示效果。动态画面每秒钟展现的帧数，用于衡量视频信号传输的速度，单位为帧/秒（fps）。我们日常生活中的电影为 24 帧/秒、电视为 25 帧/秒。

视频采集就是通过视频采集卡将视频信号源，如模拟摄像机、录像机、电视机输出的视频信号（包括视频音频的混合信号）输入计算机，并转换成计算机可辨别的数字数据，存储在计算机中。大多数视频卡都具备硬件压缩的功能，在采集视频信号时首先在卡上对视频信号进行压缩，然后再通过 PCI（peripheral component interconnection，周边元件接口）把压缩的视频数据传送到主机上。一般的个人计算机视频采集卡采用帧内压缩的算法把数字化的视频存储成 AVI 或者 MPEG-1 格式的文件。

数字视频文件可以分为两大类：一类是如VCD等的影像文件（如.avi、.mov、.mpeg/.mpg/.dat）；另一类是建立在流式视频技术之上的流式视频文件。

流式视频技术是随着 Internet 的发展而诞生的，如在线实况转播、视频点播等。在运用流媒体技术时，音视频文件要采用相应的格式，不同格式的文件需要用不同的播放器软件来播放。目前，Internet 采用较多的流媒体格式主要有 RealNetworks 公司的 RealMedia、Apple 公司的 QuickTime 和 Microsoft 公司的 Windows Media。

此外，MPEG、AVI、DVI、SWF 等都是适用于流媒体技术的文件格式。

思 考 题

1. 判断题

（1）字长是衡量计算机精度和运算速度的主要技术指标之一。　　（　　）

（2）32 位字长的计算机就是指能处理最大为 32 位十进制数的计算机。（　　）

（3）数字“1028”未标明后缀，但是可以断定它不是一个十六进制数。（　　）

（4）1MB 的存储空间最多可存储 1024K 个汉字的内码。（　　）

（5）指令与数据在计算机内是以 ASCII 进行存储的。（　　）

（6）按字符的 ASCII 码值比较，“A”比“a”大。（　　）

（7）在计算机内部用于存储、交换、处理的汉字编码称为机内码。（　　）

（8）多媒体的实质是将不同形式存在的媒体信息（文本、图形、图像、动画和声音）数字化，然后用计算机对它们进行组织、加工并提供给用户使用。（　　）

（9）MIDI 文件和 WAV 文件都是计算机的音频文件。（　　）

（10）分辨率是显示器的一个重要指标，它表示显示器屏幕上像素的数量。像素越多，分辨率越高，显示的字符或图像就越清晰、逼真。（　　）

2. 单选题

（1）目前，在微型计算机中普遍采用的符号编码是______。

A. ASCII 码　B. EBCDIC 码　C. GB2312 码　D. UNICODE 码

（2）下列一组数据表示方式中的最大数是______。

A. 1234O　B. 1FFH　C. 1010001B　D. 789D

（3）在计算机中，最小的数据单位是______。

A. bit　B. B　C. word　D. ASCII

（4）ASCII 码采用的是______位编码方案，在计算机中的表示方式为______。

A. 8，最高位为 0 的 2B　B. 8，最高位为 1 的 2B

C. 7，最高位为 0 的 1B　D. 7，最高位为 1 的 1B

（5）下列字符中，其 ASCII 码值最大的是______。

A. A　B. a　C. 0　D. 9

（6）如果用一个字节来表示整数，那么-3 的补码是______。

A. 10000011　B. 00000011　C. 11111100　D. 11111101

（7）若在一个非零无符号二进制整数右边加两个零形成一个新的数，则新数的值是原数值的______倍。

A. 4　B. 2　C. 1/4　D. 1/2

（8）计算机中，一个浮点数由两部分组成，它们是______。

A. 阶码和基数　B. 基数和尾数　C. 阶码和尾数　D. 整数和小数

（9）某汉字的区位码是 2534，它的国际码和机内码分别是______。

A. 4563H 和 C5E3H　B. 3942H 和 B9C2H

C. 3345H 和 B3C5H　D. 6566H 和 E5E6H

（10）汉字编码与 ASCII 码在计算机内部的区分方法是______。

A. 如果两个字节的高八位都为 0，那么表示为两个 ASCII 码

B. 如果两个字节的高八位都为 1，那么表示为两个 ASCII 码

C. 如果两个字节的高八位都为 1，那么表示为一个汉字编码

D. 如果两个字节的高八位都为 0，那么表示为一个汉字编码

（11）按 16×16 点阵存放国标 GB 2312—1980 中一级汉字（共 3755 个）的汉字库，大

约需占存储空间______。

A. 1MB B. 512KB C. 256KB D. 128KB

（12）下列音乐文件格式中，存储量最小的是______。

A. MP3 B. RA C. WMA D. MIDI

（13）若音乐的采样频率为22.05kHz，量化位数为16位，双声道立体声，那么不经过压缩的音乐文件每秒所需要的存储量为______。

A. 88.2KB B. 176.4KB C. 352.8KB D. 705.6KB

（14）若一幅 640×480 中等分辨率的彩色图像，红、绿、蓝三色的量化深度分别为 8 位，则在没有压缩的情况下，至少需要______字节来存储该图像文件。

A. 76.8MB B. 9.6MB C. 14.4MB D. 0.9MB

（15）常用字符的ASCII码值从小到大的排列顺序为______。

A. 空格、回车、数字字符、大写字母、小写字母

B. 回车、空格、数字字符、大写字母、小写字母

C. 小写字母、大写字母、数字字符、空格、回车

D. 空格、数字字符、小写字母、大写字母、回车

3. 多选题

（1）视频文件的内容包括______数据和______数据。

A. 视频 B. 音频 C. 文本 D. 动画

（2）多媒体信息不包括______。

A. 文字 B. 声音 C. 触觉 D. 嗅觉

（3）下列叙述正确的是______。

A. 任何二进制整数都可以完整地用十进制整数来表示

B. 任何十进制小数都可以完整地用二进制小数来表示

C. 任何二进制小数都可以完整地用十进制小数来表示

D. 任何十进制数都可以完整地用十六进制数来表示

（4）计算机系统内部进行存储、加工处理、传输使用的代码是______，为了将汉字通过键盘输入计算机而设计的代码是______，汉字库中存储汉字字形的数字化信息代码是______。

A. 机内码 B. 外码 C. 字形码 D. BCD码

（5）在计算机中，采用二进制是因为______。

A. 可降低硬件成本 B. 二进制的运算法则简单

C. 系统具有较好的稳定性 D. 上述三个说法都不对

第 3 章　计算机硬件系统

内容提要

- 计算机硬件系统组成
- 处理器系统
- 存储器系统
- 输入/输出系统
- 总线系统

3.1　计算机硬件概述

计算机硬件系统是指计算机系统中由各种电子线路、机械装置等器件或部件组成的物理实体部分，其构成计算机的“躯体”。硬件又称硬设备。

计算机硬件系统的基本功能是在计算机程序的控制下，完成数据的输入、存储、运算、输出等一系列操作。硬件结构如图 1-3-1 所示。

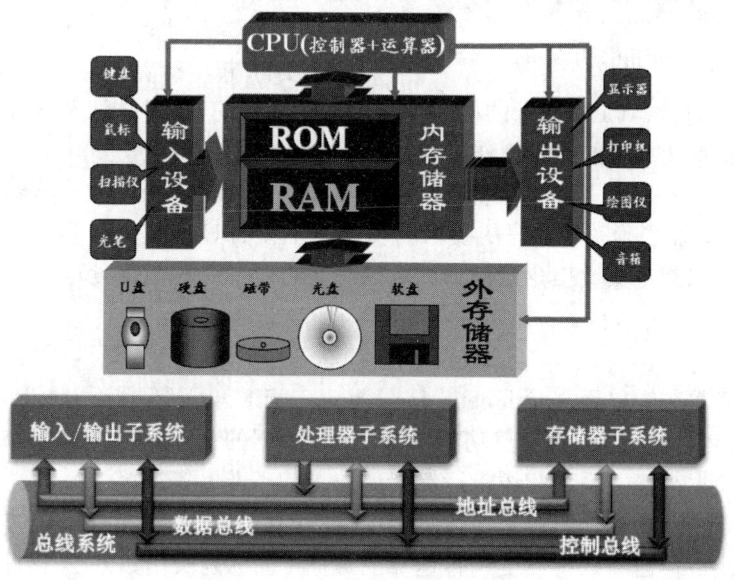

图 1-3-1　计算机硬件系统构架和三个子系统的总线连接图

不同类别的计算机无论是在规模上，还是在功能上都存在着巨大差异。其中性能上的差异，主要体现在计算机处理信息的数据长度（字长）、处理的速度（运算速度）和处理数据的能力（指令系统）以及存储器的存储空间等。

但是，从计算机硬件体系结构来看，计算机硬件系统采用的基本上都是计算机的经典结构——冯·诺依曼模式结构，即由运算器（calculator）、控制器（controller）、存储器（memory）、输入设备（input device）和输出设备（output device）五大部件组成，其中，运算器和控制器构成了计算机的核心部件——CPU。而从计算机硬件系统的功能角度来看，可以将计算机硬件系统划分为四个子系统，即处理器系统、存储器系统、输入/输出系统以及连接这些子系统的三种类型的总线系统，如图 1-3-1 所示。

3.2 处理器系统

3.2.1 CPU

CPU 是计算机硬件系统的核心。传统的 CPU 主要包括运算器和控制器两大部件。但是，随着超大规模集成电路技术的迅猛发展，早期放在 CPU 芯片外部的一些逻辑功能部件及一些新功能部件也都纷纷移入 CPU 芯片内，如浮点运算功能部件、寄存器组（register set，RS）、中断系统、高速缓冲存储器（cache），以及实现内部各个部件之间联系、控制及状态的总线系统等，从而使 CPU 内部的结构越来越复杂。

所以，现代计算机的 CPU 内部通常由运算器、控制器、寄存器组和中断系统等部分组成，如图 1-3-2 所示，处理器内部电路的细节非常复杂，实现它的电路就是逻辑电路。同时，为了匹配高速 CPU 与相对低速的内存储器的工作速度，CPU 中往往还集成了高速缓冲存储器，其容量也是影响 CPU 性能的一个非常重要的因素。

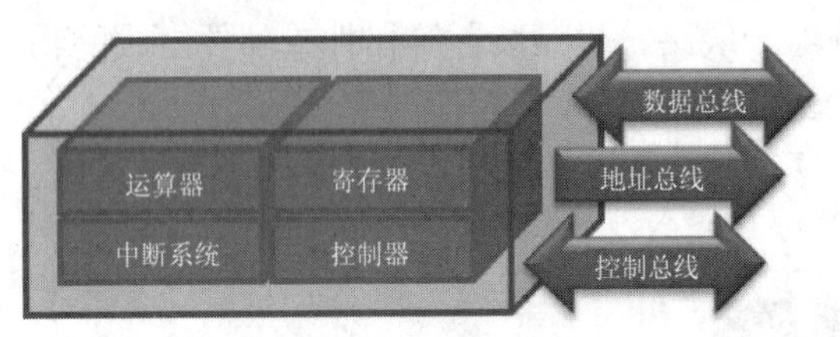

图 1-3-2 CPU 组成示意图

实际上，计算机进行计算的过程就是 CPU 执行程序的过程。CPU 执行的程序是存于存储器中的一系列指令代码，所以 CPU 执行指令的过程就是计算机的重要工作过程。

CPU 的基本工作流程是从主存储器中取出指令，经译码分析后发出取数、执行、存数等控制命令，以保证正确完成程序所要求的功能，所以 CPU 对整个计算机系统的运行极为重要，它的主要职能是负责指令控制、操作控制、时序控制和数据处理。

1. 运算器

运算器由算术逻辑单元（arithmetic logic unit，ALU）、寄存器组及控制数据传递的电路构成。其在 CPU 中负责完成计算功能，包括处理数据的算术运算（如加、减、乘、除等）、关系运算（比较大小等关系）和逻辑运算（如与、或、非）等。

计算机所完成的全部运算都是在运算器中进行的，根据程序指令规定的寻址方式，运算器从存储器或寄存器中取得需要进行运算的数据（也称为操作数），进行计算后，送回到指令所指定的存储器或寄存器中。

寄存器组是 CPU 内部的一组寄存器。每个寄存器可与 ALU 配合实现多种功能，如可为 ALU 提供操作数并存放运算结果等。

2. 控制器

控制器由译码器、程序计数器、时序电路、指令寄存器、地址寄存器和操作控制器等组成，它是对计算机各个功能部件或设备发布命令的“决策机构”，用来协调和指挥整个计算机系统的操作。它本身不具有运算功能，而是通过读取各种指令，并对其进行翻译、分析，而后对各部件做出相应控制。

控制器是计算机的控制指挥部件，也是整个计算机的控制中心，其主要功能是通过向计算机的各个部件发出控制信息，使整个计算机自动、协调地工作。控制器负责从存储器中取出指令，对指令进行译码，并根据指令译码的结果，向其他部件发出控制信号，保证各部件协调一致地工作，完成该指令的功能。当各部件执行完控制器发出的指令后，向控制器发出执行情况的反馈信息。控制器得知指令执行完毕后，就自动取下一条指令执行。

3. 寄存器组

寄存器组主要用来暂存 CPU 执行程序时的常用数据、地址和中间结果，减少 CPU 与外部的数据交换，由于寄存器组的存取速度比内存快，从而加快 CPU 的运行速度。寄存器组可分为专用寄存器和通用寄存器。

3.2.2 指令及指令系统概念

指令（instruction）是一种采用二进制表示的命令语言，它用来规定计算机执行的操作及操作对象所在的位置。一条指令就是给计算机下达的一道命令，它告诉计算机要进行什么操作、参与此项操作的数据来自何处、操作结果又将送往哪里。所以，一条指令包括操作码和操作数两部分：操作码是命令动词，控制执行何种操作；操作数指出参与操作的数据或数据存放的位置，又称地址码。

一台计算机所能执行的全部指令的集合，称为这台计算机的指令系统。指令系统充分反映了计算机对数据进行处理的能力。指令系统是根据计算机使用要求设计的，指令系统越丰富完备，编制程序就越方便灵活。

1. 指令的分类

不同 CPU 的指令系统是各不相同的。从指令的操作码功能来考虑，一个较完善的指令系统，应当包括数据传送类指令、算术运算类指令、逻辑运算类指令、程序控制类指令和输入/输出类指令等。

2. 指令的执行过程

一条指令的执行过程大致如下：

1）指令预取。指令预取部件从缓存或存储器中取得一条指令。

2）指令译码。指令译码部件从指令预取部件获得指令，并对其进行分析。

3）获取操作数。地址转换部件根据指令计算操作数的地址，并根据地址从缓存或存储器获取操作数。

4）运算。运算器根据操作码的要求，对操作数完成指定操作。

5）保存。若有必要，将结果保存到指定的寄存器或内存单元中。

6）修改指令地址。为指令预取部件获取下一条指令做好准备。

3.2.3 CPU的性能指标

CPU的性能指标有很多，如主频、字长、外频与倍频、缓存大小等。

1. 主频

主频即处理器的时钟频率，是处理器内核电路的实际运行频率。一般称为处理器运算时的工作频率，简称主频。主频越高，单位时间内完成的指令数也越多。度量单位为兆赫（MHz）、吉赫（GHz）。

2. 字长

字长是指处理器一次能够完成二进制运算的位数，如8位、16位、32位、64位。它直接关系到计算机的计算精度、功能和速度。字长越长，计算精度越高，处理能力越强。为了兼顾精度与硬件代价，许多计算机允许变字算，例如，支持半字长、全字长、双倍字长或多倍字长运算等。

3. 外频与倍频

外频是CPU的基准频率，单位也是MHz。外频是CPU与主板之间同步运行的速度。由于CPU工作频率不断提高，而一些其他设备（如插卡、硬盘等）却受到工艺的限制，不能承受更高的频率，因此限制了CPU频率的进一步提高，于是出现了倍频技术。该技术能够使CPU内部工作频率变为外部频率的倍数，从而通过提升倍频而达到提升主频的目的。倍频技术就是使外部设备可以工作在一个较低外频上，而CPU主频是外频的倍数，即

$$主频=外频\times倍频$$

4. 缓存

内部缓存，即通常所说的一级缓存（L1 cache），是与CPU共同封装于芯片内部的高速缓存，是为了解决CPU与主存之间的速度不匹配而采用的一项重要技术。缓存的工作原理是当CPU要读取一个数据时，首先从缓存中查找，如果找到就立即读取并送给CPU处理；如果没有找到，就用相对慢的速度从内存中读取并送给CPU处理，同时把这个数据所在的数据块调入缓存中，可以使得以后对整块数据的读取都从缓存中进行，不必再调用内存。当然现在好多CPU上还有二级缓存（L2 cache）、三级缓存（L3 cache），其作用与一级缓存相类似。

3.3 存储器系统

3.3.1 存储器

存储器由多种能够表示二进制0、1两种稳定状态的物理器件（或称记忆元件、记忆单元）组成，是计算机系统中的记忆设备，用来存放程序和数据，是计算机的重要组成部件。存储器的大致分类如图1-3-3所示。

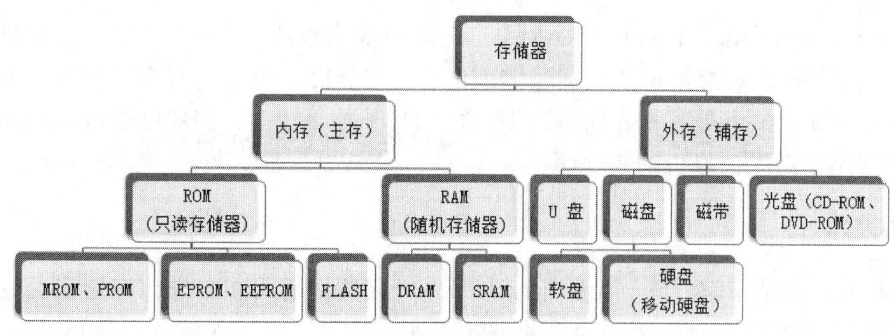

图 1-3-3　存储器的分类

存储器的功能是保存信息，可供读写存取使用。计算机中的全部信息，包括输入的原始数据、计算机程序、中间运行结果和最终运行结果都保存在存储器中。

存储器根据采用的存放介质形态性质，可以分为半导体存储器、磁介质存储器和光存储器；而根据存储器与 CPU 的关联访问关系，可以分为内存储器（主存）和外存储器（辅存）。

3.3.2　内存储器

内存储器（主存）是指能够被 CPU 直接访问的存储器，用以存放当前需要运行的程序及其数据。因它通常位于所谓的主机的范畴之内，所以常称为内存。

内存储器主要由半导体元器件组成。由于内存暂时存放计算机当前运行的程序和数据，因此拥有大容量内存的计算机，其执行的速度快，执行效率高。因此内存的容量性能指标直接影响着计算机系统的整体性能指标。

另外，虽然高速缓冲存储器被集成封装在了 CPU 芯片构架中，但其依然是内存的一种特殊存在形式，是一种介于主存与 CPU 之间，用于解决 CPU 与主存间速度匹配问题的高速小容量存储器。

根据访问方式的不同，内存储器分为 RAM（random access memory，随机存储器）和 ROM（read only memory，只读存储器）。

1. RAM

RAM 即随机存储器，是一种半导体存储器，可读、可写，又称读写存储器。其特点是可以随时对其中的任意存储单元进行随机读或写，并且以任意次序读取任意存储单元所用的时间是相同的，即存取时间与单元的物理位置无关。RAM 被通电过程中，存储器内的内容可以保持，断电后，存储的内容立即消失。

RAM 是一种集成电路，根据其中元器件的不同，RAM 可分为动态 RAM 和静态 RAM 两大类。

① 动态 RAM（dynamic RAM，DRAM）　它是用电容上所充的电荷表示一位二进制信息。因为电容上的电荷会随时间不断释放，因此对 DRAM 必须不断进行读出或写入，以使释放的电荷得到补充，这就是对所存信息进行刷新。DRAM 的优点是所用元件少、功耗低、集成度高、价格便宜，其缺点是存取速度较慢并要有刷新电路。由于刷新操作的需要，必须增加相应的电路，而且还须解决读写操作和刷新操作的时间冲突。现在的微型计算机中采用 DRAM 作为主存。

② 静态 RAM（static RAM，SRAM） 它是用双稳态触发器存放一位二进制信息，只要有电源正常供电，信息就可长时间稳定地保存。SRAM 的优点是存取速度快，不需对所存信息进行刷新；缺点是基本存储电路中包含的管子数目较多、集成度较低、功耗较大。SRAM 通常用于微型计算机的高速缓存。

2. ROM

ROM 即只读存储器，是一种只能读出事先所存数据的固态半导体存储器。在元器正常工作的情况下，它以非破坏性读出的方式工作。信息一旦写入就永久保存下来，ROM 一般用来存放不需要更改或不需要经常更改的数据或程序，如系统引导程序、主板上的基本输入/输出系统（basic input/output system，BIOS）、字母符号陈列等。

通常 ROM 中存储的信息是在出厂时就固化进去的，ROM 被通电过程中，其内部的任何单元的内容只能随机地读出，而不能写入新信息。另外，ROM 不会因为断电而丢失内部信息，但其读取速度比 RAM 慢很多。

根据制造工艺及功能上的不同，ROM 可以分为五种类型：掩膜型只读存储器（mask ROM，MROM）、可编程只读存储器（programmable ROM，PROM）、可擦除可编程只读存储器（erasable programmable ROM，EPROM）、电可擦除可编程的只读存储器（electrically erasable programmable ROM，EEPROM）和快闪存储器（flash memory）。

3.3.3 外存储器

外存储器（辅存）是为了解决和弥补内存储器容量不足并且无法长久存储信息的缺憾而设置的后援存储器，用以存放当前不参加运行的程序和数据。因它通常位于所谓的主机的范畴之外，所以常称为外存。

外存储器上的信息无法直接被 CPU 读写，而只能先调入内存，才能被 CPU 访问。

由于内存储器的容量受地址位数、成本、速度等多方面因素的制约，其容量不会很大，且不能长期保存数据。在大多数计算机系统中都会配置永久大容量存储器，如磁盘、磁带或光盘等，作为对主存的补充与后援，用来存放暂不使用的程序与数据，如系统软件、应用软件、大型文件、数据库程序和数据信息等。

外存储器的优点是存储容量大、可靠性高、价格低廉；所记录的信息可以长时间保存而不丢失；所存储信息可以非破坏性读出。主要缺点是存取速度慢，机械结构相对庞大复杂。

外存大多采用磁性或光学材料制成。常用的外存储器有软盘、硬盘、磁带、各种光存储设备及 U 盘等。

1. 软盘

软盘（floppy disk）是个人计算机中最早使用的可移介质。软盘的读写是通过软盘驱动器完成的。软盘存取速度慢，容量也小，目前已经被 U 盘取代。虽然市场上出售的微机基本已经不再配置这种设备了，但是计算机硬盘驱动器盘符 A:和 B:（专门用于 3.5 英寸和 5.25 英寸软盘）却永远被遗留空闲在那里。

图 1-3-4 所示为 1.44MB 的 3.5 英寸的软盘结构图和容量计算方法。

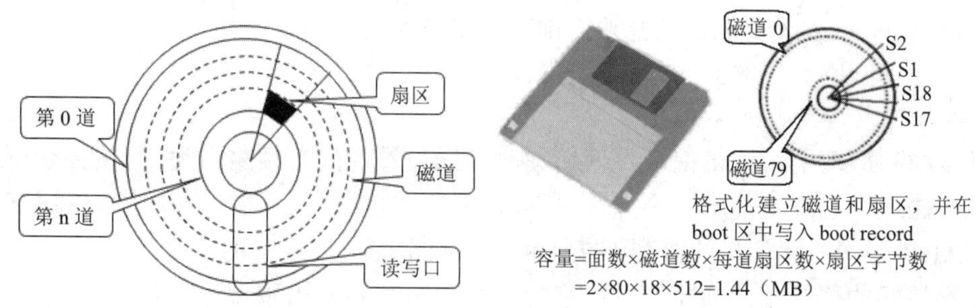

图 1-3-4 软盘结构和容量计算方法

2. 硬盘

硬盘（hard disk drive，HDD）是常说的外存储器的主要代表。硬盘是通过坚硬的金属旋转盘片为基础的非易失性存储设备。它在平整的磁性表面存储和检索数字数据。信息通过离磁性表面很近的写头，由电磁流来改变极性方式被电磁流写到磁盘上。信息可以通过相反的方式回读。

硬盘是计算机非常重要的外部存储器，它具有可靠性高、精密度高、存储容量大、存取速度快等特点，一般的计算机均配有硬盘，有的还具有多块。系统和用户的程序、数据等信息通常保存在硬盘上。

硬盘是以铝合金或玻璃圆盘为基片，以上下两面涂有磁性材料而制成的磁盘为基础，将多个磁盘固定在一根轴上，以组成一个盘组。硬盘上的读/写磁头大多是浮动的，可沿盘面的径向移动。硬盘就是将磁盘片、读/写磁头、伺服电动机及驱动部件全部封装在一个密封的盒子里而制成的。

磁盘片是存储信息的介质，每个磁盘片有上下两个盘面，每个盘面有一个读写头，用于读出或写入盘面上的信息，如图 1-3-5（a）所示。就单片磁盘而言，硬盘片与软盘片的信息存储结构原理相似。

磁盘片表面的信息存放格式如图 1-3-5（b）所示，每个盘面上有几十条到几百条同心圆，即磁道，由外向里分别为 0 磁道、1 磁道、…、n 磁道。每条磁道又分为若干个扇区，每个扇区可存放若干字节的信息。磁盘上的信息以块作为存取单位，一个信息块可以是一个扇区或是多个扇区。当主机访问磁盘存储器时，就先给出磁盘的盘面号、磁道号、扇区及存储信息块的长度，这些参数实际上是访问硬盘存储器的“地址”；根据给定的盘面号，启动该盘面上的读/写头处于将读/写状态，然后由磁头步进电动机将磁头移动到给定的磁道号在磁道上，磁盘在驱动电动机的驱动下旋转，当给定扇区进入磁头下时，便可以从磁

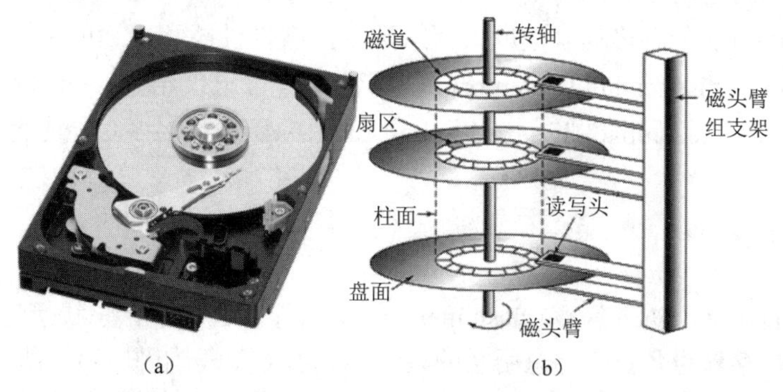

图 1-3-5 硬盘的结构

头中存取信息，直到给定长的信息块全部存取完毕为止。

3. 磁带

从结构和原理上，磁带记录数据和读取数据与普通的音频磁带类似。磁带的表面被分为八个磁道，磁道上的每一个点可以存放一位二进制信息。磁带属于顺序存取存储设备（SAM）。磁带所存信息的排列、寻址和读写操作均是按顺序进行的，并且存取时间与信息在存储器的位置相关顺序存取，它的平均读写时间要比磁盘长得多，但磁带设备装卸磁带非常方便，因而大量被使用于数据的备份存储，同时其价格也非常便宜。微机上没有配备这个存储设备。

4. 光存储设备

高密度光盘（compact disc）统称为光盘，简称CD。光存储设备是利用光学原理作用激光技术存储和读取高密度信息的新型存储装置，光盘利用激光束在光盘表面上存储信息，并根据激光束反射光的强弱来读取信息。由于光盘具有记录密度高、存储容量大、信息保存寿命长、工作稳定可靠等特点，已受到人们的高度重视，广泛应用于存储各种数字信息。

光盘盘面上有一层可塑材料。当写入数据时，用高能激光束照射光盘盘片，若要记录的信息是二进制数字“0”，就在可塑层上灼出一个极小的坑；若要记录的信息是二进制数字“1”，则可塑层上的当前点位保持原样。当读出数据时，用低能激光束射入光盘，利用光盘表面的“小坑”与“空白”处对激光的不同反射来区分二进数字“0”和“1”，如图1-3-6所示。

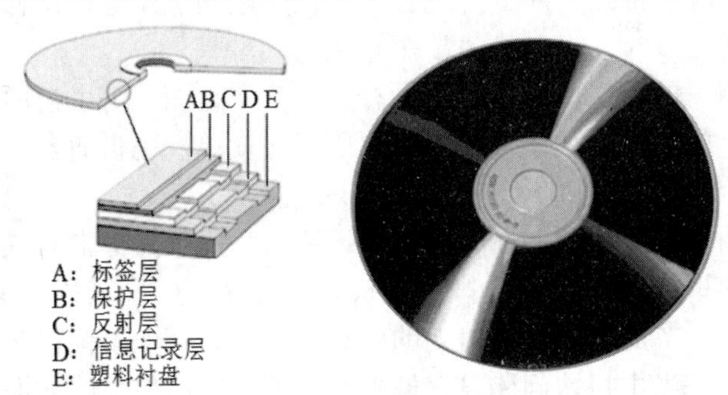

图1-3-6 光盘的结构

光盘由光盘驱动器（简称光驱）读写。光驱是一个集光学、机械和电子技术于一体的产品。不同厂家制造的光驱的外形基本相同。光盘在光驱中高速转运，光驱中的激光头在伺服电动机的控制下前后移动来读取或写入数据。根据性能和用途的不同，光盘可分为只读型光盘（compact disc read only memory，CD-ROM）、可记录光盘（compact disc recordable，CD-R）、可重写光盘（compact disc read/write，CD-R/W）和数字多功能光盘（digital versatile disk，DVD）。

5. U盘

U盘采用的存储介质为闪存（flash memory），是具有通用串行总线接口（universal serial bus，USB）的外存储设备，有时也用它的谐音称为“优盘”，如图1-3-7所示。U盘体积小、容量大、价格便宜、方便携带，非常适合文件及数据的交换等应用，特别是各大计算机厂商迅速支持 U 盘作为外设，使 U 盘迅速成为个人移动存储的主流产品。

目前市场上主流的 U 盘产品的容量有几个 GB 到几百个 GB。另外，目前大多数手机、iPad、MP3、MP4 也具有 USB 接口，它们也相当于一个 U 盘。

图 1-3-7 U 盘的结构

3.3.4 存储器的分级存储结构

在多种类别的存储器中，半导体存储器具有较快的存取速度，但存储容量有限；而磁盘和磁带存储容量大，但存取速度慢。

为了发挥它们各自的优势和解决单一种类的存储器不能满足实际需求的问题，目前的计算机系统中，通常采用“高速缓冲存储器—主存储器—外存储器”三级存储体系结构，如图 1-3-8 所示。这是一种把几种存储技术结合起来、互相补充的折中方案。从中可以看出这个层次结构的规律：自上到下存储器的价格逐次降低，容量依次增加，访问时间逐渐增大。

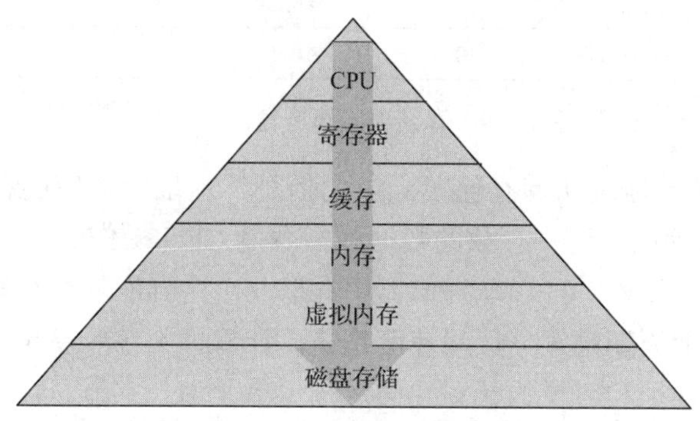

图 1-3-8 存储器的分层结构

使用上述的三级存储体系，各级存储器承担的职能各不相同。其中快速缓冲存储器主要强调快速存取，以便使存取速度和 CPU 的运算速度相匹配；外存储器主要强调大的存储容量，以满足计算机的大容量存储要求；主存储器介于快存与外存之间，要求选取适当的存储容量和存取周期，使它能容纳系统的核心软件和较多的用户程序。

从 CPU 看，存储速度接近于上层的高速缓冲存储器，容量及成本却是接近最底层的外存储器，这大大提高了计算机系统的性能价格比。

3.3.5 存储单元与地址

1. 存储单元

存储单元是指在存储器中作为一个存取单位进行信息存储的地方。在计算机的存储系统中，都是以字节为单位进行存储组织的，每个存储单元存放一个字节数据，所以存储器的存储容量是指存储器中存储单元的总数。存储单位用字节（B）表示。

2. 存储地址

为了对存储设备进行有效的管理和区别存储设备中的不同存储单元，需要对存储单元按一定的顺序进行编号，存储单元与编号一一对应。

存储地址是指每一个存储单元所对应的一个编号，又称为该存储单元的单元地址。存储单元存放一个字节，其单元编号为字节地址；存储单元存放一个字，其单元编号为字地址。

不同计算机系统中，存储单元地址编号方法各不相同。在一个特定的计算机系统中，每个存储器单元与其地址一一对应，且其地址是固定不变的，但某一地址中保存的内容是可以经常变化的。

存储单元地址与存储单元中存储的内容都是二进制的，但为了方便表示，习惯上将存储地址用十六进制表示。

如图 1-3-9 所示为一个容量为 1KB 的存储器的单元地址及其内容的示例。存储器的容量为 1KB，即有 1024 个存储单元，其地址范围是 000H～3FFH。

存储单元地址	十进制地址	十六进制地址	存储单元内容
000000000000	0	000	00000000
000000000001	1	001	00000010
000000000010	2	002	00000100
……	……	……	……
001111111111	1023	3FF	11111100

图 1-3-9 存储单元地址与内容示例

CPU 通过存储单元地址访问存储单元中的信息，地址所对应的存储单元中的信息是 CPU 的操作对象，即存储单元中存放的数据或指令是 CPU 操作的对象。CPU 对存储器的两个基本操作为读取和写入。CPU 从存储器中存取一个字到能够再存取下一个字所需的时间称为存取周期。存取周期越短，读写速度越快，计算机工作效率越高。

下面做两个存储地址和容量的计算，假定每一单元为一字节。

例如，编号为 4000H～4FFFH 的地址中对应的存储容量为多少？

4FFFH−4000H+1H

=FFFH+1H

=1000H

$=16^3D=(2^4)^3D=2^{12}D=4KB$

再如，有一个 32KB 的存储器，用十六进制对它的地址进行编码，起始编号为 1000H，那么末地址为多少？

1000H+32KB−1H

$=1000H+32D\times 2^{10}D-1H$

$=1000H+2^5D\times 2^{10}D-1H$

=1000H+1000000000000000B−1H

=1000H+8000H−1H=8FFFH

3.3.6 存储器的性能指标

衡量存储器性能的主要指标有存储容量、时钟周期和存取时间等。

1. 存储容量

存储存量表示内存储器存储信息的多少与能力。通常用字节数来表示。一般情况下，计算机系统内存容量越大，其性能也就越高。目前微机流行内存大小为 4GB 或 8GB。

2. 时钟周期

时钟周期与工作频率 F 是成倒数的，即时钟周期=1/F。时钟周期越短说明内存所能运行的频率越高。例如，一块标有“-10”字样的内存芯片，表示它的运行时钟周期为 10ns，即可以在 100MHz 的频率下正常工作。

3. 存取时间

信息存入内存储器的操作称为写操作，信息从内存储器取出的操作称为读操作。存取时间是描述内存储器读/写速度的重要参数。为了提高内存的工作速度并使之与 CPU 的速度相匹配，总是希望存取时间越短越好。一般用读/写时间、读/写周期和存取速度等指标来衡量存取时间。

3.4　输入/输出系统

输入/输出系统由输入/输出接口电路和输入/输出设备构成，是信息处理系统中完成输入和输出过程的子系统。其功能是使人和计算机之间进行信息交流。输入/输出系统包括多种类型的输入/输出设备（通常也简称外设），以及连接这些设备与处理器、存储器进行数据通信的接口电路。

外设是处理器和存储器能够实现与外部的数据交换，同时大部分外设都是直接与用户（人）打交道，因此也称为人机交互设备。

外设的种类繁多，有机械式和电动式，也有电子式和其他形式。其输入信号，可以是数字式的电压，也可以是模拟式的电压和电流。

所以输入设备的输入信号必须经过必要的处理，以 CPU 能够接收的数字形式送入系统进行处理，这就是输入过程。同理，输出信息要经过必要的处理，以人能够识别或外设能够接收的形式输出，这就是输出过程。

输入/输出设备的工作速度比 CPU 和存储器慢了很多，因此必须设计相应的接口（Interface）使输入/输出设备与 CPU 及存储器能够协同工作。接口位于输入/输出设备与 CPU、存储器之间。

接口通过内部总线与 CPU 与存储器连接，以较高的速度运行，适应 CPU 与存储器高速运行的需要；接口还通过外部总线与输入/输出设备连接，以较低的速度与输入/输出设备进行数据交换。因此，接口是在高速的 CPU 与存储器和低速的输入/输出设备之间的缓冲，实现了主机与输入/输出设备数据速度的匹配，接口示意图如图 1-3-10 所示。

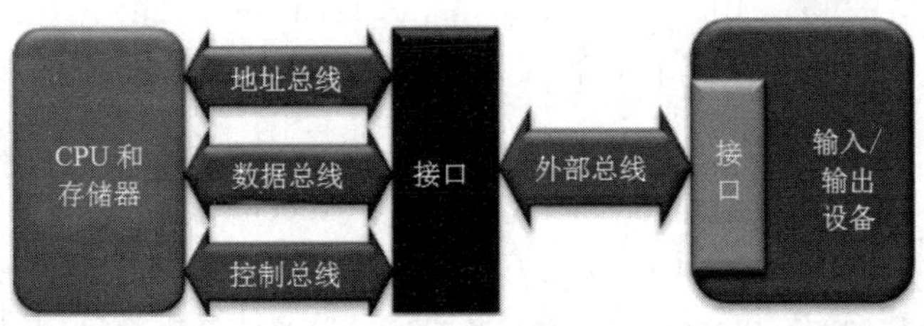

图 1-3-10　接口示意图

3.5 总线系统

3.5.1 总线

总线（bus）是连接两个或多个设备的信息传输线，是各个部件共享信息的介质，在计算机系统中起着至关重要的作用。

从物理意义上来说，总线就是一组导线，计算机的所有部件都通过总线连接。从逻辑意义上来说，总线就是传输信息的公共通道。总线概念框图如图 1-3-11 所示。

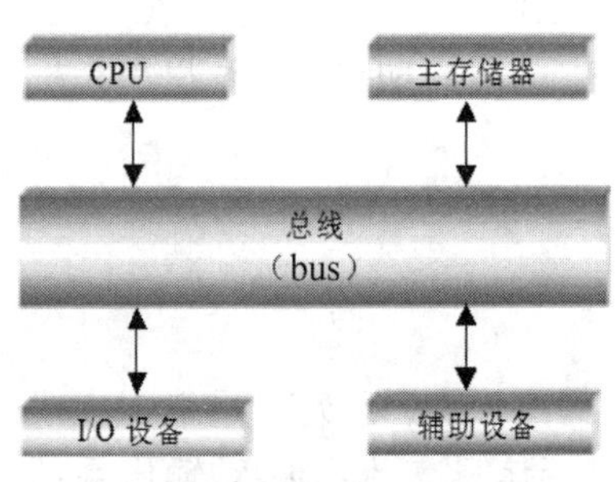

图 1-3-11 总线概念框图

使用总线连接有效地减少了各系统部件连接的复杂性，同时总线还减少了电路的使用空间，使系统能够实现小型化和微型化设计。采用总线结构便于部件和设备的扩充，尤其制定了统一的总线标准则容易使不同设备间实现互联。

按照总线连接部件的性质的不同将总线分为内部总线与外部总线。

当多个部件连接到总线上时，一个设备发出的信号能够被其他所有连接在这条总线上的设备所接收。但如果有两个或两个以上的设备同时向总线发送信号时，会导致信号的重叠，这样就会引起信号的混淆，不能传输正确的信号。所以在某个时间段内，只允许一个设备向总线发送信号，其他多个设备可以同时从总线上接收信号，这样才能保证信号的成功传输。

3.5.2 内部总线

内部总线又称为系统总线，主要用于连接计算机主机系统内部的主要功能部件，是计算机内部传送数据信息、控制信息和地址信息的数据传输通道。

内部总线根据其传输信息的不同，分为数据总线 DB（data bus）、地址总线 AB（address bus）和控制总线 CB（control bus）。

① 数据总线　用来传输各功能部件之间的数据信息。

② 地址总线　主要用来指出数据总线上的数据在主存单元或 I/O 端口的地址。

③ 控制总线　用来控制对数据总线、地址总线的访问与使用。

3.5.3 外部总线

外部总线主要用于计算机系统的主机与外部设备之间的互联。由于外部设备之间差别很大，因此外部总线在形式上与内部总线有很大的差别。

在计算机系统中，不同厂家生产的同一功能部件（如显卡等）在实现方法上肯定是不相同的，但各个厂家生产的部件却可以互换使用，其原因何在？就是因为它们都遵守了相同的系统总线的标准，如 ISA（industry standard architecture，工业标准体系结构）、EISA（extended industry standard architecture，扩展工业标准体系结构）、PCI、PCI Express 等内部总线标准及 SCSI（small computer system interface，小型计算机系统接口）、ATA（advanced technology attachment，高技术配置）、USB 等外部总线标准等。

思　考　题

1. 判断题

（1）各种存储器的主要性能指标是存储周期和存储容量。（　　）

（2）就存取速度而言，内存比硬盘快，硬盘比U盘快。（　　）

（3）高速缓存存储器用于CPU与主存储器之间进行数据交换的缓冲，其特点是速度快，但容量小。（　　）

（4）程序一定要装到内存储器中才能运行。（　　）

（5）计算机操作过程中突然断电，RAM中储存的信息全部丢失，ROM中储存的信息不受影响。（　　）

（6）操作系统把刚输入的数据或程序存入RAM中，为了防止信息丢失，用户在关机前，应将信息保存到外存储器中。（　　）

（7）半导体组成的RAM是易失的，而静态RAM存储的信息即使切断电源也不会丢失。（　　）

（8）磁盘既可作为输入设备又可作为输出设备。（　　）

（9）只读存储器是专门用来读出内容的存储器，但在每次加电开机前，必须由系统为它写入内容。（　　）

（10）根据传递信息的种类不同，系统总线可分为地址总线、控制总线和数据总线。（　　）

（11）计算机系统的资源是程序。（　　）

（12）计算机能直接执行的指令包括两个部分，它们是源操作数和目标操作数。

（13）编译程序只能一次读取、翻译并执行源程序中的一行语句。（　　）

（14）在完成同一任务的情况下，用机器语言编写的程序，其执行速度比用高级语言编写的程序慢。（　　）

（15）汇编语言之所以属于低级语言是由于用它编写的程序执行效率不如高级语言。（　　）

2. 单选题

（1）在计算机的硬件系统中，ALU的组成部件不包括______。

A. 控制线路　B. 译码器　C. 加法器　D. 寄存器

（2）下列叙述中，正确的是______。

A. CPU能直接存取硬盘上的数据　B. CPU能直接存取内存储器中的数据

C. CPU能直接存取U盘上的数据　D. CPU能直接存取所有存储设备上的数据

（3）SRAM存储器是______。

A. 静态随机存储器　B. 动态随机存储器

C. 静态只读存储器　D. 动态只读存储器

（4）在结构上，磁盘被划分为一定数量的同心圆磁道，软盘上最外圈的磁道是______。

A. 0磁道　B. 79磁道　C. 1磁道　D. 80磁道

（5）一条计算机指令中，通常包含______。

A. 数据和字符　　B. 操作码和操作数

C. 运算符和数据　　D. 被运算数和结果

（6）配置高速缓冲存储器是为了解决______。

A. 内存与辅助存储器之间速度不匹配问题

B. CPU与辅助存储器之间速度不匹配问题

C. CPU与内存储器之间速度不匹配问题

D. 主机与外设之间速度不匹配问题

（7）下面与地址有关的论述中，错误的是______。

A. 地址寄存器是用来存储地址的寄存器

B. 地址码是指令中给出源操作数地址或运算结果的目的地址的有关信息部分

C. 地址总线上既可传送地址信息，也可传送控制信息和其他信息

D. 地址总线上除传送地址信息外，不可以用于传输控制信息和其他信息

（8）在下列各种存储设备中，读取数据的速度由快到慢的顺序为______。

A. 寄存器、光盘、内存和硬盘　　B. 内存、寄存器、硬盘和光盘

C. 寄存器、内存、硬盘和光盘　　D. 内存、硬盘、寄存器和光盘

（9）如果一台计算机的地址线有32根，那么它的寻址（字节地址）空间有______。

A. 32B　　B. 256B　　C. 4KB　　D. 4GB

（10）有一块32KB的存储器空间，用十六进制对它的地址（字节地址）进行编码，起始编号为0000H，末地址应该为_____。

A. 1FFFH　　B. 3FFFH　　C. 7FFFH　　D. FFFFH

3. 多选题

（1）完整的计算机硬件系统一般包括_____。

A. 外部设备　　B. 存储器　　C. CPU　　D. 主机

（2）下列计算机外设中，可以作为输入设备的是_____。

A. 打印机　　B. 绘图仪　　C. 扫描仪　　D. 数码照相机

（3）下列叙述中，正确的是_____。

A. 外存储器既可作为输入设备，也可作为输出设备

B. 操作系统用于管理计算机系统的软、硬件资源

C. 键盘上功能键表示的功能是由计算机硬件确定的

D. 个人计算机开机是应先接通外部设备电源，后接通主机电源

（4）下列有关 U 盘格式化的叙述中，不正确的是_____。

A. 只能对新U盘做格式化，不能对旧U盘做格式化

B. 只有格式化后的U盘才能使用，对旧U盘格式化会抹去盘中原有的信息

C. 新U盘不做格式化照样可以使用，但格式化可以使盘的容量增大

D. U盘格式化可以设定该盘所用的文件系统

（5）打印机的接口一般为_____。

A. COM1接口　　B. COM2接口　　C. LPT1接口　　D. USB接口

第 4 章　计算机软件系统

内容提要

- 软件与软件系统
- 操作系统
- 程序设计语言
- 语言处理程序
- 算法与程序实现

4.1　计算机软件概述

4.1.1　软件概念

计算机的软件是指计算机系统中的程序、数据及其相关文档的总称。软件组成示意图如图 1-4-1 所示。

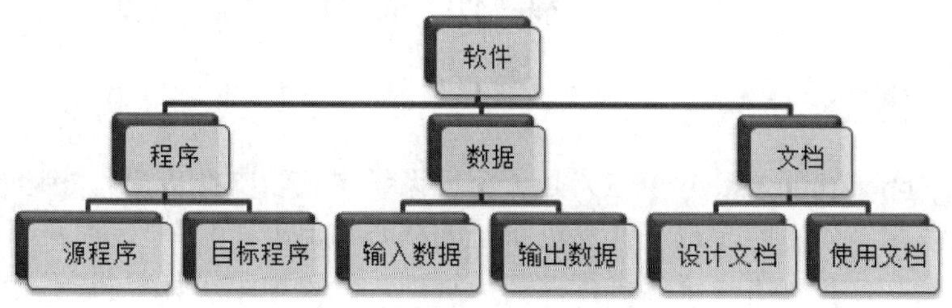

图 1-4-1　计算机的软件组成

① 程序　是指人们为了完成某一特定任务而编制的一系列的机器指令序列。

② 数据　是指所有能输入到计算机并被计算机程序处理的符号和介质的总称，是用于输入计算机进行处理，具有一定意义的数字、字母、符号和模拟量等的通称。

③ 文档　是软件的重要组成部分，是指用来描述程序的内容、组成、设计、功能规格、开发情况测试结果及使用方法说明等。

没有安装软件的计算机是无法工作的，通常称之为“裸机”。硬件是计算机的物理基础，而软件是硬件和用户之间的接口，用户是通过软件在使用计算机。

计算机其实并不解决问题，它们只是执行解决问题的指令和方案。而解决问题的指令和方案则是由人编写和提供，并以软件的形式存在。因此，计算机软件其本质是一种服务。

4.1.2　软件系统

计算机的软件系统是指控制、管理和指挥计算机工作和解决各类应用问题的所有程序的总和。其可称之为计算机的“灵魂”。

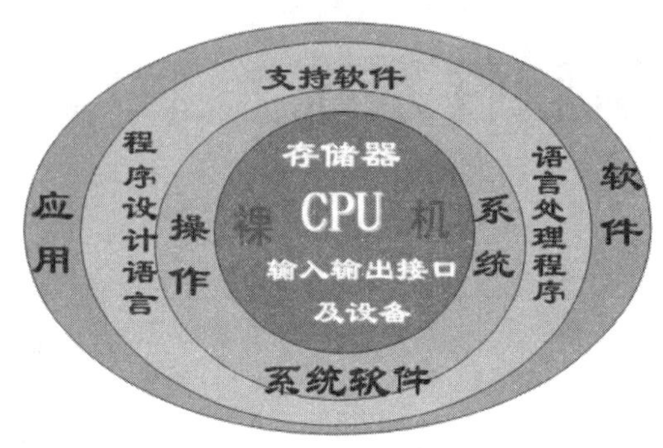

图1-4-2 计算机的软件系统

计算机的软件系统由系统软件和应用软件两大部分组成，如图1-4-2所示。

系统软件是管理、控制和维护计算机的各种软件。系统软件面向机器本身，它指挥和控制计算机的工作过程，支持应用软件的运行，提供用户使用计算机的方便界面，并提供通用的服务。系统软件的特点是通用性和基础性。

系统软件由操作系统、语言处理程序和支持软件等组成。

① 操作系统　管理和控制计算机的软件核心。其任务是管理计算机的各种资源，合理组织计算机的工作流程。操作系统是用户与计算机的接口界面、中间介质。

② 语言处理程序　将用汇编语言和高级语言等机器不可直接识别的语言编写的程序翻译成机器语言程序。

③ 支持软件　指在软件开发过程中进行管理和实施而使用的软件工具。支持软件包括编辑程序、连接程序、诊断程序、调试程序及数据库管理程序。

应用软件是为了解决各类应用问题而编制的一些软件。应用软件适用于特定的应用领域。应用软件包括通用和专用两类。

4.2 操 作 系 统

4.2.1 操作系统定义

操作系统（operating system，OS）是计算机系统中负责支撑应用程序运行环境以及用户操作环境的系统软件，同时也是计算机系统的核心与灵魂。

操作系统是对计算机所有资源进行控制与管理，合理地组织计算机的工作流程，方便用户使用计算机系统的大型程序软件。它由许多具有控制和管理功能的子程序组成，它是用户与计算机的接口界面和中间介质。

操作系统负责并提供的接口有OS与计算机硬件的接口、OS与其他软件之间的接口、OS与计算机网络或通信线路之间的接口和OS与操作人员之间的接口，如图1-4-3所示。

图1-4-3 操作系统接口

所以，操作系统首先是一个软件，其次它是用于控制管理计算机自身的软件。

4.2.2 操作系统功能

操作系统负责对计算机的所有软件资源、硬件资源的管理，它能够合理地分配、调度、回收和管理计算机的各类资源，它控制着计算机所有操作。它提供了用户可以存储和检索文件的方法，提供了用户可以请求执行程序的接口，还提供了程序请求执行所必需的环境。用户通过操作命令，或其他程序通过系统调用来与接口打交道，从而获得系统服务。

从宏观上看，操作系统是一台比“裸机”功能更强大、服务质量更高、使用户觉得更灵活方便的虚拟机器，是用户与裸机的界面接口，用户通过操作系统使用计算机。

计算机的所有资源包括硬件资源和软件资源。硬件资源包括处理机系统、存储器系统、输入/输出系统和总线系统。软件资源包括程序和数据。

所以操作系统对计算机所有资源的管理分为五大模块：处理机管理、存储管理、设备管理、作业管理和文件管理。具体如图 1-4-4 所示。

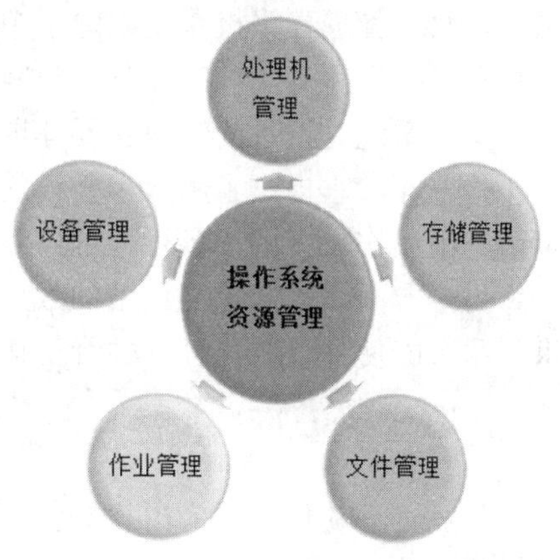

图 1-4-4　操作系统资源管理五大模块

1. 处理机管理

处理机管理实质上是对处理机执行“时间”的管理，即如何将 CPU 真正合理地分配给每个任务。

CPU 是计算机系统中最重要、最宝贵和竞争最激烈的硬件资源。由于 CPU 的工作速度要比其他硬件快得多，但是任何程序只有占有了 CPU 才能被运行，而需要运行的程序很多，因此，操作系统的处理机管理主要是对中央处理机进行有效的动态调度和协调管理。

其实 CPU 在某一时刻只能做一件事情，而用户主观上却感觉计算机能同时处理很多应用任务，这是操作系统为了最大限度提高 CPU 的资源利用率而采取的一种策略。

只有“万事俱备”的任务才得以执行，CPU 在不同的任务之间切换，而且每秒钟切换的次数可能多达数千次。这种快速切换的操作就是操作系统采用的多道程序设计技术。当多道程序并发运行时，引进进程（是指将一个程序分为多个处理模块，进程是程序运行的动态过程）的概念。通过进程管理，协调多道程序之间的 CPU 分配调度、冲突处理及资源回收等关系。

2. 存储管理

存储管理实质上是对存储“空间”的管理，主要指对内存的管理。计算机内存的资源有限，但却是通往 CPU 的唯一通道和暂存区域，只有被装入内存储器的程序才有可能去竞争中央处理机。因此，有效地利用主存储器可保证多道程序设计技术的实现，也就保证了中央处理机的使用效率。

存储管理就是要根据用户程序的要求为用户分配内存储区域。当多个程序共享有限的内存资源时，操作系统就按某种分配原则，为每个程序分配内存空间，使各用户的程序和数据彼此隔离，互不干扰及破坏；当某个用户程序工作结束时，要及时收回它所占的主存区域，以便再装入其他程序。另外，操作系统利用虚拟内存技术，把内、外存有效地结合起来，共同管理。

3. 设备管理

设备管理实质是对硬件设备的管理，其中包括对输入/输出设备的分配、启动、完成和回收，负责管理计算机系统中除了中央处理机和主存储器以外的其他硬件资源，是系统中最具有多样性和变化性的部分，也是系统中的重要资源。

操作系统对设备的管理主要体现在两个方面：

一方面，它提供了用户和外设的接口。用户只需通过键盘命令或程序向操作系统提出申请，则操作系统中设备管理程序实现外部设备的分配、启动、回收和故障处理。

另一方面，为了提高设备的效率和利用率，操作系统还采取了缓冲技术和虚拟设备技术，尽可能使外设与处理器并行工作，以解决快速 CPU 与慢速外设的矛盾。

4. 作业管理

作业管理的任务是为用户提供一个使用系统的良好环境，使用户能有效地组织自己的工作流程。

用户要求计算机处理某项工作称为一个作业，一个作业包括程序、数据以及解题的控制步骤。用户一方面使用作业管理提供“作业控制语言”来书写自己控制作业执行的操作说明书；另一方面使用作业管理提供的“命令语言”与计算机资源进行交互活动，请求系统服务。

作业、程序和进程三者之间存在着特定的关联关系，进程、程序、作业是同一对象在不同时间段内的状态的描述。即进程是动态的，程序是静态的，作业介于它们之间。

进程是正在内存中运行的程序，而程序本身并不是进程，只是一个静态的实体，是一组有序指令的集合。程序被选中到运行结束并再次成为程序的整个过程就是作业。

5. 文件管理

文件管理又称为信息管理，是操作系统对计算机系统中软件资源的管理。它将逻辑上有完整意义的信息资源（程序和数据）以文件的形式存放在外存储器（磁盘、磁带、U 盘等）上，并赋予一个名字称为文件。

文件管理通常由操作系统中的文件系统来完成这一功能。文件系统由文件、管理文件的软件和相应的数据结构组成。

文件管理有效地支持文件的存储、检索和修改等操作，解决文件的共享、保密和保护问题，并提供方便的用户界面，使用户能实现按名存取，使得用户不必考虑文件如何保存以及存放的位置，但同时也要求用户按照操作系统规定的步骤使用文件。

4.2.3 操作系统的类型

操作系统并不是伴随着计算机的诞生而诞生的，而是随着计算机硬件技术的成熟、成本的下降和软件功能的日趋完善而逐渐衍生出来的，操作系统属于第三代计算机的软件产物。

对操作系统的分类既可以从计算机的规模和功能划分，也可以从用户独占或共享计算机资源情况划分。但通常是按照操作系统的功能来划分，主要有批处理操作系统、分时操作系统、实时操作系统、网络操作系统、分布式操作系统、嵌入式操作系统和通用操作系统等。

1. 批处理操作系统

批处理操作系统（batch processing operating system）就是将许多用户的作业组成一批作业，之后输入到计算机中，在系统中形成一个自动转接的连续的作业流，然后启动操作系统，系统自动、依次地执行每个作业。

批处理操作系统的特点是多道和成批处理。

2. 分时操作系统

分时操作系统（time sharing operating system）是专门针对多用户共享计算机资源的情况，即一台主机连接了若干个终端，每个终端有一个用户在使用。

分时操作系统将 CPU 的时间划分成若干个片段，称为时间片。操作系统以时间片为单位，轮流为每个终端用户服务。用户交互式地向系统提出命令请求，系统接受每个用户的命令，采用时间片轮转方式处理服务请求，并通过交互方式在终端上向用户显示结果。用户根据上步结果发出下道命令。每个用户轮流使用一个时间片，这样每个用户并不会感到有别的用户存在。

分时系统具有多路性、交互性、“独占”性和及时性的特征。

3. 实时操作系统

实时操作系统（real time operating system）是指使计算机能及时响应外部事件的请求在规定的严格时间内完成对该事件的处理，并控制所有实时设备和实时任务协调一致地工作的操作系统。

实时操作系统要追求的目标是：对外部请求在严格的时间范围内作出反应，有高可靠性和完整性。其主要特点是资源的分配和调度首先要考虑实时性，然后才是效率。此外，实时操作系统应有较强的容错能力。

4. 网络操作系统

网络操作系统（network operating system）是基于计算机网络的，是在各种计算机操作系统上按网络体系结构协议标准开发的软件，包括网络管理、通信、安全、资源共享和各种网络应用。其目标是相互通信及资源共享。在其支持下，网络中的各台计算机能互相通信和共享资源。其主要特点是通过与网络的硬件相结合来完成网络的通信任务。

5. 分布式操作系统

分布式操作系统（distributed operating system）是专为分布计算机系统配置的操作系统。大量的计算机通过网络被连接在一起，可以获得极高的运算能力及广泛的数据共享。

分布式操作系统是网络操作系统的更高形式，它保持了网络操作系统的全部功能，而且还具有透明性、可靠性和高性能等。

网络操作系统和分布式操作系统虽然都用于管理分布在不同地理位置的计算机，但最大的差别是：网络操作系统知道确切的网址，而分布式系统则不知道计算机的确切地址。分布式操作系统负责整个的资源分配，能很好地隐藏系统内部的实现细节，如对象的物理位置等。

6. 嵌入式操作系统

嵌入式操作系统（embedded operating system）是指对嵌入式系统进行管理的系统软件。通常将嵌入了处理器、存储器和接口电路的设备称为嵌入式系统。嵌入式操作系统对整个智能芯片以及它所控制的各种部件模块等资源进行统一调度、指挥和控制。

嵌入式系统通常执行的是带有特定要求而预先定义的任务，因而嵌入式操作系统通常都设计得非常紧凑有效，抛弃了运行在它们之上的特定的应用程序所不需要的各种功能，与具体的应用有机地结合在一起，一般都固化在只读存储器或闪存中，通常它的升级换代也是和具体产品同步进行的。

当下，手机及PDA等手持移动系统、智能机械、智能家电等日益普及，在这些设备中都嵌入了各种微处理器或控制芯片，需要相应的系统软件进行管理。

7. 通用操作系统

通用操作系统（general operating system）兼具了批处理、分时、实时和网络等多种处理技术的功能。

常见的通用操作系统是分时系统与批处理系统的结合。其原则是分时优先，批处理在后。“前台”响应需频繁交互的作业，如终端的要求；“后台”处理时间性要求不强的作业。

4.2.4 常用操作系统

操作系统的形态非常多样，不同机器安装的操作系统可从简单到复杂，可从手机的嵌入式系统到超级计算机的大型操作系统。

目前常见的操作系统有DOS、UNIX、Xenix、Linux、Windows、Netware和Mac OS X等。

1. DOS操作系统

MS-DOS（Microsoft disk operating system，微软磁盘操作系统）是微软公司1981年出品的“镇店”产品。DOS是一个单用户、单任务、字符显示模式、以磁盘管理和文件管理为主的操作系统，采用的是对计算机手动输入命令行的方式下，对计算机进行操作和控制。

DOS是一种个人计算机的操作系统（1995年以前），DOS用一些接近于自然语言或其缩写的命令，就可以轻松地完成绝大多数的日常操作。另外，DOS作为操作系统能有效地管理、调度、运行个人计算机各种软件和硬件资源。

MS-DOS系统采用层次模块结构，由一个基于MBR（main boot record，主引导目录）的引导程序和三个文件模块组成。

① 引导程序（格式化时写入） BOOT。

② 最底层（输入/输出模块，隐藏文件，常驻内存） ROMBIOS（固化在ROM中，常驻内存）和IO.SYS。

③ 中间层（磁盘管理模块，隐藏文件，常驻内存） MSDOS.SYS。

④ 最外层（命令处理模块，显示文件，其中包含的所有内部命令常驻内存）COMMAND.COM。

DOS系统组成结构示意图如图1-4-5所示。

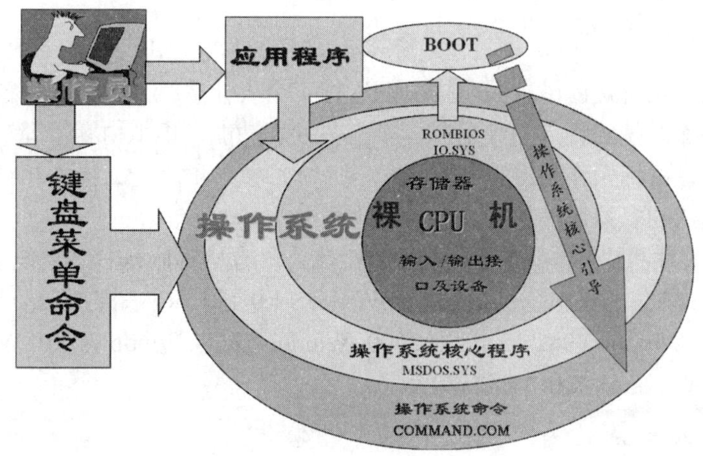

图 1-4-5 DOS 操作系统组成结构图

实际上，在微软公司的 Windows 9x 系列及 Windows ME 操作系统的底层系统还是 DOS。而 Windows XP 和 Windows 7 在“附件”中有一个“命令提示符”（CMD），其模拟了一个 DOS 环境，可以使用相关的命令来操作计算机和网络。

2. UNIX 和 Linux 操作系统

（1）UNIX

UNIX 操作系统，是美国 AT&T 公司于 1971 年在 PDP-11 上运行的操作系统。最早由肯·汤普逊（Kenneth Lane Thompson）、丹尼斯·里奇（Dennis MacAlistair Ritchie）和 Douglas McIlroy 于 1969 年在 AT&T 的贝尔实验室开发。目前 UNIX 的三大派生版本有 UNIX System V、BSD UNIX 和 Xenix 操作系统。

UNIX 是一个强大的多用户、多任务操作系统，支持多种处理器架构，按照操作系统的分类，属于分时操作系统。UNIX 可以应用在从巨型计算机到普通个人计算机等多种不同的平台上，是应用面最广、影响力最大的操作系统。

（2）Linux

Linux 操作系统是 UNIX 操作系统的一种克隆系统，它诞生于 1991 年，以后借助于 Internet，并通过全世界各地计算机爱好者的共同努力，已成为今天世界上使用最多的一种 UNIX 类操作系统，并且使用人数还在迅猛增长。

Linux 是一套免费使用和自由传播的类 UNIX 操作系统，是一个基于 POSIX 和 UNIX 的多用户、多任务、支持多线程和多 CPU 的操作系统。它能运行主要的 UNIX 工具软件、应用程序和网络协议。它支持 32 位和 64 位硬件。Linux 继承了 UNIX 以网络为核心的设计思想，是一个性能稳定的多用户网络操作系统。

（3）UNIX 与 Linux 的比较

实际上，Linux 就是模仿 UNIX 界面和功能的操作系统，但是源代码和 UNIX 一点关系都没有。另外两者之间还有以下两大区别：

- UNIX 系统大多是与硬件配套的，而 Linux 则可运行在多种硬件平台上。
- UNIX 的大多数版本都是商业软件，而 Linux 是自由软件，免费、公开源代码的。

3. Windows 操作系统

Windows 操作系统是由微软公司推出的运行于个人计算机上的系列视窗操作系统的统称。Windows 操作系统的特点是单用户、多任务处理功能、虚拟内存管理、提供网络接口和支持网络服务、鼠标操作与键盘（Windows 8 增加了触屏功能）操作相结合、方便友好的图形界面、灵活的多窗口操作等。

随着计算机硬件和软件系统的不断升级，微软公司的 Windows 操作系统也在不断升级，从 16 位、32 位到 64 位操作系统，从最初的 Windows 1.0 到大家熟知的 Windows 95、Windows NT、Windows 97、Windows 98、Windows 2000、Windows ME、Windows XP、Windows Server、Windows Vista、Windows 7 和 Windows 8。

4. 嵌入式操作系统

目前嵌入式操作系统以平板计算机和高端智能手机操作系统最为盛行和完善。

在智能手机市场上，中国市场仍以个人信息管理型手机为主，随着更多厂商的加入，整体市场的竞争已经开始呈现出分散化的态势。目前应用在手机上的操作系统主要有 Palm OS、Symbian（塞班）、Windows Mobile. Linux、Android（安卓）、iPhone iOS、Black Berry（黑莓）OS 6.0、Windows Phone 7 等。

4.3 程序设计语言

4.3.1 计算机语言概述

1. 定义

语言的基础是一组记号和一组规则。根据规则由记号构成的记号串的总体就是语言。

程序设计语言（programming language）是用于书写计算机程序的语言，又称计算机语言，是用户与计算机交流信息的介质工具。计算机语言是指根据预先制定的语法规则而写出的语句集合，用这些语句编制的程序就构成了程序的源程序。

2. 发展

程序设计语言的发展过程伴随着整个计算机技术的发展而进行，从最初的二进制代码到今天接近自然语言的表达形式，经历了机器语言（属于第一代编程语言，简称 1GL，first generation programming language）、汇编语言（属于第二代编程语言，简称 2GL）和高级语言（属于第三代编程语言，简称 3GL）的过程。

而程序设计方法也由早期的面向过程的程序设计方法发展到面向对象的程序设计方法以及面向问题（属于第四代编程语言，简称 4GL，如 SQL 语言等）的程序设计方法。这个发展过程，使程序设计者更容易学习掌握语言，能以更接近问题本质的方式去思考和描述问题。

计算机语言又有低级语言和高级语言之分。

低级语言的特点是与特定的机器有关，功效高，但使用复杂、烦琐、费时、易出差错。实际上，语言的级别是根据它们与机器的密切程度划分的：越接近机器的语言级别越低，越远离机器的语言级别越“高级”。

高级语言的表示方法要比低级语言更接近于待解问题的表示方法，其特点是在一定程度上与具体机器无关，易学、易用、易维护。当高级语言程序翻译成相应的低级语言程序时，一般说来，一个高级语言程序单位要对应多条机器指令，相应的编译程序所产生的目标程序往往功效较低。

4.3.2 机器语言

机器语言是由 0 和 1 二进制代码按一定规则组成的、能被计算机直接理解和执行的指令序列。机器语言也称为二进制语言或手编语言。

机器语言是计算机所特有的，不同的计算机有不同的机器语言。机器语言的基本成分是硬件直接支持的二进制指令代码，也称二进制语言。

机器语言的主要特点是：

- 属于低级语言。
- 计算机能够直接识别并执行，因此程序执行效率较高。
- 不同的计算机系列有不同的机器语言，所以其面向机器，通用性及可移植性差。
- 机器指令的二进制代码难以记忆，编写机器语言程序很烦琐，容易出错。

4.3.3 汇编语言

汇编语言是由指令助记符（通常用指令的英文名称缩写而成）及相应的语法规则组成。汇编语言的语句大多与机器语言一一对应，所以又称为符号化的机器语言。

汇编语言既尽可能地保持了机器语言的优点，即程序执行的高效率，又在一定程度上降低了编程者记忆二进制和书写二进制的困难。

由于用汇编语言编写程序实际就是用指令助记符编写程序（称为汇编语言源程序），所以不能被计算机直接识别并执行，必须通过语言翻译程序将汇编语言源程序翻译成机器语言程序，计算机才能识别并执行。

汇编语言的主要特点是：

- 属于低级语言。
- 计算机无法直接识别并执行，必须通过汇编程序翻译成机器语言。
- 由于汇编语言的指令与机器语言的指令一一对应，因此程序执行效率较高。
- 不同计算机系列具有不同的汇编语言，所以其通用性及可移植性仍然较差。
- 与机器语言相比，记忆指令助记符比记忆二进制代码要容易，但仍很烦琐。

4.3.4 高级语言

高级语言是由表达各种意义的日常文字和数学符号及表达式按照一定的规则组合而成。

高级语言与计算机的硬件结构及二进制指令无关，它与人类的自然语言及数学公式很相似，有更强的表达能力，可方便地表示数据的运算和程序的控制结构，能更好地描述各种算法，所以又常称之为算法语言或过程语言。

使用高级语言编程，编程人员可以不了解计算机的硬件，不知道机器的指令系统。高级语言是面向应用的，所以机器不可直接识别，必须通过语言处理程序翻译成机器语言程序，计算机才能识别并执行。

高级语言的主要特点是：

- 属于高级语言。
- 计算机无法直接识别并执行，必须通过语言处理程序翻译成机器语言程序。不同的高级语言提供有自己的语言处理程序，即编译程序或解释程序。
- 由于高级语言采用自然语言符号，所以比较容易理解和记忆，但是程序的运行速度和效率比不上机器语言和汇编语言。
- 高级语言面向应用，所以其通用性及可移植性好。

4.3.5 常用语言种类

程序设计语言有近百种之多，常见的语言也有十多种。现在所用到的编程语言一般是以一个集成化环境的形式出现，在这个集成化环境中，包含了语言编辑器、调试工具、编译工具、运行工具、图标图像制作工具等。

目前，程序设计语言大致分为基于面向过程和面向对象两种类型。

1. 面向过程程序设计语言

面向过程程序设计（process oriented programming，POP）语言是支持基于面向过程程序设计方法的语言。

面向过程程序设计是指程序运行的顺序都是由程序员事先设计决定好的，即需要由程序员一步一步地安排好程序的执行过程的程序设计语言。

通俗地说，面向过程的程序设计就是程序员事先将所需要解决的问题，按照一定的设计分析方案，将问题分解成若干相互依赖、相互关联的子问题，然后再用高级语言描述被分解的子问题的解决步骤（子过程），最后把所有的子过程按照设计好的顺序调用方法集合起来就构成了一个完整程序。这种方法的致命缺陷是，程序代码从第一行一直写到最后一行，代码行之间的关系紧密。按照确定的方案，程序编写完成后，通常不支持随便修改方案，因为子过程之间的调用顺序和依存关系紧密，一旦需要修改，工作量会非常大，程序也容易出现硬伤和缺陷，除非推倒全部重来。

面向过程程序设计语言大多都是运行于字符显示模式的环境平台，目前，基本上已经被淘汰或者被升级为面向对象的程序设计语言。比较著名的有Basic、C、Pascal、Fortran、COBOL和Ada等。

2. 面向对象程序设计语言

面向对象程序设计（object oriented programming，OOP）语言是支持基于面向对象程序设计方法的语言，是当下主流的计算机语言的编程架构。

面向对象程序设计是将程序看作相互协作而又彼此独立的对象的集合。每个对象就像一个微型的程序，它有自己的数据、操作、功能和目的。对象之间通过发消息请求对方执行其内部预定义的操作，而外界无法直接对其私有数据施加额外操作。而程序运行的顺序是可以由用户在使用过程中触发和决定的。OOP的三个主要目标是程序的重用性、灵活性和扩展性。

面向对象程序设计语言大多都是运行于图形显示模式的环境平台，以可视化、事件触发机制来实现程序设计目标。近年来，使用较多的面向对象语言有 Visual Basic、Delphi、C++、Java 等。

随着计算机的发展和被广泛应用，程序设计的概念与早先相比，已经有了很大变化。许多程序设计语言曾经有过辉煌的历史，但大多已经成为过去，直到今天，被程序员选择用来设计各种程序的语言也就是 C++、Visual Basic 和 Java 等少数几种。

4.4　语言处理程序

通常用汇编语言或高级语言编写的程序称为源程序；用机器语言编写或由二进制指令构成的程序称为目标程序。除了机器语言，计算机无法直接识别和运行由各种计算机语言编写的源程序，要执行这些计算机程序，就必须通过专门的翻译转换程序，将源程序翻译为对应运行环境下可执行的目标程序。这些翻译转换程序也称为翻译程序或语言处理程序。

程序翻译系统属于系统软件，主要分为三类：汇编语言翻译系统、高级语言编译系统和高级语言解释系统。其功能就是将某种源程序翻译成等价的机器目标程序。每种高级语言都有自己的编译程序或解释程序相匹配，不可相互混合使用。

4.4.1　汇编语言翻译程序

汇编语言翻译程序的主要功能是，将用汇编语言书写的源程序翻译成用二进制码 0 或 1 表示的机器语言程序，形成计算机可以直接执行的机器指令代码，翻译的过程称为“汇编”，如图 1-4-6 所示。

图 1-4-6　汇编语言的翻译过程

汇编语言翻译程序的工作过程如下：

1）机器操作代码替换汇编语言源程序中的符号化的操作符。

2）数值地址替换汇编语言源程序中的符号名字。

3）将常数转换为机器的内部二进制表示。

4）为指令和数据分配存储单元。

4.4.2　高级语言编译程序

高级语言编译程序的主要功能是将用高级语言书写的源程序翻译成特定形式的中间代码，然后再与相关的标准函数库连接装配成完整的可在计算机上执行的目标程序，翻译的过程称为“编译”，如图 1-4-7 所示。

图 1-4-7　高级语言的编译处理

高级语言编译程序的工作过程如下：

1）词法分析过程。将输入的源程序，通过专门的词法分析程序，识别出一个一个单词并将其转换为机器内部的表示形式。

2）语法分析过程。将词法分析过程中获得的单词做进一步分析，按照语法规则分析出一个个语法单位，如表达式和语句等。

3）中间代码生成过程。将语法分析获得的语法单位转换为特定形式的中间代码。

4）优化程序过程。对中间代码进行优化，以便生成的代码在运行速度、存储空间上具有更高的质量。

5）目标代码生成程序。将优化后的中间代码转换为目标程序。

4.4.3　高级语言解释程序

高级语言解释程序的主要功能是，将用高级语言书写的源程序按语句的动态顺序逐条翻译，翻译一句执行一句。当解释程序对整个源程序处理完毕后，该源程序也在机器上执行完毕。翻译的过程称为“解释”，如图 1-4-8 所示。

图 1-4-8　高级语言的解释处理

高级语言解释程序的工作过程如下：

1）总控程序完成初始化，对源程序扫描一遍。

2）依次从源程序中取出一条语句进行语法检查，如有错，输出错误信息；如通过了语法检查就将对应的语句翻译成相应的指令并执行。

3）检查源程序是否已全部解释执行完毕，如果未完成则继续解释并执行下一个语句，直到全部语句处理完毕。

说明

解释程序与编译程序的区别是，解释程序在翻译过程中并不把源程序翻译成一个完整的目标程序形式，而是直接将源程序中的语句逐句转换成机器可执行的动作，执行并获得结果。因此，如源程序出现了语法错误，解释程序就会立即停止运行，程序执行也将随之终止。源程序每次运行都需要重新进行解释过程。

在调试和运行方面，高级语言的编译程序方法要比解释程序方法更具有效率。

4.5　程序设计实现

4.5.1　程序概述

1. 定义

计算机程序就是按照实际问题的解决方案而设计的工作步骤并事先编制好的具有特殊功能的计算机语言指令序列。

计算机程序主要涉及两部分内容：

① 数据的描述　对各种变量的类型定义，也称数据结构描述。

② 数据的处理　对变量的操作，这些操作按解决问题的要求有一定的先后顺序和规则，也称为求解算法。

所以，计算机程序=数据结构+求解算法。

数据结构是指数据以及数据之间的联系，包括数据的逻辑结构、数据的存储结构和数据的运算等。而算法是指为了解决指定问题而设计的关于问题的求解方案及步骤的描述。

算法是程序的核心，它在程序编制、软件开发及整个计算机科学中占据重要地位；数据结构是算法加工的对象，一个程序要进行计算或处理总是以某些数据为对象的，要设计一个好的程序就需要将这些数据按要求组成一定的数据结构。

2. 程序设计过程

计算机程序设计就是根据一定的算法思路，用计算机语言编写一系列代码（指令）来告诉计算机完成特定的任务。也就是说，用计算机能理解的语言告诉计算机如何工作。

一般而言，程序设计过程包括问题描述、算法分析、代码编写及调试运行等。整个设计过程还需要编制相应的文档，以便管理和应用。

所以开发应用程序的过程，通常有下列若干步骤：

1）选定一种高级程序设计语言（如 Visual Basic、C++、Java 等）。

2）安装好选定语言的运行环境（语言处理程序）。

3）启动并进入程序编制状态（工具平台环境）。

4）问题的定义（确定输入、处理和输出）。

5）分析问题并确定算法描述（对问题处理过程的进一步细化，但它不是计算机可以直接执行的，只是对处理思路的一种描述）。

6）编制程序产生源程序文件（用真正的计算机语言表达）。

7）编译源程序文件产生目标代码文件（经过语言处理程序翻译）。

8）调试、连接、运行、检测程序（找出语法错误和逻辑错误）。

9）最后生成可执行文件（.exe）即应用程序。

10）编写程序文档（文档记录程序设计的算法、实现及修改的过程，还有程序的使用说明，保证程序的可持续性和可维护性）。

4.5.2 算法

算法（algorithm）是指解题方案的准确而完整的描述，是一系列解决问题的方法步骤或清晰指令的陈述。

算法代表着用系统的方法描述解决问题的策略机制。也就是说，能够对一定规范的输入，在有限时间内获得所要求的输出。如果一个算法有缺陷，或不适合于某个问题，执行这个算法将不能解决这个问题。

1. 算法要素

一个算法是由操作与控制结构两个要素组成。

① **操作** 计算机最基本的操作有算术运算、关系运算、逻辑运算和数据传送等。

② **控制结构** 各操作之间的执行顺序为算法的控制结构，有顺序结构、选择结构和循环结构。

2. 算法性质

算法的性质一般归纳为下列五点：

① **输入** 要求若干个信息的输入。

② **有穷性** 任意一个算法在执行有限个计算步骤后必须终止。

③ **可行性** 有限个步骤应该可以在一个合理的范围内进行。

④ **确定性** 每一个计算步骤，必须是精确地定义、无二义性。

⑤ **输出** 有若干个输出信息即处理结果。

3. 算法描述方法

算法传递的是一种解题的思路和方案，是提供给编程者编写代码时的重要参照和依据。可以使用多种方法描述算法，如图 1-4-9 和图 1-4-10 所示，分别用自然语言、流程图、伪代码和计算机语言来表述如何将一个十进制正整数转换为二进制的过程。

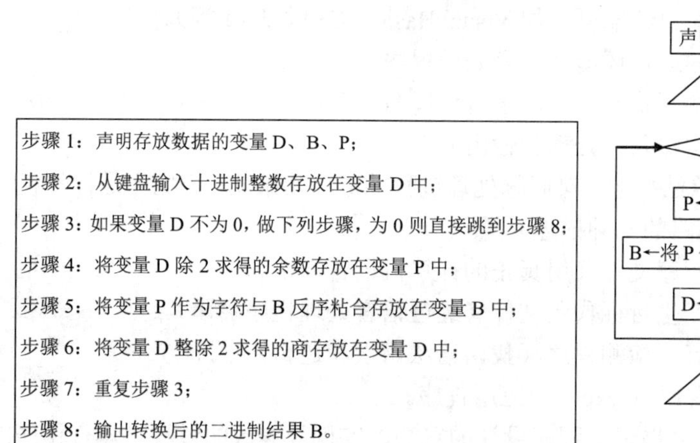
步骤 1：声明存放数据的变量 D、B、P；
步骤 2：从键盘输入十进制整数存放在变量 D 中；
步骤 3：如果变量 D 不为 0，做下列步骤，为 0 则直接跳到步骤 8；
步骤 4：将变量 D 除 2 求得的余数存放在变量 P 中；
步骤 5：将变量 P 作为字符与 B 反序粘合存放在变量 B 中；
步骤 6：将变量 D 整除 2 求得的商存放在变量 D 中；
步骤 7：重复步骤 3；
步骤 8：输出转换后的二进制结果 B。

图 1-4-9 十进制正整数转换为二进制的自然语言表述和流程图表述

```
PROCEDURE  10TO2
    声明变量 D，B，P
    INPUT  D
    DO
      P←D 除 2 求余数
      B←将 P 作为字符与 B 反序粘合
      D←D 整除 2 求商
    LOOP  UNTIL  D=0
    PRINT  B
END PROCEDURE
```

```
Private Sub Form_Click()
    Dim m As Long, n As String
    Dim p As String, s As Double
    Dim m1 As Double
    m = Val(InputBox("m="))
    m1 = m
    n = ""
    Do
        p = m Mod 2
        n = p & n
        m = m \ 2
    Loop While m > 0
    Print m1; " 转换为"; n
End Sub
```

图 1-4-10　十进制正整数转换为二进制的伪代码表述和高级语言（Visual Basic）表述

① 自然语言　用自然语言表达算法，就是把算法的各个步骤，依次用人们所熟悉的自然语言表示出来。自然语言描述算法的特点是通俗易懂，但缺乏直观性和简洁性，且易产生歧义。使用此种方式描述算法，需要注意的事项是描述要求尽可能精确和详尽。

② 流程图　流程图是用一些图框、线条及文字说明来形象地、直观地描述算法。一直以来流程图也是最常被采纳的算法描述方法。

③ 伪代码　伪代码是一种在算法开发过程中非正式地表达思想的符号系统，也是一种算法描述语言，它是通过使用一些介于自然语言与高级语言之间的符号语言表达算法。使用伪代码的目的是为了使被描述的算法可以容易地以任何一种编程语言（Visual Basic、C 或 Java）实现。用伪代码描述算法的特点是它介于自然语言与编程语言之间，结构清晰、代码简单，不拘于具体实现，可读性好。

④ 计算机语言　计算机无法识别和执行自然语言、流程图和伪代码描述的算法，这些方法只是为了帮助人们描述和梳理思路。要用计算机解决问题，最终必须用计算机程序设计语言来描述算法。这里涉及大量的代码语言元素、语法规则和语言环境工具等。

4. 算法实现

用计算机处理实际问题的过程也就是程序设计的过程，一是必须掌握一门程序设计语言，二是必须掌握程序设计的基本算法和编程思想。

使用程序设计语言编制程序去解决实际问题，要经过问题的分析、算法的描述和程序设计等。在程序设计中，我们要考虑数据的类型、变量的定义，要用到算法语句，要考虑使用顺序结构、选择结构和循环结构来控制程序等，最终将一个具体的实际问题用程序设计语言表示出来并由计算机去执行完成。

利用计算机来解决问题的方法思想与我们日常解决问题的传统习惯及想法是不一样的，这就要求我们在学习程序设计时，去适应、去学会、去思考，什么是可计算的？怎样去计算？如何去归纳和抽象问题？计算机可以理解什么？计算机怎么处理问题？以及计算机的制约和极限是什么？逐步适应计算机的问题求解和编程思想，即所谓的计算思维。

4.5.3　程序组成

虽然各种高级程序设计语言的应用领域不同，功能和风格也存在差异，但是一门语言所包含的主要内容却是类似的，程序设计语言的组成一般包括数据类型、语言元素、控制结构和程序模块等。

1. 数据类型

在计算机中，数据就是各种数字、字符及所有能输入到计算机中，并能被计算机识别和处理的符号的集合。

为了有效地保存、识别和处理这些数据，各种程序设计语言都会提供若干种数据类型供用户在程序设计中选择和使用。常用的数据类型一般有整数类型、浮点数类型、字符类型、逻辑类型、指针类型、数组类型、记录类型、枚举类型、集合类型、字符类型和文件等。

计算机使用数据类型的目的是：

- 决定了该类型数据在计算机中的存储与表示方式。
- 决定了该类型数据的取值范围。
- 决定了该类型数据所能执行的操作。

不同程序设计语言所提供的数据类型的种类是不尽相同的。提供的数据类型越多，解决处理实际问题时就越方便容易，但这也增加了学习编程的难度。

2. 语言元素

高级程序设计语言使用我们的日常文字、数学符号和表达式来书写程序，内容包括字母符号、数字符号、变量、常量、表达式、运算符、特殊字符和标准函数等。这些用来表示书写程序的符号就是程序设计语言中的语言元素，不同的程序设计语言所使用的语言元素是不尽相同的，但基本一致。掌握和理解程序设计语言中的语言元素是正确书写程序的基础。

（1）变量

变量实际上是内存中的一个临时存储区域的编号或别名，用于存放程序中的数据和结果，是程序的基本操作对象。程序设计时根据实际要求必须先定义好所需的变量，明确变量的类型和名称，程序运行时，语言处理程序根据定义好的变量数据类型，会在内存分配相应的存储空间，用于存放该变量的值。

（2）运算符

计算机可以进行各种运算，包括算术运算、逻辑运算、关系运算、字符运算和特殊运算。不同的程序设计语言提供的运算符种类不同，表示形式也可能不同。

① 算术运算　加、减、乘、除、整除和求余等。

② 字符运算　合并字符串、取子字符串等。

③ 关系运算　大于、大于等于、小于、小于等于、等于、不等于等。

④ 逻辑运算　与、或、非等。

（3）标准函数

一般高级程序设计语言都提供许多常用的标准函数，供用户在程序中直接使用。这些标准函数实际上就是为完成某一特定任务而专门设计的一段程序。标准函数一般分为数学函数、字符串函数、类型转换函数、随机数函数、日期和时间函数等。

3. 控制结构

通常，结构化的程序设计都包括顺序结构、选择结构和循环结构三类，它们构成了程序的主体。只是不同的程序设计语言，具体表示的语句命令形式有所不同，如图 1-4-11 所示。

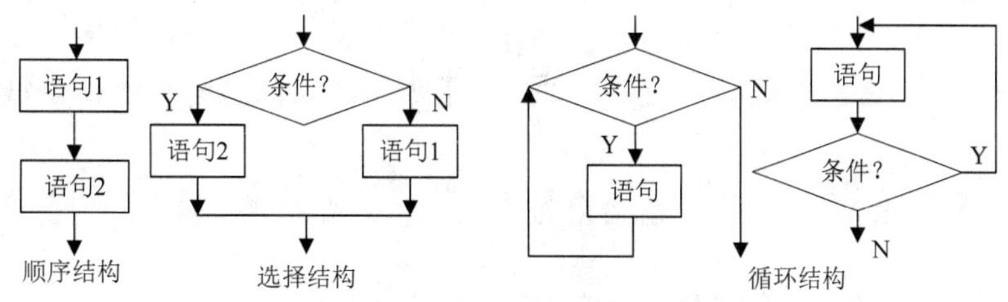

图 1-4-11 高级语言的控制结构流程图

（1）顺序结构

顺序结构是指程序的执行按语句的排列顺序从上到下依次执行，每条语句均被执行一次，直至结束。其为最常用、最简单、最基本的控制结构。

（2）选择结构

选择结构是指程序中的某些语句的执行会受到某一条件的制约，当条件成立时，执行一部分语句，否则执行另外一些语句，也就是说，有些语句可能被跨过未被执行。选择结构又可分为二路分支结构和多路分支结构。

（3）循环结构

循环结构是指程序中的某些语句在某一条件成立时，需要重复执行，直到条件不成立时，才结束重复执行。要特别注意的是循环结构在重复执行语句过程中，要有控制条件的语句，以避免出现死循环现象。

说明

在实际的应用程序开发中，顺序结构、选择结构和循环结构往往是综合在一起的使用的，从总体看一个应用程序可能很庞大很复杂，但如果从局部看却都是由这三种基本结构的嵌套和组合而成。

4. 程序模块

从软件开发的角度，一个功能丰富繁多、规模庞大复杂的项目，通常需要团队的合作，才能最大限度地缩短软件开发研制的周期。同时，为了使整个程序结构清晰明了，避免代码冗余率，便于程序的调试维护和代码重复使用，通常会根据应用程序的规模和功能，将问题总体模块划分为若干个相对独立的子模块，使其中每个部分解决一个相对简单的功能。

简单地说，这种程序设计思想就是“自顶向下、化整为零、逐步细化”的设计方法，即把一个复杂庞大的程序划分成若干个功能相对简单的子模块，这些子模块之间尽可能彼此独立，然后再用过程调用语句把这些子模块联系起来，最终形成一个完整的程序。

一个子程序即为一个程序模块。一个程序模块可以借助调用的方法与其他程序模块来建立彼此的联系，进而完成整个程序的功能。这种程序设计的方法，称为模块化的程序设计。

高级程序设计语言都提供设计子程序模块的功能，一般将子程序模块称为过程或函数。

过程和函数的主要区别是过程没有返回值，函数可带回返回值。过程和函数需要先定义设计好后，才能被主程序调用。

思 考 题

1. 判断题

（1）用机器语言编写的程序执行速度较慢。（ ）

（2）高级算法语言是计算机硬件能直接识别和执行的语言。（ ）

（3）用计算机机器语言编写的程序可以由计算机直接执行，用高级语言编写的程序必须经过编译（或解释）才能执行。（ ）

（4）Windows 操作系统是一种多用户单任务系统。（ ）

（5）UNIX 操作系统是一种单用户多任务的操作系统。（ ）

（6）操作系统是计算机专家为提高计算机精度而研制的。（ ）

（7）操作系统的存储管理是指对磁盘存储器的管理。（ ）

（8）操作系统是合理地组织计算机工作流程、有效地管理系统资源、方便用户使用的程序集合。（ ）

（9）汇编语言之所以属于低级语言是由于用它编写的程序执行效率不如高级语言。（ ）

（10）计算机指令是计算机用以控制各部件协调动作的命令。（ ）

2. 单选题

（1）软件由______两部分组成。

A. 数据、算法和程序　　B. 程序、数据和文档
C. 算法和程序　　D. 算法和数据

（2）文档是指______。

A. 所有能输入到计算机并被计算机程序处理的符号介质的总称
B. 用来描述程序的内容、组成、设计、功能规格、开发情况测试结果及使用方法等
C. 程序所需要的数据
D. 人们为了完成某一特定任务而编制的一系列的机器指令序列

（3）系统软件包括______。

A. 操作系统、语言处理程序和数据库管理系统
B. 文件管理系统、文字处理系统和网络系统
C. 操作系统、办公软件和杀毒软件
D. 高级语言、汇编语言和机器语言

（4）计算机可以处理的信息对象不包括______。

A. 数字与文字　　B. 触觉与嗅觉　　C. 声音与视频　　D. 图片与表格

（5）计算机的计算过程就是______的过程。

A. 科学计算　　B. 浮点运算　　C. 整数运算　　D. 处理信息

（6）信息数字化就是______，目的就是使信息能够被计算机存储和处理。

A. 二进制化　　B. 八进制化　　C. 十进制化　　D. 十六进制化

（7）用高级程序设计语言编写的程序称为______。
A. 目标程序 B. 可执行程序 C. 源程序 D. 伪代码程序
（8）一台计算机可能会有多种多样的指令，这些指令的集合就是______。
A. 指令系统 B. 指令集合 C. 指令群 D. 指令包
（9）能把汇编语言源程序翻译成目标程序的程序称为______。
A. 编译程序 B. 解释程序 C. 编辑程序 D. 汇编程序
（10）计算机无法直接执行______。
A. 机器语言 B. 高级语言源程序
C. 编译连接后的高级语言 D. 汇编后的汇编语言
（11）高级语言编写的程序翻译成机器语言程序，采用的两种翻译方式是______。
A. 编译和解释 B. 编译和汇编
C. 编译和链接 D. 解释和汇编
（12）操作系统是______的接口。
A. 用户与软件 B. 系统软件与应用软件
C. 软件系统和硬件系统 D. 用户与计算机
（13）操作系统的功能是______。
A. 软硬件的接口 B. 进行编码转换
C. 控制和管理计算机所有资源 D. 将源程序翻译为机器语言程序
（14）操作系统功能模块包括______。
A. 处理机管理和存储管理 B. 设备管理
C. 作业管理和文件管理 D. 以上都是
（15）在各类计算机操作系统中，分时系统是一种______。
A. 单用户批处理操作系统 B. 多用户批处理操作系统
C. 单用户交互式操作系统 D. 多用户交互式操作系统
（16）关于文件组织结构的叙述，错误的是______。
A. 一个目录下的同级子目录可以同名
B. 每个目录都有一个唯一的名字
C. 每个子目录都有一个父目录
D. 每个目录都可以包含若干个子目录和文件
（17）Windows 是一个______的操作系统。
A. 多用户多任务 B. 单用户多任务
C. 多用户单任务 D. 单用户单任务
（18）以下______属于计算机应用软件。
A. UNIX B. Photoshop C. Windows D. DOS
（19）通过编译连接形成的可执行程序的运行速度比解释执行的程序要______。
A. 快 B. 慢 C. 一样 D. 没有可比性
（20）汇编语言属于______。
A. 高级语言 B. 低级语言 C. 解释编译程序 D. 机器语言
（21）所有计算机高级语言的语言处理程序是______。
A. 通用的 B. 不通用

C. 同类计算机上通用　　D. 微型计算机上通用

（22）高级语言源程序的执行必须要经过______的转换。

A. 汇编程序　　B. 机器语言

C. 解释或编译程序　　D. 算法和数据结构

（23）关于可计算的说法不正确的是______。

A. 所有计算问题都是可计算　　B. 并非所有的问题都是可计算的

C. 计算步骤是可以终止的　　D. 无穷大的步骤意味着无效的计算

（24）关于可计算的说法不正确的是______。

A. 只要按照公式推导，按部就班一步步来，就可以得到结果，这就是可计算

B. 对一些非确定性问题无法按部就班直接地计算出来

C. 能机械地实现，并总能终止的有穷指令序列称为算法

D. 可计算并不等价于可编程

（25）结构化程序设计的控制结构不包括______。

A. 顺序结构　　B. 选择结构　　C. 循环结构　　D. 跳转结构

（26）C++是______。

A. 面向对象的程序设计语言　　B. 面向过程的程序设计语言

C. 超文本符号标记语言　　D. 汇编语言

3. 多选题

（1）能将高级语言源程序转化成目标程序的是______。

A. 调试程序　　B. 解释程序　　C. 编译程序　　D. 编辑程序

（2）计算机语言的发展经历了______、_____和______几个阶段。

A. 高级语言　　B. 汇编语言　　C. 机器语言　　D. 低级语言

（3）下列说法中，正确的是______。

A. 计算机的工作就是执行存放在存储器中的一系列指令

B. 指令是一组二进制代码，它规定了计算机执行的最基本的一组操作

C. 指令系统有一个统一的标准，所有计算机的指令系统都相同

D. 指令通常由地址码和操作数构成

（4）以下，______软件属于系统软件。

A. Windows　　B. DOS　　C. CAD　　D. Java

（5）下列软件属于应用软件的有______。

A. UNIX　　B. Word　　C. 汇编语言　　D. C语言源程序

（6）下列软件中属于系统软件的有______。

A. 操作系统　　B. 编译程序　　C. 数据库管理系统　　D. 汇编程序

（7）为了执行高级语言所编写的程序，必须要先对它进行翻译，可以翻译高级语言源程序的是______。

A. 调试程序　　B. 解释程序　　C. 编译程序　　D. 编辑程序

（8）下面______是计算机高级语言。

A. Pascal　　B. CAD　　C. Visual Basic　　D. C++

第 5 章　数据库技术

内容提要

- 数据库技术
- 数据库及数据库系统
- 关系数据库的基本概念
- 常见的数据库产品

5.1　数据库技术概述

数据库（data base，DB），顾名思义，就是用来存储数据的仓库。但是数据应该以怎样的形式、以何种关系、以什么样的结构进行存储，才可以使得原本看似无意义的、离散的原始数据变成有关联、有价值和有寓意的信息，并便于信息的访问、查询、统计和输出，以及信息的共享性和安全性的保障等，这应该是数据库技术的关键所在。

数据库技术是随着数据管理技术的需要和发展应运而生的，数据管理技术是指对数据的分类、组织、编码、存储、检索和维护的技术，而数据管理技术的发展又是和计算机技术及其应用的发展密不可分的。简言之，数据库技术就是运用计算机进行数据管理的新技术。

数据管理经历了由低级到高级的发展过程，随着计算机硬件和软件技术的发展而不断提高，数据管理技术的发展可以大体归为三个阶段：人工管理、文件系统和数据库管理系统。

其中文件系统阶段是数据管理技术发展中的一个重要阶段。在这一阶段中，得到充分发展的数据结构和算法丰富了计算机科学，为数据管理技术的进一步发展打下了基础，现在仍是计算机软件科学的重要基础。这一时期数据和程序之间的关系可以用图 1-5-1 来表示。

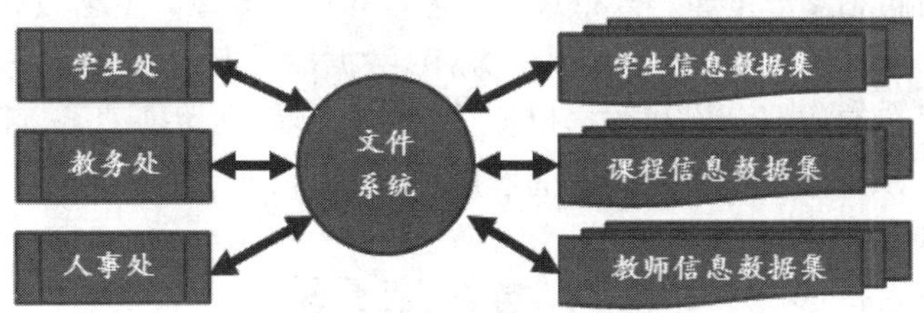

图 1-5-1　文件系统阶段的数据和程序之间的关系

5.1.1　数据库系统阶段

20 世纪 60 年代后期开始，计算机用于数据管理的规模迅速扩大，对数据共享的需求日益增强，为解决数据的独立性问题，实现数据统一管理达到数据共享的目的，发展了数据库技术。这一时期计算机的软、硬件技术，特别是磁盘技术的逐渐成熟也给联机存取的数据库技术的实现提供了有力的支持。

数据库技术克服了前几个阶段管理方式的缺点，试图提供一种完善的、更高级的数据管理方式，它的基本思想是解决多用户数据共享的问题，实现对数据的集中统一管理，具有较高的数据独立性，并为数据提供各种保护措施。这一时期，数据库管理软件作为用户与数据的接口，程序和数据的关系如图 1-5-2 所示。

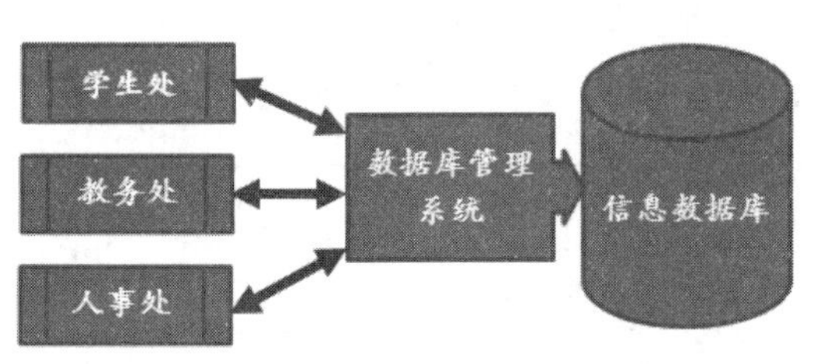

图 1-5-2 数据库系统阶段的数据和程序之间的关系

概括起来，数据库系统阶段的数据管理具有以下特点：

- 数据模型表示复杂的数据结构。数据模型不仅描述数据本身的特征，还要描述数据之间的联系。
- 具有较高的数据共享性和较小的数据冗余度。通过所有存取路径表示自然的数据联系是数据库与传统文件的根本区别。这样，数据不再面向特定的某个或多个应用，而是面向整个应用系统。数据冗余明显减少，实现了数据共享。
- 具有较高的数据独立性。数据的逻辑结构与物理结构之间的差别可以很大。用户以简单的逻辑结构操作数据而无需考虑数据的物理结构。
- 数据库管理系统为用户提供了方便的用户接口。用户可以使用查询语言或终端命令操作数据库，也可以用程序方式操作数据库。
- 数据库系统提供了数据控制功能，如数据库的并发控制、数据库的恢复、数据完整性和数据安全性等。
- 增加了系统的灵活性。对数据的操作不一定以记录为单位，可以以数据项为单位。

5.1.2 高级数据库阶段

随着计算机技术的发展和网络技术的日渐成熟，数据库技术也呈现出多元化、多层面和多形态的并存现状，数据管理技术进入了高级数据库阶段。

目前数据库技术已成为计算机领域中最重要的技术之一，它是软件科学中的一个独立分支，正在朝着面向对象数据库、分布式数据库、并行数据库、主动数据库、移动数据库、模糊数据库、知识库系统、多媒体数据库、XML 数据库、工程数据库、空间数据库等多方向发展。特别是现在的数据仓库和数据挖掘技术的发展，大大推动了数据库向智能化和大容量化的发展趋势，充分发挥了数据库的作用。

5.2 数据库系统

数据库系统（data base system，DBS）的运作是构架在计算机之上的，所以数据库系统的前提组成元素必然是计算机硬件，而计算机硬件又需要计算机软件的支撑和协作。数据库当然是数据库系统中最基本的组成元素，而对数据库的所有数据管理相关功能的提供，自然是最核心的组成元素数据库管理系统。

5.2.1　数据库系统组成

数据库系统是一个引入数据库以后的计算机系统，它由计算机硬件（包括计算机网络与通信设备）及相关软件（包括操作系统）、数据库、数据库管理系统、数据库应用开发系统和用户组成，如图 1-5-3 所示。

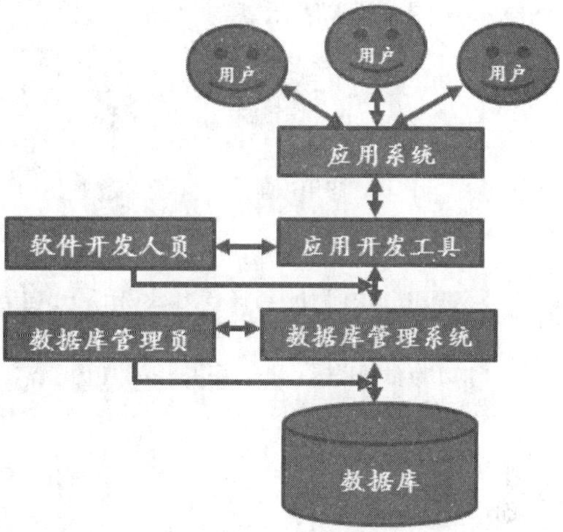

图 1-5-3　数据库系统组成

（1）数据库

简单地说，数据库是按照数据结构来组织、存储和管理数据的仓库。严格地说，数据库是结构化的相关数据的集合。这些数据是按一定的结构和组织方式存储在外存储器上，并具有最小的数据冗余，可供多个用户共享，为多种应用服务；数据的存储独立于使用它的程序；对数据库进行数据的插入、修改和检索均能按照一种通用的和可控制的方式进行。

（2）数据库管理系统

数据库管理系统（data base management system，DBMS）是在操作系统支持下工作的管理数据的软件，它是整个数据库系统的核心。它负责对数据的统一管理，提供以下基本功能：对数据进行定义；建立数据库；进行插入、删除、修改、查询等操作；数据库的维护、控制；对数据的排序、统计、分析、制表等。同时它构架了一个软件平台和工作环境，提供了多种操作工具和命令，使得用户可以在方便友好的界面上实现和完成各种功能。

（3）计算机硬件

数据库系统是建立在计算机系统上的，它需要基本的计算机硬件（主机和外设）支撑，硬件可以是一台个人计算机，也可以是中大型计算机，甚至是网络环境下的多台计算机。

（4）计算机软件

在软件方面包括操作系统、数据库引擎和作为应用程序的高级语言以及编译系统等。目前，应用程序是用第三代编程语言（3GL）编写的，典型的数据库应用开发环境有 Delphi、C++ Builder、PowerBuilder、Visual Basic、C++、JBuilder、C#Builder 及 .NET 等，或者使用嵌入到 3GL 中的第四代编程语言（4GL）编写，如 SQL 查询语言。

（5）人

对于中小规模的数据库系统通常有三种人员：对数据库系统进行日常维护的数据库管理员（data base administrator，DBA）；用数据操纵语言和高级语言编制应用程序的软件开发程序员；使用数据库中数据的终端用户。

对于庞大的数据库系统则有更细的分工，可以划分与数据库系统环境有关的 5 种类型的人员：数据管理员、数据库管理员、数据库设计人员、应用开发人员和最终用户。

5.2.2　数据库系统全局结构

计算机硬件（外存储器）提供数据库信息的基本存储空间；操作系统（OS）提供最基本的输入/输出（I/O）服务，是数据库管理系统（DBMS）和磁盘存储器交互的中介；DBMS 查询处理器和存储管理器提供完成数据库定义、数据库操纵（查询、新增、删除和修改数据）、数据库安全保护、数据库维护和存储数据字典等功能；应用层（APP）提供不同级别人员在不同层面操纵或使用数据库的界面平台。

从数据库系统组成和数据库管理系统功能来考虑各模块之间的关系，数据库系统的全局结构如图 1-5-4 所示。

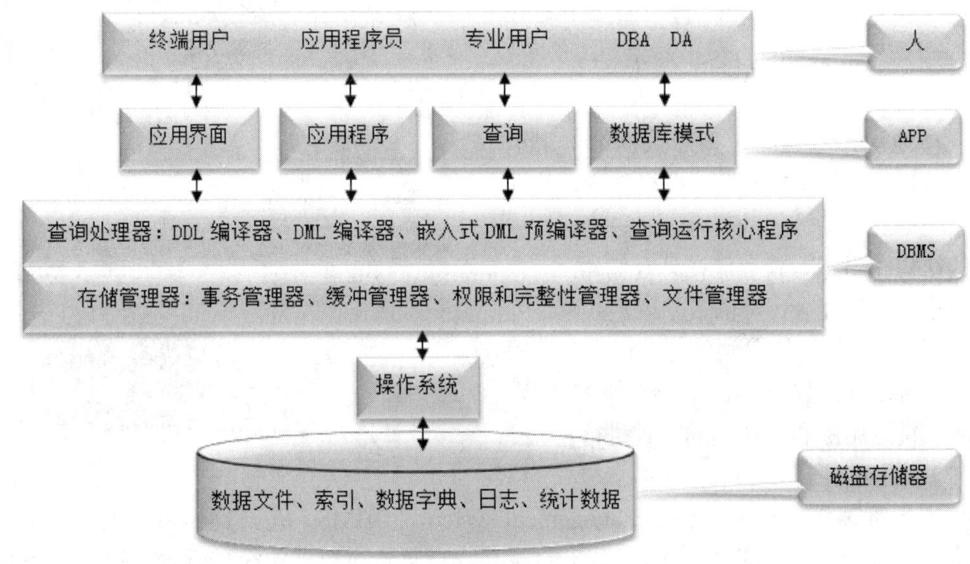

图 1-5-4 数据库系统全局结构

5.3 数据库结构与设计

5.3.1 数据库结构

数据库中的数据是通过特定的数据结构进行组织和关联的。数据模型本身表示一种组织，它提供基本的概念和表示方法，使得数据库设计人员和最终用户能明白无误地交流他们对组织数据的理解。

数据模型包含三要素：数据结构、数据操作和数据约束条件。

（1）数据结构

数据结构用于描述系统的静态特性，由一组创建数据库的规则组成，反映数据及数据之间的关系。它是所研究的对象类型的集合，也是刻画一个数据模型性质最重要的方面。

（2）数据操作

数据操作用于描述系统的动态特性，定义允许对数据库所进行的操作的种类（包括更新和检索数据库中的数据，以及修改数据库结构），是对数据库中各种数据操作的集合，包括操作及相应的操作规则。数据模型必须定义这些操作的确切含义、操作规则及实现操作的语言。

（3）数据约束条件

数据的约束条件是一组完整性规则的集合，完整性规则是给定的数据模型中数据及其联系所具有的制约和依存规则，用以限定符合数据模型的数据库状态及状态的变化，以保证数据的正确、有效、相容。数据模型还应该提供定义完整性约束条件的机制，以反映具体应用所涉及的数据必须遵守的特定的语义约束条件。

5.3.2 常用数据模型

数据模型是现实世界中各种实体之间存在着联系的客观反映，是用记录描述实体信息的基本结构，它要求实体和记录一一对应，同一记录类型描述同一类实体且必须是同质的。

基于记录的逻辑数据模型基本有层次数据模型、网状数据模型和关系数据模型三类。它们是依据描述实体与实体之间联系的不同方式来划分的。用树结构来表示实体和实体之间联系的模型称为层次模型；用图结构来表示实体和实体之间联系的模型称为网状模型；用二维表格表示实体和实体之间联系的模型叫作关系模型。

关系模型是目前数据库普遍采用的一种数据结构模型。关系模型是建立在严格的数学概念基础上的，由关系数据结构、关系操作集合和关系完整性约束三部分组成。

关系数据模型把一些复杂的数据结构归结为简单的二元关系（即二维表格形式），由行和列组成，如图 1-5-5 所示。

	属性 1	属性 2	属性 3	属性 4	……	属性 n
记录 1	……	……	……	……	……	……
记录 2	……	……	……	……	……	……
⋮	……	……	……	……	……	……
记录 m	……	……	……	……	……	……

图 1-5-5　m 行、n 列的二维表格的结构图

通常一个 m 行、n 列的二维表格的结构，表中每一行表示一个记录值，每一列表示一个属性（即字段或数据项）。该表一共有 m 个记录。每个记录包含 n 个属性。

作为一个关系的二维表，必须满足以下条件：

- 表中每一列必须是基本数据项（即不可再分解）。
- 表中每一列必须具有相同的数据类型（例如字符型或数值型）。
- 表中每一列的名字必须是唯一的。
- 表中不应有内容完全相同的行。
- 行的顺序与列的顺序不影响表格中所表示的信息的含义。

表 1-5-1 所示的某学校的学生关系就是一个二元关系。这个四行八列的表格的每一列称为一个字段（即属性），字段名相当于标题栏中的标题（属性名称）；表的每一行是包含了八个属性（学号、姓名、性别、出生年月、入学时间、专业、电话、地址）的一个八元组，即一个人的记录。这个表格清晰地反映出该学校学生的基本情况。

表 1-5-1　学生基本情况

学号	姓名	性别	出生年月	入学时间	专业	电话	地址
120211001	黄蓉	女	1993/2/15	2012/9/1	财会	13612345678	上海未名路 5 号
120211015	郭靖	男	1994/9/05	2012/9/1	自动化	13812345678	北京未名路 3 号
120211008	张无忌	男	1993/11/1	2012/9/1	计算机	13312345678	杭州未名路 4 号
120211121	周芷若	女	1992/12/25	2012/9/1	外贸	13512345678	广州未名路 2 号

关系模型的优点是，使用表的概念，简单直观；通过关系中的码可以直接表示实体之间的联系；具有更好的数据独立性；具有坚实的理论基础。

关系模型的缺点是，关系模型的连接等操作开销较大，需要较高性能的计算机支持。

5.3.3 关系数据库相关术语

由关系数据模型组成的数据库称为关系数据库，而管理关系数据库的软件称为关系数据库管理系统。在关系数据库中，对数据的操作几乎全部建立在一个或多个关系表格上，通过对这些关系表格的分类、合并、连接或选取等运算来实现数据的管理。

关系数据库中最常用的术语有字段、记录、表和联系等，以及对数据库关系表中信息的基本操作：选择、投影和连接。

1. 数据库（database）

一个数据库由若干个有关联的数据表组成。数据库作为信息管理的软件集成环境，为数据库中的表以及表与表之间的数据管理提供了一整套的操作规则与便捷工具。

2. 表（table）

存放了一组相似记录的集合（记录集）称为一个表（关系）。数据表由若干组结构相同的记录（行）组成。

3. 记录（record）

在学生基本情况表中，详细记录了一个学生具体内容的一组信息称为一个记录，即表中的一行（元组）。一个记录由若干个字段（列）组成。

4. 字段（field）

在学生基本情况表中，包含了学生的学号、姓名、性别、出生年月、电话等内容。在数据库表中，每一项称为一个字段，即表中的一列（属性）。字段由字段名和字段值组成。

5. 关键字（keyword）

每一个表应该包含一个或一组字段，这些字段是表中所保存的每一条记录的唯一标识，此信息称作表的主关键字或主键。主键一般用于建立表对象中数据的索引和建立表对象之间的关系。如“学生”表中的学号字段，“课程”表中的课程号字段，而“成绩”表中的学号和课程号字段作为一组来唯一标识表对象中的每一条记录。

6. 联系（relationship）

数据库中不仅要存放数据信息，而且必须保存能反映数据之间联系的信息。联系体现数据库中表与表之间的关联。通常表与表之间的联系有一对一（1:1）、一对多（1:m）和多对多（n:m）。

在“学籍管理”数据库中的“学生”与“成绩”表之间就是一对多联系（1:m），一个学生可以选多门课，可以有多门课程的成绩；但某一个特定课程的特定成绩只能属于某一个学生。

“课程”与“成绩”表之间也是一对多的联系（1:m），一门课可以被多个学生选，一门课程可以有多个学生的成绩；但某一个特定学生的特定成绩只能对应某一门课程。

而“学生”与“课程”表之间就是多对多的联系（m:n），一个学生可以选多门课，一门课程可有多个学生选。

如图 1-5-6 所示的是“学籍管理”数据库中的 3 个表对象（“学生”“课程”“成绩”）及它们之间的关联方式；“学生”表和“成绩”表的联系通过“学号”字段来匹配，“课程”表与“成绩”表之间的联系由“课程号”决定。

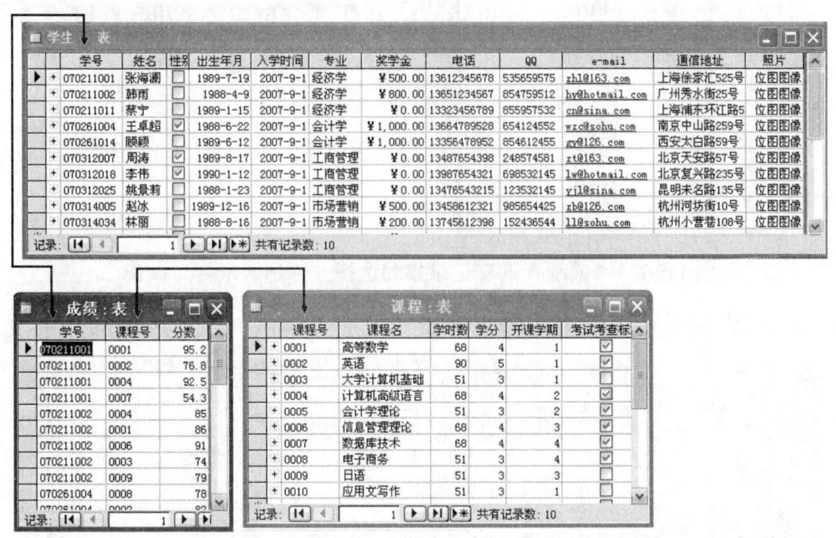

图 1-5-6 “学籍管理”数据库中的 3 个表对象以及它们之间的关联方式

7. 完整性

数据库的完整性是指数据库中各个表及表之间的数据的有效性、一致性和兼容性。

数据库的完整性包括实体完整性、参照完整性和用户自定义完整性三部分。

① 实体完整性 指一个表中主关键字的取值必须是确定的、唯一的，不允许为空值。

例如，对“学生”表中的记录，主键“学号”字段的取值必须是唯一的，且不能为空值。这就要求在“学生”表中存储的记录必须满足这一条件，而且在输入新记录、修改已有记录时也要遵守这一条件。

② 参照完整性 指在表与表之间的数据一致性和兼容性。

例如，在“学生”表（父表）与“成绩”表（子表）之间的参照完整性要求：在“成绩”表中，字段“学号”的取值必须是“学生”表中“学号”字段取值当中已经存在的一个值。类似地，在“课程”表（父表）与“成绩”表（子表）之间也必须遵守类似的参照完整性的规则。

③ 用户自定义完整性 是由实际应用环境当中的用户需求决定的。通常为某个字段的取值限制、多个字段之间取值的条件约束等。

例如，在“成绩”表中，“成绩”字段的取值必须在 0～100。

8. 关系操作

选择、投影和连接是关系的三种基本操作。

① 选择 按照一定条件在给定关系中选取若干记录（即选取若干行）。

② 投影 在给定关系中选取确定的若干字段（即选取若干列）。

③ 连接 按照一定条件将多个关系的记录连接（即连接多张表）。

图 1-5-7 所示为“成绩查询”记录集的选择操作（在“成绩查询”所有记录中选择某

个学生的记录，筛选若干行）。

图 1-5-7 “成绩查询”记录集的选择（筛选若干行）操作

图 1-5-8 所示为关系表“学生”的投影操作（在“学生”表中选择部分字段列）。

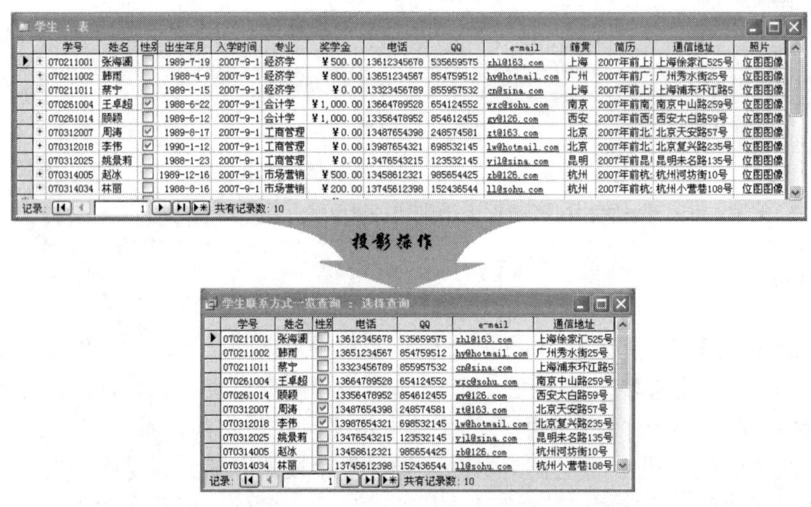

图 1-5-8 关系表“学生”的投影（筛选若干列）操作

图 1-5-9 所示为“学籍管理”数据库中 3 个表对象（“学生”“课程”“成绩”）之间的连接操作（在 3 个表对象中选择部分字段及相匹配的记录组成一个新的符合应用需要的关系）。

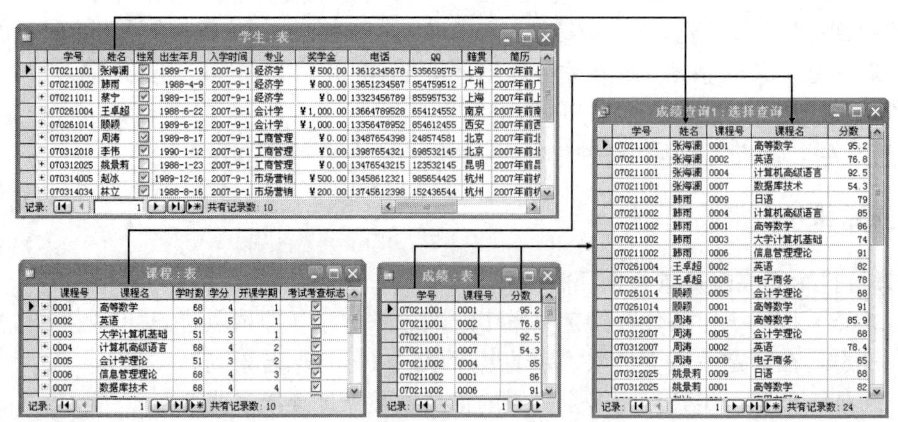

图 1-5-9 “学籍管理”数据库中 3 个表之间的连接（将不同表中的字段组织到同一个记录集中）操作

关系数据库管理系统是被公认为最有前途的一种数据库管理系统。它的发展十分迅速，目前已成为占据主导地位的数据库管理系统。

5.3.4　数据库设计

数据库应用的主要事务有三类，即数据编辑存储、数据查询检索和数据报表输出。

要实现数据库的基本事务处理工作，首先要建立数据库，但建立数据库的第一步是根据实际应用问题的需要对所涉及的数据进行分析、组织、设计，进而构架数据库。

构架数据库是一项关键而复杂的工作，这需要有经验的系统分析和系统设计人员对应用任务的整体考量与全盘分析。合理周密的设计是创建能够有效、准确、及时地完成所需功能的数据库的基础。

虽然限于篇幅，这部分知识不能全面展开介绍，但是设计一个数据库的大致步骤基本是固定的，对于比较简单的数据库设计还是容易做到的。这需要决定：

- 把相关联的数据有效地组织和存储在数据库中的几个表对象中。
- 每个表对象应该包含哪些类型的数据（字段与记录）。
- 各个表对象之间如何建立联系（主键与关联）。

5.4　主流网络数据库产品简介

目前有许多数据库管理系统产品，如 Oracle、DB2. Sybase、MySQL、Informix、Microsoft SQL Server、Microsoft Access、Visual FoxPro 等，各以其特有的功能，适合于不同级别的系统和不同需求的用户，在数据库市场上占有一席之地。

1. Access 数据库

Microsoft Access 是美国 Microsoft 公司推出的微机数据库管理系统。它具有界面友好、易学易用、开发简单、接口灵活等特点，是典型的新一代桌面数据库管理系统。

Access 主要适用于中小型应用系统，或作为客户机/服务器系统中的客户端数据库。

2. Informix 数据库

Informix 是美国 Informix Software 公司研制的关系型数据库管理系统。Informix 有 Informix-SE 和 Informix-Online 两种版本：Informix-SE 适用于 UNIX 和 Windows NT 平台，是为中小规模的应用而设计的；Informix-Online 在 UNIX 操作系统下运行，可以提供多线程服务器，支持对称多处理器，适用于大型应用。

Informix 可移植性强、兼容性好，在很多微型计算机和小型机上得到应用，尤其适用于中小型企业的人事、仓储及财务管理。

3. Oracle 数据库

Oracle 是美国 Oracle 公司研制的一种关系型数据库管理系统，是一个协调服务器和用于支持任务决定型应用程序的开放关系型数据库管理系统。它可以支持多种不同的硬件和操作系统平台，从台式机到大型和超级计算机，为各种硬件结构提供高度的可伸缩性，支持对称多处理器、群集多处理器、大规模处理器等，并提供广泛的国际语言支持。

Oracle 属于大型数据库系统，主要适用于大、中小型应用系统，或作为客户机/服务器系统中服务器端的数据库系统。

4. DB2 数据库

DB2 是 IBM 公司研制的一种关系型数据库系统。DB2 主要应用于大型应用系统，具有较好的可伸缩性，可支持从大型机到单用户环境，应用于 OS/2、Windows 等平台。

DB2 具有很好的网络支持能力，每个子系统可以连接十几万个分布式用户，可同时激活上千个活动线程，对大型分布式应用系统尤为适用。

5. SQL Server 数据库

SQL Server 是美国 Microsoft 公司推出的一种关系型数据库系统。SQL Server 是一个可扩展的、高性能的、为分布式客户机/服务器计算所设计的数据库管理系统，实现了与 Windows NT 的有机结合，提供了基于事务的企业级信息管理系统方案。

SQL Server 以其内置的数据复制功能、强大的管理工具、与 Internet 的紧密集成和开放的系统结构为广大的用户、开发人员和系统集成商提供了一个出众的数据库平台。

6. Sybase 数据库

Sybase 是美国 Sybase 公司研制的一种关系型数据库系统，是一种典型的 UNIX 或 Windows NT 平台上客户机/服务器环境下的大型数据库系统。

Sybase 通常与 Sybase SQL Anywhere 用于客户机/服务器环境，前者作为服务器数据库，后者为客户机数据库，采用该公司研制的 PowerBuilder 为开发工具，在我国大中型系统中具有广泛的应用。

7. MySQL

MySQL 是一个小型关系型数据库管理系统，开发者为瑞典 MySQL AB 公司。在 2008 年被 Sun 公司收购。目前 MySQL 被广泛地应用在 Internet 上的中小型网站中。由于其体积小、速度快、总体拥有成本低，尤其是开放源码这一特点，许多中小型网站为了降低网站总体拥有成本而选择了 MySQL 作为网站数据库。

与其他的大型数据库相比，MySQL 自有它的不足之处，如规模小、功能有限等，但是这丝毫没有减少它受欢迎的程度。目前 Internet 上流行的网站构架方式是 LAMP（Linux+Apache+MySQL+PHP），即使用 Linux 作为操作系统，Apache 作为 Web 服务器，MySQL 作为数据库，PHP 作为服务器端脚本解释器。由于这四个软件都是遵循 GPL 的开放源码软件，因此使用这种方式不用花一分钱就可以建立起一个稳定、免费的网站系统。

思 考 题

1. 判断题

（1）关系数据模型中的数据具有树型结构特点。 （ ）

（2）在关系模型中，表中的行称为属性（字段），表中的列称为元组（记录）。（ ）

（3）开发信息管理系统需要数据库作支持。（ ）

（4）在关系数据库中，创建查询的数据来源可以是多个表。（ ）

（5）有效性规则是在输入或修改字段值时设置的限制条件，如果输入或修改的字段值不符合规则，系统将出现提示信息，并强迫光标停留在该字段，直到输入的数据符合规则为止。（ ）

2. 单选题

（1）关于数据与信息，下面说法正确的是______。

A. 信息与数据只有区别，没有联系　　B. 信息是数据的载体

C. 数据处理本质上就是信息处理　　D. 数据与信息没有区别

（2）数据库系统的出现，是计算机数据处理技术的重大进步，它具有的特点是______。

A. 实现数据共享　　B. 实现数据的独立性

C. 实现数据的安全保护　　D. 以上三点均是

（3）关系表中的行称为______。

A. 数据项　　B. 属性　　C. 记录　　D. 字段

（4）文件系统与数据库系统的重要区别是数据库系统具有______。

A. 数据共享性　　B. 数据无冗余　　C. 数据结构化　　D. 数据独立性

（5）在数据库中存储的是______。

A. 数据　　B. 信息

C. 数据和信息　　D. 数据以及数据之间的联系

（6）DB、DBS 和 DBMS 三者的关系是______。

A. DB 包括 DBS 和 DBMS　　B. DBS 包括 DB 和 DBMS

C. DBMS 包括 DB 和 DBS　　D. DBS 和 DBMS 包括 DB

（7）数据库管理系统 DBMS 是______。

A. 一个必须依托计算机软硬件支撑的完整的数据库应用系统

B. 一个必须依托 OS 运行的用于管理数据库的软件

C. 一个可以摆脱 OS 运行的用于管理数据库的软件

D. 一个必须依托计算机软硬件支撑的数据库系统

（8）常用的关系数据库管理系统有______。

A. Oracle、Access、PowerBuilder 和 SQL Server

B. DB2、Access、Delphi 和 SQL Server

C. Oracle、Sybase、Informix、Visual FoxPro

D. PowerDesigner、Sybase、Informix、Visual FoxPro

（9）计算机中使用的数据库管理系统，属下列计算机应用中的______。

A. 人工智能　　B. 专家系统　　C. 信息管理　　D. 科学计算

（10）在下列关于关系表的陈述中，错误的是______。

A. 表中任意两行的值不能相同　　B. 表中任意两列的值不能相同

C. 行在表中的顺序无关紧要　　D. 列在表中的顺序无关紧要

3. 多选题

（1）数据库用户一般分为______。
A. 服务员 B. 程序员 C. 数据库管理员 D. 终端用户
（2）以下______是数据库的数据模型。
A. 关系模型 B. 层次模型 C. 网状模型 D. 链表模型
（3）关系数据库中的表应具有______性质。
A. 同一列的数据类型应相同 B. 表中记录的顺序可以任意
C. 表中字段的顺序可以任意 D. 表中允许出现多个字段名相同的字段
（4）有关关系数据表中的索引，以下说法正确的是______。
A. 一个表可以建立多个索引 B. 可以为值唯一的字段建立索引
C. 可以为值不唯一的字段建立索引 D. 所有字段都必须建立索引

第 6 章　计算机新技术与网络空间安全

内容提要

- 计算机新技术
- 网络空间安全
- 计算机病毒
- 计算机职业道德规范
- 计算机软件的知识产权保护

6.1　计算机新技术

如今，信息化的浪潮席卷全球，世界正经历着以计算机技术为核心的信息革命，而由计算机网络技术支撑的信息网络已经成为整个社会乃至全球范围的神经系统，它完全改变了人类传统的工作和生活方式。

云计算、大数据、物联网、工控系统、移动互联网、智慧城市已经融入了每个人的学习、工作和生活，新技术、新威胁、新挑战、新合作、新发展为社会发展提供了无限的创新机会。

6.1.1 云计算

当前信息时代，传统应用变得越来越复杂，需要支持更多的用户、需要更强的计算能力、需要更加稳定安全的网络，等等。各企业为了满足这些不断增长的需求，需要花费大量的资金去购买各类硬件设备和软件，并且这些资金随着应用数量或规模的增加而不断提高。基于此，云计算应运而生。

1. 云计算的定义

云计算技术是硬件技术与网络技术发展到一定阶段而出现的一种新的技术模型。通常技术人员在绘制系统结构图时会用一朵云来表示网络，因此，狭义上讲，云计算就是一种提供资源的网络，使用者可以随时获取“云”上的资源，按需求量使用，并且可以看成是无限扩展的，只要按使用量付费即可。但从广义上说，云计算是与信息技术、软件、互联网相关的一种服务，这种计算资源共享池称为“云”，云计算把许多计算资源集合起来，通过软件实现自动化管理，只需要很少的人参与，就能让资源被快速提供。

维基百科中对云计算的定义是：云计算是一种基于互联网的计算方式，通过这种方式，共享的软硬件资源和信息可以按需求提供给计算机和其他设备。

美国国家标准与技术研究院定义：云计算是一种按使用量付费的模式，这种模式提供可用的、便捷的、按需的网络访问，进入可配置的计算资源共享池（资源包括网络、服务器、存储、应用软件、服务)，这些资源能够被快速提供，只需要投入管理工作，或与服务供应商进行很少的交互。

简单地说，云计算就是计算服务的提供。“计算”当然不是指一般的数值计算，指的是一台足够强大的计算机提供的计算服务（包括各种功能、资源、存储）。“云计算”可以理解为：网络上足够强大的计算机为用户提供的服务，只是这种服务是按用户的使用量进行付费的。

在云计算时代基本的三种角色为：资源的整合运营者、资源的使用者、终端客户。其中，资源的整合运营者负责资源的整合输出，资源的使用者负责将资源转变为满足客户需求的各种应用；终端客户则是资源的最终消费者。

云计算这种新模式的出现被认为是信息产业的一大变革，它作为一项涵盖面广且对产业影响深远的技术，未来将逐步渗透到信息产业和其他产业的各个方面，为信息产业的发展提供无限的想象空间。

2. 云计算的特点

云计算的可贵之处在于高灵活性、可扩展性和高性比等，与传统的网络应用模式相比，其具有如下优势与特点。

（1）虚拟化技术

虚拟化突破了时间、空间的界限，是云计算最为显著的特点。采用虚拟化技术后，用户不需要关注具体的硬件实体，只需要选择一家云服务提供商，注册并登陆到它们的云控制台，去购买和配置其需要的服务，再为其应用做一些简单的配置之后，就可以让该应用对外服务了，这比传统的在企业的数据中心去部署一套应用要简单方便得多。采用虚拟化技术，大大降低了维护成本和资源的利用率。

（2）动态可扩展

云计算具有高效的运算能力，在原有服务器基础上增加云计算功能能够使计算速度迅速提高，最终实现动态扩展虚拟化的层次，达到对应用进行扩展的目的。

（3）按需部署

计算机包含了许多应用、程序软件等，不同的应用对应的数据资源库不同，所以用户运行不同的应用需要较强的计算能力对资源进行部署，而云计算平台能够根据用户的需求快速配备计算能力及资源。

（4）灵活性高

目前市场上大多数 IT 资源、软硬件都支持虚拟化，如存储网络、操作系统和开发软硬件等。虚拟化要素统一放在云系统资源虚拟池中进行管理，可见云计算的兼容性非常强，不仅可以兼容低配置机器、不同厂商的硬件产品，还能够作为外设获得更高性能的计算。

（5）可靠性高

倘若服务器故障也不影响计算与应用的正常运行。因为单点服务器出现故障可以通过虚拟化技术将分布在不同物理服务器上的应用进行恢复，或利用动态扩展功能部署新的服务器进行计算。

（6）性价比高

将资源放在虚拟资源池中统一管理，在一定程度上优化了物理资源，用户不再需要昂贵、存储空间大的主机，可以选择相对廉价的个人计算机组成云，一方面减少费用，另一方面计算性能不逊于大型主机。

（7）可扩展性

用户可以利用应用软件的快速部署条件来更为简单快捷地将自身所需的已有业务及新业务进行扩展。例如，计算机云计算系统中出现设备的故障，对于用户来说，无论是在计算机层面上，亦或是在具体运用上均不会受到阻碍，可以利用计算机云计算具有的动态扩展功能来对其他服务器开展有效扩展。这样一来就能够确保任务得以有序完成。在对虚拟化资源进行动态扩展的情况下，也能够高效扩展应用，提高计算机云计算的操作水平。

3. 云计算技术的分类

目前已经出现的云计算技术很多。

从服务对象的角度分，云计算可以分为以下几类。

（1）公有云

公有云是第三方云厂商拥有和运营的。在公有云中，所有硬件、软件和其他支持性基础结构都为云提供商所拥有和管理。例如，“Tecent Cloud”就是公有云的一个例子。

公共云的优点：除通过网络提供服务外，客户只需为他们使用的资源支付费用；此外，由于组织可以访问服务提供商的云计算基础设施，因此他们无需担心自己安装和维护问题。

公共云的缺点：公共云通常不能满足许多安全法规遵从性要求，因为不同的服务器驻留在多个国家，不同国家具有不同的安全法规；而且，网络问题可能发生在在线流量峰值期间，虽然公共云模型通过提供按需付费的定价方式通常具有成本效益，但在移动大量数据时，其费用会迅速增加。

（2）私有云

私有云是指专供一个企业或组织使用的云计算资源，因而提供对数据、安全性和服务质量的最有效控制。私有云部署在企业数据中心中，也可以将它们部署在一个主机托管场所。

与公共云相比，私有云的优点是它提供了更高的安全性，因为单个公司是唯一可以访问它的指定实体。这也使组织更容易定制其资源以满足特定的 IT 要求。

私有云的缺点是安装成本很高。此外，企业仅限于购买合同中规定的云计算基础设施资源。私有云的高度安全性可能会使从远程位置访问也变得很困难。

（3）混合云

混合云组合了公有云和私有云，通过允许在这两者之间共享数据和应用程序的技术将它们绑定到一起。例如，客户可以选择将数据存储在私有云中，同时在公共云中运行应用程序。

混合云的优点是它允许用户利用公共云和私有云的优势，并为应用程序在多云环境中的移动提供极大的灵活性；此外，混合云模式具有成本效益，因为企业可以根据需要决定是否使用成本更昂贵的云计算资源。

混合云的缺点是因为更加复杂而难以维护和保护；此外，由于混合云是不同的云平台、数据和应用程序的组合，因此整合可能是一项挑战；在开发混合云时，基础设施之间也会出现主要的兼容性问题。

4. 云服务的分类

按资源封装的层次分类，云服务可以分为以下几种。

（1）基础设施即服务（infrastructure as a service, IaaS）

这是云计算服务最基本的类别。它把单纯的计算机和存储资源不经封装地直接通过网络以服务的形式向云计算提供商的个人或组织提供使用。

（2）平台即服务（platform as a service, PaaS）

计算和存储资源经过封装后，以某中国接口和协议的形式提供给用户使用，资源的使用者不再直接面对底层资源，而是将平台软件作为中间件。

（3）软件即服务（software as a service, SaaS）

将计算和存储资源封装为用户可以直接使用的应用并通过网络提供给用户。SaaS 面向的服务对象是最终用户。

6.1.2 大数据

在当前的信息世界，几秒内就会产生、捕获并传输庞大的数据，并且数据之大更是呈指数级增长，到 2025 年，全球每天预计会有 491 艾字节（EB）的数据产生，相当于每天产出相当于 212,765,957 张 DVD 碟。关于数据是如何以单位量扩展的，详见 2.2.2 节。

不管是邮件发送、视频上传，还是每天的在线搜索，乃至自动驾驶汽车每天的数据收集，我们会发现，互联网时代形成的数据量是多么的不可思议。

IDC 的《数据时代 2025》白皮书认为，全球数据量大约每两年就将翻一倍，到 2025 年，这个数字将疯狂攀升至 175ZB，如图 1-6-1 所示；华为全球产业展望 GIV2025 亦预测，到 2025 年，全球年存储数据量将高达 180ZB。

175ZB 有多大?

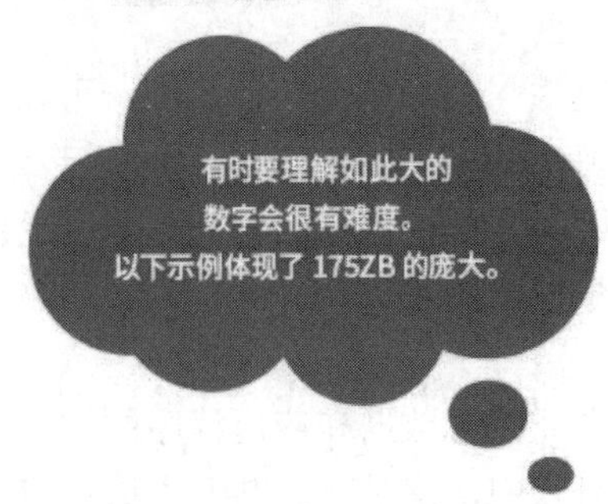

- 1 泽字节相当于 1 万亿 GB。
- 如果您能把全球数据圈全部存在 DVD 中，那么 DVD 高度是地球至月球距离的 23 倍，或者环绕地球 222 圈。
- 如果您能以平均 25Mb/秒（目前全美的平均网络连接速度）的速度下载 2025 年整个全球数据圈，那么一个人完成此任务需要 18 亿年，或者如果全世界所有人一起下载不间断，那么需要 81 天才能完成此任务。

图 1-6-1 全球数据量

对于不断产生的庞大数据进行合理分析，可能会产生巨大的价值。所以，大数据这一术语就出现了。

1. 大数据的定义

大数据（big data），是指无法在一定时间范围内用常规软件工具进行捕捉、管理和处理的数据集合，是需要新处理模式才能具有更强的决策力、洞察发现力和流程优化能力的海量、高增长率和多样化的信息资产。

相比较数据，大数据有以下两个明显的特征：

1）数据的属性是包括结构化、非结构化和半结构化的数据。

2）数据之间频繁产生交互，大规模进行数据分析，并实时与业务结合进行数据挖掘。

大数据的意义不仅仅在于生产和掌握庞大的数据信息，更重要的是对有价值的数据进行专业化处理。

2. 大数据的特点

大数据具有五大特点，称为 5V。

（1）多样性（variety）

大数据的多样性是指数据的种类和来源是多样化的，数据可以是结构化的、半结构化的及非结构化的，数据的呈现形式包括但不仅限于文本、图像、视频、HTML 页面等。

（2）大量性（volume）

大数据的大量性是指数据量的大小，这个就是上面编者介绍的内容，不再赘述。

（3）高速性（velocity）

大数据的高速性是指数据增长快速，处理快速，各行各业的数据每天都在呈指数性爆炸增长。在许多场景下，数据都具有时效性，如搜索引擎要在几秒中内呈现出用户所需数据。企业或系统在面对快速增长的海量数据时，必须要高速处理，快速响应。

（4）低价值密度性（value）

大数据的低价值密度性是指在海量的数据源中，真正有价值的数据少之又少，许多数据可能是错误、不完整的或无法利用的。总体而言，有价值的数据占据数据总量的密度极低，提炼数据好比浪里淘沙。

（5）真实性（veracity）

大数据的真实性是指数据的准确度和可信赖度，代表数据的质量。

3. 大数据应用

其实大数据的应用范围非常广，不单单限于互联网行业，在其他诸如金融、制造业、交通物流等方面也有着非常大的应用价值。

（1）大数据在借贷款的使用

在金融行业中，以借贷款为例。在贷款前，贷款借出方会先利用大数据对借款人进行贷前审核，以此来保障贷后的还款率。借出方从各个渠道合法收集借款人的标签信息，如学历、职业、薪资状况、历史借还款情况等（据说一个用户的标签维度可以达到 7000 个）。海量数据被放入反欺诈模型、还款能力模型、身份验证模型等数个模型中做测评，最终得出是否通过本次贷款申请、贷款的额度、贷款人的还款意愿等评估信息。借出方数据收集得越多，标签维度越细，数据越真实，则审核效果越全面。

（2）大数据在广告营销中的使用

广告作为互联网行业常见的变现手段之一，大数据赋能广告营销让广告从惹人恼转变为广告即内容，广告即服务。

现在，你会发现日常生活中看到的广告居然那么懂你。点开淘宝，你最爱的商品被推荐在 Banner 首页；打开微信朋友圈，映入眼帘的是你正想要做的汽车保养；打开百度搜索，你前两天看的别墅信息赫然出现。这一切的实现都得益于大数据赋能广告。

在广告投放前期，通过大数据手段大量地整合、分析数据，包括用户的浏览习惯、消费行为、浏览记录、对广告的点击量等，并从中挖掘出有效的信息；构建全面的用户画像，结合广告业务，精准定位目标用户，保证广告定向投放。

在广告投放的中后期，通过实时数据反馈，结合用户所处地域、时间的变化，动态优化广告素材，调整广告的呈现方式与广告的展览位置，让同一个用户在不同的场景下享受不一样的广告服务，增加广告营销效果，提升广告主业绩。

（3）大数据赋能零售

新零售时代，客户的需求无时无刻不在变化，大数据赋能零售让零售在人、货、场上进行变革。零售商可以借助大数据对未来市场需求进行预测，抢先一步对库存进行管理。在流量高发的前期，及时补足库存，提升商品供应率；在流量散去的前期，及时去库存，避免库存积压。借助大数据分析用户地域分布情况、商店流量、消费者习惯等，在合适的地区开设商店，建造仓库。在物流发货时，从数据出发，合理规划运输路径，降低运输成本。

6.1.3 物联网

1. 物联网的定义

什么是物联网？让我们先看这样一个场景：你正在上班，手机向你发出警报，告诉你家中正在遭受入侵。你立即点开实时监控系统，发现其实只是一只流浪猫在你家门前徘徊。然后你发现家里的门窗并没有关好，于是你轻轻一按手机，家里的窗帘和门窗都自动关上了，于是你放心地继续上班。

上面的场景并不是天马行空的想象，而是通过物联网已经成为现实。因此，通俗地说，物联网（internet of things，IOT）就是一个“物物相连”的网络。它有两层意思：第一，物联网的核心和基础仍然是互联网，是在互联网基础上的延伸和扩展的网络；第二，其用户端延伸和扩展到了任何物品与物品之间，进行信息交换和通信。因此，物联网的定义是通过射频识别、红外感应器、全球定位系统、激光扫描器等信息传感设备，按约定的协议，把任何物品与互联网相连接，进行信息交换和通信，以实现对物品的智能化识别、定位、跟踪、监控和管理的一种网络。

物联网代表了下一代信息发展技术。世间万物，汽车、楼房、手表、钥匙……，只要嵌入微型传感器，就可以被拟人化，和用户“交流”。物联网技术建立了“人和物”的智能沟通系统。

2. 物联网的关键技术

物联网的结构大致可以分为三个层次：首先是传感网络，以二维码、射频识别技术传感器为主，实现“物”的识别；其次是传输网络，通过现有的互联网、广电网络、通信网络或者未来的NGN（next generation network，下一代网络），实现数据的传输与计算；第三是应用网络，即输入/输出控制终端，可基于现有的手机，个人计算机等终端进行。

（1）二维码及射频识别技术

二维码及射频识别技术主要用于对需要对标的货物的特征属性进行描述。二维码是一维码的升级，是用某种特定的几何形体按一定规律在平面上分布（黑白相间）的图形来记录信息的应用技术。目前，二维码已广泛应用于多个领域。

射频识别技术是一项利用射频信号通过空间耦合（交变磁场或电磁场）实现无接触信息传递并通过所传递的信息达到识别目的的技术。它是物联网中“让物品开口说话”的关键技术，物联网中射频识别技术标签上存着规范而具有互通性的信息，可通过无线数据通信网络把它们自动采集到中央信息系统中实现物品的识别。

（2）传感器技术

在物联网中传感器主要负责接收物品“讲话”的内容。传感器技术是从自然信息源获取信息并对获取的信息进行处理、变换、识别的一门多学科交叉的现代科学与工程技术，它涉及传感器、信息处理和识别的规划设计、开发、制造、测试、应用及评价改进活动等内容。

（3）无线网络技术

物联网中物品要与人无障碍地交流，必然离不开高速、可进行大批量数据传输的无线网络。无线网络既包括允许用户建立远距离无线连接的全球语音和数据网络，也包括近距离的蓝牙技术、红外技术和 Zigbee 技术。

（4）人工智能技术

人工智能技术是研究用计算机来模拟人的某些思维过程和智能行为（如学习、推理、思考和规划等）的技术。在物联网中人工智能技术主要将物品“讲话”的内容进行分析，从而实现计算机自动处理。

（5）云计算技术

物联网的发展离不开云计算技术的支持。物联网中终端的计算和存储能力有限，云计算平台可以作为物联网的大脑，以实现对海量数据的存储和计算。

3. 物联网的应用

物联网是跨行业、跨领域、有明显交叉科学特征、面向应用的综合信息系统，按应用对象所属性质进行划分，大体分为三大类。

1）公共服务：智慧电网、智慧交通、智慧医疗、智慧园区、公共安全保障等。

2）行业应用：主要有智能物流、物品溯源、节能环保、工业物联网、农业物联网等。

3）个人应用：主要包括智能家居、车联网、娱乐教育、节能低碳、智能卡等。

（1）智能交通

物联网技术在道路交通方面的应用比较成熟。随着社会车辆越来越普及，交通拥堵甚至瘫痪已成为城市的一大问题。对道路交通状况实时监控并将信息及时传递给驾驶人，可让驾驶人及时做出出行调整，有效缓解了交通压力；高速路口设置道路自动收费系统（简称 ETC），可免去进出口取卡、还卡的时间，提升车辆的通行效率；公交车上安装定位系统，能及时了解公交车行驶路线及到站时间，乘客可以根据搭乘路线确定出行，免去不必要的时间浪费。社会车辆增多，除会带来交通压力外，停车难也日益成为一个突出问题，不少城市推出了智慧路边停车管理系统，该系统基于云计算平台，结合物联网技术与移动支付技术，共享车位资源，提高车位利用率和用户的方便程度。该系统可以兼容手机模式和射频识别模式，通过手机端 APP 软件可以实现及时了解车位信息、车位位置，提前做好预定并实现付费等操作，很大程度上解决了“停车难、难停车”的问题

（2）智能家居

智能家居是物联网在家庭中的基础应用，随着宽带业务的普及，智能家居产品越来越

多地涉及生活的方方面面。家中无人，可利用手机等客户端远程操作智能空调，调节室温，甚者还可以学习用户的使用习惯，从而实现全自动的温控操作，使用户在炎炎夏季回家就能享受到冰爽带来的惬意；通过客户端可实现智能灯泡的开关、调控灯泡的亮度和颜色等；插座内置 Wifi，可实现遥控插座定时通断电流，甚者可以监测设备用电情况，生成用电图表，让用户对用电情况一目了然，安排资源使用及开支预算；智能体重秤可监测运动效果，体重秤内置有可以监测血压、脂肪量的先进传感器，内定程序可根据身体状态提出健康建议；智能牙刷与客户端相连，可设置刷牙时间、刷牙位置提醒，还可根据刷牙的数据生产图表，让用户及时了解口腔的健康状况；智能摄像头、窗户传感器、智能门铃、烟雾探测器、智能报警器等都是家庭不可少的安全监控设备，用户即使出门在外，也可以在任意时间、地点查看家中任何一角的实时状况。看似烦琐的种种家居生活因为物联网而变得更加轻松、美好。

（3）公共安全

近年来全球气候异常情况频发，灾害的突发性和危害性进一步加大，互联网可以实时监测环境的不安全性情况，提前预防、实时预警、及时采取应对措施，降低灾害对人类生命财产的威胁。美国布法罗大学早在 2013 年就提出研究深海互联网项目，将通过特殊处理的感应装置置于深海处，以分析水下相关情况，如海洋污染的防治、海底资源的探测，甚至对海啸也可以提供更加可靠的预警。该项目在当地湖水中进行试验，获得成功，为进一步扩大使用范围提供了基础。利用物联网技术可以智能感知大气、土壤、森林、水资源等方面的各指标数据，从而对改善人类生活环境发挥巨大作用。

6.1.4 “互联网+”

1. “互联网+”的提出

我们人类经历了农耕、工业、互联网时代之后，现在已经迎来了一个崭新的时代——“互联网+”时代。那么什么是“互联网+”呢？

“互联网+”理念在我国最早是由于扬提出的。2012 年，于扬在第五届移动互联网览会中首次提出“互联网+”的概念。所谓“互联网+”，即任何传统行业或服务被互联网改变，并产生新的格局。例如，“互联网+”安全=360；“互联网+”广告=百度。此时的“互联网+”仅仅是一个概念和设想，并未说明“互联网+”的具体建构方案及技术方面的要求。

随着信息技术的发展，国家也开始关注“互联网+”。2014 年 11 月，李克强总理在政府工作报告中提出“互联网+”将作为国家未来的计划；2015 年 3 月，李克强总理提出制定“互联网＋”行动计划，重点促进以云计算、大数据、物联网为代表的新一代信息技术与现代制造业、生产性服务业等的融合创新，发展壮大新兴业态，打造新的产业增长点，为大众创业、万众创新提供环境，为产业智能化提供支撑，增强新的经济发展动力，促进国民经济体制增效升级。至此，“互联网+”的概念才真正为众人熟知。

2. “互联网+”的概念

“互联网+”是指在创新 2.0（信息时代、知识社会的创新形态）推动下由互联网发展的新业态，也是在知识社会创新 2.0 推动下由互联网形态演进、催生的经济社会发展新形态。“互联网+”是互联网思维的进一步实践成果，可推动经济形态不断地发生演变，从而带动社会经济实体的生命力，为改革、创新、发展提供广阔的网络平台。

“互联网+”是对新一代信息技术与创新 2.0 相互作用和共同演化的高度概括(图 1-6-2)。简言之，“互联网+” =新一代信息技术+创新 2.0。

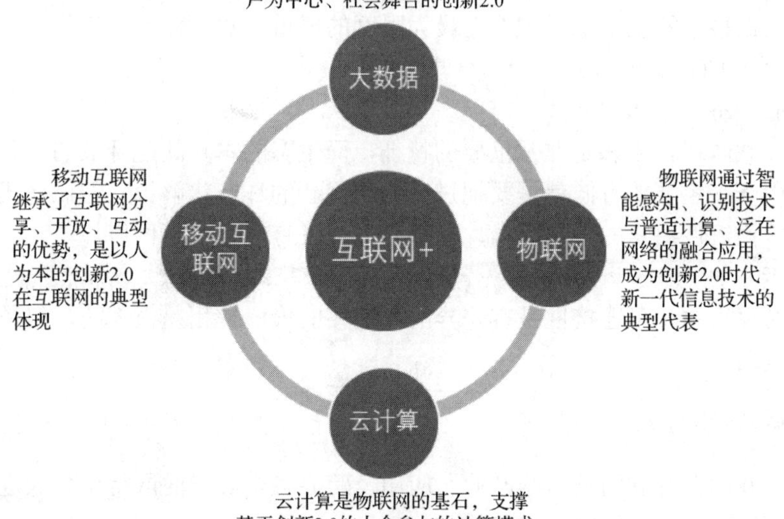

图 1-6-2　“互联网+”的概念

通俗地说，“互联网+”就是“互联网+各个传统行业”，里面的“+”号并不是简单的两者相加，而是利用信息通信技术及互联网平台，让互联网与传统行业进行深度融合，充分发挥互联网在社会资源配置中的优化和集成作用，将互联网的创新成果深度融合于经济、社会各领域之中，提升全社会的创新力和生产力，形成更广泛的以互联网为基础设施和实现工具的经济发展新形态。也就是“互联网+”通过其自身的优势，对传统行业进行优化升级转型，使得传统行业能够适应当下的新发展，从而最终推动社会不断地向前发展。“互联网+”依赖的新基础设施，可以概括为云（云计算和大数据基础设施）、网（互联网和物联网）、端（直接服务个人的设备）三部分。这三个领域的推进决定着“互联网+”计划改造升级传统行业的效率和深度。

3. “互联网+”的六大特征

（1）跨界融合

“+”就是跨界，就是变革，就是开放，就是重塑融合。敢于跨界了，创新的基础就更坚实；融合协同了，群体智能才会实现，从研发到产业化的路径才会更垂直。融合本身也指身份的融合，客户消费转化为投资，伙伴参与创新，等等，不一而足。

（2）创新驱动

中国粗放的资源驱动型增长方式早就难以为继，必须转变到创新驱动发展这条正确的道路上来。这正是互联网的特质，用所谓的互联网思维来求变、自我革命，也更能发挥创新的力量。

（3）重塑结构

信息革命、全球化、互联网业已打破了原有的社会结构、经济结构、地缘结构、文化结构。权力、议事规则、话语权不断在发生变化。“互联网+社会治理”“互联网+虚拟社会治理”会是很大的不同。

（4）尊重人性

人性的光辉是推动科技进步、经济增长、社会进步、文化繁荣最根本的力量，互联网的力量之强大最根本的也来源于对人性最大限度的尊重、对人体验的敬畏、对人的创造性发挥的重视，如UGC、卷入式营销、分享经济。

（5）开放生态

关于“互联网+”，生态是非常重要的特征，而生态的本身就是开放的。我们推进“互联网+”，其中一个重要的方向就是要把过去制约创新的环节化解掉，把孤岛式创新连接起来，让研发被由人性决定的市场驱动，让努力创业者有机会实现价值。

（6）连接一切

连接是有层次的，可连接性是有差异的，连接的价值是相差很大的，但是连接一切是“互联网+”的目标。

4. “互联网+”的实际应用

近年来，我国在互联网技术、产业、应用及跨界融合等方面取得了积极进展，已具备加快推进“互联网+”发展的坚实基础。

（1）“互联网+工业”

“互联网+工业”即传统制造业企业采用移动互联网、云计算、大数据、物联网等信息通信技术，改造原有产品及研发生产方式，与“工业互联网”“工业4.0”的内涵一致。

（2）“互联网+金融”

“互联网+金融”从组织形式上看，这种结合至少有三种方式。第一种是互联网公司做金融，如果这种现象大范围发生，并且取代原有的金融企业，那就是互联网金融颠覆论。第二种是金融机构的互联网化。第三种是互联网公司和金融机构合作。

从2013年以在线理财、支付、电商小贷、P2P、众筹等为代表的细分互联网嫁接金融的模式进入大众视野以来，“互联网+金融”已然成为了一个新金融行业，并为普通大众提供了更多元化的投资理财选择。

（3）“互联网+商贸”

在零售、电子商务等领域，过去这几年都可以看到和互联网的结合，正如马化腾所言，“它是对传统行业的升级换代，不是颠覆掉传统行业。”在其中，又可以看到“特别是移动互联网对原有的传统行业起到了很大的升级换代的作用。”

2014年，中国网民数量达6.49亿，网站400多万家，电子商务交易额超过13万亿元人民币。2015年中国化妆品零售大会提出了“零售业+互联网”的概念，建议以产业链最终环节零售为切入点，结合国家战略发展思维，发扬“+”时代精神，回归渠道本质，以变革来推进整个产业提升。而到了2020年，直播带货表现强劲，成为新消费造风口，这种“全场景触网”态势使得互联网更加深层次地融入到了国人的生活之中。

（4）“互联网+医疗”

现实中存在看病难、看病贵等难题，而“互联网+医疗”有望从根本上改善这一医疗生态。具体来讲，互联网将优化传统的诊疗模式，为患者提供一条龙的健康管理服务。在传统的医患模式中，患者普遍存在事前缺乏预防，事中体验差，事后无服务的现象。而通过互联网医疗，患者有望从移动医疗数据端监测自身健康数据，做好事前防范；在诊疗服务中，依靠移动医疗实现网上挂号、询诊、购买、支付，节约时间和经济成本，提升事中体验；并依靠互联网在事后与医生沟通。

百度、阿里、腾讯先后出手互联网医疗产业，形成了巨大的产业布局网，他们利用各自优势，通过不同途径实现着改变传统医疗行业模式的梦想，如百度的“健康云”、阿里的“未来医院”和“医药O2O”、腾讯的“丁香园”和“挂号网”等。

“互联网+医疗”打破了时空限制：线上预约时间更精确；远程会诊通过AR（augmented reality，增强现实）技术完成肺部CT影像三维重建；5G技术也被应用在远程会诊中；基于人脸识别技术实现“互联网+医保”支付。

（5）“互联网+农业”

“互联网+农业”是指将互联网技术与农业生产、加工、销售等产业链环节结合，实现农业发展科技化、智能化、信息化的农业发展方式。农业看起来离互联网最远，但“互联网+农业”的潜力却是巨大的。“互联网+”带动传统农业升级。目前，物联网、大数据、电子商务等互联网技术越来越多地应用在农业生产领域，并在一定程度上加速了转变农业生产方式、发展现代农业的步伐。

（6）智慧城市

李克强总理在政府工作报告中首次提出“互联网+”行动计划，并强调要发展“智慧城市”，保护和传承历史、地域文化；加强城市供水供气供电、公交和防洪防涝设施等建设；坚决治理污染、拥堵等城市病，让出行更方便、环境更宜居。

智慧城市就是指利用各种信息技术或创新概念，将城市的系统和服务打通、集成，以提升资源运用的效率，优化城市管理和服务，以及改善市民生活质量。它把新一代信息技术充分运用在城市中各行各业基于知识社会下一代创新(创新2.0)的城市信息化高级形态，实现信息化、工业化与城镇化深度融合，有助于缓解“大城市病”，提高城镇化质量，实现精细化和动态管理，并提升城市管理成效和改善市民生活质量。

（7）“互联网+教育”

“互联网+教育”就是利用互联网思维、信息技术、云计算、大数据、数据挖掘等信息技术对传统教育进行改造，改造的结果是为教育插上了“互联网”的翅膀，飞得更高、更远、更强。如果把传统教育比作学校、老师、教室，那么“互联网+”思维下的教育就是服务平台、一张网、移动终端。

第一代教育以书本为核心，第二代教育以教材为核心，第三代教育以辅导和案例方式出现，如今的第四代教育才是真正以学生为核心。

5. “互联网+”案例

浙江政务服务网是浙江省打造的一站式服务平台，自2014年上线以来，已成为浙江全省统一的政务服务互联网门户、统一的行政权力项目库、统一的网上审批系统，并持续借助互联网、大数据、云计算、移动互联网等技术，推行政务大数据治理工程，消除信息孤岛，建设跨部门、跨层级、跨地区数据共享体系，以数据共享推动业务协同，在政务服务中让群众少跑腿，让数据多跑路，让原来难以实现的办事“最多跑一次”成为现实。截至2019年6月，浙江政务服务网注册用户数已超过2500万，日均访问量超过1200万。在该平台上，全省3000多个行政机关统一进驻，1300多个乡镇（街道）、20000余村（社区）

站点全覆盖，已初步实现对行政权力的在线闭环管理，推出行政审批、便民服务、阳光政务、数据开放、公共资源交易五大功能板块，构建了网上政府的雏形。

围绕“掌上办事之省”建设目标，浙江进一步大力推动移动互联网政务服务，在2014年上线的原“浙江政务服务”App基础上，经优化迭代推出了“浙里办”App，全面推进“网上办”“掌上办”。目前，“浙里办”App为全省“掌上办事”的统一入口，各地、各部门基于“浙里办”App统一开发并输出服务，并将原自建的各类政务App全面整合至“浙里办”App，依托“浙里办”实现行政权力和公共服务事项“应上尽上”，向企业群众提供不受时间空间限制、随时在线的政务服务。目前，“浙里办”App共汇聚344项便民服务应用，小到公积金社保查询、缴学费、查违章等“民生小事”，大到不动产登记证明、企业开立等“家国大事”，都可一站式办理。可以说，浙江政务服务网及其“浙里办”App很好地体现了“互联网+政务服务”新模式，实现了政务服务零距离，为群众提供了更高效、更便捷的服务。

6.2 网络空间安全

6.2.1 没有网络安全就没有国家安全

以信息技术为代表的新一轮科技革命正在蓬勃发展，互联网日益成为创新驱动发展的先导力量。网络空间作为继陆地、海洋、天空及外太空之外的第五空间，也是人类“第二类生存空间”。网络空间安全问题已经上升到国家安全的高度。网络攻击和防御能力已经从商业化发展到军事化，通过网络空间获取巨大商业利益甚至影响政权变更已经在真实世界发生。网络空间（cyberspace）的概念是伴随着互联网的成长而逐步产生、发展和演变的。

一种说法是，科幻小说家William Gibson（威廉·吉布森）于1981年撰写了短篇科幻小说*Burning Chrome*（国内译为《整垮铬萝米》），此书中首次使用了Cyberspace一词。1984年，他发表科幻小说*Neuromancer*（国内译为《神经漫游者》），Cyberspace一词得到进一步推广。在William Gibson的笔下，Cyberspace是一个由“矩阵”（matrix）构成的交感幻觉空间，人们可以通过在神经中植入电极把自己的意识接入这个空间并进行互动。William Gibson进一步想象，Cyberspace内不仅仅只有人类，还会有人工智能存在。

当前，网络空间正全面改变着人们的生产生活方式，深刻影响着人类社会的历史发展进程。网络空间不是虚拟空间，而是人类现实活动空间的人为、自然延伸，是人类崭新的存在方式和形态。我国政府的官方文件指出，互联网、通信网、计算机系统、自动化控制系统、数字设备及其承载的应用、服务和数据构成了网络空间，其已经成为与陆地、海洋、天空、太空同等重要的人类活动新领域。

没有网络安全就没有国家安全。网络空间安全威胁与政治安全、经济安全、文化安全、社会安全、军事安全等领域相互交融、相互影响，已成为当前面临的复杂、现实、严峻的非传统安全问题之一。2014年4月，中央国家安全委员会第一次会议提出了总体国家安全观的概念。习近平总书记指出，贯彻落实总体国家安全观，必须既重视外部安全，又重视内部安全，对内求发展、求变革、求稳定、建设平安中国，对外求和平、求合作、求共赢、建设和谐世界；既重视国土安全，又重视国民安全，坚持以民为本、以人为本，坚持国家安全一切为了人民、一切依靠人民，真正夯实国家安全的群众基础；既重视传统安全，又重视非传统安全，构建集政治安全、国土安全、军事安全、经济安全、文化安全、社会安全、科技安全、信息安全、生态安全、资源安全、核安全等于一体的国家安全体系。在总体国家安全观中，网络安全是重要组成部分。

6.2.2 网络强国战略

2014 年 2 月 27 日，习近平总书记主持召开中央网络安全和信息化领导小组第一次会议并发表重要讲话。中央成立网络安全和信息化领导小组，习近平总书记亲自担任组长，再次体现了中国最高层全面深化改革、加强顶层设计的意志，显示出保障网络安全、维护国家利益、推动信息化发展的决心。2018 年 3 月，中央网络安全和信息化领导小组改为中央网络安全和信息化委员会。2018 年 4 月，中央召开全国网络安全和信息化工作会议，习近平总书记在讲话中强调，我们不断推进理论创新和实践创新，不仅走出一条中国特色治网之道，而且提出一系列新思想、新观点、新论断，形成了网络强国战略思想。

建设网络强国的近期目标是：技术强，即要有自己的技术，有过硬的技术；基础强，即要有良好的信息基础设施，形成实力雄厚的信息经济；内容强，即要有丰富全面的信息服务，繁荣发展的网络文化；人才强，即要有高素质的网络安全和信息化人才队伍；国际话语权强，即要积极开展双边、多边的互联网国际交流合作。

建设网络强国的中期目标是：建设网络强国的战略部署与“两个一百年”奋斗目标同步推进，向着网络基础设施基本普及、自主创新能力显著增强、信息经济全面发展、网络安全保障有力的目标不断前进。

建设网络强国的远期目标是：战略清晰，技术先进，产业领先，制网权尽在掌握，网络安全坚不可摧。

为实施国家安全战略，加快网络空间安全高层次人才培养，我国在 2015 年经专家论证及国务院学位委员会学科评议组评议，报国务院学位委员会批准，国务院学位委员会、教育部决定在“工学”门类下增设“网络空间安全”一级学科。

2016 年 12 月，我国发布了《国家网课空间安全战略》，明确了网络空间是国家安全的新疆域，国家主权拓展延伸到网络空间，网络空间主权成为国家主权的重要组成部分。

6.2.3 信息安全保障新领域

1. 云计算安全风险

云计算作为一种新兴的计算资源利用方式，还在不断发展之中，传统信息系统的安全问题在云计算环境中大多依然存在，与此同时，还出现了一些新的网络安全问题和风险。

传统模式下，客户的数据和业务系统都位于客户的数据中心，在客户的直接管理和控制下。在云计算环境中，客户将自己的数据和业务系统迁移到云计算平台上，失去了对这些数据和业务的直接控制能力。

传统模式下，按照谁主管谁负责、谁运行谁负责的原则，网络安全责任主体相对容易确定。在云计算模式下，云计算平台管理和运行主体与数据拥有主体不同，云计算不同的服务模式和部署模式增加了界定网络安全责任的难度。

云计算安全是一个交叉领域，涵盖物理安全到应用安全。在云计算架构中，安全不仅属于云提供者的范围，还关系到云用户和其他相关角色。除了安全性之外，云提供者还需要包含云中的私人信息和个人身份信息的处理、使用、通信和合理的收集，并按规定进行相应的保护。

2. 物联网安全

物联网的快速发展改变了人们的生活方式，越来越多的智能设备应用到再生产和生活领域。与此同时，物联网所面临的安全威胁也日益增长。

随着人工智能、大数据、云计算等技术的不断突破，特别是5G技术的商业推广实现，物联网安全在自然资源、住建、交通、水利、能源等领域的价值越来越得到政府和公众的认可。

3. 工业控制系统安全

工业控制系统（industrial control system，ICS）是各式各样控制系统类型的总称，包括监控和数据采集系统、分布式控制系统，以及其他较小的控制系统配置，如可编程逻辑控制器（programmable logic controller，PLC），通常出现在工业部门和关键基础设施中。ICS被广泛应用于核设施、钢铁、有色、化工、石油石化、电力、天然气、先进制造、水利枢纽、环境保护、铁路、城市轨道交通、民航及其他与国计民生紧密相关的领域。

随着信息化和工业化的深度融合及物联网的快速发展，工业控制系统面临的安全问题日益突出，主要表现在如下几个方面：

1）缺乏安全保护。

2）系统安全可控性不高。

3）缺乏安全管理标准和技术。

为了保护工业控制系统的安全，可从管理、操作和技术等三方面进行控制，设计具体的安全和应对措施。

4. 大数据安全

大数据时代来临，各行业数据规模呈TB级增长，拥有高价值数据源的企业在大数据产业链中占有至关重要的核心地位。在实现大数据集中后，如何确保网络数据的完整性、可用性和保密性，不受到信息泄露和非法篡改的安全威胁影响，已成为政府机构、事业单位信息化健康发展所要考虑的核心问题。

大数据的安全保障应从数据应用安全和技术平台安全等两个方面进行。

（1）数据应用安全

数据是有生命周期的，数据应用安全问题应从数据收集、数据存储、数据使用、数据分发、数据删除等几个生命周期阶段来考虑。

（2）技术平台安全

技术平台安全是指需要对大数据平台账户进行统一的管控和集中授权管理，为大数据平台用户和应用程序提供细粒度级的授权及访问控制。

5. 移动互联网安全

移动互联网是个人计算机互联网发展的必然产物。移动互联网将移动通信和互联网二者结合起来，成为一体，它是互联网的技术、平台、商业模式和应用与移动通信技术结合并实践的活动的总称。

移动互联网在现阶段的社会发展中呈现出应用的广泛性，在各个领域中都具有不可替代的自身价值，主要涉及实际生产操作的方方面面。移动互联网技术的飞速发展，颠覆了传统意义上的台式计算机形式的互联网络结构。移动互联网不仅具有传统互联网信息传递的时效性特征，同时也具有碰触感性功能，因此，使得感官性应用特征能够深入移动互联网的实际当中，在一定程度上也改变了移动互联网的传输功能。

截至 2019 年 12 月底，我国 4G 用户总数达到 12.8 亿户，占移动电话用户总数的 80.1%，远高于全球的平均水平（不足 60%），成为全球覆盖最完善的 4G 网络。到 2020 年 3 月底，全国已建成 5G 基站 19.8 万个，套餐用户规模超过 5000 万。与此同时，2019 年我国移动互联网接入流量消费达 1220 亿 GB，同比 2018 年增长 71.6%；月户均流量达 7.82GB/（户/月），是 2018 年的 1.69 倍；短视频应用更成为流量增长的主要拉动力，移动用户 2019 年使用抖音、快手等短视频应用消耗的流量占比超过了 30%。

移动互联网自身相对脆弱的安全系统，使得越来越多的用户受到伤害，作为一个较新的领域，在管理层面上，相关法律法规不足，行业和公民对相关的安全风险也认识不足，使移动互联网的发展产生了大量的隐患。其主要的安全问题如下：

1）操作系统安全问题。

2）移动应用安全问题。

3）个人隐私泄露问题。

智能手机作为移动互联网的终端接入设备，大量的应用产生的用户数据极易导致隐私泄露。垃圾信息、网络诈骗等建立在隐私泄露基础上的安全问题日益突出。移动互联网的安全防护可以从如下几个方面着手：

1）政策规范和引导。

2）移动应用 App 分发管控。

3）加强隐私保护要求。

《中华人民共和国网络安全法》将隐私数据保护纳入了法律范畴，最终的安全保护落实需要从法律法规、政策管控、技术规范和个人安全意识的提高等多方面综合实施。

6. 智慧城市

智慧城市综合了大数据、工业控制系统、云计算、移动互联网、物联网等新一代信息技术，基于工程管理、人员管理、操作管理等来提高城镇化质量，实现精细化和动态管理，提升城市管理成效，改善市民生活质量。与此同时，智慧城市为传统的信息安全体系带来了严峻挑战，任何重大信息安全问题，都将带来可能的灾难性后果，给民生带来极大影响，因此，亟需通过技术与管理结合的方法，探索建立一套完整、全新的智慧城市信息安全体系。

6.2.4 网络安全的基本属性

作为一门综合性学科，网络安全的内涵十分丰富，外延不断扩展，不同的人对网络安全有着不同的认识。但是，从信息的安全获取、处理和使用这一本质要求出发，人们对网络安全有着三种最基本的需求：保密性、完整性和可用性（图 1-6-3），这是网络安全最基本的追求，也是从技术上理解网络安全最根本的出发点。

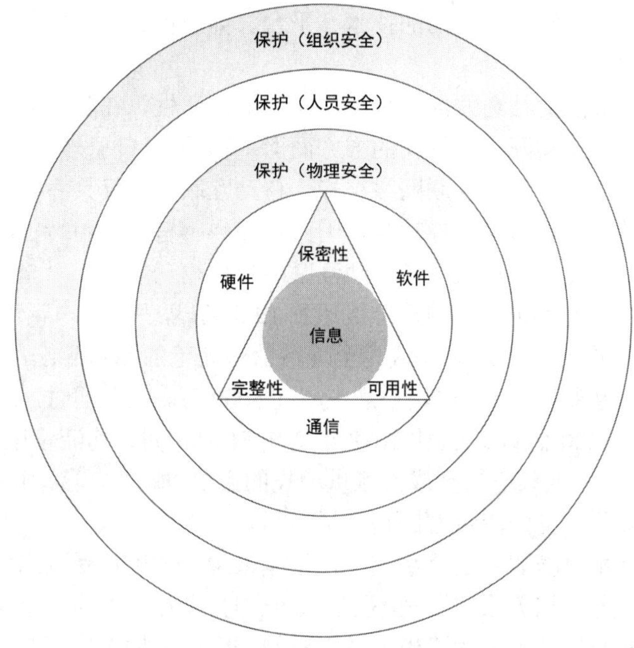

图 1-6-3 网络安全三要素

1. 保密性

保密性（confidentiality）是一个古已有之的需要，有时也被称为“机密性”。在传统通信环境中，普通人通过邮政系统发信件时，为了个人隐私要装入信封。可是到了信息时代，信息在网上传播时，如果没有这个“信封”，那么所有的信息都是“明信片”，不再有秘密可言。这便是网络安全中的保密性需求。概括来说，保密性是指信息不被泄露给非授权的用户、实体或过程，或被其利用的特性。

需要指出的是，保密性不但包括信息内容的保密，还包括信息状态的保密。例如，在军事战争中，即使无法破解对方的加密信息，但仍可从敌方通信流量的骤增情况上推断出某些重要的结论（如可以推知敌方将有重大军事行动）。确保通信流保密的技术也有很多。例如，可以在保证带宽的前提下通过加入大量冗余通信流，从而保持通信流状态的恒定，以避免泄密。

保密性往往在信息通信过程中得到相当程度的重视。然而，信息在存储与处理过程中的保密性问题在当前相当突出，常被人们所忽视。

2. 完整性

完整性（integrity）是指信息未经授权不能进行更改的特性，即信息在存储或传输过程中保持不被偶然或蓄意地删除、修改、伪造、乱序、重放、插入等破坏和丢失的特性。

完整性与保密性不同，保密性要求信息不被泄露给非授权的人，而完整性则要求信息不致受到各种原因的破坏。影响信息完整性的主要因素有设备故障、误码、人为攻击、计算机病毒等。

3. 可用性

可用性（availability）是信息可被授权实体访问并按需求使用的特性。例如，在授权用户或实体需要信息服务时，信息服务应该可以使用，或者在网络和信息系统部分受损或需要降级使用时，仍能为授权用户提供有效服务。可用性一般以系统正常使用时间与整个工作时间之比来度量。

6.2.5 网络信息安全防范措施

目前网络信息安全防范措施主要有以下几种：

- 利用虚拟网络技术来防止基于网络监听的入侵手段。
- 利用防火墙技术来保护网络免遭黑客袭击。
- 利用病毒防护技术来防毒、查毒和杀毒。
- 利用入侵检测技术来提供实时的入侵检测及采取相应的防护手段。
- 利用安全扫描技术来发现网络安全漏洞。
- 采用认证和数字签名技术。认证技术用以解决网络通信过程中通信双方的身份认可，数字签名技术用于通信过程中不可抵赖要求的实现。
- 采用虚拟专用网络（virtual private netword，VPN）技术。将利用公共网络实现的私用网络称为虚拟专用网络。
- 利用应用系统的安全技术来保证电子邮件和操作系统等应用平台的安全。

6.3 计算机犯罪

计算机犯罪是指各种利用计算机程序及其处理装置进行犯罪或将计算机信息作为直接侵害目标的犯罪的总称。

公安部计算机管理监察司给出的定义是：所谓计算机犯罪，就是在信息活动领域中，利用计算机信息系统或计算机信息知识作为手段，或者针对计算机信息系统，对国家、团体或个人造成危害，依据法律规定，应当予以刑罚处罚的行为。

6.3.1 黑客

黑客（hacker）一词，原指热心于计算机技术、水平高超的计算机专家，尤其是程序设计人员。但到了今天，黑客一词已被用于泛指那些专门利用计算机网络搞破坏或恶作剧的家伙。对这些人的正确英文叫法是 Cracker，有人翻译成“骇客”。

过去黑客都是一些网络编程的高手，现在则不一定，只需了解一些最基本的计算机知识就可当黑客，因为黑客用来攻击系统的手段不需要再编程了，只要从网站上下载就可。目前较有名的黑客程序 BO 和 YAI 都可通过网上下载获得。

黑客攻击系统的手法都很狡猾，一般会在攻击成功的系统中设置一个“暗门”，供其随时进出。对于黑客入侵的防御，目前主要采用的措施有设置防火墙、授权认证、数据加密和对系统进行全天候的监控等。

6.3.2 法律惩处

传统的法律没有覆盖计算机犯罪的全部范围，现在，世界各国关于计算机犯罪都建立了相关的法律，我国也建立了计算机犯罪管理条例。虽然法律能够制止或约束犯罪，将犯罪分子绳之于法，受到法律的惩罚与制裁。但是，法律不能事先保护你的计算机系统中的数据。我们应该经常对数据进行备份，利用计算机安全技术设法防止数据被非法访问和入侵。

《中华人民共和国刑法》中的第285条和第286条做了如下规定。

1. 刑法第285条

1）非法侵入计算机信息系统罪：违反国家规定，侵入国家事务、国防建设、尖端科学技术领域的计算机信息系统的，处三年以下有期徒刑或者拘役。

2）“违反国家规定，侵入前款规定以外的计算机信息系统或者采用其他技术手段，获取该计算机信息系统中存储、处理或者传输的数据，或者对该计算机信息系统实施非法控制，情节严重的，处三年以下有期徒刑或者拘役，并处或者单处罚金；情节特别严重的，处三年以上七年以下有期徒刑，并处罚金。”（包括：非法窃取计算机信息数据罪和非法控制计算机信息系统罪。）

3）“提供专门用于侵入、非法控制计算机信息系统的程序、工具，或者明知他人实施侵入、非法控制计算机信息系统的违法犯罪行为而为其提供程序、工具，情节严重的，依照前款的规定处罚。”（非法提供控制计算机系统程序、工具罪。）

2. 刑法第286条

1）违反国家规定，对计算机信息系统功能进行删除、修改、增加、干扰，造成计算机信息系统不能正常运行，后果严重的，处五年以下有期徒刑或者拘役；后果特别严重的，处五年以上有期徒刑。

2）违反国家规定，对计算机信息系统中存储、处理或者传输的数据和应用程序进行删除、修改、增加的操作，后果严重的，依照前款的规定处罚。

3）故意制作、传播计算机病毒等破坏性程序，影响计算机系统正常运行，后果严重的，依照第一款的规定处罚。

6.4 计算机病毒与防范

计算机病毒是破坏计算机系统，进行计算机犯罪的重要手段中的一种。计算机病毒的来源是多种多样的，有的是计算机工作人员和业余爱好者为了恶作剧而造出来的，有的则是软件公司因自己的产品被非法复制而采取的报复行为，而有的就是蓄意破坏。

6.4.1 计算机病毒的概念

1. 计算机病毒的定义

计算机病毒（computer viruses）在《中华人民共和国计算机信息系统安全保护条例》中的

定义为“编制或者在计算机程序中插入的破坏计算机功能或破坏数据，影响计算机使用，并能自我复制的一组计算机指令或者程序代码”。计算机病毒就是一个程序，一段可执行的代码，就像生物病毒一样有独特复制能力。当达到某种条件时，即被激活，严重破坏正常程序的执行与数据安全。计算机一旦有了病毒，就会很快地扩散，如同生物体传染生物病毒一样，具有很强的传染性。传染性是计算机病毒最根本的特征，也是病毒与正常程序的本质区别。

2. 计算机病毒的特点

现在可以这样说，有计算机的地方就有计算机病毒，计算机病毒之所以能够泛滥横行，无处不在，主要是因为它具有以下特点：

- 传染性。这是病毒的基本特征，一旦计算机病毒被复制或产生变种，其传染速度令人难以想象。
- 破坏性。任何计算机系统感染病毒后，都会对计算机系统产生不同程度的影响。轻则占用系统资源，影响计算机系统的运行效率；重则破坏计算机系统的数据，甚至破坏计算机的硬件，给用户带来巨大的损失。
- 寄生性。在大多数的情况下，计算机病毒都不是独立存在的，而寄生在其他的程序中，当执行这个程序时，计算机病毒的代码也会执行。
- 隐蔽性。计算机病毒有很强的隐蔽性，它通常附在正常的程序中或藏在磁盘隐秘的地方，就是在计算机感染病毒后，用户也不会感到有任何异常。
- 潜伏性。大部分的病毒感染计算机系统后一般都不会马上发作，而是隐藏在系统中，就像定时炸弹一样，只有在特定的条件时才爆炸。例如，黑色星期五病毒就是在 13 日并且是星期五时才会发作。

3. 计算机病毒的类型

由于计算机病毒技术的不断发展和计算机病毒特征的不断变化，目前计算机病毒的分类有很多。

① 良性感染程序　不破坏计算机系统。

② 恶性感染程序　破坏计算机系统。如果计算机联网，可能导致整个网络瘫痪。

③ 源码型　攻击用高级语言编写的程序，在程序被编译之前插入到源程序当中，经编译后变成合法程序的一部分，易传播。

④ 嵌入型　将病毒嵌入到现有程序之中。该病毒的编写比较困难，危害也比较大。病毒一旦侵入到一个程序之中，就成为合法程序的一部分，对其进行删除也非常困难，病毒的清除要破坏合法的程序。

⑤ 操作系统型　该病毒用自己的程序加入或取代操作系统的部分程序模块，具有很强的破坏力，可以导致系统瘫痪。例如，“大麻”“小球”就是这一类病毒。

⑥ 外壳型　该病毒包围在计算机程序外面，能使计算机无法运行。例如“黑色星期五”就属于外壳型病毒。

4. 计算机病毒的传播途径

计算机病毒的传播主要通过文件复制、文件传送、文件执行等方式进行，文件复制与文件传送都需要传输媒介，文件执行则是计算机病毒感染的必然途径，因此，计算机病毒传播与文件传输媒体有着直接的关系。计算机病毒主要的传播途径有软盘、U盘、光盘、硬盘（可移动硬盘）、有线网络和无线网络等。

5. 计算机病毒的发作症状

计算机病毒种类繁多，入侵后引起的异常现象也是千奇百怪的，要一一列举是不可能的，但通常可以从显示的屏幕、系统的声音、鼠标指针、打印机、文件系统、系统工作情况等方面发现一些异常现象。常见的计算机病毒的症状如下：

- 鼠标指针自动移动或计算机系统自动关机，如“木马病毒”。
- 磁盘引导时出现死机现象，如“大麻”“米氏”等病毒。
- 系统运行速度变慢或网速变慢，如“蠕虫”等病毒。
- 磁盘上出现不正常的“坏”扇区，如“小球”“巴基斯坦”等病毒。
- 磁盘上出现莫名其妙的隐藏文档，如“N64”“APOLLO”“SYSTEM”等病毒。
- 磁盘空间莫名其妙地变小，如“小球”“雪球”等病毒。
- 磁盘文档意外地变长，如“V888”“2048”等文档型病毒。
- 文档属性、日期和时间等意外地发生变化，如“毛毛虫”等病毒。
- 可执行文档的装入时间比平时长，如“黑色星期五”等病毒。
- 异常地发现声音或音乐，如“东方红”“音乐”“侵略者”等病毒。
- 屏幕有规律地出现异常的画面，如“小球”“毛毛虫”“火炬”等病毒。
- 打印机出现莫名其妙的“忙”信号，如“RS232”等病毒。
- 使用某外部设备时，系统却提示没有该外部设备或没有任何反应，如“CMOS”等病毒。

6. 计算机病毒的发展趋势

计算机病毒的发展趋势与计算机技术的发展是相关的，根据计算机病毒的特征来看，计算机病毒技术正向网络化、智能化、人性化、隐蔽化、自动化方面发展。

（1）网络化

网络是当今进行信息交换、信息沟通、信息获取的主要方式。而计算机病毒也可以通过利用网络上的某些安全技术存在的漏洞进行传播。例如，蠕虫病毒、木马病毒都是利用网络传播的。

（2）智能化

现在很多计算机病毒是利用当前最新的编程语言与编程技术实现的，并且易于修改产生新的变种病毒。例如，“爱虫病毒”是用VBScript语言编写的，它只要通过Windows下自带的编辑软件修改病毒程序代码的一部分，就能使病毒变种，躲避反病毒软件的追杀。

（3）人性化

这里所说的人性化是指计算机病毒程序对人的诱惑性。现在计算机病毒设计者越来越注重利用人们好奇、贪婪的心理，将计算机病毒包装上漂亮的外衣，使用户上当。例如，“裸妻病毒”就是典型的一例，它是邮件附件中的一个名为“裸妻”的可执行文件，用户执行这个文件就会使病毒激活。

（4）隐蔽化

新一代计算机病毒更善于隐藏自己、伪装自己。许多计算机病毒会伪装成常用程序，或将计算机病毒写入到文件内部，并且让文件的长度没变化，使用户防不胜防。例如，Matrix 病毒会自动隐藏、变形，甚至会阻止受害者访问反病毒网站，使受害者无法下载更新、升级后的杀毒软件。

（5）自动化

以前计算机病毒的制作者大都是一些专业人士，编写计算机病毒程序是为了表现自己的高超技术。但是现在不同了，只要从网上下载一个产生计算机病毒的工具，就可轻而易举地制作出计算机病毒。例如，“库尔尼科娃”病毒就是设计者通过网上下载的“VBS 蠕虫孵化器”制作出来的病毒。

6.4.2 计算机病毒的诊断与清除

计算机病毒的诊断与清除类似于医生给病人看病，只有确诊后，才能对症下药。对计算机病毒，也要先检查确诊，然后才清除。

1. 计算机病毒的诊断

计算机病毒的诊断，在技术上常采用比较法、校验和法、扫描法、行为监测法等。但在现实的工作中，人们都采用手工检测和自动检测来诊断计算机病毒。

手工检测是指通过一些工具软件（Debug、EditPlus、SoftICE 等）来检测计算机病毒。这种方法比较复杂，一般只有熟悉计算机指令和操作系统的专业人员使用。其特点是用此方法来检测病毒比较费时费力，但可以剖析新病毒，检测出一些自动检测工具查不出的新病毒。

自动检测是指通过专门的计算机病毒软件（瑞星、360、诺顿、卡巴斯基等）来诊断计算机系统是否有病毒的一种方法。这种方法简单实用，目前大部分的计算机用户都采用它。但是，自动检测工具只能查出已知的计算机病毒，所以它有滞后于病毒发展的缺点。解决的办法就是自动检测工具要不断地更新、升级。

2. 计算机病毒的清除

计算机病毒的清除是很困难的，因为大多数的计算机病毒都是隐藏在系统的某些重要的文件中，要将病毒模块从系统中摘除，使计算机系统恢复正常不是一件容易的事情，有时则可能出现“不治病”反而“赔命”的结果，使整个系统不能运行。目前，计算机病毒的清除一般都采用手工清除、自动清除和对磁盘进行格式化的操作方法。

手工清除是指一些专业人士利用 Debug、Regedit 和反汇编语言等软件工具，从感染病毒的文件中认识、了解病毒的特性，并将其病毒代码清除，使之复原。此方法操作复杂，不适应一般用户使用。

自动清除是指计算机用户使用专门的杀毒软件进行杀毒。专门的杀毒软件是在手工杀毒的基础上，取得杀毒经验后研制的软件产品。它使用方便，操作简单，通过不断升级、更新，便可清除新产生的计算机病毒。

如果自动清除和手工清除都不能清除病毒，最后的办法就是对磁盘进行格式化，重新安装系统。这种办法的代价是磁盘上的数据都会丢失，因此在使用此方法时要三思而后行。

3. 常用的杀毒软件

一般的杀毒软件不仅要具有清除病毒的功能，而且还要有检测和监控病毒的功能。目前国内知名的杀毒软件有10多种，国外有100多种，像瑞星、360、金山、诺顿、卡巴斯基、趋势等都是在日常工作中常用的杀毒软件。

对于一款商品化的杀毒软件，它必须具备如下功能：

- 病毒的查杀功能。
- 对新病毒的反应能力。
- 实时监控能力。
- 及时有效的升级功能。
- 智能安装、远程识别功能。
- 界面友好，易于操作。

6.5 计算机软件知识产权

知识产权是指个人和组织对自己的智力劳动成果所依法享有的权利，属于无形资产。

计算机软件知识产权是指公民或法人对自己在计算机软件方面开发成功的智力成果所享有的专利权，它包括著作权（源程序、可执行程序和文档等）、商标权（软件名称、标识等）和专利权（软件设计技术）等。计算机软件著作权（版权）包括软件开发者对自己的软件享有的发表、复制、发行、修改、注释、翻译、更新、销售和转让权。

1. 著作权

我国对计算机软件采取以著作权加以保护，根据《计算机软件条例》，自软件开发完成之日起产生。软件著作权保护期为自然人终生及其死亡后50年。法人或者其他组织的软件著作权，保护期为50年。

计算机软件保护条例所称计算机软件，是指计算机程序及其有关文档。同一计算机程序的源程序和目标程序为同一作品。

但著作权只保护计算机软件本身，而不保护计算机软件的概念、原理、算法、处理过程、开发方法和运行方法。所以，参考别人程序设计思想、算法、处理技术而独立编写的不同程序是不违反著作权法。

2. 商标权

计算机软件商标权是指一个计算机软件在商标管理部门获准注册成为软件商标后，在有效期内注册者享有的专用权，他人未经许可使用，则是违法行为。

计算机软件商标使用有两种：一种是提供软件产品的企业商标；另一种是标识软件产品。

计算机软件在一些国家（美国）是可以通过申请专利来保护，而有些国家则是通过著作权法来保护。在我国，计算机软件就是采用著作权法来保护。

3. 软件版权分类

目前，从计算机软件的版权来看，计算机用户主要使用的是源代码开放软件、商业软件和共享软件。

（1）源代码开放软件

源代码开放软件（自由软件）不受版权保护，用户可以任意使用、复制、修改该软件，Linux 操作系统就是属于该类软件。

（2）商业软件

商业软件是享有版权保护的软件，这类软件是要付费后才能使用，用户对该软件没有复制、修改的权力，如 Windows 操作系统、Office 等软件。

（3）共享软件

共享软件（试用软件）则可以任意使用和复制，也不用付费，但它有一定时间限制，试用期满后要支付一定费用才能使用，如一些查杀病毒的软件。

4. 法律法规

由于计算机软件的开发工作量大，投入的成本也高。开发一个软件需要花很多的时间和人力，而盗版者只要花几分钟时间复制，就可轻而易举获得软件，使软件开发者的合法权益受到损害。因此，现在世界大多数国家都通过著作权法、商标法和专利法来保护计算机软件版权。我们国家为了维护计算机知识产权，经过 20 多年发展，现在已经形成了一个比较完善的知识产权保护法律体系。

我国已经颁布的一系列与计算机知识产权保护有关的法律法规如下：

- 《中华人民共和国著作权法》。
- 《计算机软件保护条例》。
- 《计算机软件著作权登记办法》。
- 《中华人民共和国专利法》。
- 《中华人民共和国商标法》。
- 《中华人民共和国反不正当竞争法》。

思　考　题

1. 判断题

（1）当发现病毒时，它们往往已经对计算机系统造成了不同程度的破坏，即使清除了病毒，受到破坏的内容有时也很难恢复。因此，对计算机病毒必须以预防为主。（　　）

（2）CIH 病毒能够破坏任何计算机主板上的输入/输出系统程序。（　　）

（3）宏病毒可感染 PowerPoint 或 Excel 文件。（　　）

（4）计算机病毒在某些条件下被激活之后，才开始起干扰破坏作用。（　　）

（5）1991 年我国首次颁布了《计算机软件保护条例》。（　　）

（6）网络时代的计算机病毒虽然传播快，但容易控制。（　　）

（7）黑客都是计算机编程水平高超的计算机专家。（　　）

（8）计算机只要安装了防毒、杀毒软件，上网浏览就不会感染病毒。（ ）

（9）2002年1月1日起施行的《计算机软件保护条例》规定软件著作权自软件开发完成之日起产生。自然人的软件著作权保护期为自然人终生及其死亡后30年。（ ）

（10）若一台微机感染了病毒，只要删除所有带毒文件，就能消除所有病毒。（ ）

2. 单选题

（1）下面______软件不拥有版权。

A. 共享软件 B. 公有软件 C. 免费软件 D. 商业软件

（2）计算机软件著作权的保护期为______年。

A. 10 B. 15 C. 30 D. 50

（3）我国《计算机软件保护条例》自1991年10月1日起开始执行，凡软件自______之日起即行保护50年。

A. 完成开发 B. 注册登记 C. 公开发表 D. 评审通过

（4）计算机软件的著作权属于______。

A. 销售商 B. 使用者 C. 软件开发者 D. 购买者

（5）关于计算机软件使用的叙述，错误的是______。

A. 软件是一种商品

B. 软件借来复制也不损害他人利益

C.《计算机软件保护条例》对软件著作权进行保护

D. 未经软件著作权人的同意复制其软件是一种侵权行为

（6）对于下列叙述，你认为正确的说法是______。

A. 所有软件都可以自由复制和传播

B. 受法律保护的计算机软件不能随意复制

C. 软件没有著作权，不受法律的保护

D. 应当使用自己花钱买来的软件

（7）以下对计算机病毒的描述不正确的是______。

A. 计算机病毒是人为编制的一段恶意程序

B. 计算机病毒不会破坏计算机硬件系统

C. 计算机病毒的传播途径主要是数据存储介质的交换以及网络链接

D. 计算机病毒具有潜伏性

（8）计算机病毒会造成计算机______的损坏。

A. 硬件、软件和数据 B. 硬件和软件

C. 软件和数据 D. 硬件和数据

（9）网上“黑客”是指______的人。

A. 匿名上网 B. 总在晚上上网

C. 在网上私闯他人计算机系统 D. 不花钱上网

（10）防止计算机中信息被窃取的手段不包括______。

A. 用户识别 B. 权限控制 C. 数据加密 D. 病毒控制

（11）关于计算机病毒，正确的说法是______。

A. 计算机病毒可以侵蚀计算机的电子元件

B. 计算机病毒是一种传染力极强的生物细菌

C. 计算机病毒是一种人为特制的具有破坏性的程序

D. 计算机病毒一旦产生，便无法清除

（12）计算机病毒会造成______。

A. CPU 的烧毁　　B. 磁盘驱动器的损坏

C. 程序和数据的破坏　　D. 磁盘的物理损坏

（13）在磁盘上发现计算机病毒后，最彻底的解决办法是______。

A. 删除已感染病毒的磁盘文件　　B. 用杀毒软件处理

C. 删除所有磁盘文件　　D. 彻底格式化磁盘

（14）杀毒软件能够______。

A. 消除已感染的所有病毒

B. 发现并阻止任何病毒的入侵

C. 杜绝对计算机的侵害

D. 发现病毒入侵的某些迹象并及时清除或提醒操作者

（15）下列关于计算机病毒的四条叙述中，错误的一条是_______。

A. 计算机病毒是一个标记或一个命令

B. 计算机病毒是人为制造的一种程序

C. 计算机病毒是一种通过磁盘、网络等媒介传播、扩散并传染其他程序的程序

D. 计算机病毒是能够实现自身复制，并借助一定的媒体存储，具有潜伏性、传染性和破坏性的程序

（16）计算机感染病毒后，症状可能有______。

A. 计算机运行速度变慢　　B. 文件长度变长

C. 不能执行某些文件　　D. 以上都对

（17）计算机病毒的特点是______。

A. 传播性、潜伏性和破坏性　　B. 传播性、潜伏性和易读性

C. 潜伏性、破坏性和易读性　　D. 传播性、潜伏性和安全性

（18）为了预防计算机病毒，应采取的正确步骤之一是______。

A. 每天都要对硬盘和软盘进行格式化

B. 决不玩任何计算机游戏

C. 不同任何人交流

D. 不用盗版软件和来历不明的磁盘

3. 多选题

（1）软件著作人享有的权利有______。

A. 发表权　　B. 署名权　　C. 修改权　　D. 发行权

（2）下面有关计算机病毒的叙述中，正确的是______。

A. 计算机病毒的传染途径不但包括软盘、硬盘，还包括网络

B. 如果一旦被任何病毒感染，那么计算机都不能够启动

C. 如果软盘加了写保护，那么就一定不会被任何病毒感染

D. 计算机一旦被病毒感染后，应马上用消毒液清洗磁盘

（3）计算机病毒的特点有______。

A. 隐蔽性、实时性
B. 分时性、破坏性
C. 潜伏性、隐蔽性
D. 传染性、破坏性

（4）计算机被感染病毒的途径可能是______。

A. 使用U盘
B. 下载软件
C. 机房电源不稳定
D. 访问不明来路的网站

（5）防止非法复制软件的正确方法有______。

A. 使用加密软件对需要保护的软件加密
B. 采用“加密狗”、加密卡等硬件
C. 在软件中隐藏恶性的计算机病毒，一旦有人非法复制该软件，病毒就发作，破坏非法复制者磁盘上的数据
D. 严格保密制度，使非法者无机可乘

第2篇 应用操作篇

应用操作1　Windows 10 操作系统

本应用操作从具体的应用案例出发，着重介绍 Windows 10 操作系统面向应用的常用功能和实用操作。知识要点包括 Windows 10 操作系统简介、Windows 10 操作系统基本操作、文件和文件夹管理、控制面板与系统设置等。图 2-1-1 所示为 Windows 10 操作系统的主要应用功能。

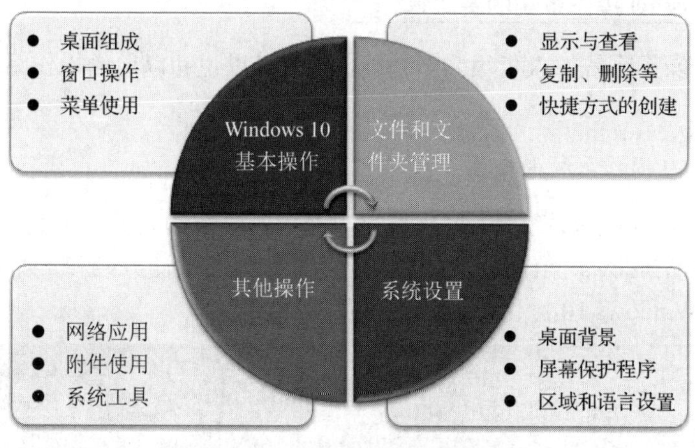

图 2-1-1　Windows 10 操作系统的主要应用功能

1.1　知 识 要 点

与以往的 Windows 系列操作系统相比，Windows 10 操作系统更具人性化特征，性能更加强劲，安全性更高。其操作一般涉及以下知识点：

- 基本操作。Windows 10 操作系统的桌面、窗口、菜单、剪贴板和任务栏使用等。
- 文件和文件夹管理。文件和文件夹的显示与查看、文件和文件夹的新建、重命名、复制、移动、删除、查找和快捷方式创建等。
- 系统设置。控制面板、系统信息查看、用户管理和系统工具等。
- 软件和硬件管理。安装与查看系统更新、软件的安装与卸载、硬件的安装与卸载和设备管理器等。
- 网络管理。网络配置及应用和共享设置等。
- 常用附件。记事本、写字板、画图和截图工具等。

1.1.1 Windows 10 操作系统简介

Windows 10 操作系统可供台式机、笔记本式计算机、平板计算机、多媒体中心等使用。Windows 10 操作系统具有以下特点：

- 易用。Windows 10 操作系统做了许多方便用户的设计，如快速最大化、窗口半屏显示、跳转列表（JumpList）、系统故障快速修复等。
- 快速。Windows 10 操作系统大幅缩减了系统的启动时间。
- 简单。Windows 10 操作系统使用户搜索和使用信息更加简单，包括本地、网络和互联网搜索功能，直观的用户体验更加高，还整合了自动化应用程序提交和交叉程序数据透明性。
- 安全。Windows 10 操作系统把数据保护和管理扩展到外围设备，还改进了基于角色的计算方案和用户账户管理，在数据保护和兼顾协作的固有冲突之间搭建沟通桥梁，同时也会开启企业级的数据保护和权限许可。
- Aero 特效。Windows 10 操作系统的 Aero 效果更华丽，有碰撞效果及水滴效果，还有丰富的桌面小工具。这些都比 Vista 操作系统增色不少。

1.1.2 Windows 10 操作系统的基本操作

Windows 10 操作系统加入了很多新功能，甚至可以说和以前的操作系统相比是发生了革命性的变化。

1. Windows 10 操作系统的桌面

登录 Windows 10 操作系统后，展现在用户面前的整个画面就是桌面，它是用户工作的平台。同以前的 Windows 操作系统一样，桌面包括图标、任务栏和桌面背景三部分。如图 2-1-2 所示为 Windows 10 操作系统的桌面及其组成。

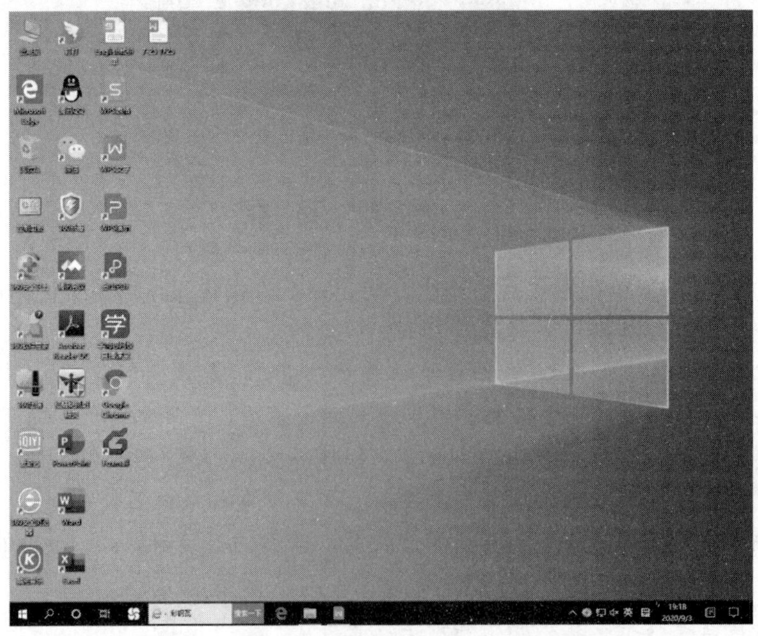

图 2-1-2　Windows 10 操作系统的桌面及其组成

（1）桌面图标

桌面图标由一个形象的小图片和说明文字组成，图片是标识，文字则表示其名称或功能。它可以代表一个常用的程序、文档、文件夹或打印机等对象。桌面图标是一种快捷方式，而不是文件或程序本身。双击该图标可以快速打开某个对应的文件、文件夹或应用程序等。

（2）任务栏

任务栏是位于屏幕底部的水平长条。它主要由“开始”按钮、“搜索”工具、程序按钮区、通知区域和显示桌面按钮组成。

① **“开始”按钮**　位于桌面左下角。单击“开始”按钮图标后，显示“开始”菜单。“开始”菜单是计算机程序、文件夹和设置的主门户，如图 2-1-3 所示。

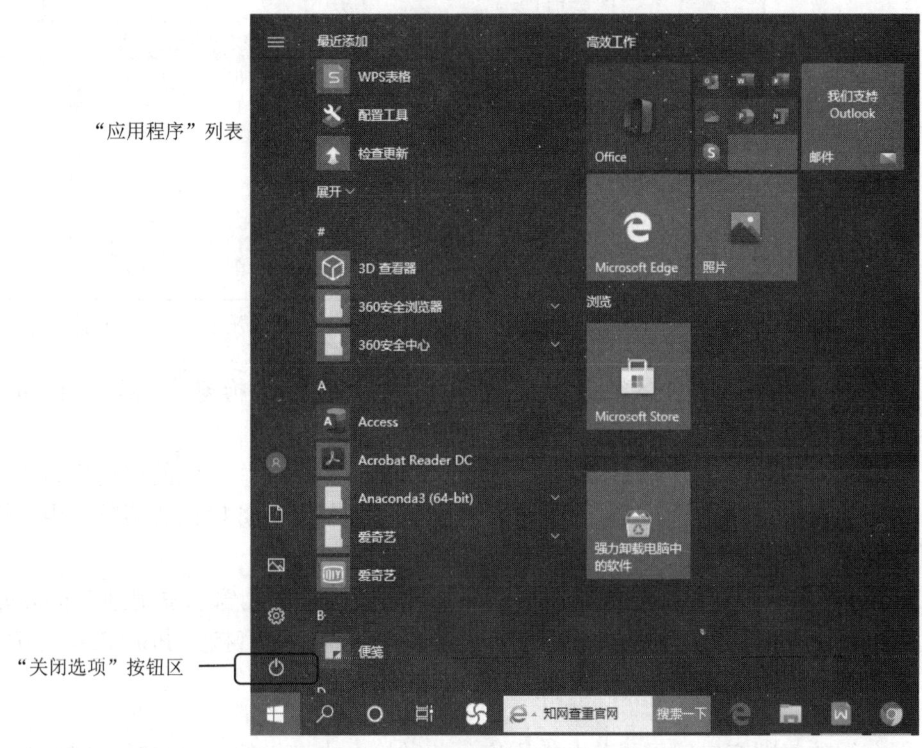

图 2-1-3　Windows 10 操作系统的“开始”菜单及其组成

② **“搜索”工具**　填入相关内容，进行搜索。

③ **程序按钮区**　显示已打开的程序和文档，并可以在它们之间进行快速切换。

④ **通知区域**　包括时钟及一些告知特定程序和计算机设置状态的图标（小图片）。

⑤ **显示桌面按钮**　位于任务栏最右侧，作用是快速地将所有已打开的窗口最小化，这使查找桌面文件变得很方便。

（3）桌面背景

桌面背景是指 Windows 操作系统桌面的背景图案，又称为桌布或者墙纸，用户可根据自己的喜好更改桌面的背景图案。

2. Windows 10 操作系统的窗口

窗口是 Windows 10 操作系统的基本对象，用户大部分操作都是在窗口中完成的。只要双击桌面上任一图标或启动一个应用程序，都会弹出一个矩形框，即窗口。

一个典型的应用程序窗口，由地址栏、菜单栏、搜索栏、工作区、窗口边框、导航窗格、滚动条和状态栏等组成，如图 2-1-4 所示。有关窗口的操作内容介绍如下。

① *移动窗口*　利用鼠标拖动窗口标题栏，或单击控制图标，在控制菜单中选择“移动”，再通过移动鼠标或键盘上的方向键来实现窗口的移动操作。

② *调整窗口大小*　利用窗口右上角的控制按钮，可以调整窗口大小或关闭窗口。另外，双击标题栏也可以将窗口放大或还原；还可以利用鼠标拖曳窗口边框或窗口角调整窗口大小。

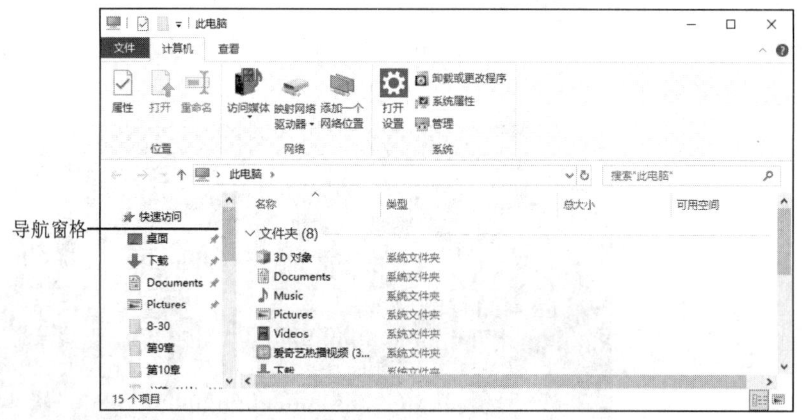

图 2-1-4　Windows 10 操作系统的窗口组成

③ *窗口间的切换*　在任务栏上单击应用程序图标按钮来切换窗口，或使用 Alt+Tab、Alt+Esc 快捷键来切换窗口。

④ *窗口的排列*　在打开多个窗口后，利用 Windows 10 操作系统的自动窗口排列功能可以方便地实现多窗口显示。右击任务栏的空白区域，打开任务栏快捷菜单，用户可以对窗口进行层叠、横向平铺、纵向平铺等操作。

⑤ *复制窗口*　利用 Alt+Print Screen 快捷键，可将当前活动窗口复制到 Windows 操作系统的剪贴板中，以备用户粘贴使用；若要复制整个屏幕，可直接按 Print Screen 键。

3. 剪贴板

上面介绍的复制窗口使用了剪贴板程序。剪贴板是内存中的一块临时存储区域，用来暂时存放被剪切或被复制的信息，一旦退出 Windows 10 操作系统或再次进行复制、剪切操作，剪贴板中的信息就会丢失或被替换。

在 Windows 10 操作系统中，几乎所有应用程序都可以利用剪贴板来交换数据。应用“编辑”菜单中的“剪切”“复制”“粘贴”选项和“常用”工具栏中的“剪切”“复制”“粘贴”按钮均可用来向剪贴板中复制数据或从剪贴板中接收数据进行粘贴。剪贴板时时刻刻都存在，存放在剪贴板上的信息可重复粘贴。

Windows 10 操作系统的剪贴板可以存放各种信息，如文档、文本、图形、图像、文件、文件夹等。利用剪贴板不仅可以进行文件（夹）的移动或复制，也可以在不同格式的程序之间传递信息。它是应用程序内部和应用程序之间交换信息的工具。

例如，利用剪贴板实现画图程序与 Word 程序之间的信息传递操作，如图 2-1-5 所示。

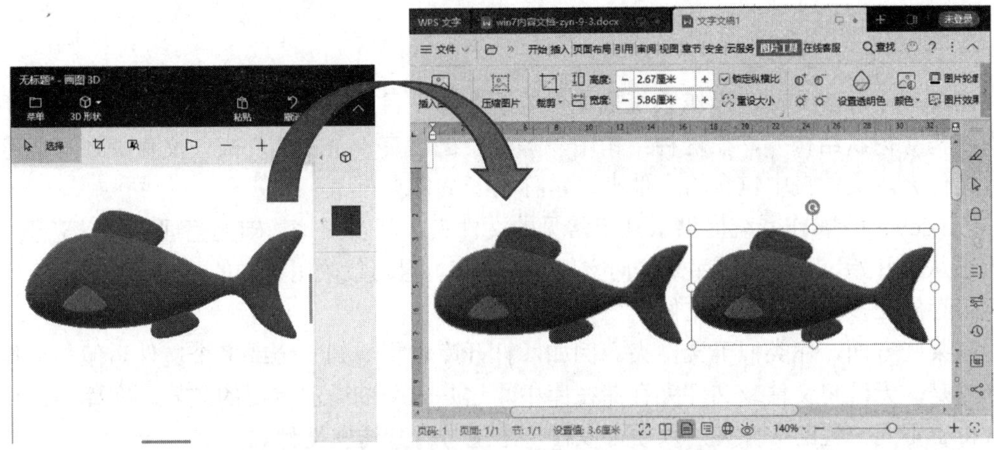

图 2-1-5　利用剪贴板在不同程序之间传递信息

1）打开画图窗口，绘制一幅图。

2）利用矩形选择框选中该图，执行“复制”或“剪切”操作。

3）启动 Word 应用程序，重复执行两次“粘贴”操作。

1.1.3　Windows 10 操作系统的文件和文件夹管理

计算机中的信息是以文件形式存储在外存储器中的，一个外存储器（如硬盘或光盘）存储着大量的文件，操作系统把它们以一定的结构组织起来进行管理。

本节将介绍有关 Windows 10 操作系统环境下的文件操作。

1. 文件

文件是一组相关信息的集合，是用来存储和管理信息的基本单位。计算机中的所有信息都是以文件的形式存放在磁盘上的。这里所说的磁盘可以是本地硬盘、光盘或其他可移动存储设备。不管是存储在哪种外存设备上的文件都必须有一个文件名，以便用户和计算机管理。

文件名由文件主名和扩展名两部分组成。文件名和扩展名之间用一个“. ”字符隔开，如文件“Word 基本操作.docx”，其中“Word 基本操作”为文件主名，“docx”为扩展名。文件的扩展名一般标识文件类型。

不同的操作系统对文件命名的规则略有不同，Windows 10 操作系统主要采用的命名规则如下：

- 文件名最多不超过 255 个字符。
- 可以使用多间隔符的扩展名，如 win.ini.txt 是一个合法的文件名，但其文件类型由最后一个扩展名决定。
- 文件名中允许使用空格，但不允许使用下列字符（英文输入法状态）：\、/、:、*、?、“、|、<>。
- Windows 操作系统对文件名中的字母不区分大小写。

“?”和“*”不能用在文件名中，因为它们都被赋予了特殊的用途。“?”和“*”被称为通配符，分别表示一个或任意个字符，用于模糊搜索不确定具体文件名或扩展名的一批文件。

2. 文件夹

为了有序存放文件，操作系统把文件组织在若干目录中，称为文件夹。它一般采用多层次结构（树状结构），在这种结构中，每一个磁盘有一个根文件夹，文件夹还可以存储其他文件夹。文件夹中包含的文件夹通常称为子文件夹。

Windows 10 操作系统提供了几个常见的文件夹，可以在此基础上整理文件。整理文件时无须从头开始。可以使用库来访问文件和文件夹并且可以采用不同的方式组织它们。库可以收集存储在多个位置中的文件。

在某些方面，库类似于文件夹。例如，打开库时将看到一个或多个文件。但与文件夹不同的是，无法将文件或文件夹存储在库中。这是一个细微但重要的差异。在库中，可以包含位于不同位置的文件夹，以便可以在一个地方看到这些文件。

3. 文件的组织结构

众所周知，图书馆的书籍采用的是分类管理方式，如图 2-1-6 所示。管理员按文学、理学、艺术学等方式进行归类，而理学又可以分为数学、化学、物理等，甚至还可以进一步再分。同样，计算机外存储器中存储着成千上万个文件，如果都放在一起，将造成管理上的混乱。因此，在 Windows 10 操作系统环境下，也采用分组管理的方法进行管理，即目录树组织形式，如图 2-1-7 所示。

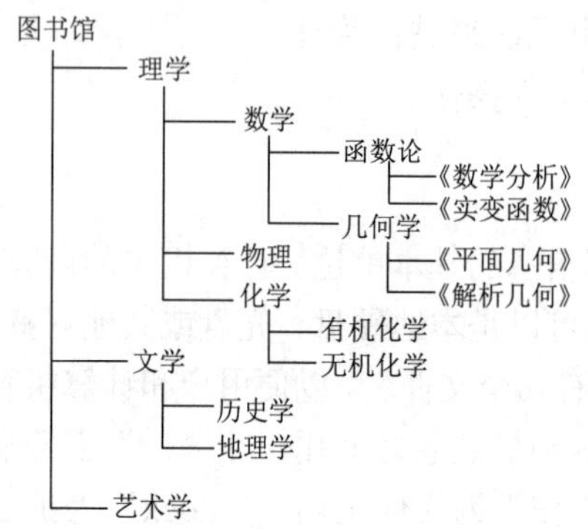

图 2-1-6 图书馆图书目录

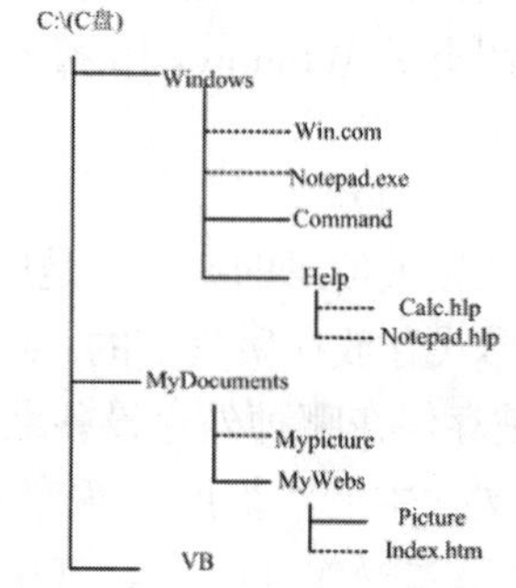

图 2-1-7 磁盘“C:”的文件目录

在同一个文件夹中，不能出现同名的文件或文件夹，而在不同的文件夹中，文件名可以相同。当然，在不同的磁盘中也可以有同名的文件夹或文件。

文件的存放位置常用如下格式描述：

[d:] [path]filename[.ext]

其中，“d:”表示驱动器（或盘符）；“path”表示路径；“filename”表示主文件名；“ext”表示扩展名；“[]”表示该项可省略。

例如“Notepad.exe”文件，它的位置可表示为“C:\WINDOWS\Notepad.exe”，其中“\”符号为路径分隔符。

1.1.4 Windows 10 操作系统的控制面板与系统设置

可以使用“控制面板”更改 Windows 操作系统的设置，以便根据用户的需求，对 Windows 操作系统的外观和工作方式进行设置。

1. 控制面板

单击桌面上的“控制面板”快捷图标，如图 2-1-8 所示。

图 2-1-8　Windows 10 操作系统的控制面板

可以使用两种方法查找“控制面板”项目。

① 使用搜索　若要查找感兴趣的设置或要执行的任务，可以在搜索框中输入单词或短语。例如，输入“声音”可查找声卡、系统声音及任务栏上音量图标的特定设置。

② 浏览　可以通过单击不同的类别（如系统和安全、程序或轻松访问）并查看每个类别下列出的常用任务来浏览“控制面板”。或者在“查看方式”下，选择“大图标”或“小图标”选项以查看所有“控制面板”项目的列表。

2. 系统设置

右击桌面上的“此电脑”快捷图标，在弹出的快捷菜单中选择“系统”选项，可以查看有关用户计算机的重要信息的摘要。用户可以查看基本硬件信息，如用户的计算机名，通过单击“系统”左窗格中的链接可以更改重要系统设置，如图 2-1-9 所示。

图 2-1-9　计算机系统信息

（1）查看有关用户计算机的基本信息

“系统”提供了有关用户计算机的基本信息的摘要视图，包括：

① Windows 版本　列出有关用户计算机上运行的 Windows 版本的信息。

② 系统　列出用户计算机的处理器类型、速度和数量，还显示安装的内存数量，某些情况下还显示系统可以使用的内存数量。

③ 计算机名、域和工作组设置　显示计算机名称及工作组或域信息，通过单击“更改设置”链接可以更改该信息。

④ Windows 激活　激活验证用户的 Windows 操作系统副本是否是真的，这有助于防止软件盗版。

（2）更改 Windows 操作系统的设置

左窗格中的链接提供对其他系统设置的访问。

① 设备管理器　使用设备管理器来更改设置和更新驱动程序。

② 远程设置　更改可用于连接到远程计算机的“远程桌面”设置和可用于邀请其他人连接到用户的计算机以帮助解决计算机问题的“远程协助”设置。

③ 系统保护　管理自动创建“系统还原”来还原计算机系统设置的还原点的设置。用户可以在计算机上启用或禁用对磁盘的“系统保护”，还可以手动创建还原点。

④ 高级系统设置　访问高级性能、用户配置文件和系统启动设置，包括监视程序和报告可能的安全攻击的“数据执行保护”。

1.2　应用案例 1——操作和管理 Windows 10 文件

1.2.1　应用案例描述

首先利用资源管理器或“此电脑”文件夹创建如图 2-1-10 所示的 E 盘课程资料树形结构。通过对文件、文件夹的操作及其属性的设置，完成如图 2-1-11 所示的课程资料文件夹的创建及相关设置，实现文件（文件夹）的新建、复制、移动、文件预览及文件属性的相关设置。

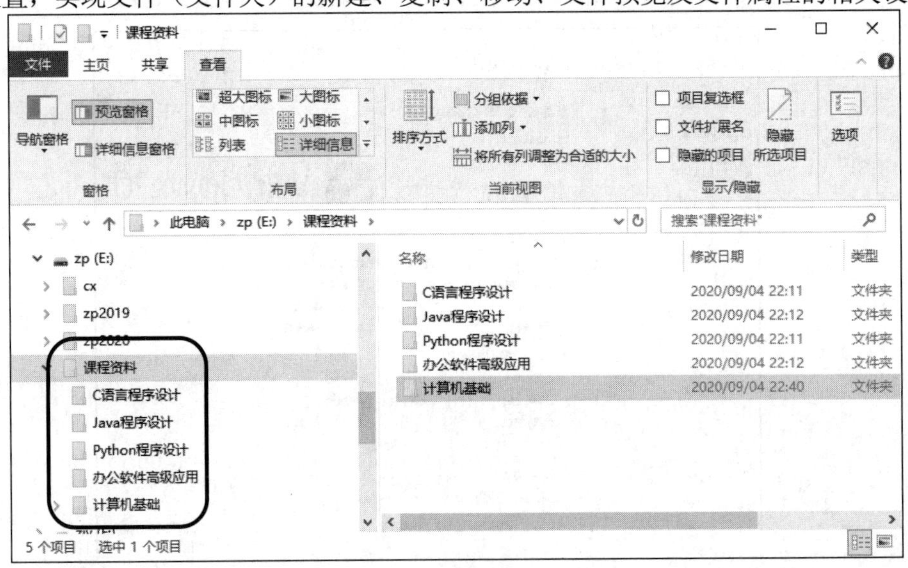

图 2-1-10　E 盘课程资料树形结构

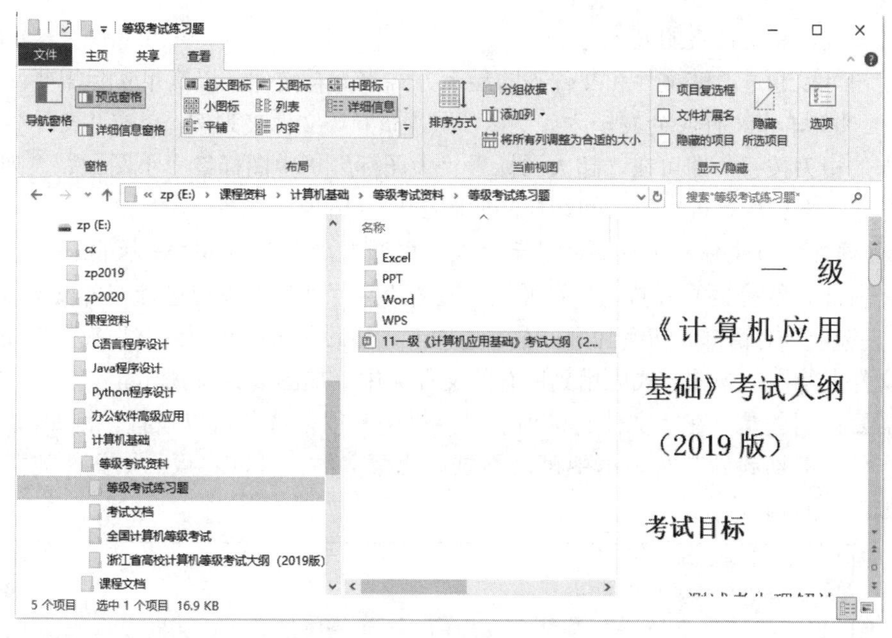

图 2-1-11　操作完成后的文件夹及文件

1.2.2 解决方案与步骤

1. 总体分析与设计

文件和文件夹是 Windows 操作系统的重要组成部分，只有管理好文件和文件夹才能对操作系统运用自如。资源管理器是管理文件和文件夹的重要工具，它的功能类似于“此电脑”。对于一般用户而言，Windows 10 操作系统中很大一部分操作就是对资源管理器的操作。

对照完成后的效果图，本案例主要涉及以下操作：启动资源管理器或打开“此电脑”文件夹，文件和文件夹的显示与查看，文件和文件夹的新建、复制、移动、删除，文件预览，回收站的使用，文件查找，库及文件和文件夹快捷方式的创建等。图 2-1-12 所示为本案例主要规划设计步骤框图。

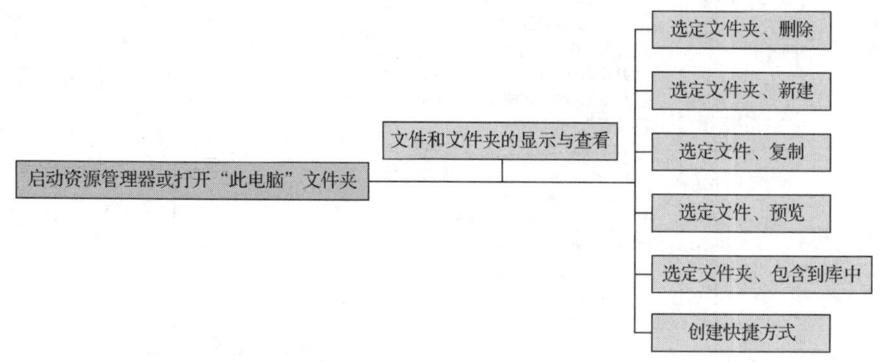

图 2-1-12　本案例主要规划设计步骤框图

2. 具体步骤

（1）启动资源管理器

选择 E 盘，打开“课程资料”文件夹，如图 2-1-10 所示。

（2）文件和文件夹的显示

用户可以通过改变文件和文件夹的显示方式来查看文件，以满足实际需要。

① 设置单个文件夹的显示方式　以“课程资料”文件夹为例，单击“查看”→“布局”选项卡的相关按钮，即可在“超大图标”“大图标”“中图标”“小图标”“列表”“详细信息”“平铺”“内容”之间切换，如图2-1-13所示。

② 设置所有文件和文件夹的显示方式　可通过“查看”→“显示/隐藏”选项卡进行文件、项目的显示/隐藏设置。也可通过“查看”→“选项”按钮进行相关设置。都可打开“文件夹选项”对话框。切换到“查看”选项卡，然后单击“应用到文件夹”按钮，即可将目前文件夹使用的视图方式应用到所有的文件夹中，如图2-1-14所示。

需要说明的是，在“文件夹选项”对话框中有很多选项可以设置。例如，在“查看”选项卡的“高级设置”列表框中可以不显示隐藏文件、可以隐藏已知文件类型的扩展名等，如图2-1-14所示。

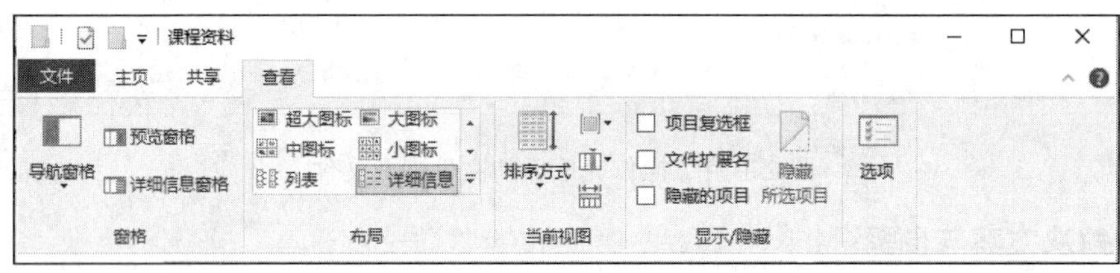

图2-1-13　“布局”列表

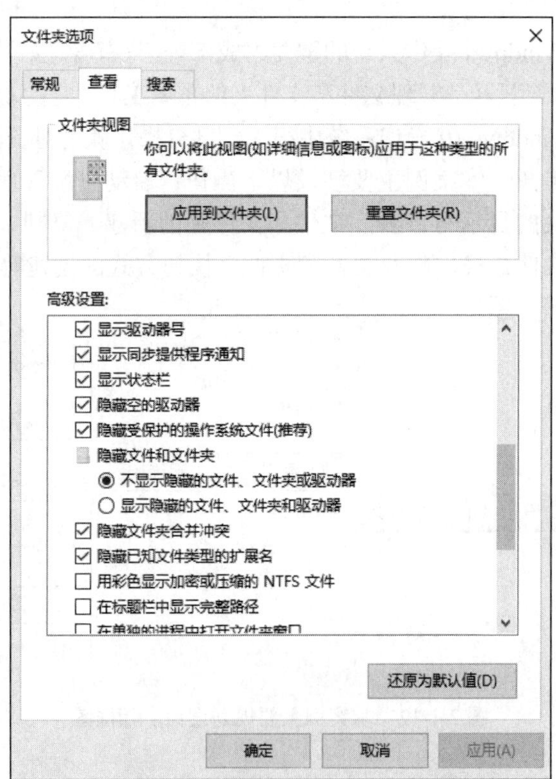

图2-1-14　“文件夹选项”对话框

（3）查看文件和文件夹的属性

通过查看文件和文件夹的属性与内容，可以获得关于文件和文件夹的相关信息，以便于进行操作和设置。

① 查看文件的属性　这里以“11 一级《计算机应用基础》考试大纲（2019 版）.docx”文件为例。右击该文件，在弹出的快捷菜单中选择“属性”选项，打开“11 一级《计算机应用基础》考试大纲（2019 版）属性”对话框，在“常规”选项卡中可查看文件类型、打开方式、位置、属性等相关信息，在“详细信息”选项卡中可查看关于该文件的更详细的信息，如图 2-1-15 所示。在“常规”选项卡中可以设置文件的“只读”“隐藏”属性。

② 查看文件夹的属性　可以参照查看文件属性的方法。

图 2-1-15　文件属性对话框

（4）查看文件和文件夹的内容

① 查看文件内容　通常情况下，双击就可以查看文件的内容。如果没有与要打开的文件关联的应用程序，双击就会打开“Windows”对话框，提示用户“Windows 无法打开此文件”，如图 2-1-16 所示。此时可以选中“使用 Web 服务查找正确的程序”或者选中“从已安装程序列表中选择程序”单选按钮，单击“确定”按钮后在打开的“打开方式”对话框中选择合适的程序即可，如图 2-1-17 所示。在“打开方式”对话框中，如果选中“始终使用选择的程序打开这种文件”复选框，即可创建文件与应用程序的关联。

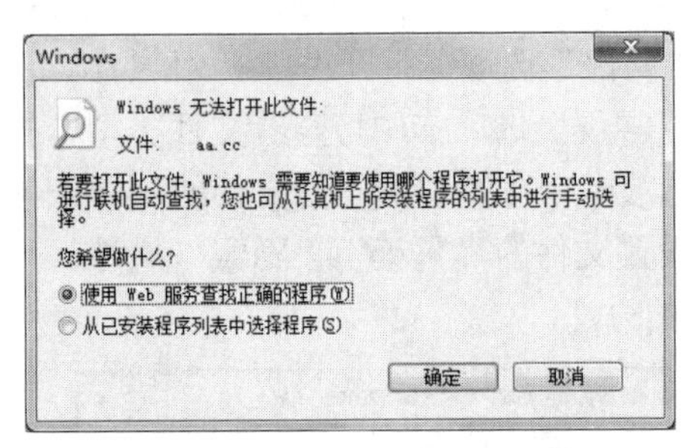

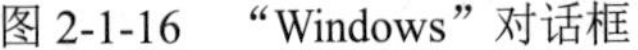
图 2-1-16　“Windows”对话框

图 2-1-17　“打开方式”对话框

② *查看文件夹内容*　首先找到需要查看的文件夹，然后双击打开该文件夹即可。

（5）删除文件夹

文件或文件夹的删除可以分为暂时删除（暂存到回收站，也称为逻辑删除）和彻底删除（回收站不存储，也称为物理删除）。回收站可以存放被删除的文件、文件夹等项目，一旦需要可以还原。但清空回收站后，一般无法恢复。具体可以通过打开“回收站”来操作。

选择 E 盘的课程资料作为当前文件夹，如图 2-1-10 所示，在工作区窗格中右击“Java 程序设计”文件夹，在弹出的快捷菜单中选择“删除”选项，即可删除“Java 程序设计”文件夹。采用同样的方法可以删除文件或其他文件夹，如“Python 程序设计”文件夹。如果同时选取多个文件或文件夹对象，则可同时删除多个对象。

（6）新建文件夹

在“等级考试资料”文件夹下新建“等级考试练习题”文件夹，然后单击工具栏中的“新建文件夹”按钮，并输入新文件夹名“Excel”，即可创建新文件夹。同理可创建其他文件夹，如“Word”“PPT”“WPS”。

创建文件夹也可通过“文件”→“新建”选项，还可右击工作区窗格，在弹出的快捷菜单中选择“新建”选项。

（7）复制和移动文件或文件夹

将文件复制到相应的文件夹中的方法是先选取要复制的文件，然后拖动到目标文件夹，根据提示是复制还是移动操作，进行相应操作。如果是移动，则还需按住 Ctrl 键。一般来说，在同一个磁盘间的拖动，是移动操作；在不同磁盘间的拖动，是复制操作，如果要实现移动操作，则还需按住 Shift 键。

（8）预览文件夹

假设采用上述方法已将文件“11 一级《计算机应用基础》考试大纲（2019 版）.docx”复制到“等级考试练习题”文件夹中，选中此文件后，单击窗口工具栏“查看”→“窗格”→“预览窗格”按钮，可实现文件预览的效果，如图 2-1-11 所示。

（9）将文件夹包含到库中

“库”是 Windows 10 操作系统中的功能，通过它可以更加便捷地查找、使用和管理分布于整个计算机或网络中的文件。库可以将用户的资料汇集在一个位置，而无论资料实际存储在什么位置。

右击“课程文档”下的“Excel”文件夹，选择“包含到库中”的“文档”菜单项；对于“PPT”文件夹实施同样的操作，结果如图 2-1-18 所示。

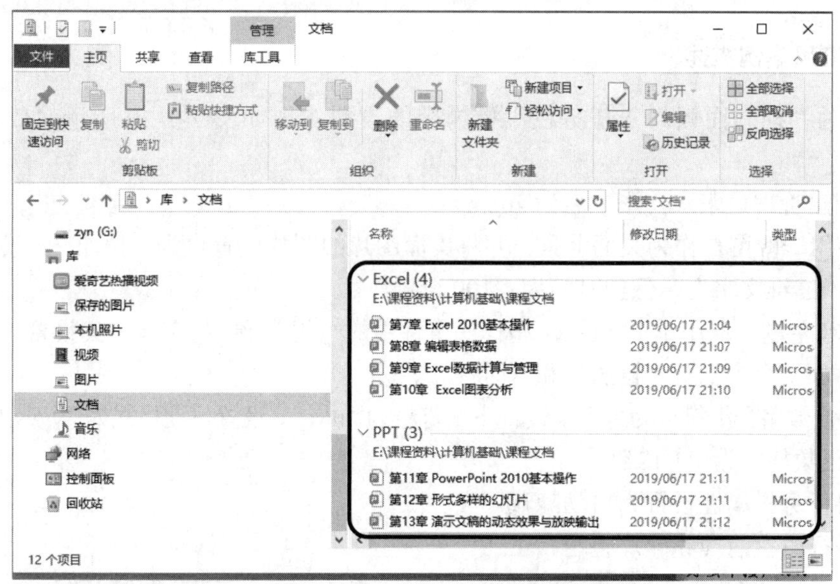

图 2-1-18 包含“Excel”和“PPT”文件夹的库窗口

（10）查找文件并创建快捷方式

下面以搜索框为例，介绍文件的查找和快捷方式的创建。

现在要在桌面上建立 Windows 附件计算器（calc.exe）的快捷方式，并将其命名为“计算器”。具体操作步骤如下：

1）打开“此电脑”的“资源管理器”窗口，选定本地磁盘（C:），在搜索框中输入“calc.exe”，如图 2-1-19 所示。

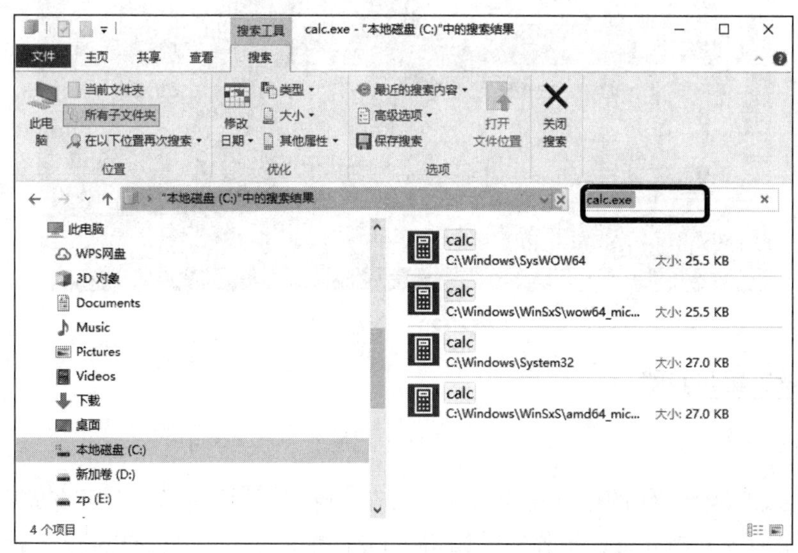

图 2-1-19 搜索框的使用

2）右击应用程序 calc，并将其拖动到桌面的空白处，松开右键，选择“在当前位置创建快捷方式”，再次单击快捷方式的名称，输入“计算器”并按 Enter 键。

1.3　应用案例 2——个性化设置 Windows 10 工作环境

1.3.1　应用案例描述

通过对“控制面板”“任务栏”等内容的设置实现如图 2-1-20 所示的效果。要求如下：

1）创建管理员账户，账户名为 zjicm。

2）使用一幅图片作为桌面背景，并将桌面图片的图片位置设为“拉伸”，设置屏幕保护程序为“三维文字”，保护时间为“100 分钟”。

3）声音主题是应用于 Windows 和程序事件中的一组声音，将声音方案设置为“传统”。

4）添加桌面小工具“日历”和“时钟”。

5）设置数字分组符号为“，”，设置下午符号为“PM”，设置日期格式为“yyyy-MM-dd”，设置货币正数格式为“1.1$”。

6）将任务栏属性设置为自动隐藏。

7）进行磁盘清理和碎片整理。

图 2-1-20　桌面效果

1.3.2　解决方案与步骤

1. 总体分析与设计

Windows 10 操作系统的个性化设置大多可在“控制面板”完成。对照完成后的效果图，对本案例做出的主要规划设计步骤框图如图 2-1-21 所示。

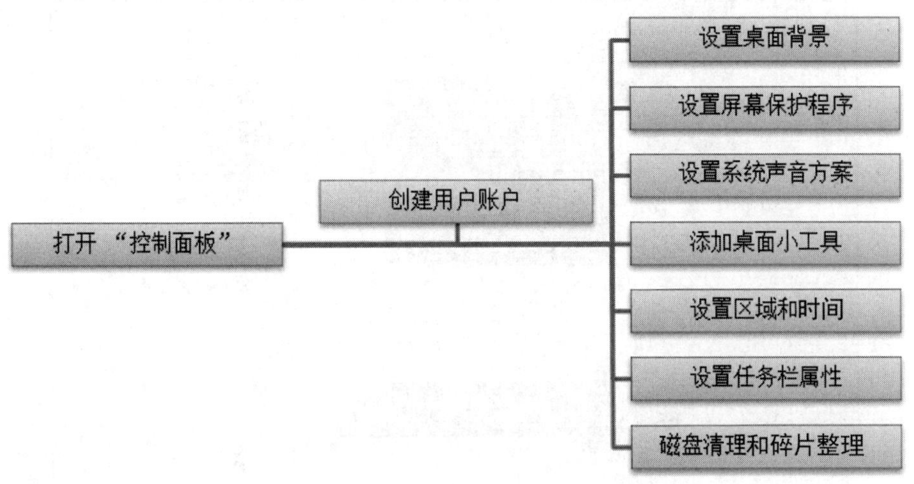

图 2-1-21　本案例主要规划设计步骤框图

2. 具体步骤

（1）创建用户账户

打开“控制面板”，在“控制面板”窗口中单击“添加或删除用户账户”链接，弹出“选择希望更改的账户”窗口，单击“创建一个新账户”链接，弹出“命名账户并选择账户类型”窗口，在此输入“zjicm”，选中“管理员”单选按钮，然后单击“创建账户”按钮即可，如图 2-1-22 所示。

双击创建的账户，可以更改账户名称、创建密码、更改账户类型等，如图 2-1-23 所示。

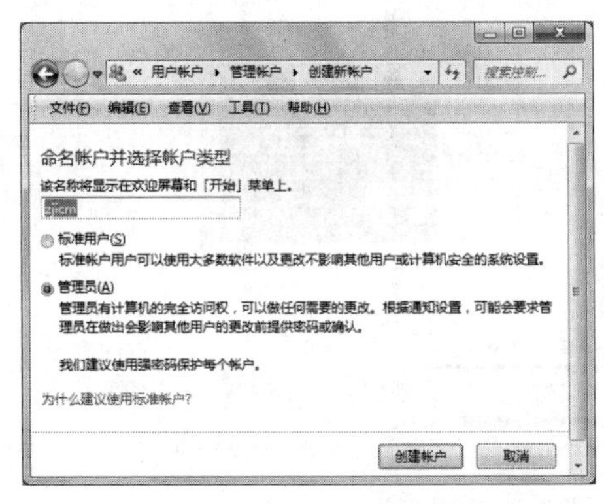

图 2-1-22　命名账户并选择账户类型

图 2-1-23　“更改账户”窗口

（2）设置桌面背景

打开“控制面板”，选择“外观和个性化”选项，打开“外观和个性化”窗口，选择“任务栏和导航”，打开“设置”窗口，选择“背景”选项，如图 2-1-24 所示。选择一幅图片，在“选择契合度”处选择“拉伸”。

或者在桌面空白处右击，在弹出的快捷菜单中选择“个性化”选项，打开“设置”窗口。

图 2-1-24 桌面背景

（3）设置屏幕保护程序

在“设置”窗口，选择“锁屏界面”选项。单击“屏幕保护程序设置”链接，如图 2-1-25 所示，打开“屏幕保护程序设置”对话框，选择屏幕保护程序为“3D 文字”，等待时间设置为“100 分钟”，单击“确定”按钮，如图 2-1-26 所示。

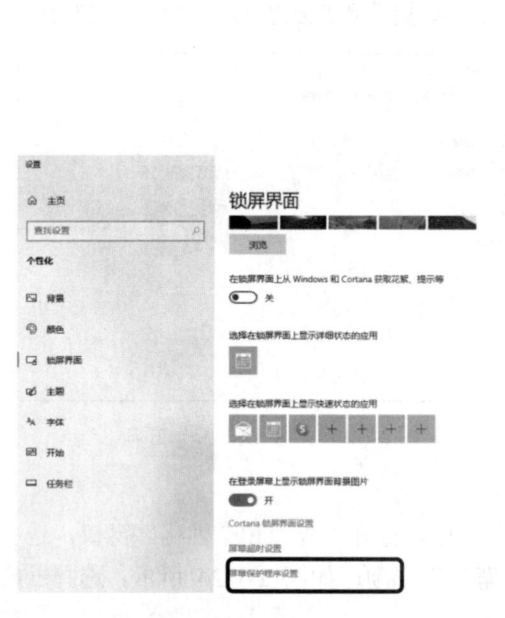

图 2-1-25 外观和个性化

图 2-1-26 屏幕保护程序

（4）设置系统声音方案

打开“控制面板”，选择“硬件和声音”选项，在工作区窗格中单击“更改系统声音”链接，如图 2-1-27 所示。在“声音”对话框中选择声音方案为“Windows 默认”，单击“确定”按钮，如图 2-1-28 所示。

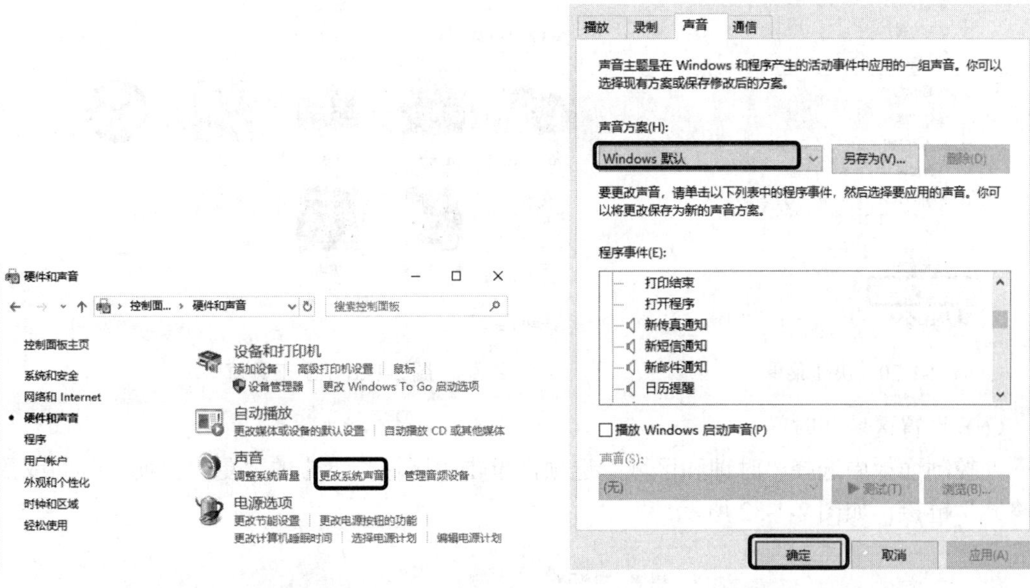

图 2-1-27　硬件和声音　　　　图 2-1-28　声音方案

（5）设置桌面小工具

在 Windows 7 操作系统中，我们在桌面右击，在弹出的快捷菜单中会有个“桌面小工具”选项，这个功能是很多用户都非常喜欢的，但是在 Windows 10 操作系统中却去掉了这个功能。这里给大家提供的 Desktop Gadgets Installer 可以帮 Windows 10 用户在 Windows 10 操作系统中找回桌面小工具，推荐有需要的用户下载使用。下载 Desktop Gadgets Installer 程序，解压缩后安装，如图 2-1-29 所示。

图 2-1-29　安装 Desktop Gadgets Installer

然后在 Windows 10 桌面上右击，你就会在弹出的快捷菜单中看到“小工具”选项，如图 2-1-30 所示。

出现的小工具窗口如图 2-1-31 所示，双击“日历”“时钟”小工具即可将它们添加到桌面上，也可将相应的小工具拖到桌面的适当地方，从而实现向桌面添加小工具。

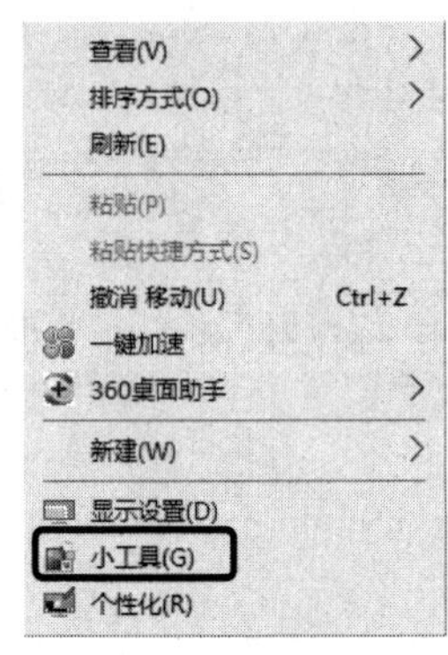

图 2-1-30 快捷菜单

图 2-1-31 小工具窗口

（6）设置区域和时间

在控制面板中选择“时钟和区域”选项，单击“区域”下方的“更改日期、时间或数字格式”链接，如图 2-1-32 所示。

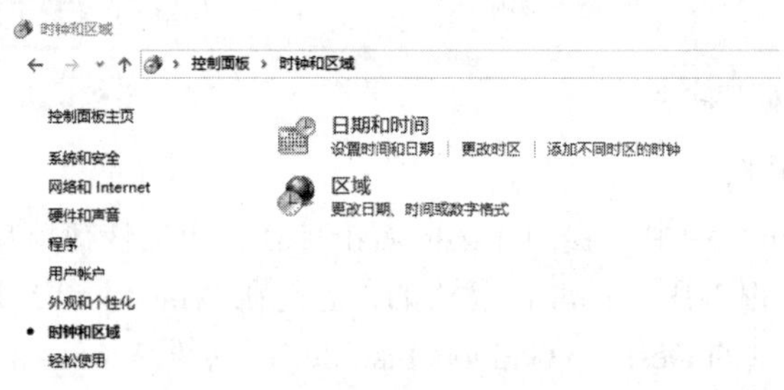

图 2-1-32 更改日期、时间或数字格式

在打开的“区域”对话框中单击“其他设置”按钮，如图 2-1-33 所示。打开“自定义格式”对话框，如图 2-1-34 所示。

1）设置数字分组符号。在“数字”选项卡的“数字分组符号”中选择“,”，单击“确定”按钮，如图 2-1-34 所示。

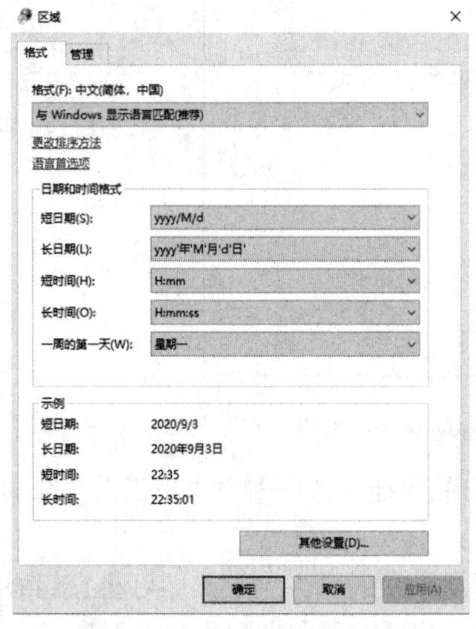

图 2-1-33 “区域”对话框

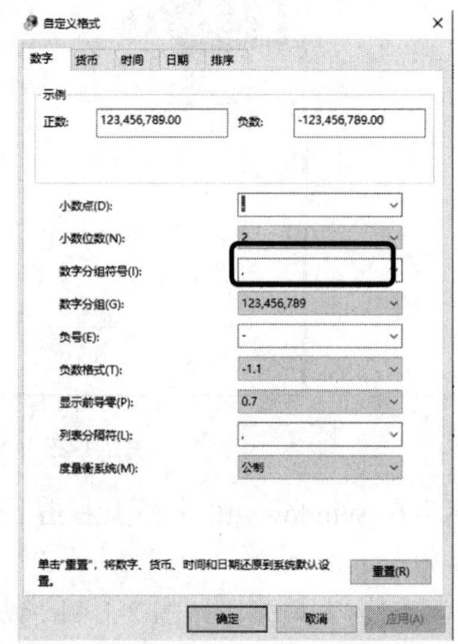

图 2-1-34 “自定义格式”对话框

2）设置下午符号。在“时间”选项卡的“下午符号”中选择“PM”，单击“确定”按钮，如图 2-1-35 所示。

3）设置日期格式。在“日期”选项卡的“短时期”中选择日期格式为“yyyy-MM-dd”，单击“确定”按钮，如图 2-1-36 所示。

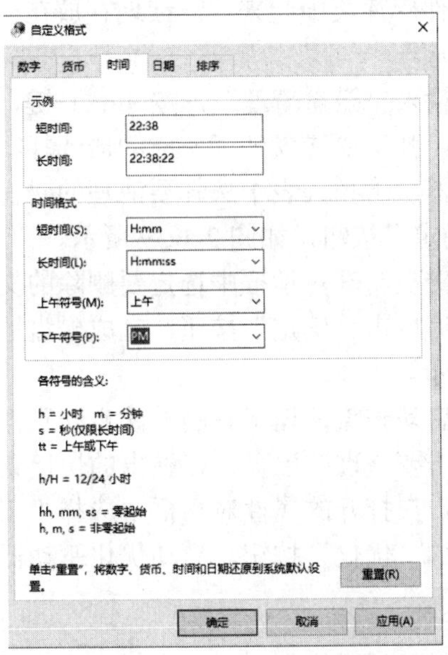

图 2-1-35　“时间”选项卡

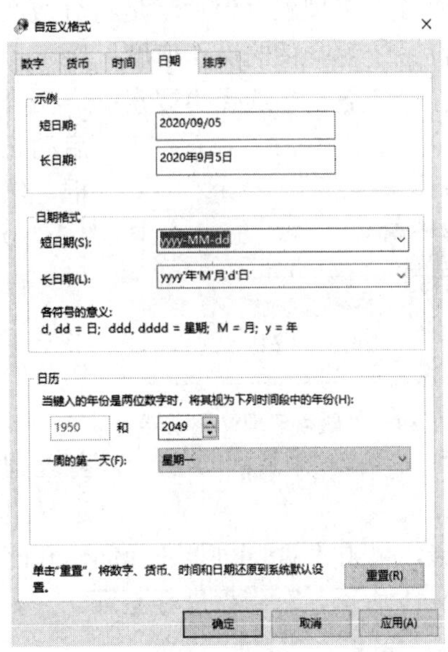

图 2-1-36　“日期”选项卡

4）在“货币”选项卡的“货币符号”中将货币设为“$”，单击“应用”按钮；在“货币正数格式”中选择“$1.1”货币格式，单击“确定”按钮，如图 2-1-37 所示。

（7）设置任务栏属性

右击任务栏空白处，在弹出的快捷菜单中选择“任务栏”选项，如图 2-1-38 所示，在“设置”对话框中将“在平板模式下自动隐藏任务栏”的开关打开。

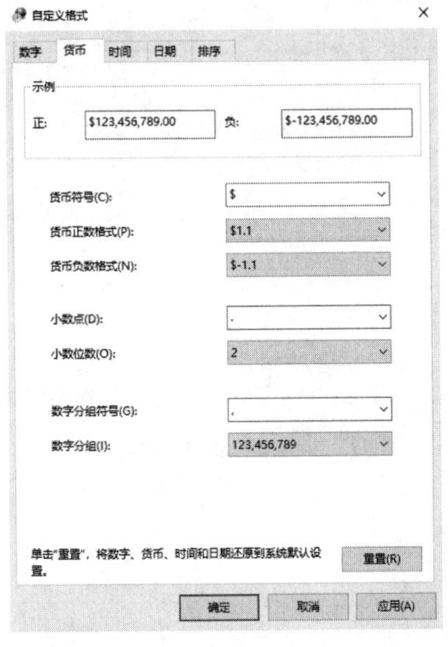

图 2-1-37　“货币”选项卡

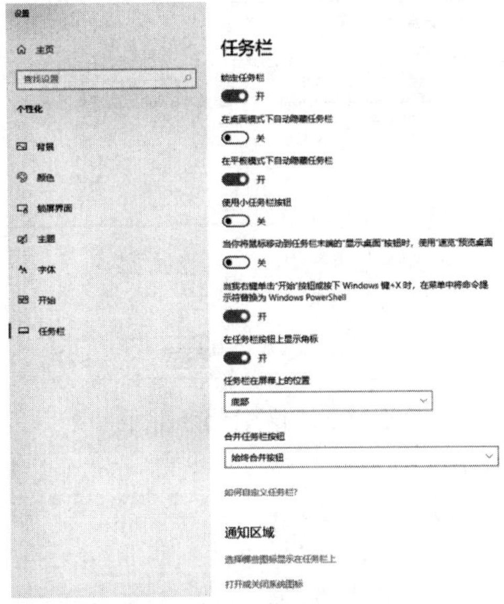

图 2-1-38　“任务栏和开始菜单属性”对话框

（8）磁盘清理和碎片整理

磁盘清理程序是 Windows 操作系统中的垃圾文件清理工具，利用该程序可删除临时文件、清空回收站并删除其他不需要的文件，从而实现释放硬盘空间的目的。

磁盘中的文件以簇为单位分布在磁盘的多个地方，这些分散的簇称为文件碎片，又称磁盘碎片。整理磁盘碎片就是将分散在磁盘内的文件碎片集中起来，连续地存放在一起，以提高系统对文件的操作速度。

在“任务栏”选择“搜索”，在“搜索”框内输入“磁盘清理”，按 Enter 键，即可启动磁盘清理工具，弹出“磁盘清理：驱动器选择”对话框，然后在“驱动器”下拉列表中选择要清理的磁盘（如“C:”），单击“确定”按钮，如图 2-1-39 所示。

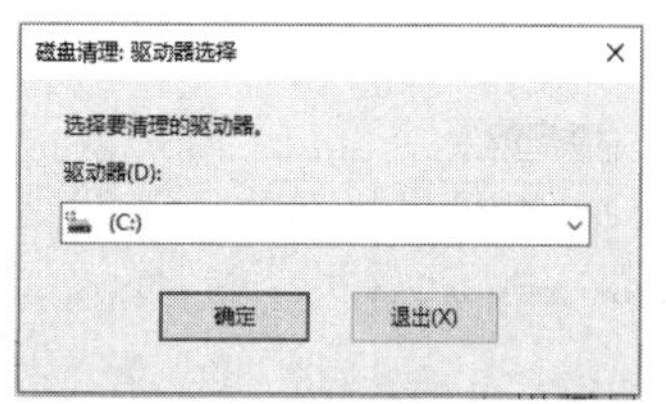

图 2-1-39 “磁盘清理：驱动器选择”对话框

在随后出现的磁盘清理对话框中选定要删除的文件或清理系统文件，最后单击“确定”按钮，完成磁盘清理工作，如图 2-1-40 所示。

可以采用上述启动磁盘清理工具的方法启动磁盘碎片整理程序，也可右击要整理的磁盘，在弹出的快捷菜单中选择“属性”选项，在打开的属性对话框中选择“工具”选项卡，单击“对驱动器进行优化和碎片整理”下的“优化”按钮，启动优化驱动器，如图 2-1-41 所示。对磁盘进行整理。

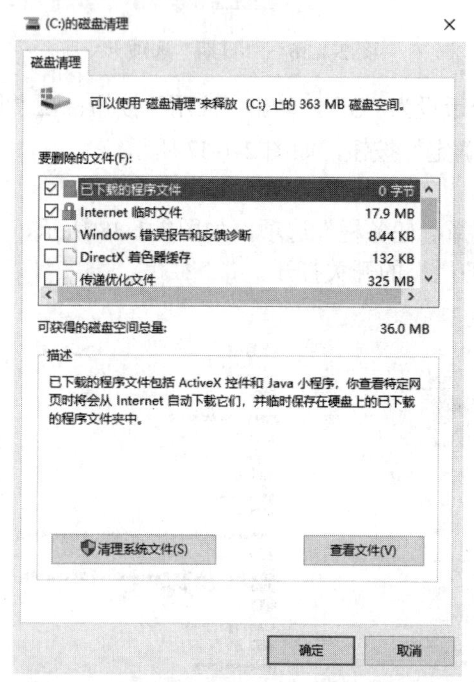

图 2-1-40 磁盘清理对话框

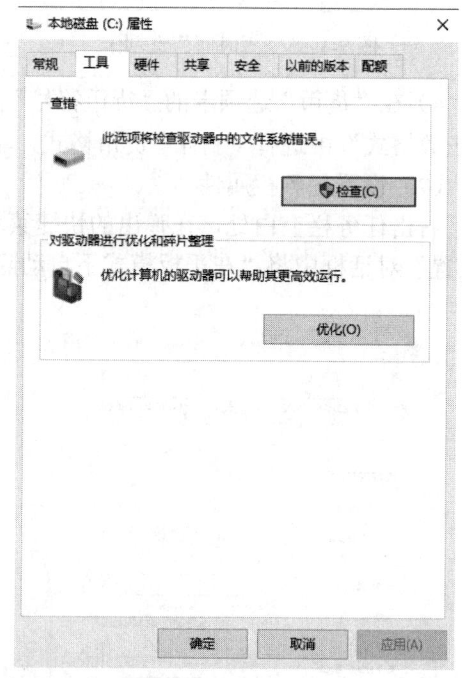

图 2-1-41 属性对话框

1.4　应用案例 3——Windows 10 附件的使用和网络应用

1.4.1　应用案例描述

本案例包括两部分：附件的使用和网络应用。

Windows 10 操作系统中自带了一些实用的附件小程序，如记事本、写字板、画图、截图工具等。这些系统自带的工具虽然体积小巧、功能简单，但常常能发挥很大的作用，让用户使用计算机更便捷、更有效率。

网络可以是一台连接到 Internet 的计算机，或是两台或多台彼此相连（也可能连接到 Internet）的计算机。与 Windows XP 和 Windows Vista 相比，Windows 10 操作系统提供了更强的网络功能。由于目前无线网络的使用已越来越广泛，为此，以选择一个家庭无线网络为例，详细介绍无线网络的连接及网络共享。具体要求如下：

1）将打印机与计算机连接，安装驱动程序，并设置为默认打印机。

2）将计算机连接到无线网络，以访问计算机。

3）将有关文件和打印机共享。

1.4.2　解决方案与步骤

1. Windows 10 附件的使用

Windows 10 附件所带小程序有很多，选择“开始”→“Windows 附件”选项，常用附件如图 2-1-42 所示。

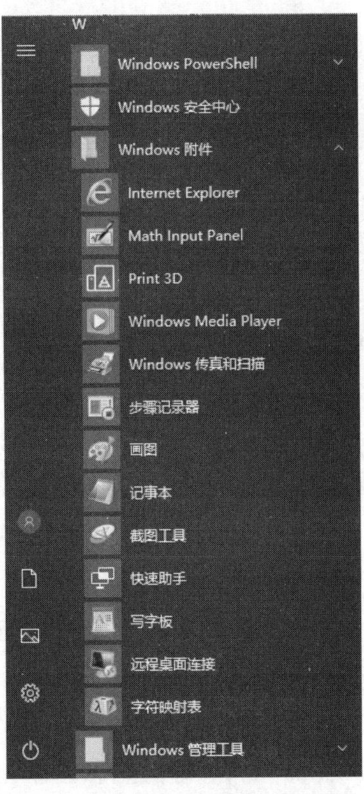

图 2-1-42　Windows 10 常用附件

（1）记事本

记事本是一个小型、简单的文本编辑器，其所创建的文件扩展名默认为“.txt”。

记事本不提供复杂的排版及打印格式等方面的功能，适合于编辑文本文件，其功能较写字板程序小得多，但它的优点是操作容易。图2-1-43所示就是记事本打开后的窗口界面。

（2）写字板

写字板是一个 Windows 自带的用于文字处理的程序，其所创建的文件扩展名默认为“.rtf”。其功能十分接近于 Word 软件，可以说是 Word 软件的简化版本。

写字板适用于日常的文字处理及图形处理的需要，可以用来建立文本，对文本进行编辑、排版，可实现图、文、表的混排，还可以以各种格式和风格打印出来。写字板与其他文字处理程序共享信息。图2-1-44所示就是写字板打开后的窗口界面。

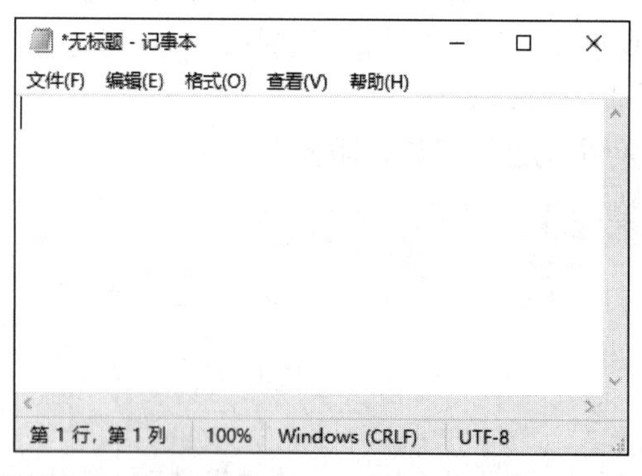

图2-1-43 “记事本”窗口

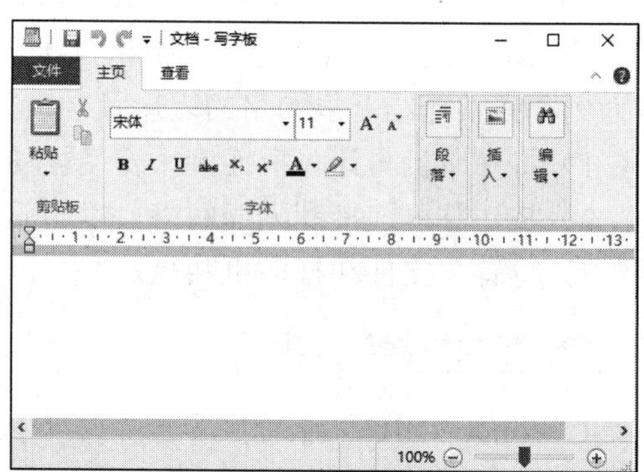

图2-1-44 “写字板”窗口

（3）画图

画图是 Windows 中一个简单、易用的图形处理程序，其所创建的文件扩展名默认为“.bmp”，意为“位图”。

利用画图程序可以建立、编辑、打印各种图形，还可以在图形中输入文字，画图所创建好的图形可以嵌入其他应用程序的文档中，也可以将其他应用程序中的图形复制、粘贴过来。图2-1-45所示就是“画图”窗口。

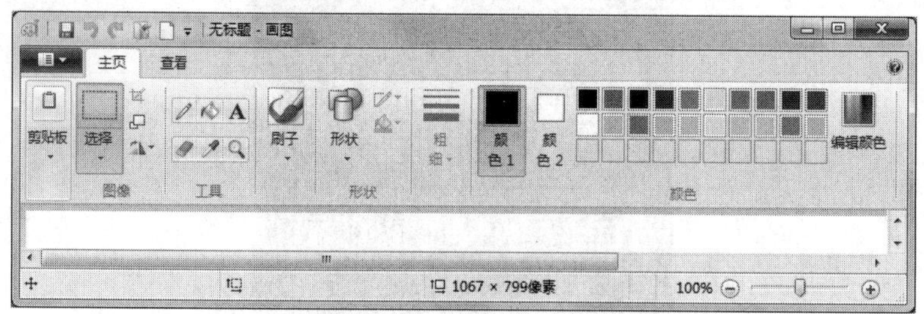

图2-1-45 “画图”窗口

（4）截图工具

启动“截图和草图”软件，如图2-1-46所示。可以选择“任意格式截图”、“矩形截图”、“窗口截图”或“全屏幕截图”，然后选择要捕获的屏幕区域。

（a）“截图和草图”窗口

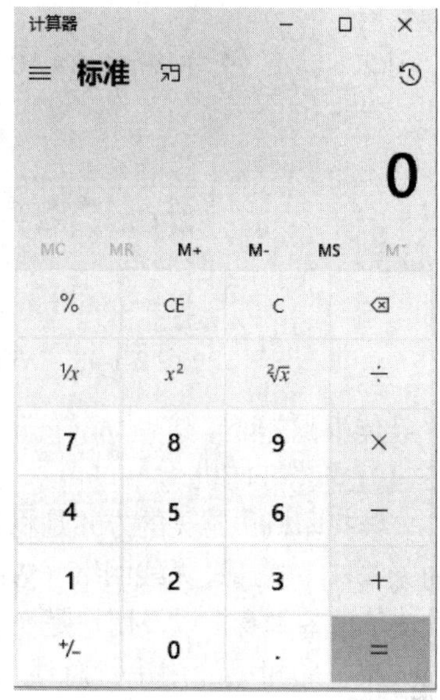

（b）捕获的“计算器”程序窗口

图 2-1-46 “截图和草图”窗口及捕获的“计算器”程序窗口

以捕获“计算器”程序窗口为例，捕获的屏幕区域显示在标记窗口中，用户可以在该窗口中对捕获的区域执行以下操作：在其上书写或绘图，保存并通过电子邮件将其发送给他人。

（5）计算器

“计算器”程序类似于人们日常使用的计算器，能够进行数值运算。计算器的程序文件名是 Calc.exe，运行该程序就能打开“计算器”窗口。

计算器有 4 种类型，即标准、科学、程序员和日期计算，还有常用单位的“转换器”功能。其中“程序员”类型还能够进行二进制、八进制、十进制和十六进制数的运算和相互转换操作，如图 2-1-47 所示。

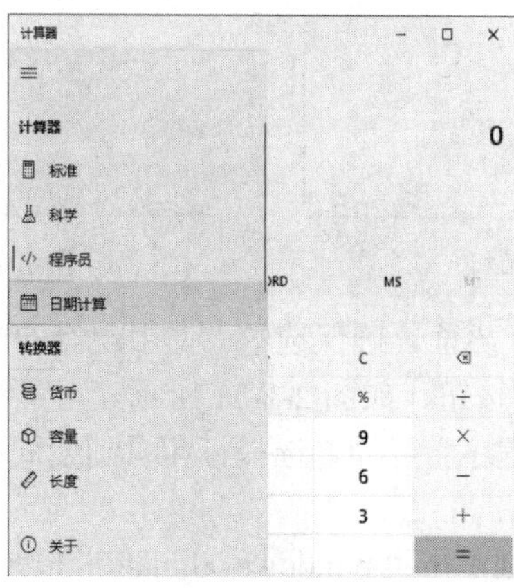

图 2-1-47 “计算器”窗口

2. Windows 10 网络应用

计算机无线上网已非常普遍。如何正确连接到一个无线网络，并实现资源共享是人们经常面临和需要解决的问题。本案例主要涉及的操作有硬件安装、网络连接、共享设置等。

图 2-1-48 所示为 Windows 10 网络应用主要规划设计步骤框图。

图 2-1-48　Windows 10 网络应用主要规划设计步骤框图

具体步骤如下。

（1）安装打印机

安装打印机最常见的方式是将其直接连接到计算机，这称为“本地打印机”。如果正在安装的无线打印机通过无线网络（Wi-Fi）连接到计算机，则称为“网络打印机”。选择哪种方式取决于设备本身，以及用户是在家中还是在办公室。此处以本地打印机为例说明安装步骤。

如果打印机是通用串行总线（USB）型号，则在其插入计算机时，Windows 应会自动检测到该打印机并开始安装，否则可以参照以下步骤进行：

1）单击“控制面板”中的“查看设备和打印机”链接，打开“设备和打印机”窗口。

2）单击工具栏中的“添加打印机”按钮，如图 2-1-49 所示。

3）在打开的“添加打印机”对话框中单击“添加本地打印机”链接，如图 2-1-50 所示。

图 2-1-49　设备和打印机

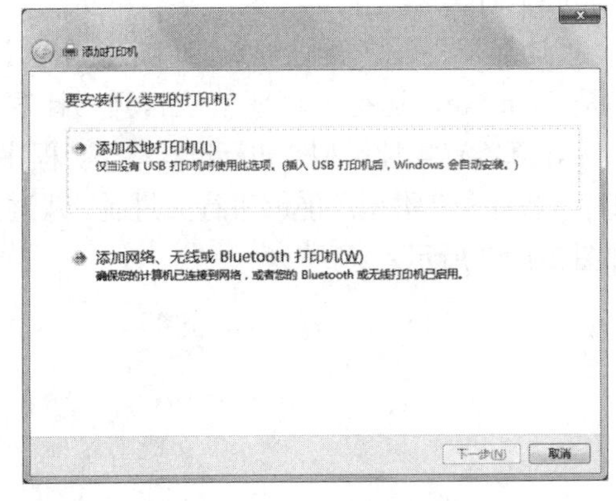

图 2-1-50　添加本地打印机

4）在“选择打印机端口”界面，确保选中“使用现有的端口”单选按钮和建议的打印机端口，然后单击“下一步”按钮，如图 2-1-51 所示。

5）在“安装打印机驱动程序”界面，选择打印机制造商和型号，然后单击“下一步”按钮。

6）如果未列出打印机，则单击“Windows Update”按钮，然后等待 Windows 检查其他驱动程序。

7）如果未提供驱动程序，但用户有安装 CD，则单击“从磁盘安装”按钮，然后浏览到打印机驱动程序所在的文件夹，如图 2-1-52 所示。

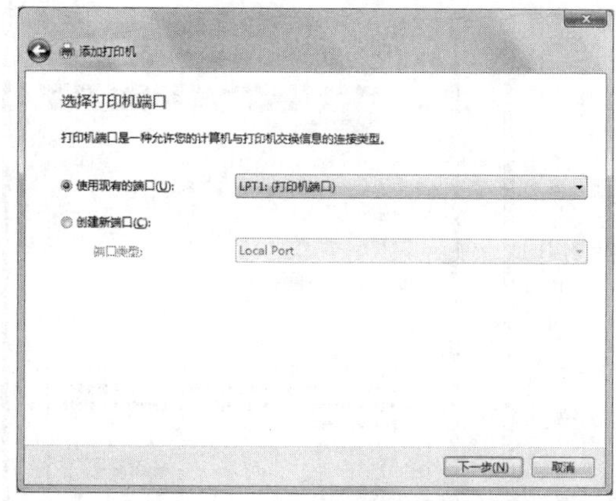

图 2-1-51　使用现有的端口

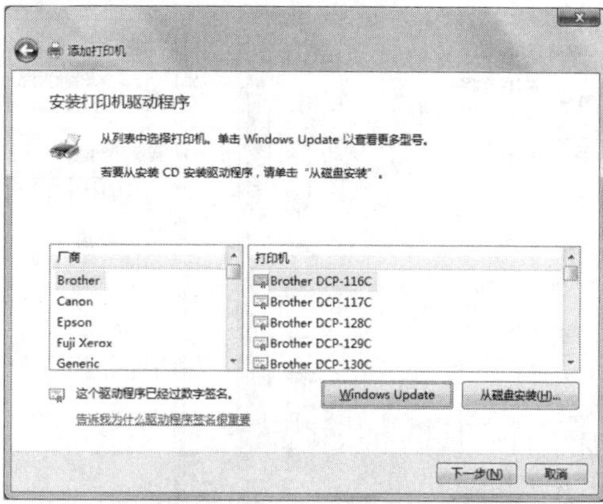

图 2-1-52　安装驱动程序

8）完成向导中的其余步骤，然后单击“完成”按钮，如图 2-1-53 所示。

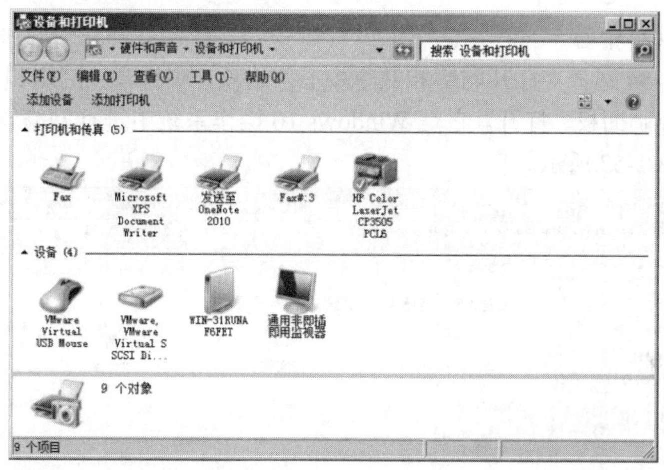

图 2-1-53　安装完成打印机

（2）查看并连接到可用的无线网络

1）通过单击通知区域中的网络图标，打开“当前连接到”对话框，如图 2-1-54 所示。

2）在可用无线网络列表中单击一个网络，然后单击“连接”按钮。如果是需要经常使用的无线网络信号，那么可以在单击“连接”按钮前选中“自动连接”复选框，下次再开机，系统会自动识别网络信号并连接。如果选择的网络连接含密码保护，则正确输入密码后，就可以连接到无线网络了，如图 2-1-55 所示。

（3）文件和打印机共享

对于需要共享的文件或文件夹，可右击，在弹出的快捷菜单中选择“共享”选项。对于打印机也类似，右击已安装的打印机，选择“共享”选项卡，在共享这台打印机前打勾，如图 2-1-56 所示。

图 2-1-54 连接到网络

图 2-1-55 自动连接

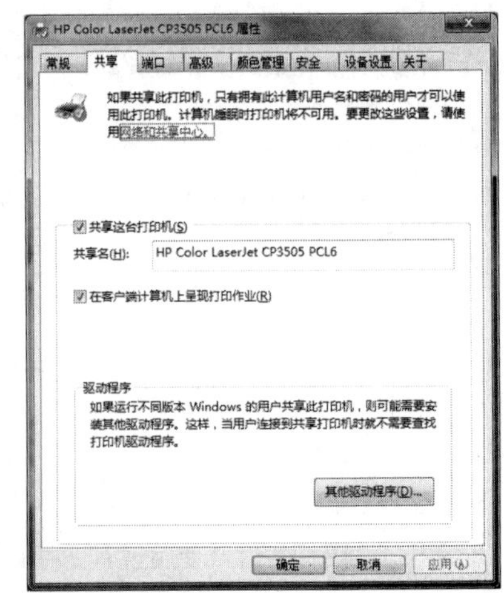

图 2-1-56 打印机共享

（4）网络与共享中心

如果在图 2-1-54 选择“打开网络和共享中心”选项，则打开“网络和共享中心”窗口，用户也可通过“控制面板”打开。它是 Windows 10 操作系统中进行网络管理和设置的首要目标位置，如图 2-1-57 所示。

图 2-1-57 网络和共享中心

操 作 习 题

1. Windows 操作题

（1）在桌面上建立记事本程序“Notepad.exe”的快捷方式，快捷方式名为“记事本”。

（2）设置任务栏有关属性为“自动隐藏”。

（3）设置屏幕保护程序为“变幻线”，等待时间为 50 分钟。

（4）设置桌面背景为“纯色”，颜色为“深蓝色”。

（5）设置 Windows 的货币符号为“$”，货币符号位置为“1.1$”。

（6）设置 Windows 的长时间显示样式为“tthh:mm:ss”，上午符号为“AM”，下午符号为“PM”。

2. 文件操作题（假设当前文件夹为 filetext1）

（1）将当前文件夹下 PAD 文件夹中的文件 LOOP.IBM 重命名为 EXIT.DEC。

（2）将当前文件夹下 PAPER 文件夹中的文件 CIRCLE.BUT 移动到文件夹 GOD 下，并将文件重命名为 JIN.WRI。

（3）在当前文件夹下 RAC 文件夹中新建一个文件夹 BBA。

（4）将当前文件夹下 FEETR 文件夹中的文件 TABLE.TXT 删除。

应用操作 2　文字处理软件 Word 2019

Word 2019 是由微软公司开发设计的文字处理软件，是 Microsoft Office 2019 的常用组件之一。

Word 2019 提供了很好的文档格式设置和图文编辑工具，使人们能轻松、高效地组织和编写文档，包括美化文本、样式和模板的应用、长文档处理相关技术、自选图形与艺术字、图片与文本框、SmartArt 图形的应用、表格的相关应用、使用公式与图表、页面布局与打印、文档的审阅与保护及其他高级应用。

如图 2-2-1 所示为 Word 2019 的主要功能模块。

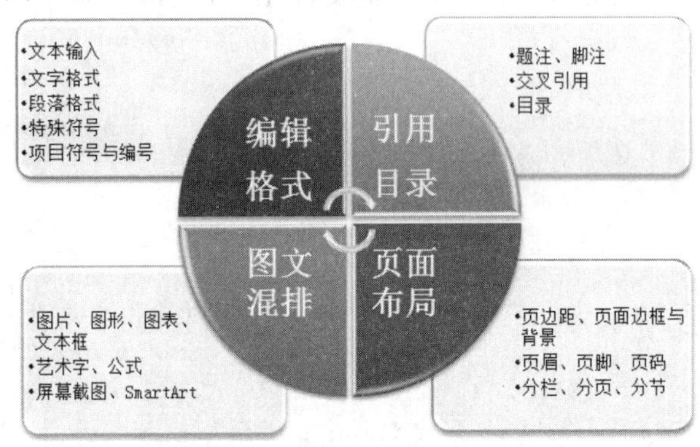

图 2-2-1　Word 2019 的主要功能模块

如图 2-2-2 所示为应用操作案例中部分文档样例的制作效果图。

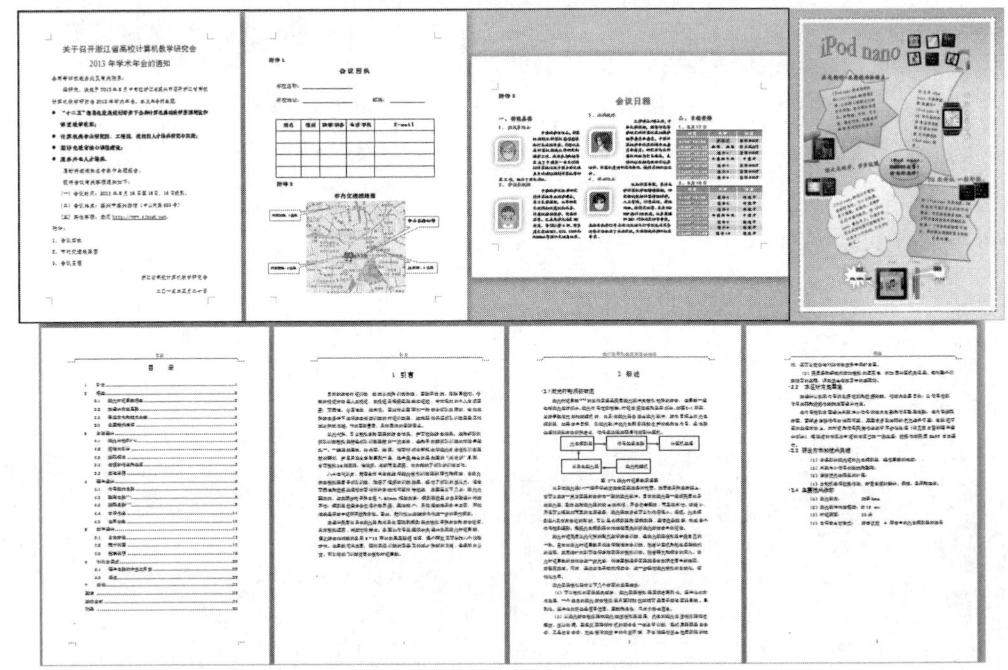

图 2-2-2　Word 2019 的文档样例效果图

2.1 知识要点

在 Word 文字处理和文档美化、排版的具体实现过程中，由于文档题材不同，要求呈现不同的文档格式和效果，一般会涉及以下的常用知识要点：

- 视图模式、页面设置、页面背景和边框。
- 模板、样式和格式、文本格式和段落格式。
- 文本框、图形、图表、表格、图片、公式、符号、艺术字、SmartArt 图形。
- 边框和底纹、背景、对象效果。
- 页眉和页脚（域）、项目符号和编号、页码、分栏、分节及分页。
- 目录、题注、交叉引用、标签脚注、尾注。
- 超链接、屏幕截图、邮件合并。

2.1.1 功能区

Word 2019 取消了传统的菜单操作方式，而代之以各种功能区。在 Word 2019 窗口上方看起来像菜单的名称其实是功能区的名称，当单击这些名称时并不会打开菜单，而是切换到与之相对应的功能区面板。每个功能区根据功能的不同又分为若干个组，每个功能区所拥有的功能如下所述。

1. “开始”功能区

“开始”功能区包括剪贴板、字体、段落、样式和编辑 5 个组块，主要对 Word 文档进行文字编辑和格式设置。

2. “插入”功能区

“插入”功能区包括页面、表格、插图、加载项、媒体、链接、批注、页眉和页脚、文本和符号等组块，主要用于在 Word 文档中插入各种元素。

3. “设计”功能区

“设计”功能区包括文档格式和页面背景组块，主要用于设置 Word 文档格式和背景。

4. “布局”功能区

“布局”功能区包括页面设置、稿纸、段落和排列等组块，主要用于设置 Word 文档页面样式。

5. “引用”功能区

“引用”功能区包括目录、脚注、信息检索、引文与书目、题注、索引和引文目录等组块，用于实现在 Word 文档中插入目录等高级功能。

6. “邮件”功能区

“邮件”功能区包括创建、开始邮件合并、编写和插入域、预览结果和完成等组块，专门用于在 Word 文档中进行邮件合并方面的操作。

7. “审阅”功能区

“审阅”功能区包括校对、语音、辅助功能、语言、中文简繁转换、批注、修订、更改、比较和保护等组块，主要用于对 Word 文档进行校对和修订等操作。

8. “视图”功能区

“视图”功能区包括视图、沉浸式、页面移动、显示、缩放、窗口和宏等组块，主要用于帮助用户设置 Word 操作窗口的视图类型，以方便操作。

2.1.2 文本编辑

1. 输入文本

启动 Word 2019 后，就可以在空文档中输入文本了。英文字符直接从键盘输入，中文字符的输入方法同 Windows 中的输入方法相同，输入文本时注意事项如下：

- 对齐文本时不要用 Space 键，应该使用制表符、缩进等对齐方式。
- 要将插入点重新定位，有三种方法：利用键盘（↑、↓、←、→、PageDown、PageUp 等）；利用鼠标移动或移动滚动条；利用“开始”区中“编辑”组的“转到”命令或“替换”命令，打开“查找和替换”对话框，选择“定位”选项卡，输入所需定位的页码。
- 在输入的文本中间插入内容时，应将当前状态设置为插入状态。“插入”和“改写”状态可通过按 Insert 键实现切换。
- 按 Ctrl+Space 快捷键进行中西文的切换；依次按 Ctrl+Shift 快捷键在各种中、英文输入法之间进行切换，也可单击输入法进行输入法选择。
- 当输入到行尾时，不要按 Enter 键，系统会自动换行。输入到段落结尾时，应按 Enter 键，表示段落结束。如果在某段落中需要强制换行，可以使用 Shift+Enter 快捷键。如果要强制换页，则执行“插入/分页”命令或“布局/分隔符/分页符”命令。

2. 选定与删除

一般文档输入完成后，需要检查是否存在错误。如果发现某个字错了，那么可以把插入点移动到要更改的字后面，按 Backspace 键删除；也可以把插入点移到这个字的前面，按 Delete 键删除。然后在插入点处重新输入即可。

如果要删除一长串字，可以把光标移动到这串字符的前面或后面，按住鼠标左键不放拖动鼠标向后或向前，此时鼠标指针经过处的文本背景变成了灰色。这表明字符已被“选定”。按 Delete 键，所选定的文字将会被删除。

Word 文档中的格式设置，都必须先选定文本对象，才能设置有效。Word 文档中有一个特别的选定栏，将鼠标指针移动到该行的左侧，直到指针变为右向上的箭头，单击则选定一行文本，双击则选定一个段落，双击并向上或向下拖动鼠标则可选定多个段落，三击则选定整篇文档，也可以按 Ctrl+A 快捷键选定整篇文档。若要选定一大块文本，则单击要选定内容的起始处，然后滚动鼠标，使指针移到要选定内容的结尾处，在按住 Shift 键的同时单击即可。

3. 复制和粘贴

在输入文本的过程中，如果需要多次输入相同文本，可以通过复制和粘贴功能来简化操作。对于文档中多次出现的文本，先进行选定，再在“开始”区的“剪贴板”组中单击“复制”按钮，即可实现选定文本的复制。然后将光标定位于需要粘贴文本的位置，单击“剪贴板”组中的“粘贴”按钮，即可完成文本的粘贴，也可以使用快捷键来完成这些操作。剪切命令的快捷键为 Ctrl+X，复制命令的快捷键为 Ctrl+C，粘贴命令的快捷键为 Ctrl+V。

4. 撤销和重复

在文档编辑的过程中难免会出现误操作，Word 提供了撤销功能，用于取消最近对文档进行的误操作。撤销最近的一次误操作可以直接单击“撤销”按钮。撤销多次误操作则需要单击“撤销”按钮旁边的小三角，查看最近进行的可撤销操作列表，单击要撤销的操作。“重复”按钮功能用于恢复被撤销的操作，其操作方法与撤销操作基本类似。也可以使用快捷键来完成这些操作。撤销命令的快捷键为 Ctrl+Z，重复命令的快捷键为 Ctrl+Y。

5. 查找和替换

对于篇幅比较长的文档，如果某处需要修改，而又忘记了位置，可以使用“查找”功能进行处理。在当前的文档中，在“开始”区的“编辑”组中单击“查找”按钮，在页面左侧导航窗格的“查找”框中输入要查找的内容，Word 就会找到这个词语，并在下方显示出来。

对于大批量需要替换的文本，可以使用“替换”功能进行处理。可以单击“编辑”组中的“替换”按钮，打开“查找和替换”对话框，在“查找”选项卡的“查找内容”文本框中输入需要被替换的内容，在“替换为”文本框中输入替换内容，单击“全部替换”按钮，即可完成文本的替换。

Word 除了查找和替换文字，还可以查找和替换格式、段落标记、分页符等特殊符号。在“查找内容”框中，若要只搜索文字，而不考虑特定的格式，则输入文字；若要搜索带有特定格式的文字，输入文字后再单击“更多”按钮，在展开的“搜索选项”中选择查找要求，并在“查找”栏下设置所需“格式”和“特殊格式”。利用替换功能也可以方便地替换指定的格式、特殊字符等。

6. 符号和特殊字符

在创建文本时，有时会遇到键盘无法表述的特殊符号，如专业的数学符号、汉语拼音等，这时就可以使用 Word 提供的“插入”功能。在“插入”区的“符号”组中单击“符号”→“其他符号”命令，打开“符号”对话框，插入所需的符号。如果需要插入特殊的符号，可以在“符号”对话框中选择“特殊符号”选项卡中列出的特殊字符。

7. 格式刷

“开始”区中“剪贴板”组中的格式刷，可以方便地用于做格式的复制处理（包括文字格式和段落格式等）。选择要复制格式的文本或图形，单击“格式刷”按钮，指针左侧会出现一个画刷图标，单击要设置格式的文本或图形，就可以将格式复制到指定对象。如果要将格式应用到多个文本或图形块，则双击“格式刷”按钮，再依次选择它们。如要停止使用“格式刷”，可按键盘上的 Esc 键，或再次单击“格式刷”按钮。

复制格式的快捷键是 Ctrl+Shift+C 和 Ctrl+Shift+V。特别是 Ctrl+Shift+V 快捷键，只要曾经复制过某种格式，就可以反复使用此快捷键将此格式应用到其他段落或文字上，不受其他操作的影响，直到复制了一种新的格式。上述操作均可以在不同的 Word 文档间进行格式复制。

8. 屏幕截图

在 Word 2019 中可以快速添加屏幕截图，在“插入”区的“插图”组中单击“屏幕截图”按钮，可以插入整个程序窗口，也可以使用“屏幕剪辑”工具选择窗口的一部分。“屏幕截图”只能捕获没有最小化到任务栏的窗口。

9. SmartArt 图形

SmartArt 图形可以更直观地展示信息，多用于组织结构图等。在“插入”区的“插图”组中单击“SmartArt”按钮，在打开的“选择 SmartArt 图形”对话框中单击左侧的类别名称，选择合适的类别，然后在对话框右侧单击选择需要的 SmartArt 图形，并单击“确定”按钮。返回 Word 文档窗口，在插入的 SmartArt 图形中单击文本占位符输入合适的文字即可。

10. 剪贴板

“Microsoft Office 剪贴板”可以从任意数目的 Office 文档或其他程序中收集文字和图形项目，再将其粘贴到任意 Office 文档中。

11. 保存文档

进行文档编辑时，要养成随时保存文档的好习惯（单击快速访问工具栏中的“保存”按钮或按 Ctrl+S 快捷键），以避免自己的劳动成果意外丢失。还可以选择“文件”选项卡中的“选项”，打开“Word 选项”对话框，在“保存”选项卡中对文档保存做详细的设置。

2.1.3 文档基本排版

1. 视图模式

Word 2019 中提供了“页面视图”、“阅读视图”、“Web 版式视图”、“大纲视图”和“草稿视图”共 5 种视图模式。

① 页面视图　可以显示文档的打印结果外观，主要包括页眉、页脚、图形对象、分栏设置、页面边距等元素，是最接近打印结果的页面视图。

② 阅读视图　以图书的分栏样式显示文档，“文件”按钮、功能区等窗口元素被隐藏起来。在阅读视图中，用户还可以单击“工具”按钮选择各种阅读工具。

③ Web 版式视图　以网页的形式显示文档，Web 版式视图适用于发送电子邮件和创建网页。

④ 大纲视图　主要用于设置和显示文档的标题层级结构，并可以方便地折叠和展开各种层级的文档，以及调整标题的级别和快速移动层级块。大纲视图广泛用于长文档的快速浏览和设置中。

⑤ 草稿视图　取消了页面边距、分栏、页眉页脚和图片等元素，仅显示标题和正文，是最节省计算机系统硬件资源的视图方式。

在“视图”区的“视图”组中可以选择上面 5 种视图模式。在“视图”区的“显示”组中有一个对于长文档编排很有用的复选框“导航窗格”。“导航窗格”主要用于显示文档的标题大纲，单击“文档结构图”中的标题可以展开或收缩下一级标题，并且可以快速定位到标题对应的正文内容，还可以显示文档的缩略图。选中或取消“导航窗格”复选框可以显示或隐藏导航窗格。

2. 文档格式化

（1）文字格式化

文字格式化是对字符的字体、大小、颜色、显示效果等格式进行设置。通常用“开始”区中的“字体”组中的按钮完成一般的字符排版。对格式要求较高的文档，则要打开“字体”对话框进行设置。

（2）段落格式化

在 Word 中，段落是指以段落标记作为结束符的文字、图形或其他对象的集合。在按Enter 键的地方插入一个段落标记，段落标记不仅表示一个段落的结束，还包含了本段的格式信息，如果删除了段落标记，该段的内容将成为其后段落的一部分，并采用下一段文本的格式。段落的缩进和对齐方式决定段落如何适应页边距，可以改变行间距、段前和段后间距的大小等。

3. 定义项目符号和编号

项目符号是放在文本（如列表中的项目）前以添加强调效果的点或其他符号。Word 可以在输入的同时自动创建项目符号和编号列表，或者在文本的原有行中添加项目符号和编号。在“开始”区的“段落”组中单击“项目符号”或“编号”旁边的箭头，可找到多种不同的项目符号样式和编号格式。

多级列表是为列表或文档设置层次结构而创建的，运用在图书、论文等长文档的编排中。在“开始”区的“段落”组中，单击“多级列表”旁边的箭头，可以选择所需的多级列表样式。

4. 分隔符

① 分页符　Word 篇幅满了会自动分页。段落内部的分页可以在段落的格式中设置。页面不满时可以执行强制分页，而不用多行按 Enter 键。

② 分节符　“节”是文档格式化的基本单位，可以单独设置格式。在同一个页面中有需要编辑修饰的独立单元，可以使用分节符分开。只有在不同的节中，才可以设置与前面文本不同的页边距、纸型或方向、打印机纸张来源、页面边框、垂直对齐方式、页眉和页脚、分栏、页码、行号、脚注和尾注等。

5. 边框和底纹

Word 文档中可以对选定的文字、段落、页面、表格及单元格或图添加边框和底纹，而使其格式更丰富多彩。

在“设计”区的“页面背景”组中单击“页面边框”按钮，在打开的“边框和底纹”对话框中可以设置文字或段落的边框、底纹和页面边框。

6. 分栏

在各种出版物的编辑中，经常需要对文章做各种复杂的分栏排版，使版面易读而生动。利用 Word 中的分栏功能可以将文档分为几个独立的部分，可以根据需要指定分栏数量，调整栏宽，在相邻两栏间添加竖线，也可以设置具有页面宽度的通栏标题。

在“布局”区的“页面设置”组中单击“栏”按钮，可以进行各种效果的分栏。

如果对分栏后的文档效果不满意，在“栏”对话框的“预设”选项栏中选择“一栏”选项，多栏文档就恢复成单栏版式。

7. 页面设置

一篇文档在准备打印之前应在“布局”区的“页面设置”组中进行页边距、纸张方向、纸张大小等的设置。

页面布局

页边距指正文与纸张边缘的距离。在“页面设置”对话框中选择“页边距”选项卡，在相应的框中输入数值即可。

若只修改文档中一部分文本的页边距，可在“应用于”框中选择“插入点之后”选项。Word 会自动在设置了新页边距的文本前后插入分节符。如果文档已划分为若干节，可以单击某节中的任意位置或选定多个节，然后修改页边距。

如果文档中需要每行固定字符数或者每页固定行数，可以使用文档网格实现，即在“页面设置”对话框中选择“文档网格”选项卡进行设置。若要改变水平和垂直方向上图片或绘图对象的最小移动单位，单击“绘图网格”按钮或单击“排列”→“对齐”→“网格设置”命令，在打开的“网格线和参考线”对话框中设置。

8. 页眉、页脚

页眉或页脚通常包含公司徽标、书名、章节名、页码、日期等文字信息或图形，页眉打印在顶边上，而页脚打印在底边上。

在文档中可自始至终用同一个页眉或页脚，也可在文档的不同部分用不同的页眉和页脚。要创建一个页眉或页脚，单击“插入”→“页眉”或“页脚”命令选择合适的页眉和页脚，并通过“编辑页眉和页脚工具”设计。

9. 题注、脚注、尾注和目录

题注就是给图片、表格、图表、公式等对象添加的名称和编号。

使用题注功能可以保证长文档中图片、表格或图表等对象能够顺序地自动编号。当移动、插入或删除带题注的对象时，Word 会自动更新题注的编号。而且一旦某一对象带有题注，还可以在正文中对其进行交叉引用。

脚注和尾注是对文本的补充说明。脚注一般位于页面的底部，可以作为文档某处内容的注释；尾注一般位于文档的末尾，列出引文的出处等。

如果文档的各级标题层级是由“样式和格式”自动批量设置的，那么在“引用”区能轻松地实现目录自动生成。题注、脚注和尾注同样在“引用”区的相应组中插入完成。

10. 打印预览及打印

在正式打印之前，可以通过打印预览功能先查看最后的打印效果，以便确定设置好的页面格式是否满意，这样做可以节省时间和纸张。

选择“文件”→“打印”命令，打开的窗口中左边为打印设置，右边为打印预览。

2.1.4 文档高级排版

1. 混排

Word 文档中的对象大致分成三个层次：文本层（正文）、绘图层（一般在文字层之上，可以叠放多层）和文本层之下的层（可以调整图片或文本框等对象的叠放次序位置）。多个对象可以组合，并可以设置文字与图片等对象的环绕方式，以及上、下层的叠放次序等，从而实现很多特别的艺术效果，如水印等，在需要图文混排的海报、贺卡、报刊等编排中非常有用。

2. 样式

样式是一组格式特征，如字体名称、字号、颜色、段落对齐方式和间距等。使用样式来应用格式设置时，在长文档中更改格式设置会变得更为容易。例如，只需更改单个标题样式而无须更改文档中每个标题的格式设置。

想要设置在内置样式、快速样式集和主题中未提供的格式选项，则可以创建自定义样式。在“开始”区的“样式”组中单击对话框启动器按钮，在打开的“样式”窗格中单击左下角的“新建样式”按钮，即可在打开的“根据格式创建新样式”对话框中设置新样式，也可以修改已有样式的部分格式来创建某个文档需要的新样式。

3. 模板

在 Word 中任何文档都是以模板为基础的，模板决定文档的基本结构和文档设置，例如，自动图文集词条、字体、快捷键指定方案、宏、菜单、页面设置、特殊格式和样式等。在 Word 中的模板分为两种：共用模板（包括 Normal 模板），所含设置适用于所有文档；文档模板（如“模板”对话框中的备忘录和传真模板），所含设置仅适用于以该模板为基础的文档。

虽然 Word 预设了许多模板样式供用户在编排文档时使用，但有些时候这些模板并不适合用户的特殊要求，此时用户可以自己创建并保存新的模板。

2.2　应用案例 1——会议通知

2.2.1　应用案例描述

制作一个包含文字、表格和图片的会议通知，如图 2-2-3 所示为本案例制作完成的效果图。具体要求如下：

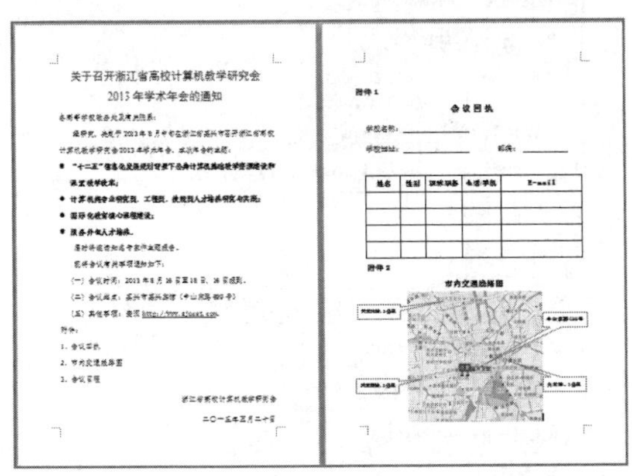

关于召开浙江省高校计算机教学研究会

2013 年学术年会的通知

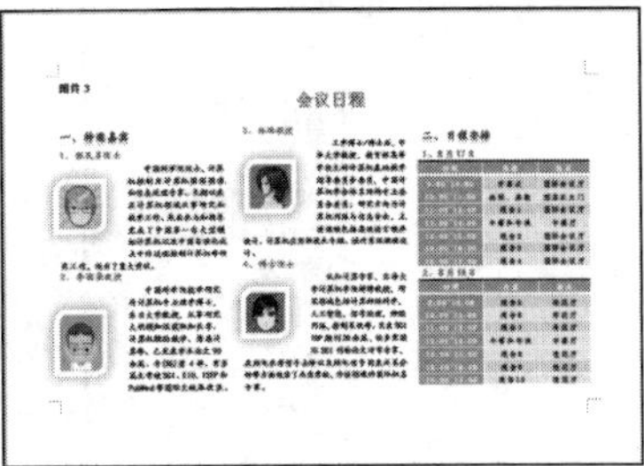

会议日程

图 2-2-3　案例的效果图

- 标题黑体，2 号，居中，红色，段前段后 0.5 行，行距 1.25 倍。
- 正文仿宋体，四号，黑色，称呼左对齐，结尾右对齐，单倍行距，段前段后 0 行。

- 会议4个主题字体加粗，并设置项目符号。
- 会议有关3个事项和附件2项内容前均设置编号。
- 为正文中的网址设置超链接。
- 附件1为会议回执，标题宋体3号加粗，正文宋体4号，表格内文字宋体小4号，水平居中，其中首行表头加粗。
- 附件2为市内交通图，以矩形标注说明宾馆和车站的相对位置。
- 页边距上、下均为“2.6厘米”，左、右均为“3厘米”，装订线所需的页边距“0厘米”，纸张方向“纵向”，纸张大小“A4”。
- 附件3为会议日程，纸张方向为横向，内容3栏显示，其中2栏为特邀嘉宾简介，包含照片；1栏为表格形式的日程安排。

2.2.2 解决方案与步骤

1. 总体分析与规划设计

通知是用来布置工作、召开会议、传达事情的文书，在日常办公中经常用到。通知讲究时效性，用来告知立即办理、执行或周知的事项，制作完成后，可以将其打印张贴出来，或者以传真、电子邮件等形式发送出去。

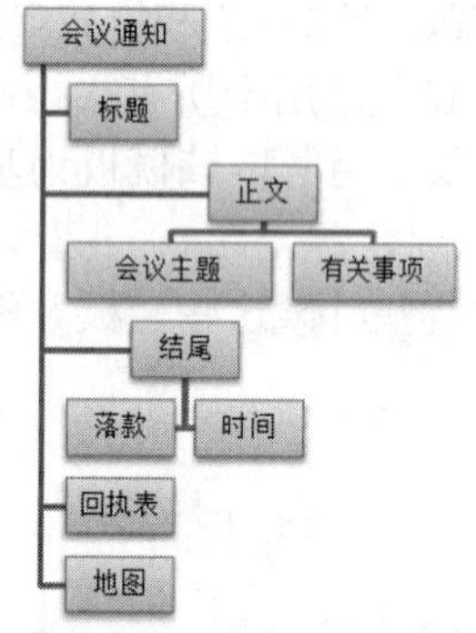

图2-2-4 本案例的内容组织示意图

通知一般由标题、正文和结尾三部分组成。

在标题中，通常包含制发通知的单位和事由；在正文中，要说明制发通知的理由、通知事项、参加人员、时间和地点等，会议回执、议程等一般以表格形式体现，会议地点等以地图展示，尽可能做到层次清晰，条目分明；结尾部分则为落款和时间。

本案例的内容组织示意图如图2-2-4所示。

本案例主要涉及的操作有编辑文档，添加项目符号和编号、超链接，插入和编辑表格，屏幕截图，绘制标注图形，分栏，插入图片，更改显示比例，页面设置和打印等。

图2-2-5所示是本案例中会议通知的主要规划设计步骤框图。

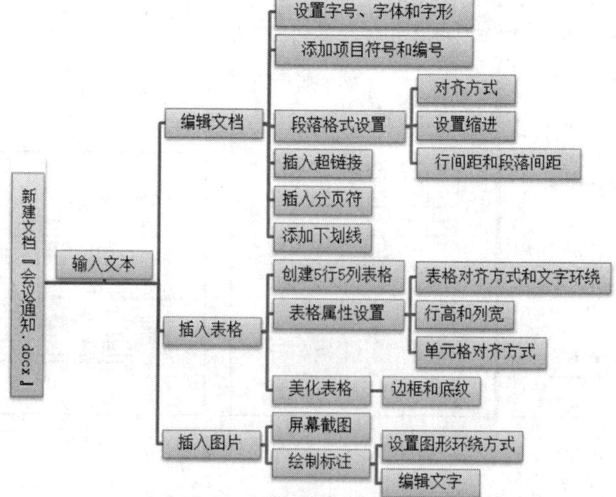

图2-2-5 会议通知的主要规划设计步骤框图

图 2-2-6 所示是本案例中会议日程的主要规划设计步骤框图。

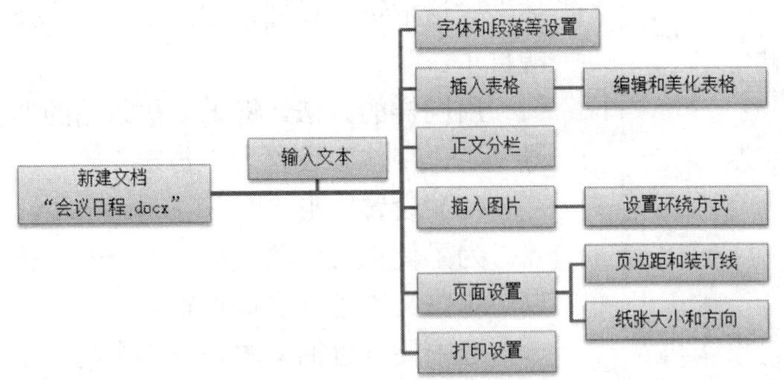

图 2-2-6　会议日程的主要规划设计步骤框图

2. 新建 Word 文档

（1）新建空 Word 文档

启动 Word 2019 即可创建一个空白文档，此时窗口的标题栏显示的是“文档 1- Word”，“文档 1”是 Word 给当前的文档取的名字。为了便于文档管理，可以对其进行重命名。单击“文件”→“保存”命令，可以看到“另存为”命令列表，如图 2-2-7 所示，单击“浏览”按钮，打开“另存为”对话框，在“文件名”中输入“会议通知”，单击“保存”按钮。这样，文档的标题栏由“文档 1 - Word”变成了“会议通知 - Word”，既完成对文档的重命名，同时也将文档保存起来了。

（2）输入文本

首先输入通知的标题“关于召开浙江省高校计算机教学研究会 2013 年学术年会的通知”，按 Enter 键即可进入下一段，输入如图 2-2-8 所示的通知正文内容。这样这份通知的文本内容就输入完成了。

图 2-2-7　保存文档

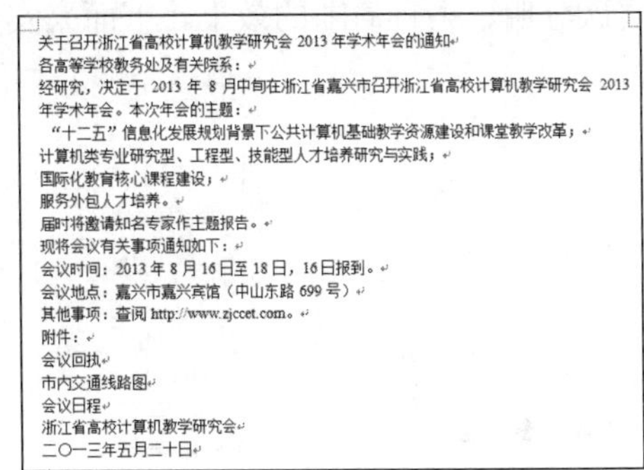

关于召开浙江省高校计算机教学研究会 2013 年学术年会的通知
各高等学校教务处及有关院系：
经研究，决定于 2013 年 8 月中旬在浙江省嘉兴市召开浙江省高校计算机教学研究会 2013 年学术年会。本次年会的主题：
“十二五”信息化发展规划背景下公共计算机基础教学资源建设和课堂教学改革；
计算机类专业研究型、工程型、技能型人才培养研究与实践；
国际化教育核心课程建设；
服务外包人才培养。
届时将邀请知名专家作主题报告。
现将会议有关事项通知如下：
会议时间：2013 年 8 月 16 日至 18 日，16 日报到。
会议地点：嘉兴市嘉兴宾馆（中山东路 699 号）
其他事项：查阅 http://www.zjccet.com。
附件：
会议回执
市内交通线路图
会议日程
浙江省高校计算机教学研究会
二〇一三年五月二十日

图 2-2-8　输入通知文本

3. 编辑文档格式

（1）设置字号、字体和字体颜色

按住鼠标左键不放，拖曳鼠标，选取标题文字。在“开始”区的“字体”组中单击“字体”下拉列表框右侧的下拉按钮，从弹出的“字体”下拉列表中选择字体；再单击“字号”下拉列表框右侧的下拉按钮，从弹出的“字号”下拉列表框中选择字号；然后单击“字体颜色”下拉列表框右侧的下拉按钮，从弹出的字体颜色选择框中选择字体颜色；或者单击

图 2-2-9 “字体”对话框

“开始”区的“字体”组的对话框启动器按钮，打开“字体”对话框进行设置，如图 2-2-9 所示。这样标题就比较醒目了。

用同样的方法，将正文和结尾的“字号”设置为“四号”，“字体”设置为“仿宋”。

（2）设置字形

为了使正文中的“本次年会的主题”的内容突出，可以对这些文本进行字体设置。

选中要设置的文本——年会的 4 个主题内容，在“开始”区的“字体”组中单击“加粗”按钮 B，即可为选中的文本应用加粗效果。

（3）添加项目符号

为了使正文中年会的 4 个主题的内容条目清楚，我们将为其添加项目符号。选中年会的 4 个主题的内容，在“开始”区的“段落”组中单击“项目符号”下拉列表框右侧的下拉按钮，从弹出的“项目符号库”列表中选择合适的项目符号，如图 2-2-10 所示。

（4）添加编号

正文中的附件有三项内容，我们为其添加编号。选中附件的三项内容，在“开始”区的“段落”组中单击“编号”下拉列表框右侧的下拉按钮，从弹出的“编号库”列表中选择合适的编号，如图 2-2-11 所示。用同样的方法为正文中的会议有关事项通知添加编号。设置后的通知效果如图 2-2-12 所示。

（5）段落格式设置

通常，通知标题应该在中间位置，称呼应该居左，而且正文内容也应做适当缩进，从而达到层次分明、条目清晰的效果。下面来实现这些效果。

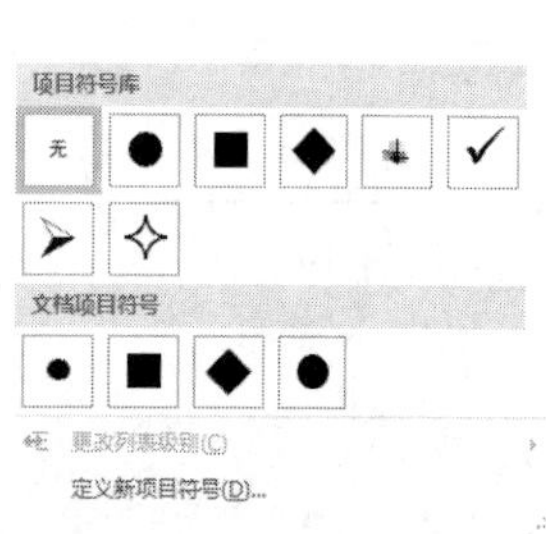

图 2-2-10 添加项目符号

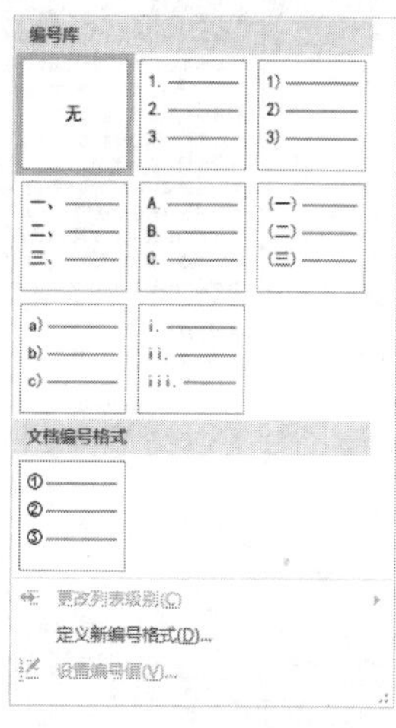

图 2-2-11 添加编号

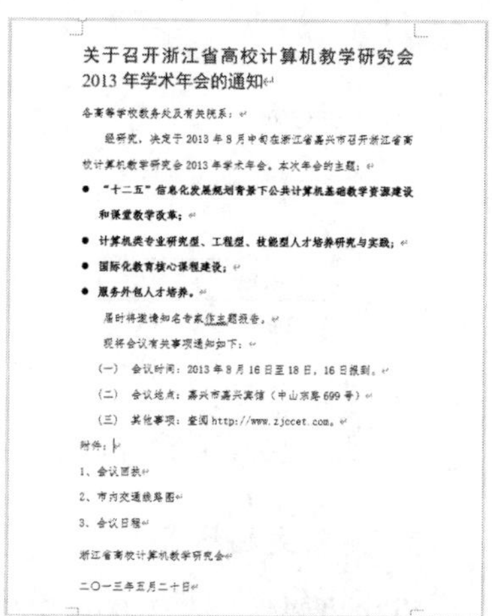

关于召开浙江省高校计算机教学研究会 2013 年学术年会的通知

各高等学校教务处及有关院系：

经研究，决定于 2013 年 8 月中旬在浙江省嘉兴市召开浙江省高校计算机教学研究会 2013 年学术年会。本次年会的主题：

- **“十二五”信息化发展规划背景下公共计算机基础教学资源建设和课堂教学改革；**
- **计算机类专业研究型、工程型、技能型人才培养研究与实践；**
- **国际化教育核心课程建设；**
- **服务外包人才培养。**

届时将邀请知名专家作主题报告。

现将会议有关事项通知如下：

（一） 会议时间：2013 年 8 月 16 日至 18 日，16 日报到。

（二） 会议地点：嘉兴市嘉兴宾馆（中山东路 699 号）

（三） 其他事项：查阅 http://www.zjccet.com。

附件：

1、会议回执

2、市内交通线路图

3、会议日程

浙江省高校计算机教学研究会

二〇一三年五月二十日

图 2-2-12 编辑后的效果图

① *设置对齐方式* 选中标题，然后在“开始”区的，“段落”组中单击“居中”按钮，这样就将标题设置好了。还可以通过单击“段落”组中的“左对齐”“右对齐”“两端对齐”“分散对齐”按钮，实现相应的设置。将称呼“左对齐”，将结尾部分的落款和

日期“右对齐”。

② 设置缩进　通知正文的前面应该有两个空格，但建议不要用 Space 键，而是在“段落”对话框中进行设置。

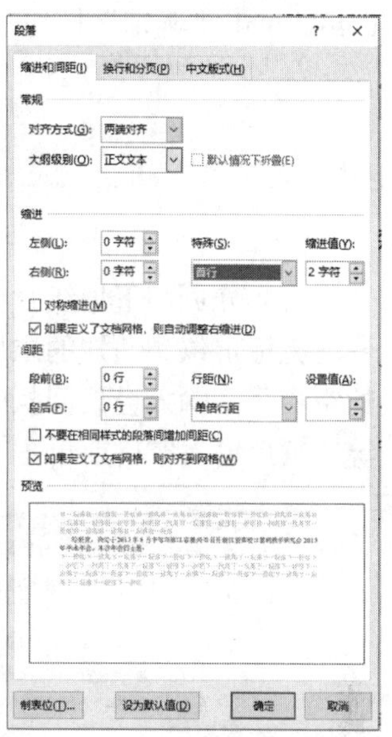

图 2-2-13　正文首行缩进

选中正文中第二段，单击“段落”组右下方的对话框启动器按钮，在打开的“段落”对话框中进行“特殊格式”的“缩进”，如图 2-2-13 所示。设置完成后，单击“确定”按钮。在“剪贴板”组中双击“格式刷”按钮，对选定的段落格式进行复制。此时，“格式刷”按钮呈凹下状，并且鼠标指针呈I状，依次在需要的段落应用相同格式，即可为这些段落应用相同的效果。

然后选定会议有关事项通知中的三项内容，在“段落”对话框中设置“左缩进”和“悬挂缩进”，使这些内容与段落位置匹配，如图 2-2-14 所示。

③ 设置行间距和段落间距　如果觉得行间距和段落间距过于紧密，可以做进一步的设置。选中标题文本，单击“段落”组右下方的对话框启动器按钮，打开“段落”对话框，设置后的对话框如图 2-2-15 所示。单击“确定”按钮，完成标题间距的设置。

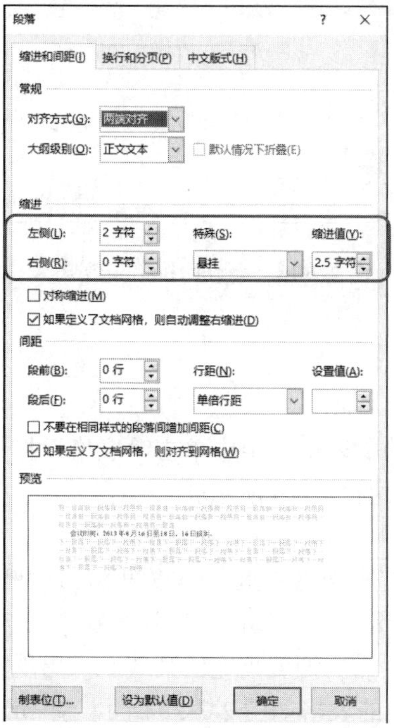

图 2-2-14　主题项目悬挂缩进

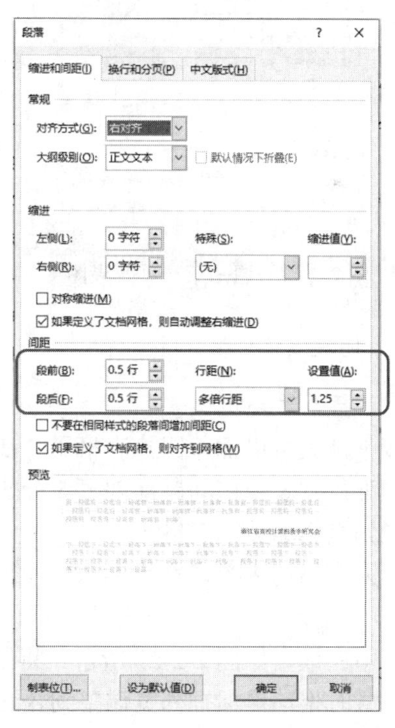

图 2-2-15　标题行间距和段落间距

用同样的方法，设置落款和时间的段落格式。

（6）超链接

为了在文档中能直接打开 http://www.zjccet.com，应选中该网址文本，单击“插入”区的“链接”组中的“链接”命令，在“插入超链接”对话框的“地址”栏中输入 http://www.zjccet.

com，单击“确定”按钮，如图 2-2-16 所示。设置后的通知如图 2-2-17 所示。

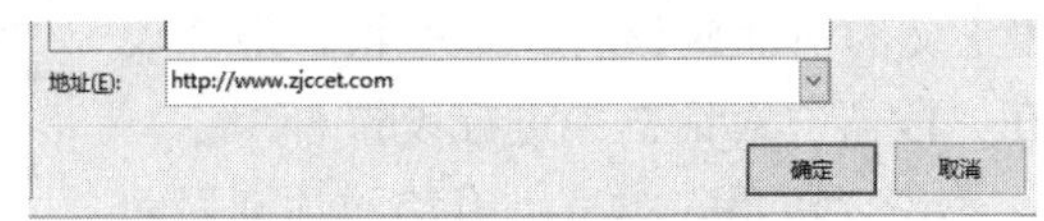

图 2-2-16 输入超链接地址

（7）分页和下划线

光标定位到通知的末尾，在“插入”区的“页面”组中单击“分页”按钮，即出现新的空白页，输入会议回执的文字部分，并按照要求设置字体、字号等，在“学校名称：”等三项后输入空格前单击“下划线”按钮 U ˇ，完成的效果如图 2-2-18 所示。

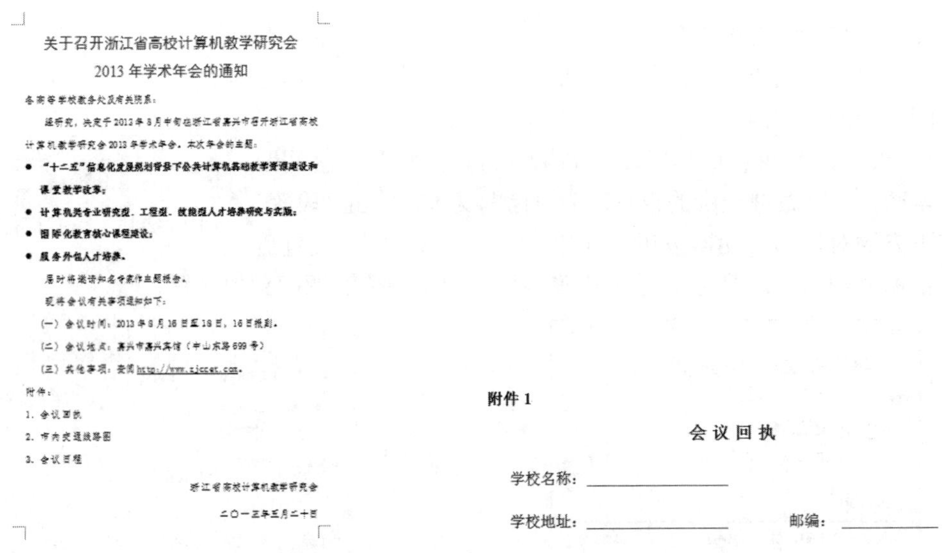

关于召开浙江省高校计算机教学研究会
2013 年学术年会的通知

各高等学校教务处及有关院系：

经研究，决定于 2013 年 8 月中旬在浙江省嘉兴市召开浙江省高校计算机教学研究会 2013 年学术年会。本次年会的主题：

- “十二五”信息化发展规划背景下公共计算机基础教学资源建设和课堂教学改革；
- 计算机类专业研究型、工程型、技能型人才培养研究与实践；
- 国际化教育核心课程建设；
- 服务外包人才培养。

届时将邀请知名专家作主题报告。

现将会议有关事项通知如下：

（一）会议时间：2013 年 8 月 16 日至 18 日，16 日报到。

（二）会议地点：嘉兴市嘉兴宾馆（中山东路 699 号）

（三）其他事项：參阅 http://www.zjccet.com。

附件：

1. 会议回执
2. 市内交通线路图
3. 会议日程

浙江省高校计算机教学研究会

二〇一三年五月二十日

图 2-2-17 通知第一页效果图

附件 1

会 议 回 执

学校名称：________

学校地址：________ 邮编：________

图 2-2-18 会议回执抬头效果

4. 插入表格

（1）插入表格框架

接下来就可以插入回执表格了。在“插入”区的“表格”组中单击“表格”按钮，在弹出的下拉列表中拖动鼠标创建 5 行 5 列的表格，如图 2-2-19 所示。

（2）编辑和美化表格

输入表格的内容，文字为宋体小四号、加粗。右击表格左上角的按钮⊞，在弹出的快捷菜单中选择“平均分布各行”选项，如图 2-2-20 所示。更详细的设置还可在“表格属性”对话框中完成，如图 2-2-21 所示。将鼠标指针移动至需要调整列宽的列线上，出现左右小箭头符号时拖动鼠标把列宽调整到合适的宽度。完成的表格如图 2-2-22 所示。单击表格左上角的按钮⊞即选中表格，自动切换到“表格工具”的“设计”区和“布局”区，可以对表格进行各项操作。

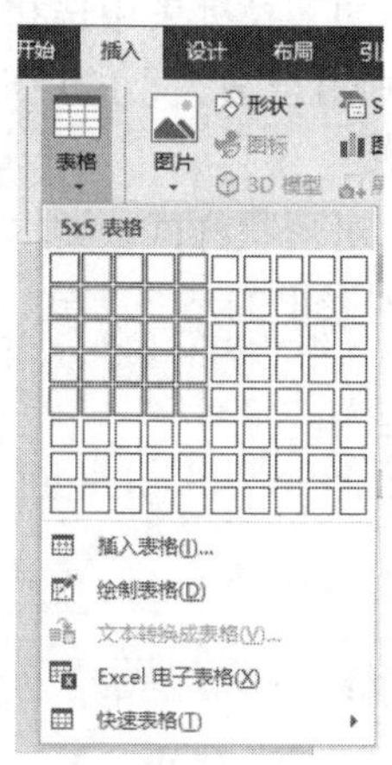

图 2-2-19　插入表格

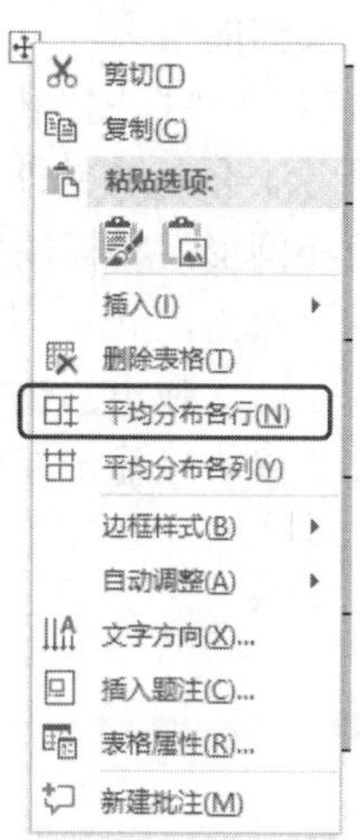

图 2-2-20　设置平均分布各行

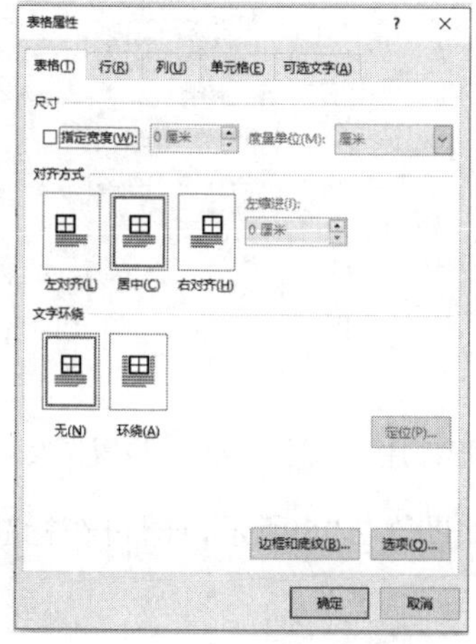

图 2-2-21　“表格属性”对话框

姓名	性别	职称/职务	电话/手机	E-mail

图 2-2-22　回执表效果图

Word 提供了很多种已定义好的表格格式，通过自动套用格式可以快速格式化表格。特殊的表格可以通过对原有表格进行拆分和合并单元格或者手工绘制表格完成，还可以利用“文本转换成表格”将已具有某种排列规则的文本转换成表格，转换时必须指定文本中的逗号、制表符、段落标记或其他字符作为文本的分隔符，同样也可以将表格转换成文本。Word 还可以对表格的数据进行排序与计算。

5. 插入图片

（1）搜狗地图屏幕截图

附件 2 中的市内交通线路图需要我们通过搜狗地图等搜索到“嘉兴市嘉兴宾馆”的地图，调整地图显示尺寸，然后切换到会议通知文档窗口，在“插入”区的“插图”组中单击“屏幕截图”按钮，然后单击“屏幕剪辑”按钮，如图 2-2-23 所示。窗口即切换到地图页面，拖动十字指针选取合适大小的地图。

（2）绘制图形

为了让参加会议的老师能够了解嘉兴宾馆的位置，我们将在地图上标注汽车站、火车站的位置及到宾馆的距离。

在“插入”区的“插图”组中单击“形状”按钮，在弹出的下拉列表中选择矩形标注，如图 2-2-24 所示。鼠标指针即变成十字形，拖动鼠标即可画出合适大小的矩形标注，拖动图形上的橙色小圆形，将标注指向说明处。

选中该标注双击，出现“绘图工具-格式”选项卡，在此对形状样式、文本等进行设置。选中该标注右击，在弹出的快捷菜单中选择“环绕文字”列表里的环绕方式，如图 2-2-25 所示。标注箭头就可以显示在地图上面了。

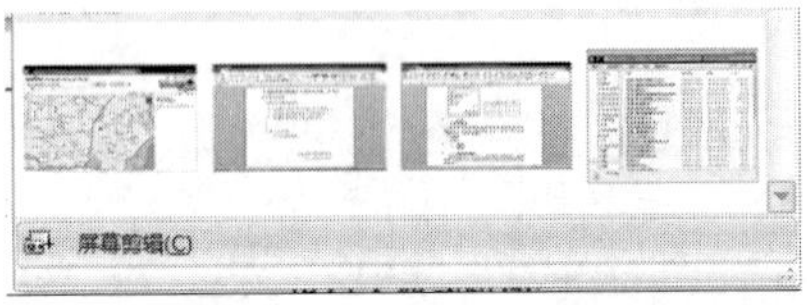

图 2-2-23　屏幕截图

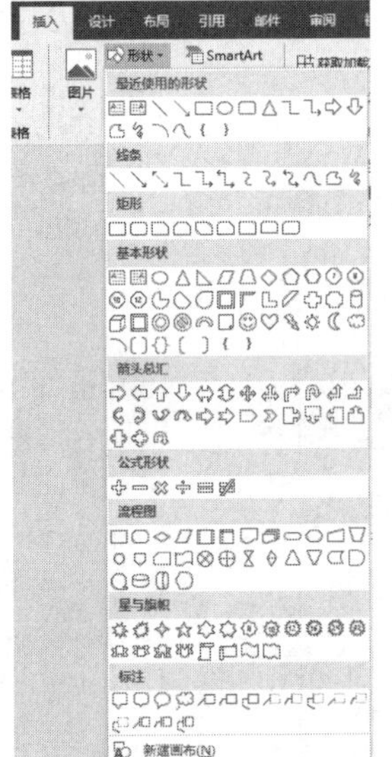

图 2-2-24　形状→矩形标注

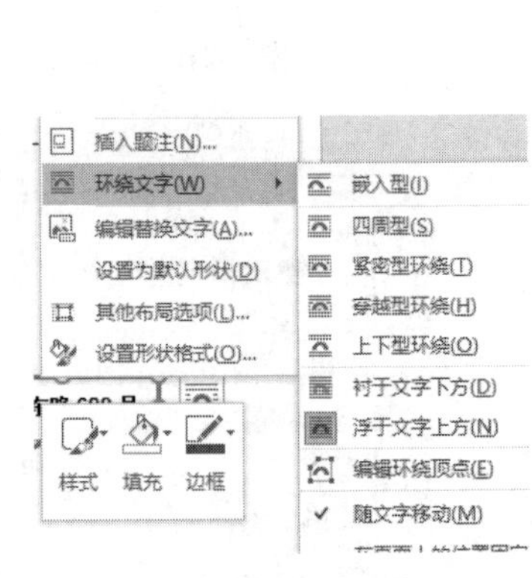

图 2-2-25　设置图文环绕方式

同样地，在快捷菜单中选择“编辑文字”选项，如图 2-2-26 所示，即可在标注中输入文字。最后完成的效果图如图 2-2-27 所示。

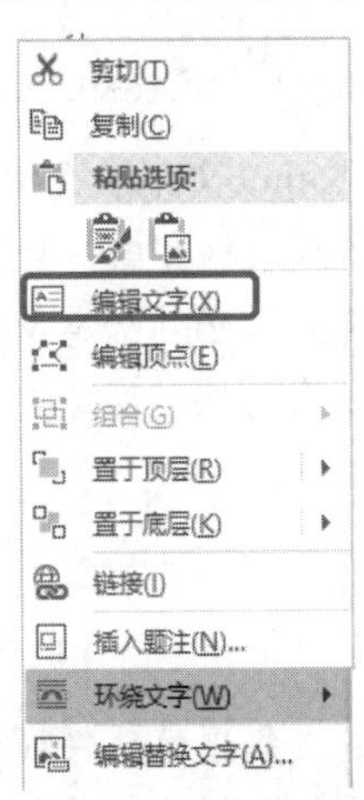

图 2-2-26　启动编辑文字

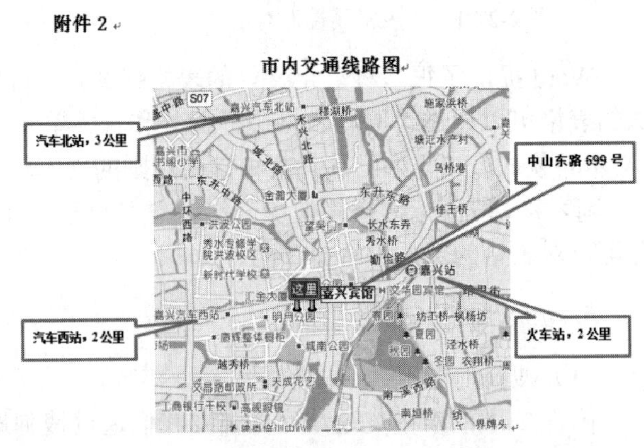

图 2-2-27　地图效果图

6. 分栏

会议通知一般会附上具体会议日程，如果在上面文档“会议通知.docx”中制作会议日程，则要将光标置于文档第二页末，在“布局”区的“页面设置”组中的“分隔符”列表中选择“分节符”→“下一页”选项，在产生的空白页中进行不同于上 2 页的页面设置。这里新建一个文档“会议日程.docx”，在页面设置中将纸张方向设为“横向”，输入文本内容，对标题和正文的字体和段落等进行设置，并通过在插入快速表格的基础上绘制表格的方法创建两个表格，分别输入日程安排。然后对正文进行分栏和添加图片操作，具体如下：

1）将光标定位到需要分栏的起始位置，在“布局”区的“页面设置”组中单击“栏”按钮，并在弹出的下拉列表中选择“三栏”选项，如图 2-2-28 所示。

2）如果需要对分栏效果做特殊设置，则选择“更多栏”选项，在打开的“栏”对话框中可以对栏数、栏宽、间距等进行设置，并选择分栏应用于“插入点之后”、“节”或“整篇文档”，如图 2-2-29 所示。分栏效果如图 2-2-30 所示。

接下来插入 4 幅特邀嘉宾的照片，右击图片，在弹出的快捷菜单中选择“文字环绕”→“四周型”选项，然后将图片拖动到正文合适的位置，并调整图片大小，使得显示内容编排符合案例 1 要求。效果如图 2-2-31 所示。

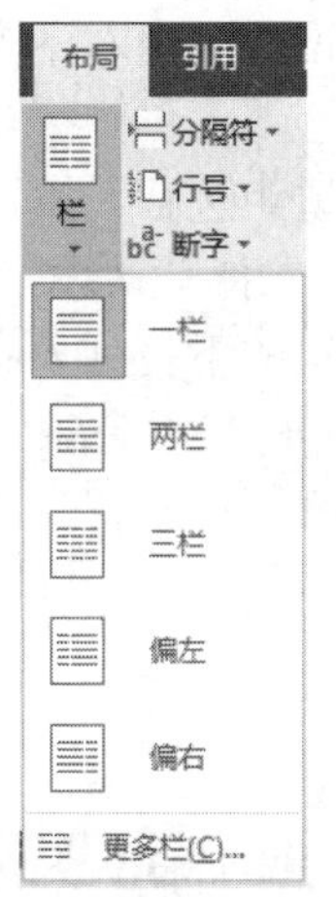

图 2-2-28　选择“三栏”选项

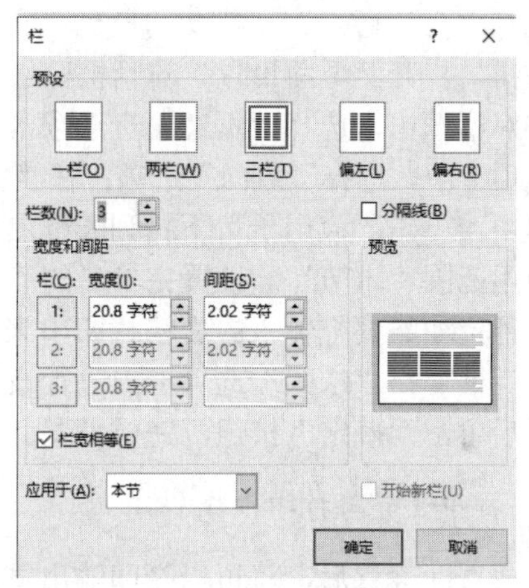

图 2-2-29　“栏”对话框

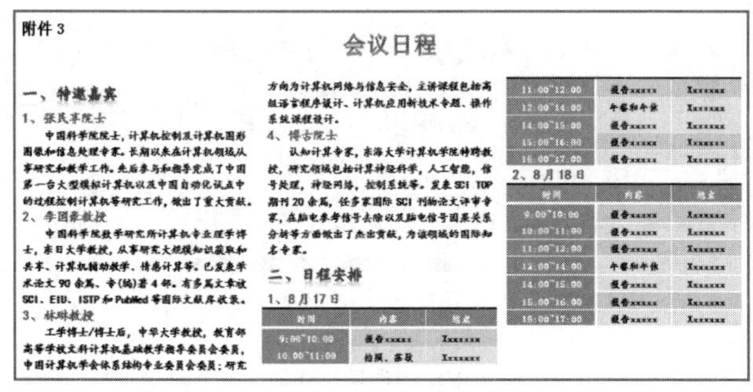

图 2-2-30　分栏效果

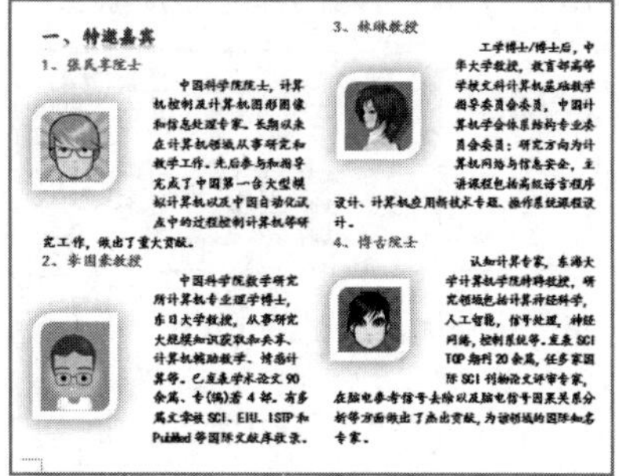

图 2-2-31　“四周型环绕”图片效果

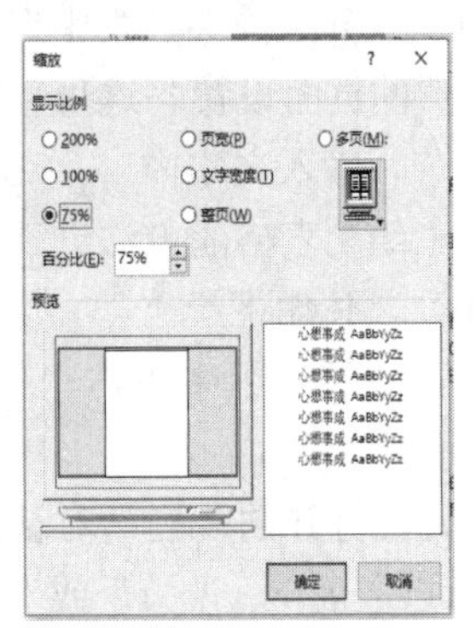

图 2-2-32 “缩放”对话框

7. 更改显示比例

通常情况下，在当前的窗口中，不能看到通知的全部，只需更改显示比例就可以了。

在“视图”区的“缩放”组中单击“缩放”按钮，打开如图 2-2-32 所示的“缩放”对话框。在“显示比例”选项组中选择适当的比例，如“75%”，整个通知的内容就都能看见了。也可以在当前视图下，单击窗口右下角 100%中右侧的“100%”按钮，打开“缩放”对话框；还可以通过单击“放大”或“缩小”按钮进行显示比例的调节。

8. 页面设置

通知制作完成后，要进行页面设置，以便于打印。

打开“会议通知”文档，切换到“布局”区，单击“页面设置”组右下方的对话框启动器按钮，打开“页面设置”对话框。

在对话框中，选择“页边距”选项卡，根据实际需要对页边距进行设置。在“纸张方向”选项组中，选择“纵向”选项；在“页码范围”选项组中，保持默认设置；在“预览”选项组中，单击“应用于”下拉列表框右侧的下拉按钮，在弹出的下拉列表中选择当前设定的应用范围“本节”。设置完毕后的“页边距”选项卡如图 2-2-33 所示。

另外，如果要把输入的文档打印出来，还必须对打印的纸张进行设置。打开“页面设置”对话框，在“纸张”选项卡中进行设置，如图 2-2-34 所示。

最后单击“确定”按钮，完成设置。

9. 打印设置与打印预览

完成页面设置后，就可以打印输出文档了。单击“文件”→“打印”命令，此时将显示文档的打印预览，如图 2-2-35 所示。在打印预览屏幕的“设置”中完成基本页面设置后，单击“打印”按钮，即可完成文档打印。

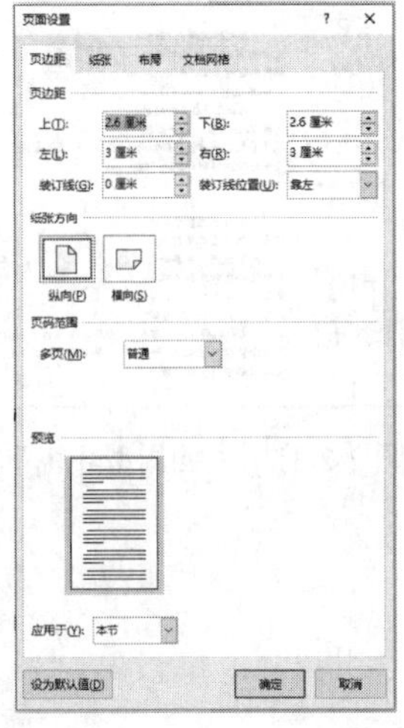

图 2-2-33 “页边距”选项卡

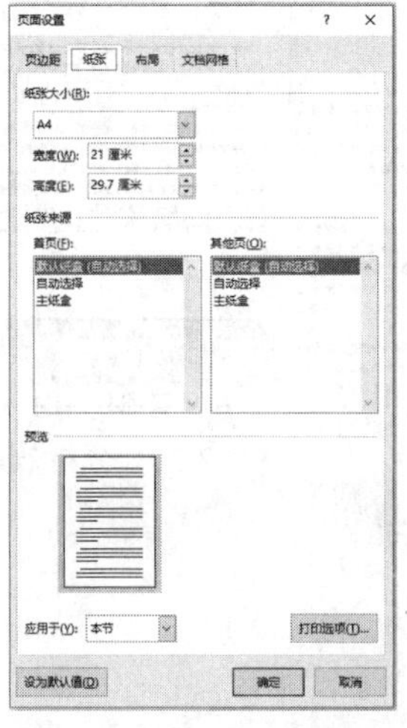

图 2-2-34 “纸张”选项卡

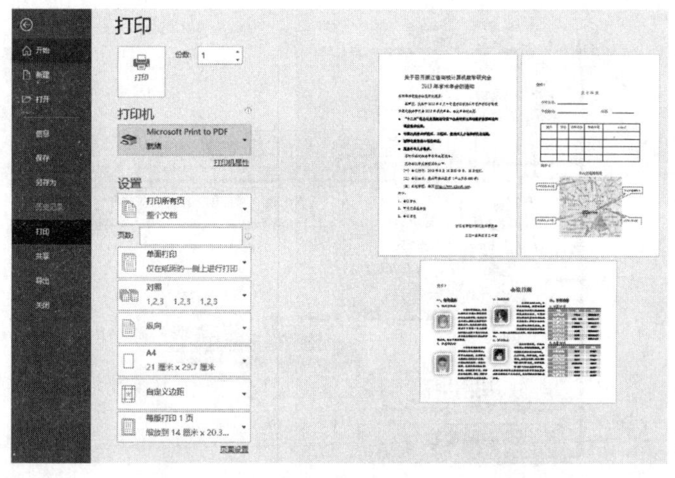

图 2-2-35 打印设置和打印预览

2.3 应用案例 2——产品宣传海报

2.3.1 应用案例描述

本案例要求制作一份电子产品的宣传海报。具体要求如下：

- 准备素材：通过网络搜索收集 iPod nano 的相关文字和图片资料。
- 为海报设置美观的边框和底纹。
- 在海报中图文并茂地展示 iPod nano 在音乐、健身、时钟表面和 FM 收音机的主要功能。
- 在海报中图文并茂地展示 iPod nano 的外观技术指标，突出特色。

制作完成的 iPod nano 宣传海报如图 2-2-36 所示。

图 2-2-36 iPod nano 宣传海报效果图

2.3.2 解决方案与步骤

1. 总体分析与规划设计

本案例将充分运用 Word 的美编技巧，自制美观实用的 iPod nano 宣传海报。海报是以图形文字设计手段来传递信息的视觉平面艺术，以其鲜艳的色彩、鲜明的主题思想、清晰的结构吸引人们的目光，达到宣传、告知的内涵。海报一般由报头、宣传词、宣传图片和说明文字等组成。

在进行海报设计时，要抓住以下要素：

- 充分的视觉冲击力，可以通过图像和色彩来实现。
- 海报表达的内容精练，抓住主要诉求点。
- 图片和文案融为一体，内容不可过多。
- 主题字体醒目。

本案例设计中要主题清楚，注意版面平衡、颜色对比明显，妥善运用插图或文字艺术字，达到既美观大方又亮丽抢眼。内容组织示意图如图 2-2-37 所示。

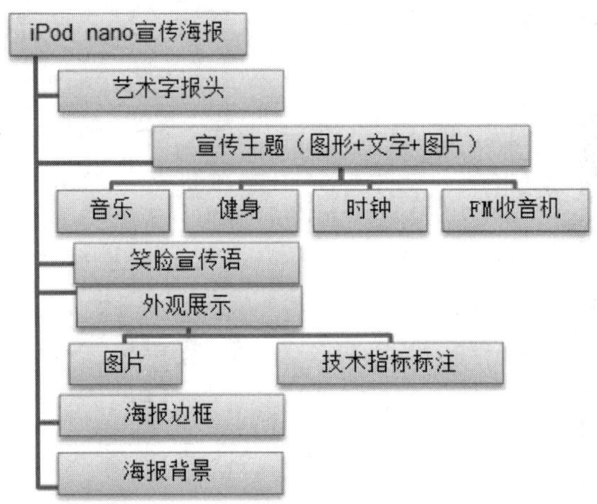

图 2-2-37 本案例的内容组织示意图

完成海报元素的制作，需要我们学习 Word 图文混排的相应知识点及美编技巧。主要涉及的操作有插入艺术字、文本框、图片和自选图形等对象，并调整对象间的位置关系和层次关系；插入对象（图形、图片、艺术字、文本框）的格式设置；颜色间的调配；页面边框和背景效果。

图 2-2-38 所示为本案例的规划设计步骤框图。

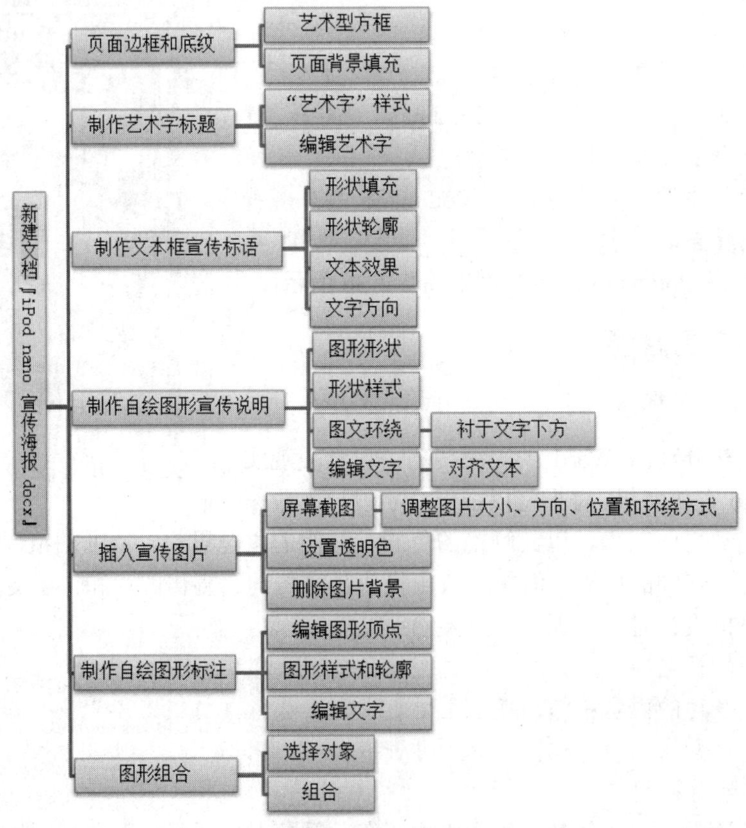

图 2-2-38 本案例的主要规划设计步骤框图

2. 设定页面背景与框线

首先新建一个文档，命名为“iPod nano 宣传海报”并存盘。

在“设计”区的“页面背景”组中单击“页面边框”按钮，打开“边框和底纹”对话框，选择一种艺术型边框，如图 2-2-39 所示，单击“确定”按钮，效果如图 2-2-40 所示。

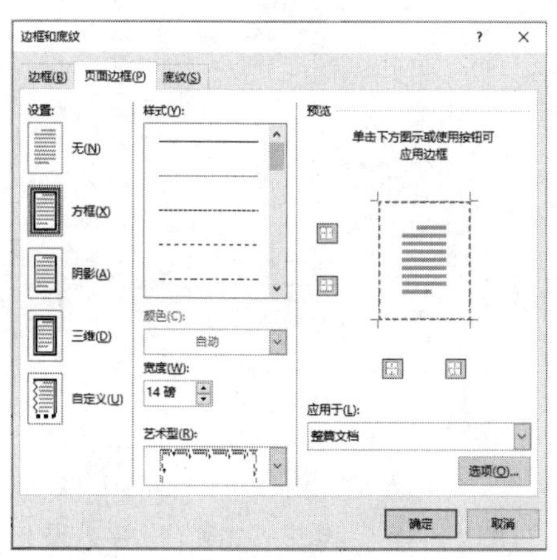

图 2-2-39　“边框和底纹”对话框

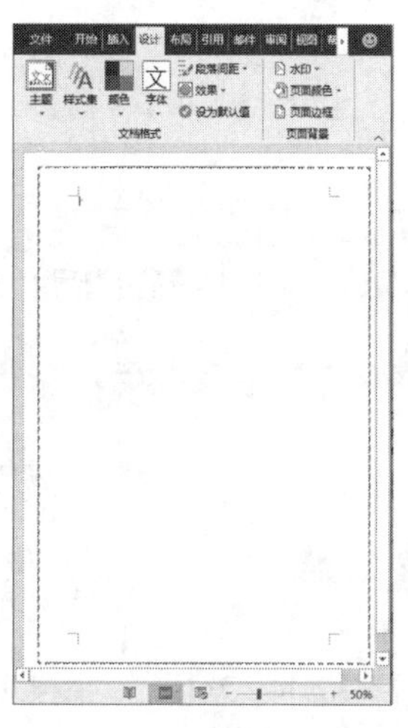

图 2-2-40　页面边框效果图

在“设计”区的“页面背景”组中单击“页面颜色”按钮，在弹出的下拉列表中选择“填充效果”命令，如图 2-2-41 所示。打开“填充效果”对话框，设置效果如图 2-2-42 所示。页面效果如图 2-2-43 所示。

3. 制作艺术字标题

切换到“插入”区，在“文本”组单击“艺术字”按钮，在弹出的下拉列表中选择一种艺术字样式，如图 2-2-44 所示。输入报头文字“iPod nano”，选中艺术字框，双击切换到“绘图工具-格式”选项卡，在这里修改、编辑艺术字，包括艺术字样式、轮廓和阴影等效果，并随时调整艺术字框的大小，设置好后移动艺术字位置到页面左上角，如图 2-2-45 所示。

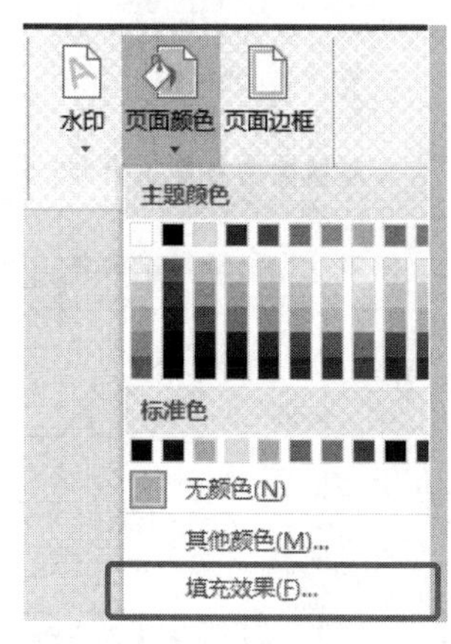

图 2-2-41　“填充效果”命令

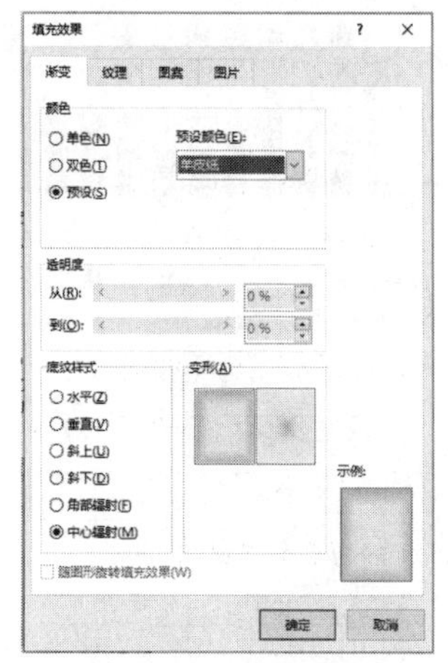

图 2-2-42　“填充效果”对话框

图 2-2-43　“羊皮纸”填充效果

图 2-2-44　选择艺术字样式

图 2-2-45　编辑艺术字和艺术字效果

4. 使用文本框制作宣传标语

切换到“插入”区，在“文本”组单击“文本框”按钮，在弹出的下拉列表中选择“简单文本框”选项，如图 2-2-46 所示，即在编辑窗口出现一个文本框，调整文本框的大小和位置，输入宣传标语“感受韵律——至爱歌曲任你点”，设置好文本格式。选中文本框，切换到“文本框工具-格式”选项卡，进行“形状填充”、“形状轮廓”和“形状效果”的设置，如图 2-2-47 和图 2-2-48 所示。

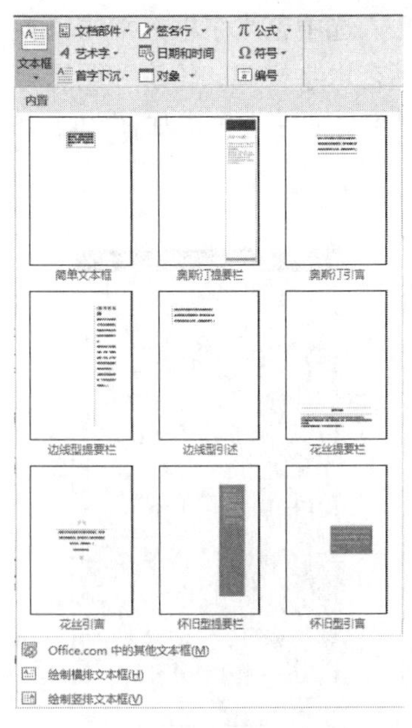

图 2-2-46　插入“文本框”

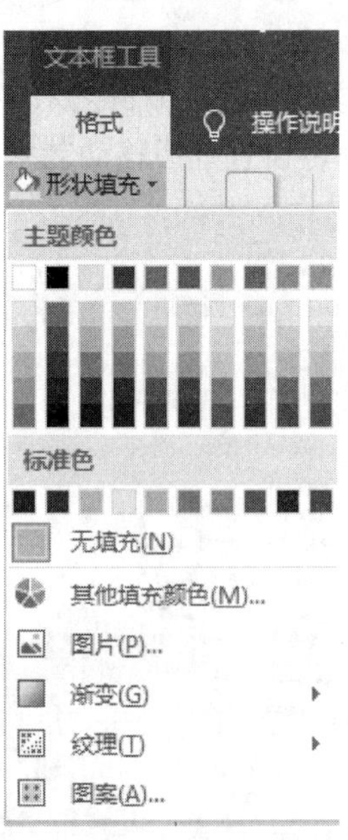

图 2-2-47　“形状填充”设置

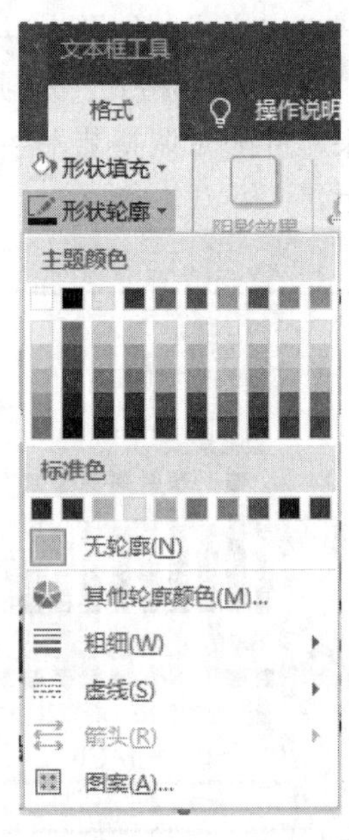

图 2-2-48　“形状轮廓”设置

用同样的方法在文本框中输入另外三个宣传主题标语，并在“文本框工具-格式”选项卡中进行格式设置，选中“风格尽在手腕”文本框，设置“文字方向”，如图 2-2-49 所示。选中“健走或跑步，步步追随”文本框，移动鼠标指针到该框上方的空心圆形环绕箭头处，鼠标指针变为黑色细圆环箭头形，此时按住鼠标左键拖动，可以微调文本框的方向。这样四个宣传主题标语就完成了。

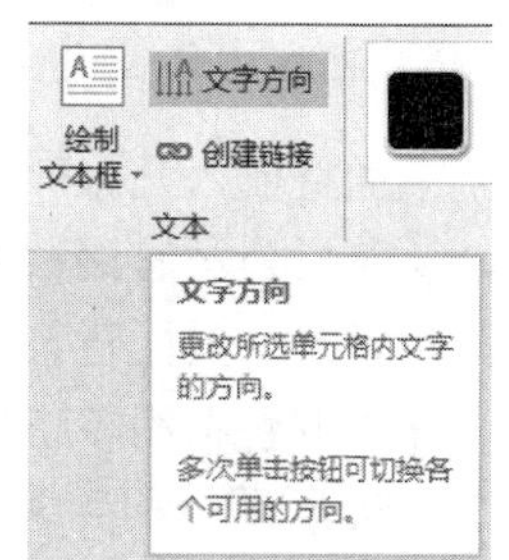

图 2-2-49　“文字方向”设置

5. 自绘图形

接下来将添加一些内含产品文字说明的图形来增加海报的视觉效果，突出宣传内容。

切换到“插入”区，在“插图”组单击“形状”按钮，在弹出的下拉列表中选择图形，选中图形并切换到“绘图工具-格式”选项卡，在“形状样式”组窗格中选择样式，在“排列”组中的“环绕文字”下拉列表中选择图文环绕方式，如图 2-2-50 所示。右击七角星，在弹出的快捷菜单中选择“编辑文字”选项，如图 2-2-51 所示。按格式要求输入宣传文字说明，在“文本”组中单击“对齐文本”按钮，在弹出的下拉列表中选择对齐方式，如图 2-2-52 所示。

用同样的方法插入另外四个图形，添加相应的宣传文字，并进行类似的图形格式设置，根据需要还可以包括改变自绘图形的线型、线条颜色和填充效果、自绘图形的特殊效果、添加阴影和三维效果等设置。最后效果图如图 2-2-53 所示。

图 2-2-50　图文环绕设置

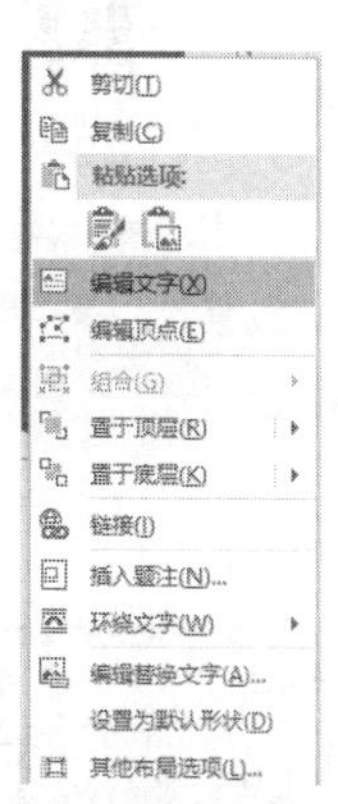

图 2-2-51　添加文字

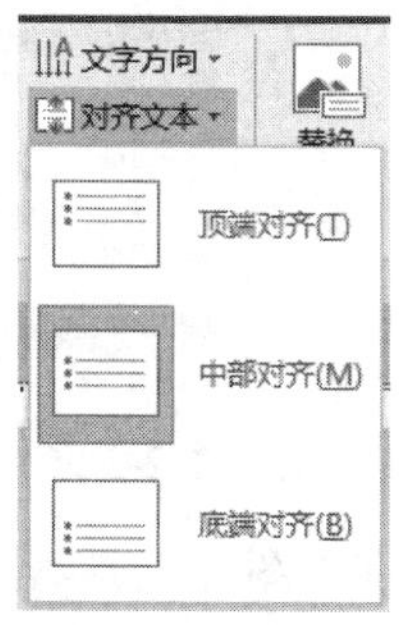

图 2-2-52　对齐文本

图 2-2-53　完成的宣传主题效果图

6. 插入宣传图片

下面将插入几张产品宣传图片，以直观地展现 iPod nano 的特点。通过“屏幕截图”工具，从苹果公司官网截取一些宣传图片，插入海报中。在报头右侧插入一张图片，我们发现图片背景与页面背景不融合，显得很不协调。双击图片，切换到“图片工具-格式”选项卡，在“调整”组单击“颜色”按钮，在弹出的下拉列表中选择“设置透明色”选项，如图 2-2-54 所示。回到编辑窗口，鼠标指针变成形，单击图片背景处，图片背景就和页面背景融为一体了。效果如图 2-2-55 所示。

在“月亮图形”和“风格尽在手腕”文本框之间插入一幅手表图片，我们只想要手表图案，而不要背景的图案。选中图片，在“图片工具-格式”选项卡的“调整”组单击“删除背景”按钮即可，如图 2-2-56 所示。删除背景的手表效果图如图 2-2-57 所示。

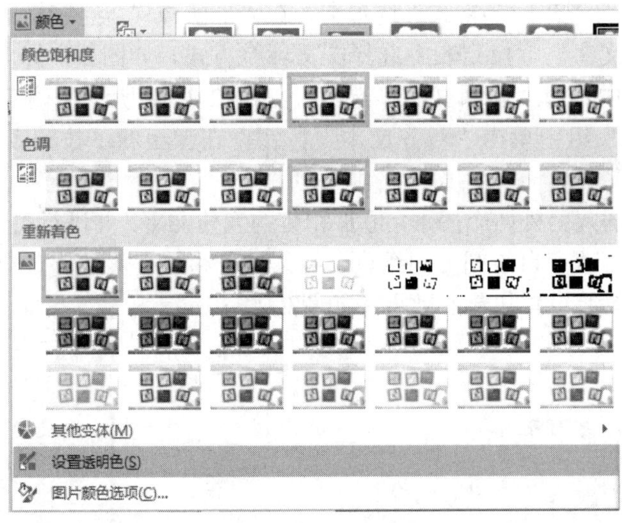

图 2-2-54 设置透明色

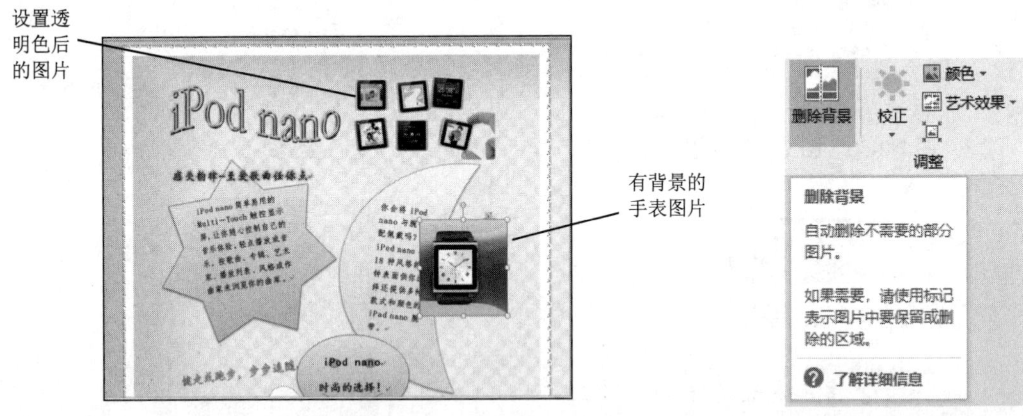

图 2-2-55 图片透明处理后的效果图　　图 2-2-56 删除背景

用同样的方法插入其他几张图片，对图片的更多美化可在“图片工具-格式”选项卡的工具栏和图 2-2-58 所示的“设置图片格式”窗格中完成。

图 2-2-57 删除背景的手表效果图

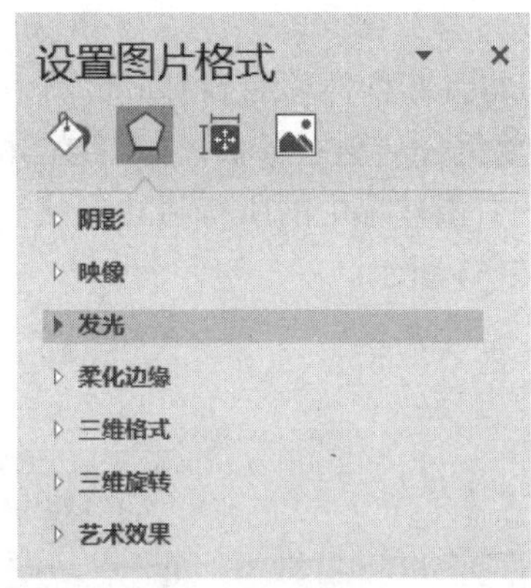

图 2-2-58 “设置图片格式”窗格

7. 添加标注

我们往往用标注来强调图片中的某个内容，可以通过在“插入”区的“插图”组中选择“形状”下拉列表中的“标注”图形来完成，还可以通过编辑自选图形的顶点来自制标注。

在页面最下方的“iPod nano”外观图片左侧插入“爆炸形:8pt”，设置好形状样式，在“绘图工具-格式”选项卡的“插入形状”组单击“编辑形状”按钮，在弹出的下拉列表中选择“编辑顶点”选项，如图 2-2-59 所示，图形顶点即变为实心黑色方块。拖动某个顶点到“iPod nano”外观图片边缘，如图 2-2-60 所示。这样一个自制的爆炸形标注就完成了。

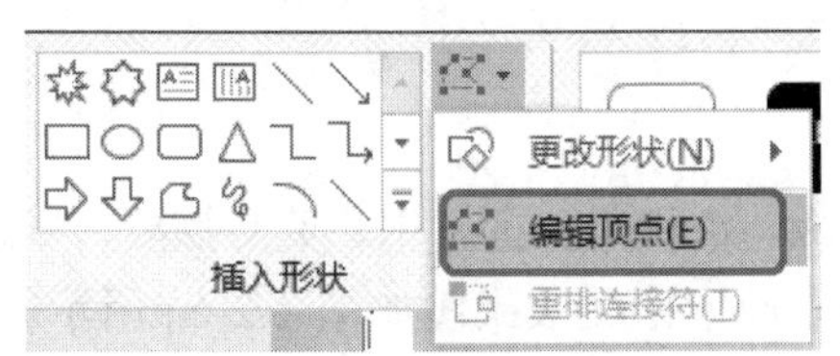

图 2-2-59 选择“编辑顶点”命令

图 2-2-60 编辑顶点自制爆炸形标注

接下来对该爆炸形标注进行格式设置。在“形状样式”组设置形状效果为“发光：11 磅；橙色，主题色 2”，形状轮廓为“无轮廓”并设置合适的形状样式。为形状添加文字“小！”，格式为华文彩云、小四；文字“10,056 mm^3”为宋体、六号、加粗。一个闪亮的标注就完成了。用同样的方法添加另一个标注“轻！”。

8. 组合

使用自选图形工具绘制的图形一般包括多个独立的形状，当需要选中、移动和修改大小时，往往需要选中所有的独立形状，操作起来不太方便，并且图文混排容易改变相对位置。这时，需要将多个独立的形状组合成一个图形对象。这里先将外观展示的一个图片和两个标注进行组合，操作步骤如下：

1）在“开始”区的“编辑”组中单击“选择”→“选择对象”命令，如图 2-2-61 所示。

2）将鼠标指针移动到海报页面中，鼠标指针呈白色箭头形状。按住 Ctrl 键的同时单击选中需要组合的独立形状，如图 2-2-62 所示。

3）右击被选中的所有独立形状，在弹出的快捷菜单中选择“组合”→“组合”选项，如图 2-2-63 所示。

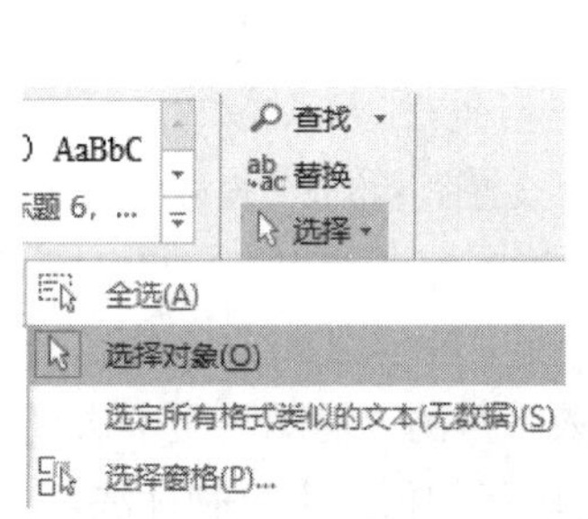

图 2-2-61 “选择对象”

图 2-2-62 选中需要组合的 3 个图形

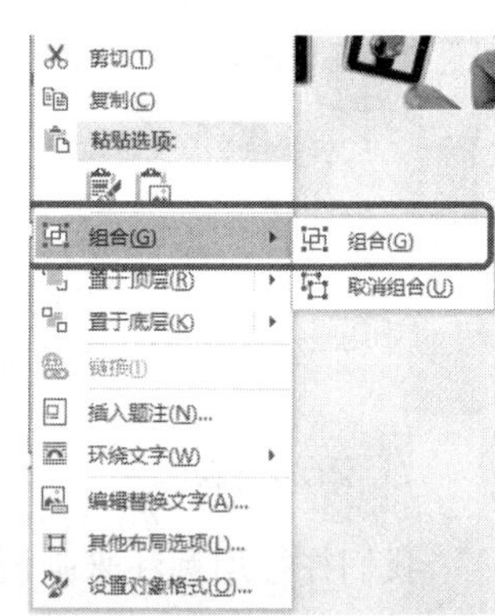

图 2-2-63 选择“组合”命令

4）这样被选中的三个独立形状将组合成一个图形对象，可以进行整体操作。最后对整个海报的图文进行微调，再利用同样的方法将海报中的其他图形组合起来，一幅图文并茂的、生动的海报就完成了。

如果以后需要对组合对象中的某个形状进行单独操作，可以右击组合对象，在弹出的快捷菜单中选择“组合”→“取消组合”选项即可。

2.4 应用案例 3——毕业设计论文

2.4.1 应用案例描述

毕业设计论文的内容一般应由 7 个主要部分组成，依次为封面，中、英文摘要，目录，文本主体，致谢，参考文献，附录（必要时）。毕业设计论文效果图如图 2-2-64 所示。具体要求如下：

- 论文采用 A4 纸打印。页边距：上 3 厘米，下 2 厘米，左 3 厘米，右 2 厘米；页眉距边界 2 厘米，页脚距边界 1 厘米。装订线 1 厘米。
- 封面无页眉；中、英文摘要和目录的页眉分别是摘要和目录；奇数页页眉为页面所在章的章标题，偶数页为“杭州电子科技大学毕业论文”；宋体五号字，居中。
- 封面、目录无须页码；摘要、正文的页脚分别为阿拉伯数字，连续编页；页码一律位于页面底端的中间，Times New Roman 五号字，居中。
- “摘要”“目录”“致谢”“参考文献”“附录”等为黑体三号字，“ABSTRACT”为 Times New Roman 加黑三号字，均居中，单倍行距，段前 2 行，段后 2 行。
- 正文第一级标题为黑体三号字，居中，单倍行距，段前 2 行，段后 2 行；第二级标题为黑体四号字；第三级标题为黑体小四号字。

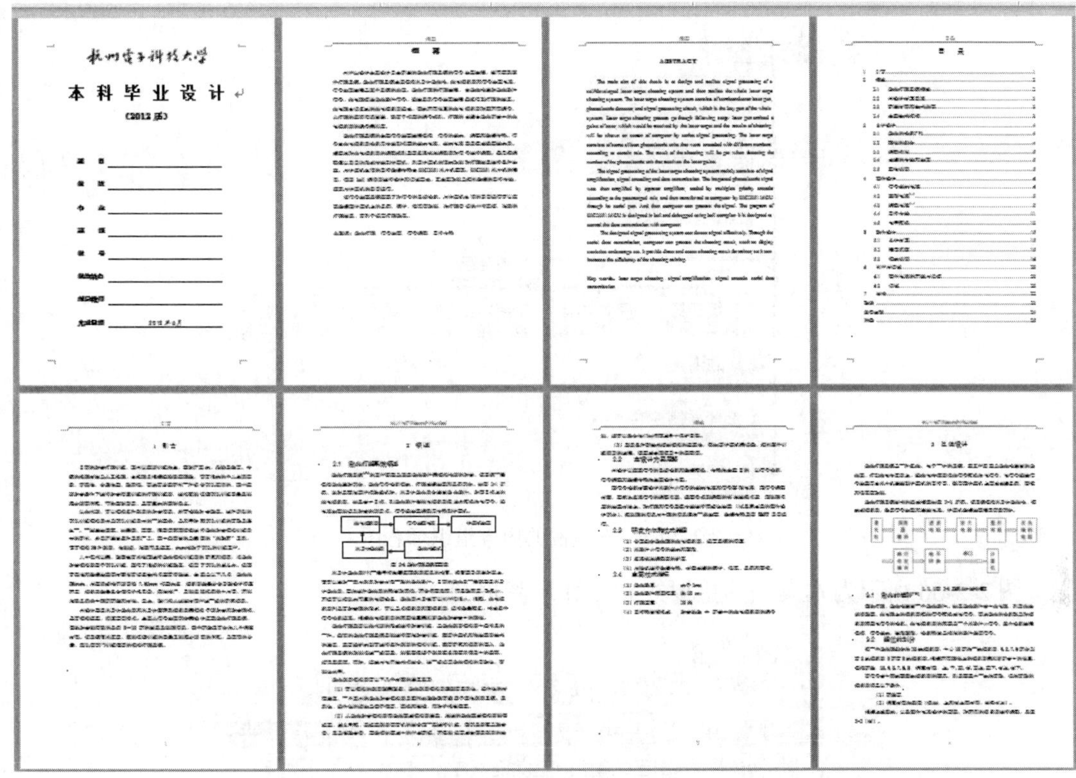

图 2-2-64　毕业设计论文效果图

- 正文内容中文为宋体小四号字，英文为 Times New Roman 小四号字，行距 20 磅，标准字符间距。首行缩进 2 个字符。每一章内容均另起一页。
- 图应有图名、图号，均为宋体五号字，居中，列在图的下方。表格应有表名、表号，均为宋体五号字，居中，列在表的上方。公式书写应另起一行，公式内容居中，公式后应注明序号，均为宋体五号字。
- 自动生成目录，目录内容中文为宋体小四号字，英文为 Times New Roman 小四号字，依次排列各章节、致谢、参考文献、附录等。目录内容至少列出第一和第二级标题，应标明起始页码。

2.4.2　解决方案与步骤

1. 总体分析与规划设计

毕业设计论文包括内容与格式。内容是指作者用来表达自己思想的文字、图片、表格、公式等；格式则是指论文的页面大小、边距、段落设置、字体设置等。内容是论文的主体，而规范的格式在一定程度上能够提高论文的质量。因为毕业设计论文的篇幅较长，在论文的排版上会花费大量的时间和精力。但如果在写论文之前，规划好各种设置，尤其是样式设置，就会起到事半功倍的效果。本案例的内容组织示意图如图 2-2-65 所示。

本案例主要涉及的操作有修改和应用样式，定义多级列表，插入图表、公式、SmartArt 图形、题注、页眉、页脚、页码等，交叉引用，自动生成目录等。

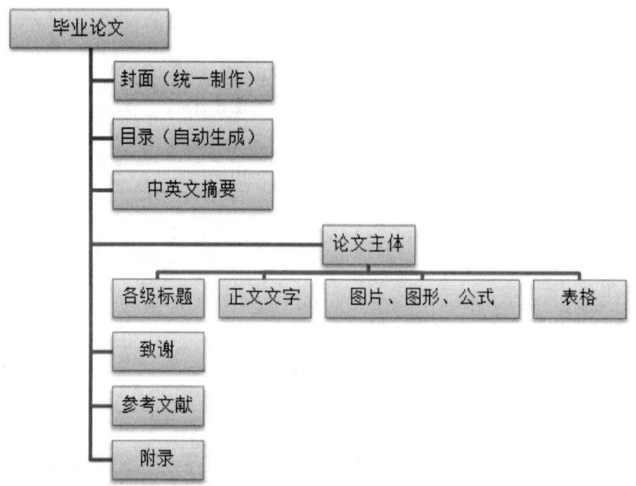

图 2-2-65 本案例的内容组织示意图

图 2-2-66 所示为本案例的主要规划设计步骤框图。

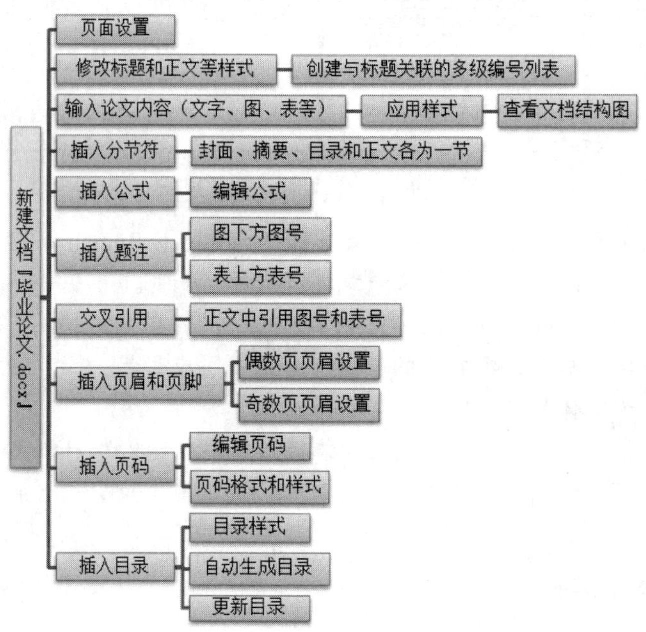

图 2-2-66 本案例的主要规划设计步骤框图

2. 页面设置

在应用案例 1 的学习中我们已经掌握了页面设置。根据论文排版要求，我们做如图 2-2-67 和图 2-2-68 所示的设置。

3. 修改和应用样式

对于毕业设计论文这样长文档的排版，必须要根据排版要求先设置好各元素的样式。创建自定义样式的最简单方法是修改内置样式，然后将其保存为新样式。按照样式库中的“标题 1”到“标题 3”及“正文”，依次将样式修改为自己文档所需要的格式和编号样式，然后在正文中按样式的标题层次分级别（可以使用格式刷）。

在“开始”区的“样式”组中右击样式库中的“正文”，在弹出的快捷菜单中选择“修改”选项，在打开的“修改样式”对话框中单击“格式”按钮，在弹出的列表中选择“字体”选项，在打开的“字体”对话框中设置所需呈现的字体格式后，再单击“格式”按钮，然后在弹出的列表中选择“段落”选项，在打开的“段落”对话框中设置所需呈现的字体格式。最后单击“确定”按钮，修改后的“正文”样式格式就生效了。具体操作界面如图 2-2-69～图 2-2-71 所示。

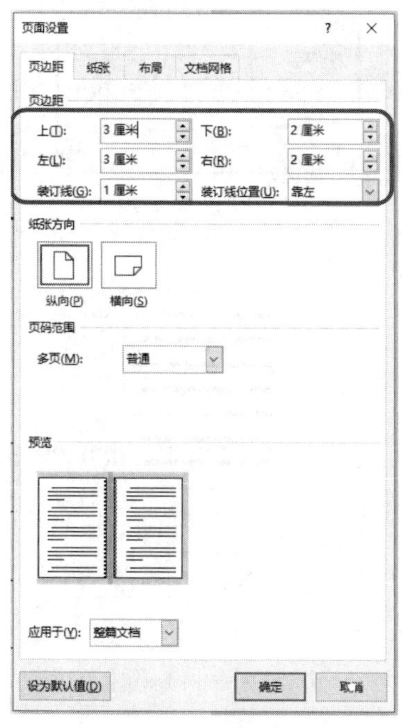

图 2-2-67　“页边距”设置

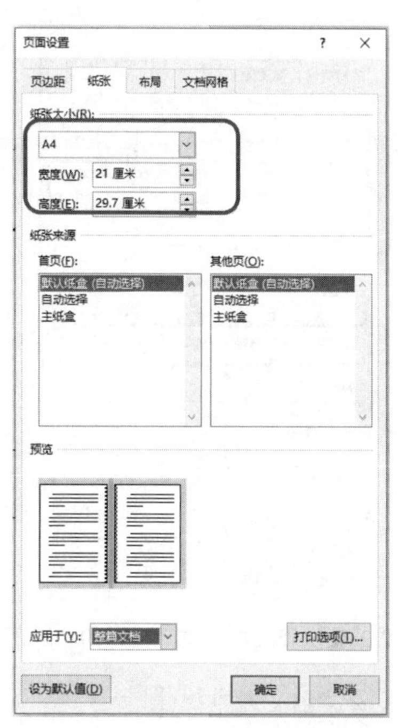

图 2-2-68　纸张设置

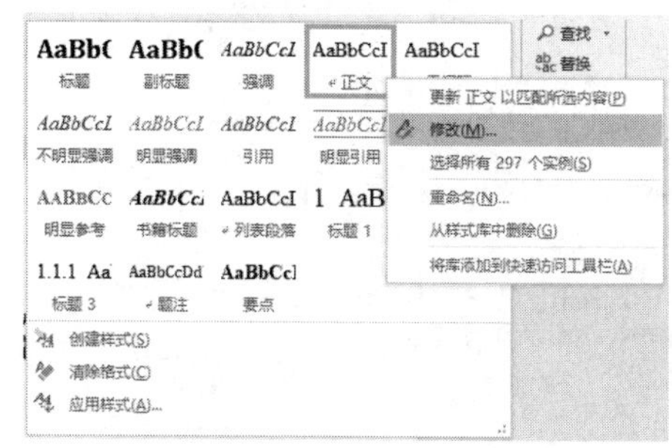

图 2-2-69　修改“正文”样式

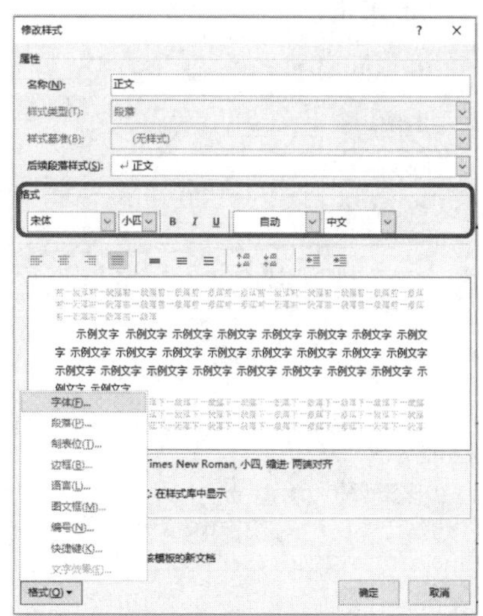

图 2-2-70　修改“正文”样式的“字体”

接下来，用类似修改“正文”样式的方法，修改“标题 1”的样式。但不同的是，标题样式是需要设置大纲级别的，并且设置编号，如图 2-2-72 所示。用同样的方法修改“标题 2”和“标题 3”的样式。

论文中需要创建的新样式还有图表名样式等。将论文中多处用到的一些格式设置为样式后，只需在“开始”区的“样式”组中轻松单击，就可以将自定义的这些样式快速应用到相应的文本段落中。

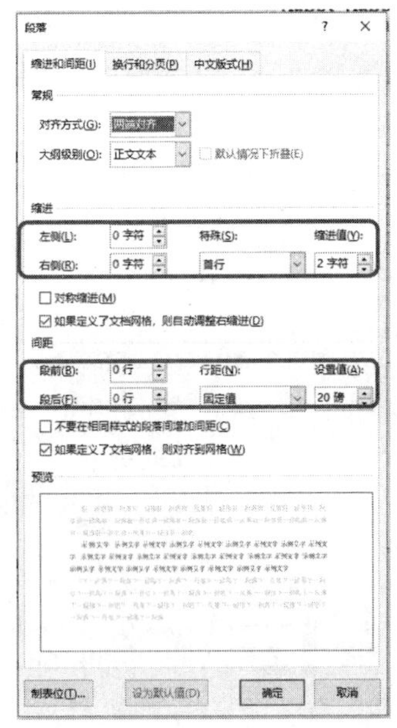

图 2-2-71 修改“正文”样式的“段落”

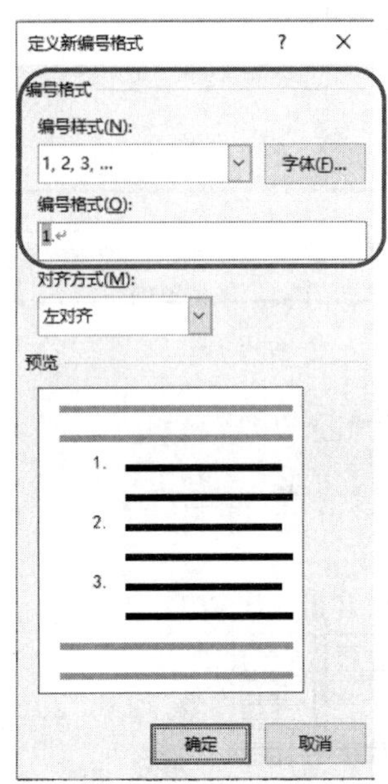

图 2-2-72 修改“标题 1”样式的“编号”

4. 多级列表

多级列表是指 Word 文档中编号或项目符号列表的嵌套，以实现层次效果，如图 2-2-73 和图 2-2-74 所示。

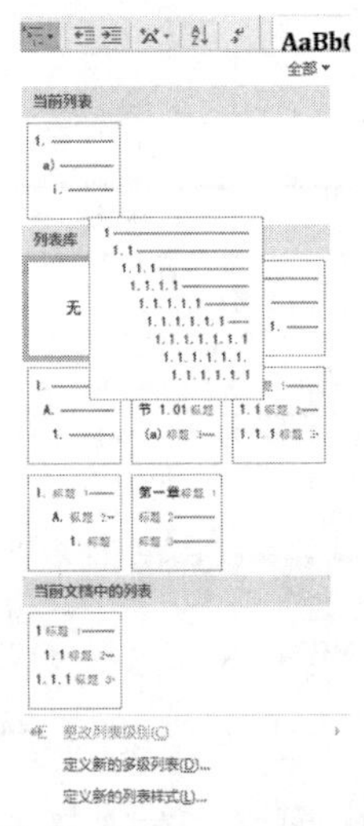

图 2-2-73 选择“多级列表”

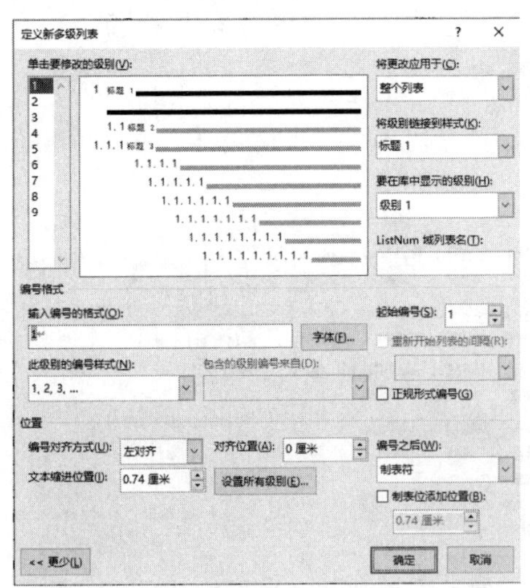

图 2-2-74 定义和标题 1～3 关联编号的多级列表

在“开始”区的“段落”组中单击“多级列表”按钮，在打开的多级列表面板中选择多级列表的格式。可以通过“更改列表级别”创建多级编号列表，也可以通过“定义新的多级列表”命令，在打开的“定义新多级列表”对话框中，需要逐项逐级地设置所需呈现的标题编号，设置顺序必须从高到低，级别与级别之间存在关联，高级别标题是低级别标题的编号前缀。除了标题标号之间的点需要手工输入之外，其他的数字编号都必须是通过界面列表选项自动填入的。

设置好的标题自动编号，在对话框中可以直接查看。另外，如果还需要设置标题的“字体”格式或“段落”格式，可以再单击“格式”按钮，在弹出的列表中选择“字体”或“段落”选项，并在打开的“字体”或“段落”对话框中设置所需呈现的字体或段落格式。

5. 文档结构图

文档结构图是根据文档的大纲级别（在各级标题样式中已经设置好的）来显示结构的，只显示标题，大大方便了长文档的编辑排版工作。在 Word 的“导航窗格”中可以查看文档结构图和页面缩略图。

切换到“视图”功能区，在“视图”功能区的“显示”组中选中“导航窗格”复选框，在窗口左侧打开的导航窗格中，单击“标题”按钮可以查看文档结构图，只要在导航窗格中单击某个级别的标题，在右边页面视图中可以显示该标题下的文本，如图 2-2-75 所示。单击“页面”按钮可以定位到某一页，查看到完整的文档页面。

6. 插入分节符

因为毕业设计论文中依次有封面、摘要、目录和正文主体几部分，不同部分的页面设置有所不同，如页眉、页码等，必须通过插入分隔符“节”并设置各个“节”区域的页面格式，才能达到各个“节”区域相对独立、互不影响的效果。

在相同页面格式的部分完成后，切换到“布局”功能区的“页面设置”组中单击“分隔符”按钮，并在弹出的下拉列表中选择“分节符”选项组的“下一页”命令，如图 2-2-76 所示。也可以在新的一部分开始插入“连续”分节符。

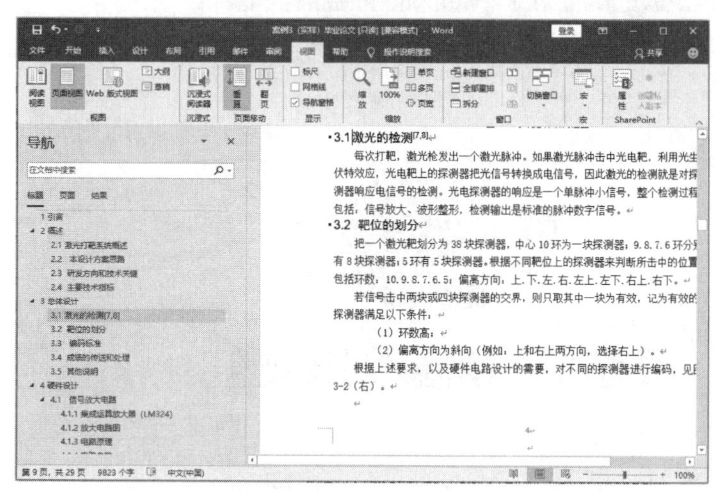

图 2-2-75　文档结构图

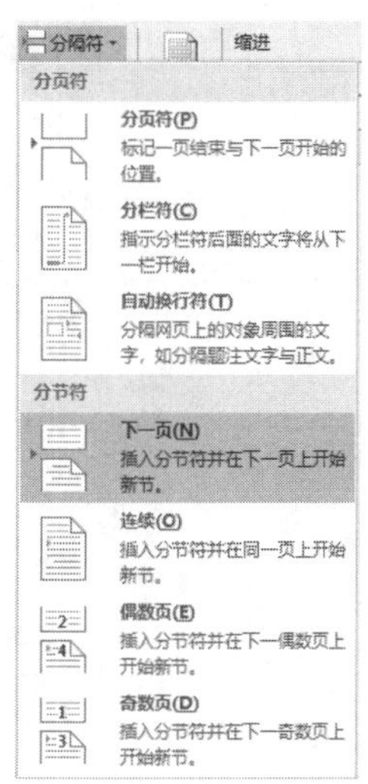

图 2-2-76　插入分节符

本案例设置封面为第一节，摘要为第二节，目录为第三节，正文主体为第四节。

7. 插入图表

在毕业设计论文中往往要用图表来直观地展示数据，在 Word 2019 文档中创建图表非常方便和灵活。

1）打开文档窗口，切换到“插入”功能区。在“插图”组中单击“图表”按钮，如图 2-2-77 所示。

2）打开“插入图表”对话框，在左侧的图表类型列表中选择需要创建的图表类型，在右侧图表子类型列表中选择合适的图表，并单击“确定”按钮，如图 2-2-78 所示。

3）在同时打开的 Word 窗口和 Excel 窗口中，首先在 Excel 窗口中编辑好图表数据，如修改系列名称和类别名称，并编辑具体数值。在编辑 Excel 表格数据的同时，Word 窗口中将同步显示图表结果，如图 2-2-79 所示。

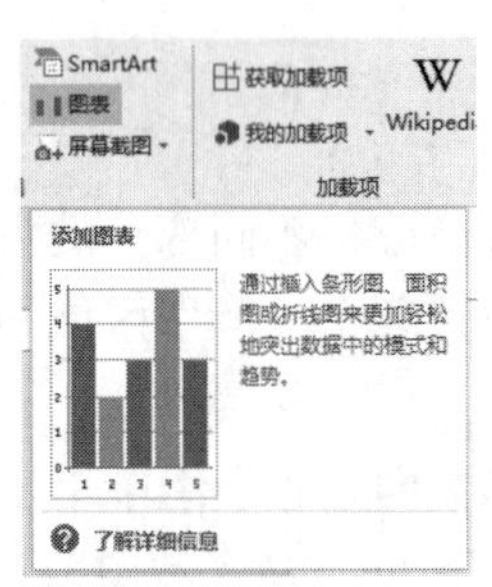

图 2-2-77　插入图表

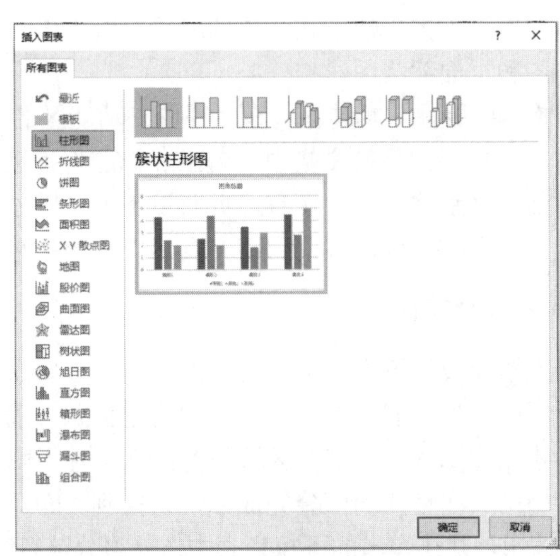

图 2-2-78　“插入图表”对话框

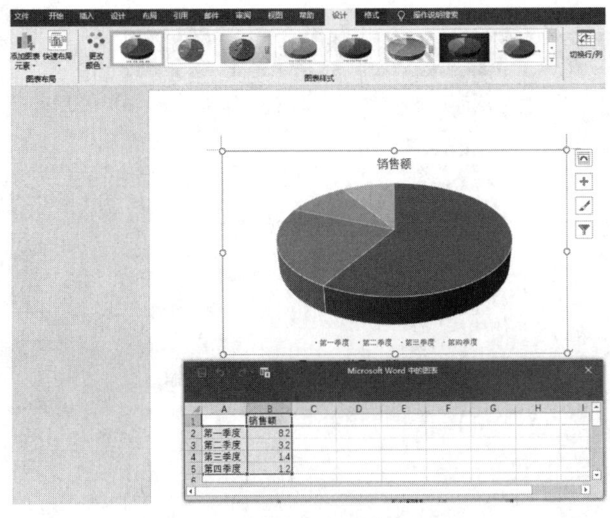

图 2-2-79　设计图表与编辑图表数据

完成 Excel 表格数据的编辑后关闭 Excel 窗口，在 Word 窗口中可以看到创建完成的图表。

8. 流程图和组织结构图

在毕业设计论文中往往需要一些流程图和组织结构图来形象地表达内容。利用自选图形库提供的丰富的流程图形状和连接符可以制作各种用途的流程图。具体操作如下：

1）切换到“插入”功能区。在“插图”组中单击“形状”按钮，并在打开的菜单中选择“新建画布”命令。

2）选中绘图画布，在“插入”功能区的“插图”分组中单击“形状”按钮，在“流程图”类型中选择插入合适的流程图，在“线条”类型中选择合适的连接符。

3）根据实际需要在流程图图形中添加文字，完成流程图的制作，如图 2-2-80 所示。

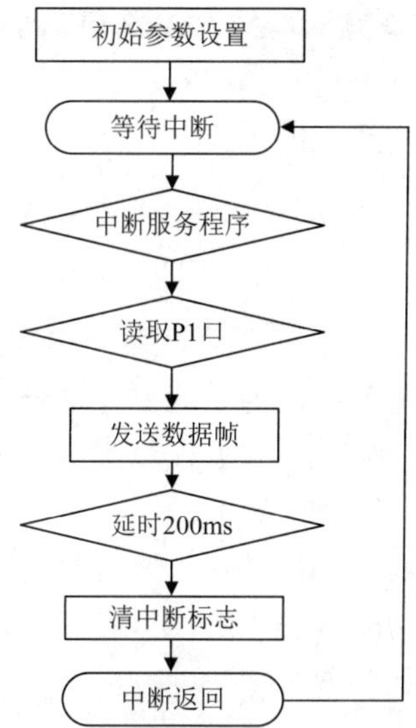

图 2-2-80　自绘图形组合的流程图效果

通过创建 SmartArt 图形则可以很方便地完成各类组织结构图。

论文中还会需要插入一些运行界面图，需要直接在屏幕上抓图，可以用 Print Screen 键，然后粘贴即可；需要抓取当前的活动窗口时，则配合使用 Alt 和 Print Screen 键完成。

9. 插入公式

在毕业设计论文中常常会用到各种公式，Word 2019 提供了多种常用的内置公式供我们直接插入文档中，还可以根据需要编辑公式，以提高工作效率，具体操作如下：

1）在“插入”区的“符号”组中，单击“公式”下拉按钮，在弹出的下拉内置公式列表中单击所需公式即可，如图 2-2-81 所示。

2）如果需要创建公式，则选择“插入新公式”选项，在文档中将创建一个空白公式框架，然后通过键盘或“公式工具-设计”功能区的“符号”组输入公式内容，如图 2-2-82 所示。

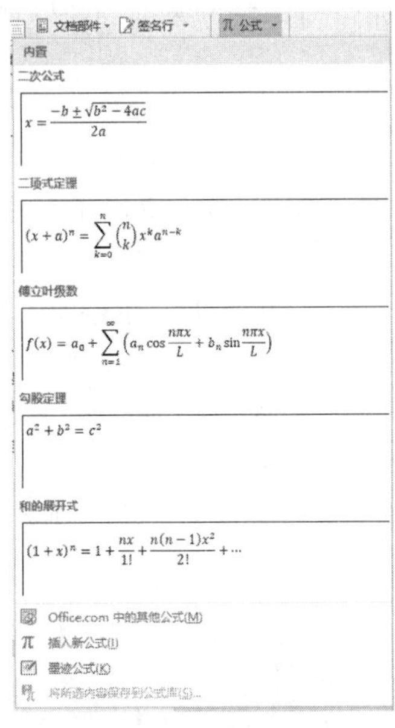

图 2-2-81 插入公式

图 2-2-82 “符号”组

10. 插入题注

一般毕业设计论文中含有大量图片，为了能更好地管理这些图片，可以为图片添加题注。添加了题注的图片会获得一个编号，并且在删除或添加图片时，所有的图片编号会自动改变，以保持编号的连续性。具体操作如下：

1）在文档中，右击需要添加题注的图片，在弹出的快捷菜单中选择“插入题注”选项；或者单击选中图片，在“引用”功能区的“题注”组中单击“插入题注”按钮，打开“题注”对话框，如图 2-2-83 和图 2-2-84 所示。

图 2-2-83 插入题注

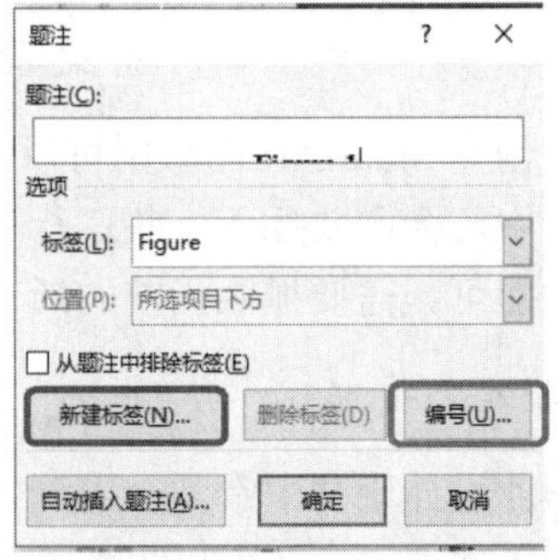

图 2-2-84 “题注”对话框

2）单击“新建标签”按钮，打开“新建标签”对话框，设置新标签，如图 2-2-85 所示；单击“编号”按钮，打开“题注编号”对话框，单击“格式”下拉按钮，在弹出的下拉列表中选择合适的编号格式。我们希望在题注中包含论文文档章节号，所以需要选中“包含章节号”复选框。设置完毕单击“确定”按钮，如图 2-2-86 所示。

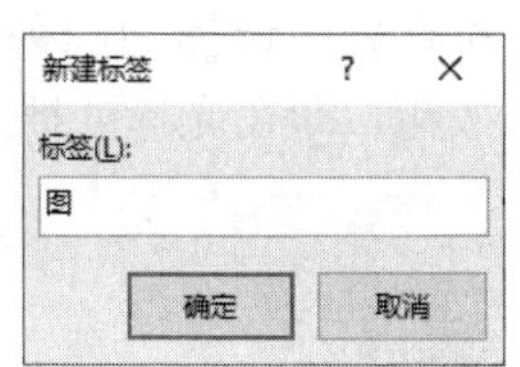

图 2-2-85　“新建标签”对话框

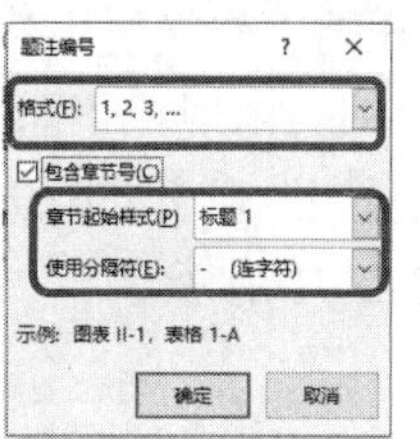

图 2-2-86　“题注编号”对话框

3）返回“题注”对话框，在“标签”下拉列表中选择“图”标签，如图 2-2-87 所示。如果不希望在图片题注中显示标签，可以选中“从题注中排除标签”复选框。设置完毕单击“确定”按钮即可在文档中添加图片题注，然后用图表名样式格式化图号图名，效果如图 2-2-88 所示。

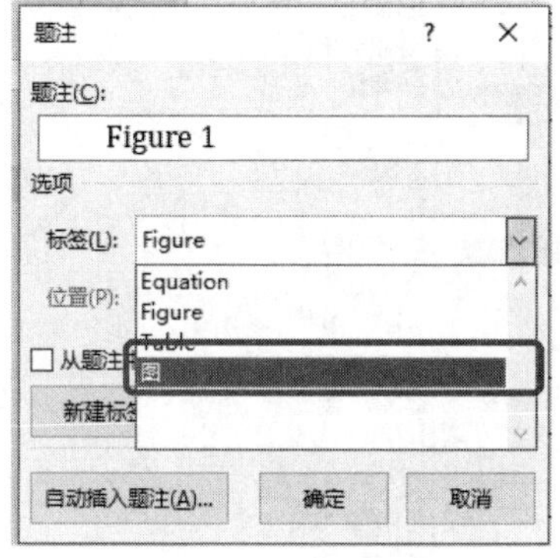

图 2-2-87　新建的图标签

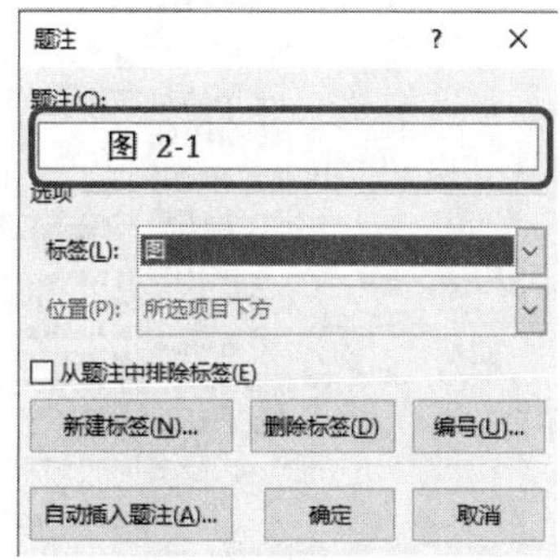

图 2-2-88　格式化图号图名

论文中所有的图号都以题注形式表示。用同样的方法可以在论文中插入表格题注，并在正文中交叉引用，这样能很方便地创建图表目录。

11. 交叉引用

毕业设计论文中有大量的图片和表格，因此正文中就会有“如图*-*所示”和“如表*-*所示”的引用。因为论文修改的过程中图表可能增删，所以直接手工输入是一个最笨的办法，而使用交叉引用就是最佳选择了。具体操作如下：

1）光标定位于需要插入应用的地方，在“引用”功能区的“题注”组中单击“交叉引用”按钮，如图 2-2-89 所示。插入“题注”的效果如图 2-2-90 所示。

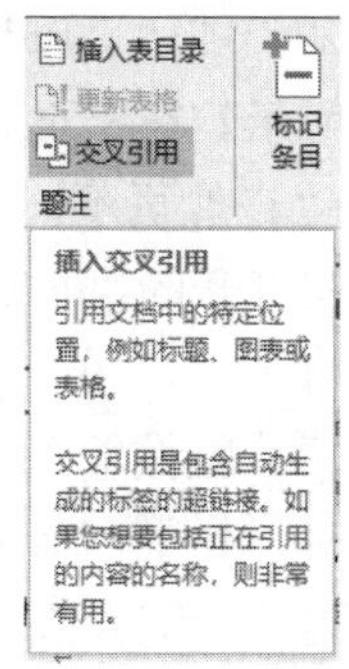

图 2-2-89　“交叉引用”按钮

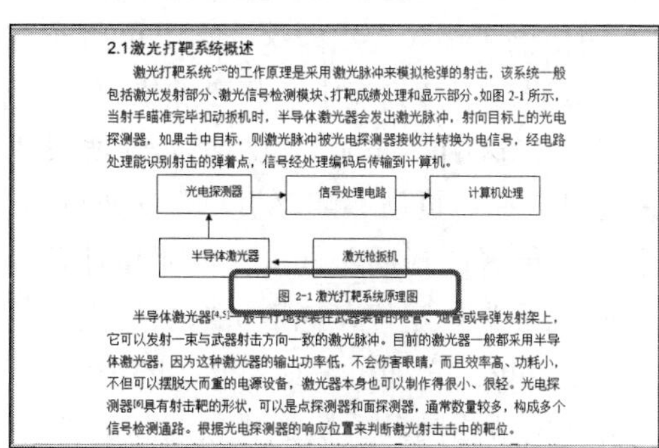

2.1激光打靶系统概述

激光打靶系统[1-3]的工作原理是采用激光脉冲来模拟枪弹的射击，该系统一般包括激光发射部分、激光信号检测模块、打靶成绩处理和显示部分。如图 2-1 所示，当射手瞄准完毕扣动扳机时，半导体激光器会发出激光脉冲，射向目标上的光电探测器，如果击中目标，则激光脉冲被光电探测器接收并转换为电信号，经电路处理能识别射击的弹着点，信号经处理编码后传输到计算机。

图 2-1 激光打靶系统原理图

半导体激光器[4,5]一般平行地安装在武器装备的枪管、炮管或导弹发射架上，它可以发射一束与武器射击方向一致的激光脉冲。目前的激光器一般都采用半导体激光器，因为这种激光器的输出功率低，不会伤害眼睛，而且效率高、功耗小，不但可以摆脱大而重的电源设备，激光器本身也可以制作得很小、很轻。光电探测器[6]具有射击靶的形状，可以是点探测器和面探测器，通常数量较多，构成多个信号检测通路。根据光电探测器的响应位置来判断激光射击击中的靶位。

图 2-2-90　插入题注

2）在打开的“交叉引用”对话框中，在“引用类型”下拉列表中选择“图”，论文的所有图的标题都会出现在下面的列表中。在“引用内容”下拉列表中选择“仅标签和编号”，“引用哪一个题注”列表框中选择对应的图，单击“插入”按钮，即在光标处插入一个交叉引用，如图 2-2-91 所示。

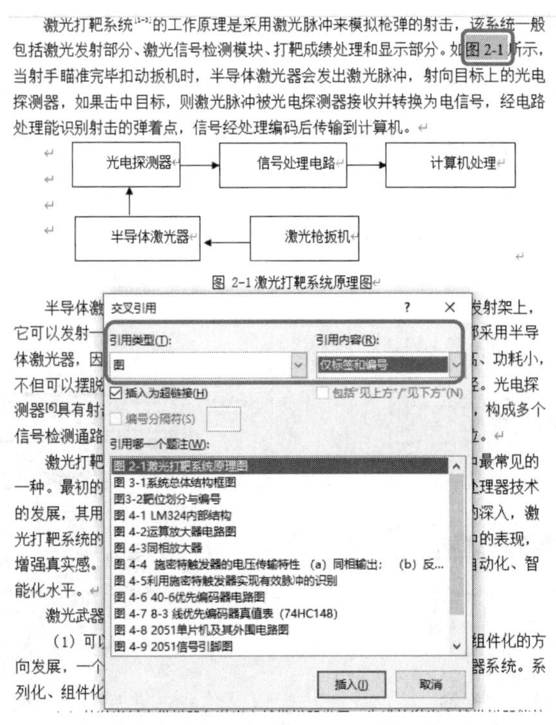

图 2-2-91 “交叉引用”对话框和效果

也可以在“插入”功能区的“链接”组中单击“交叉引用”按钮，完成正文中图表的交叉引用。

12. 插入页眉和页脚

默认情况下，文档中的页眉和页脚均为空白内容，只有在页眉和页脚区域输入文本或插入页码等对象后，才能看到页眉或页脚。按照论文格式要求，正文主体偶数页页眉设置为“杭州电子科技大学毕业论文”标题，奇数页页眉设置为当前页的一级标题。这意味着奇偶页页眉要分开设置。具体操作如下：

1）切换到“插入”功能区。在“页眉和页脚”组中单击“页眉”或“页脚”按钮，在弹出的“页眉”下拉列表中选择“编辑页眉”选项，如图 2-2-92 所示。在“页眉和页脚工具-设计”功能区的“选项”组根据实际要求选定“首页不同”和“奇偶页不同”复选框，接下来就可以在“页眉”或“页脚”区域输入文本内容，还可以在打开的“页眉和页脚工具-设计”功能区选择插入页码、日期和时间等对象。

2）将鼠标光标定位在偶数页的页眉设置区，设置好文字格式后，直接输入“杭州电子科技大学毕业论文”即可，如图 2-2-93 所示。在设置页眉或页脚时，如果当前节的设置内容不与前面的节相同，就要把“页眉和页脚”工具栏中的“链接到前一节”按钮设置为不选。如果与前面的节相同，就设置为选定。

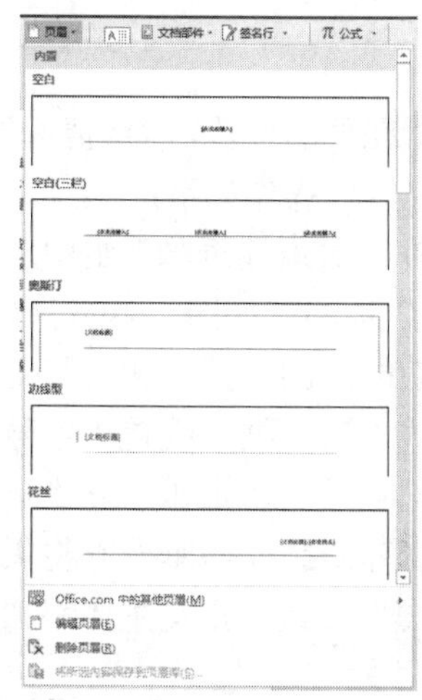
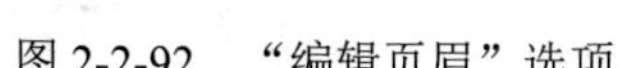

图 2-2-92　“编辑页眉”选项

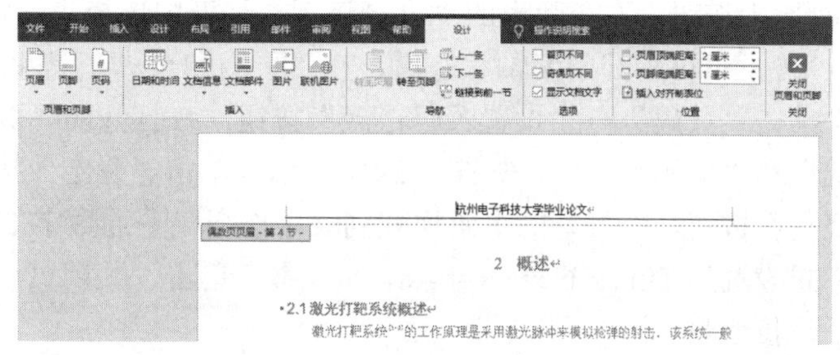

图 2-2-93　偶数页的页眉设置

3）奇数页的页眉设置要用到“域”来实现，因为奇数页的页眉是应该随着一级标题动态变化的。将光标定位在奇数页的页眉设置区，在“插入”组中单击“文档部件”按钮，在弹出的下拉列表中选择“域”选项，如图 2-2-94 所示。在打开的“域”对话框中，在“类别”下拉列表中选择“链接和引用”选项，在“域名”列表中选择“StyleRef”，在“样式名”列表中选择“标题 1”，如图 2-2-95 所示，单击“确定”按钮后所有奇数页页眉上都添加了对应章的没有编号的标题文字。

如果要显示标题编号，就将光标定位在标题文字前面，再次打开“域”对话框，首先在“域名”列表中选择“StyleRef”，在“样式名”列表中选择“标题 1”，再在“域选项”列表中选中“插入段落编号”复选框，单击“确定”按钮后，就可以在页眉上看到对应的标题编号了。

完成编辑后单击“关闭页眉和页脚”按钮回到文本编辑窗口。可以用同样的方法为摘要和目录添加正确的页眉。

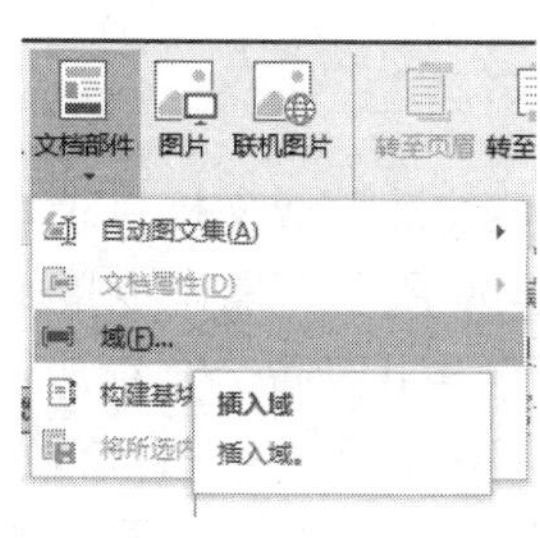

图 2-2-94　“域”命令

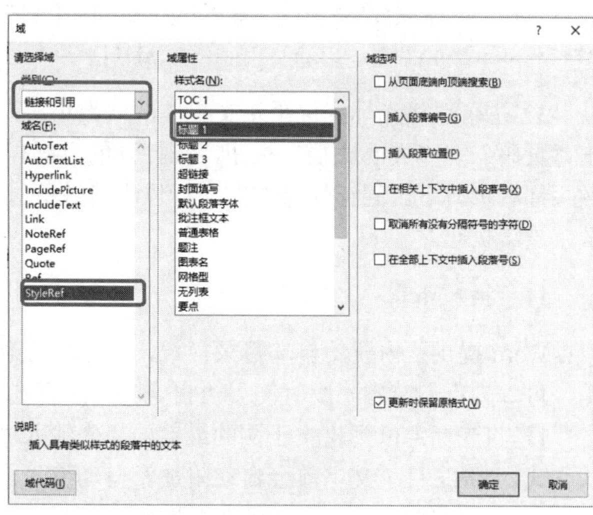

图 2-2-95　“域”对话框

13. 插入页码

毕业设计论文这类篇幅比较大的文档都需要使用页码标明所在页的位置，默认情况下，页码一般位于页眉或页脚位置。在正文主体的页脚中插入页码，具体操作如下：

1）将光标定位于论文主体首页，切换到“插入”功能区。在“页眉和页脚”组中单击“页脚”按钮，并在弹出的“页脚”下拉列表中选择“编辑页脚”选项，如图2-2-96所示。

2）当页脚处于编辑状态后，在“页眉和页脚工具-设计”功能区的“页眉和页脚”组中单击“页码”→“设置页码格式”按钮，在打开的“页码格式”对话框中设置“编号格式”和“页码编号”，如图2-2-97所示，单击“确定”按钮。然后单击“页码”→“页面底端”按钮，在打开的页码样式列表中选择“普通数字2”，如图2-2-98所示，并将页码格式设置为Times New Roman，5号字。单击“关闭页眉和页脚”按钮，正文主体都加上了阿拉伯数字连续页码。

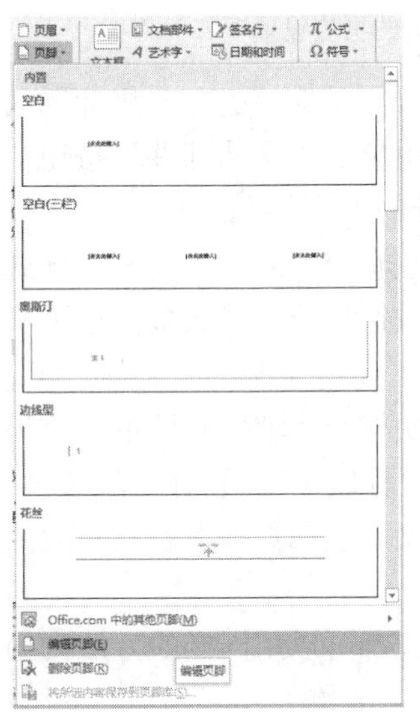

图2-2-96 “编辑页脚”选项

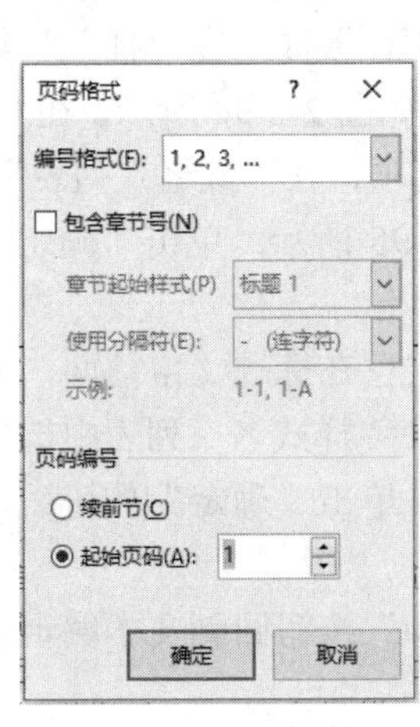

图2-2-97 “页码格式”对话框

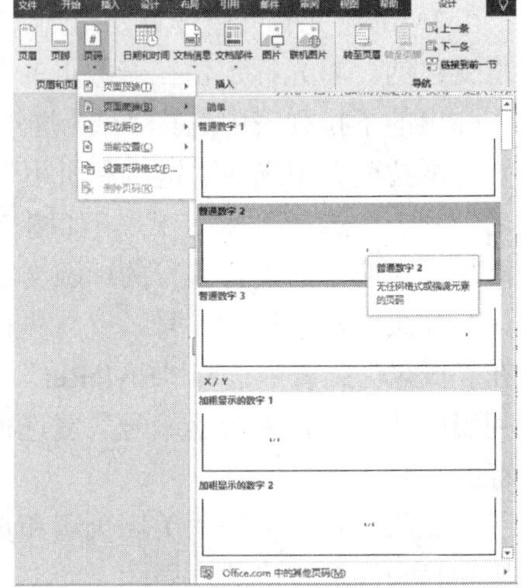

图2-2-98 选择“普通数字2”页码样式

3）也可以将光标定位于正文主体的偶数页，直接在“插入”区的“页眉和页脚”组单击“页码”→“页面底端”按钮，在打开的页码样式列表中选择“普通数字 2”，这样偶数页都有页码了。同样的操作在光标位于奇数页时再做一遍，这样正文主体都有了阿拉伯数字连续页码。

14. 插入目录

Word提供了内置的自动目录样式，在写好的论文文档中能快速生成文档目录，方便快捷，可以为人们节省不少时间。“自定义目录”选项如图2-2-99所示。操作步骤如下：

1）将光标定位到论文正文的最前面，先输入“目录”两字，并设置为“标题1”的样式格式。这时，目录文字前会自动附加章自动编号，将光标定位在编号上（灰色底纹显示），可用Delete键删掉。然后切换到“引用”功能区，在“目录”组中单击“目录”按钮，并在随即打开的下拉列表中选择“自定义目录”选项。

2）在随即打开的“目录”对话框的“目录”选项卡中，可根据论文格式要求设置各选项，如图 2-2-100 所示。单击“修改”按钮，打开如图 2-2-101 所示的“样式”对话框，在“样式”对话框中可以修改目录的格式，宋体小四号字，英文为 Times New Roman 小四号字。最后，单击“确定”按钮关闭对话框，即可生成对应格式的文档目录了。目录效果如图 2-2-102 所示。

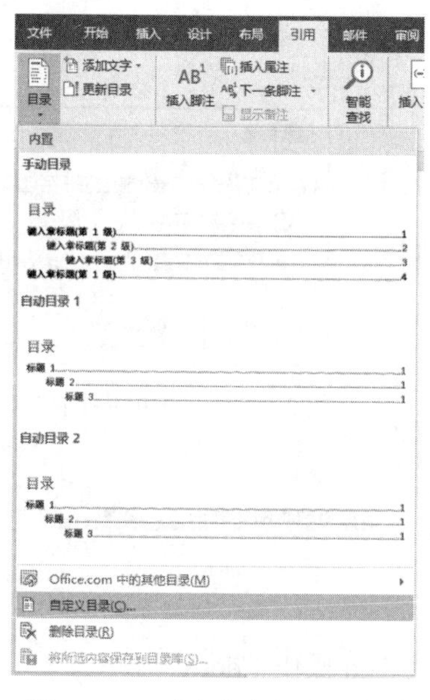

图 2-2-99　“自定义目录”选项

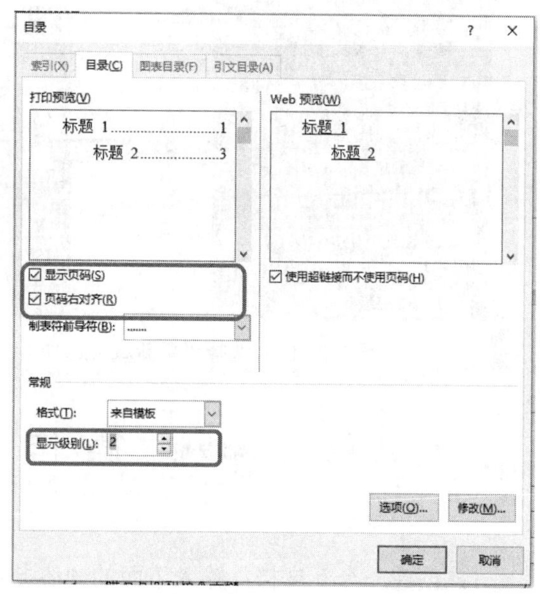

图 2-2-100　“目录”对话框的“目录”选项卡

3）如果目录中显示的标题内容在正文中改变了，右击目录页面，在弹出的快捷菜单中选择“更新域”选项，如图 2-2-103 所示。在打开的“更新目录”对话框中选中“更新整个目录”单选按钮，如图 2-2-104 所示，单击“确定”按钮，目录就更新了。

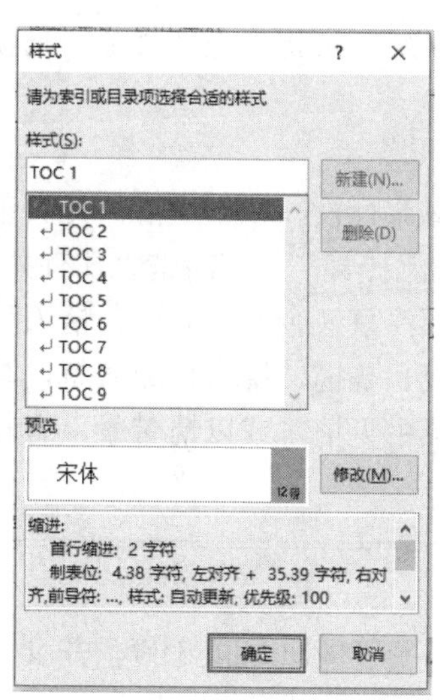

图 2-2-101　修改目录样式

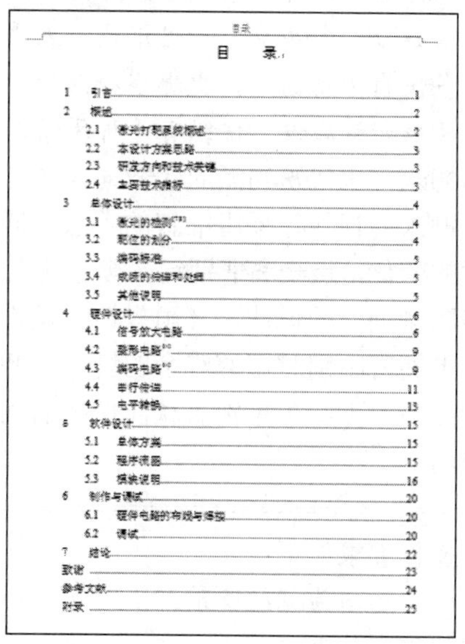
目录

目　录

1　引言……1
2　概述……2
2.1　激光打靶系统概述……2
2.2　本设计方案思路……3
2.3　研发方向和技术关键……3
2.4　主要技术指标……3
3　总体设计……4
3.1　激光的检测……4
3.2　靶位的划分……4
3.3　编码标准……5
3.4　成绩的存储和处理……5
3.5　其他说明……5
4　硬件设计……6
4.1　信号放大电路……6
4.2　整形电路……9
4.3　编码电路……9
4.4　串行传输……11
4.5　电平转换……13
5　软件设计……15
5.1　总体方案……15
5.2　程序流图……15
5.3　模块说明……16
6　制作与调试……20
6.1　硬件电路的布线与焊接……20
6.2　调试……20
7　结论……22
致谢……23
参考文献……24
附录……25

图 2-2-102　自动生成目录效果图

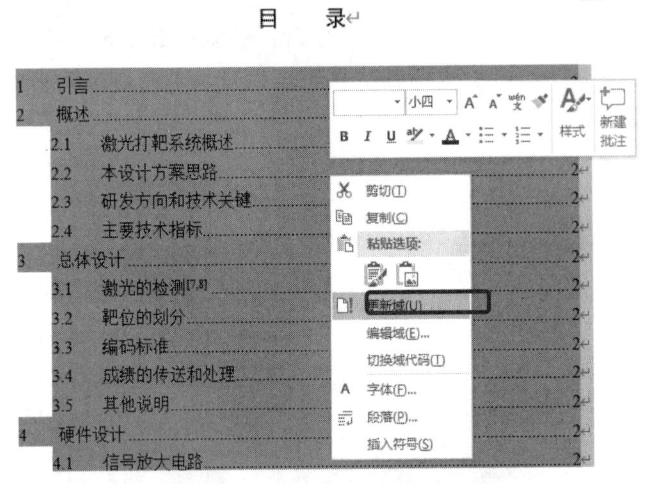

图 2-2-103 选择“更新域”选项

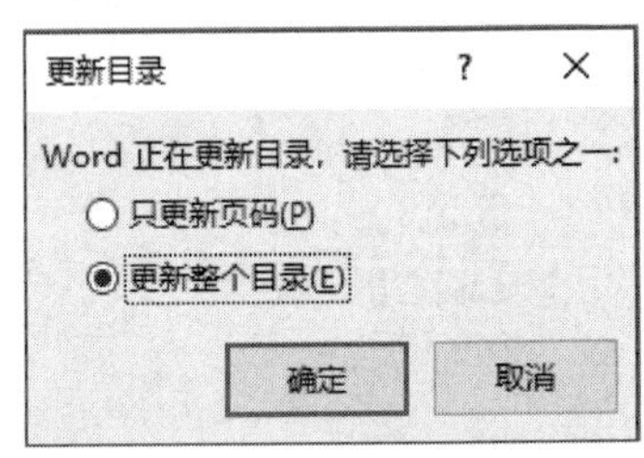

图 2-2-104 “更新目录”对话框

操 作 习 题

1．创建一个新文档，输入下面的内容并保存为“Word 操作 1.docx”。

雨霖铃

柳永

寒蝉凄切，对长亭晚，骤雨初歇。都门帐饮无绪，留恋处，兰舟催发。执手相看泪眼，竟无语凝噎。念去去，千里烟波，暮霭沉沉楚天阔。

多情自古伤离别，更那堪冷落清秋节！今宵酒醒何处？杨柳岸晓风残月。此去经年，应是良辰好景虚设。便纵有千种风情，更与何人说！

柳永，宋代婉约派的代表词人之一。

柳永的词往往采用铺叙的手法、通俗的语言，写羁旅行役、城市生活。作者善于捕捉物候的变化，点染离情别绪，凄楚动人。他的词在当时流传甚广，有所谓“凡有井水饮处，即能歌柳词”的说法。《雨霖铃》是作者离开北宋京都汴京（今开封），与情人话别时写的。上阕写临别时留恋难舍的情景。寒蝉、长亭，烟波、暮霭，用来构成气氛，暗示离别时的心情。下阕想象别后秋江伤离的场面。这首词或景中见情，或以情带景，有较高的艺术技巧。

操作要求如下：

- 标题为花纹琥珀、小二号、居中对齐、蓝色，字符间距加宽 3 磅，并设置为自己喜欢的文字效果。
- 作者设置为华文行楷、居中、小四号、红色。

- 将第一、二段设置为楷体、小四号、左对齐，段前段后间距均为 0 行、18 磅行距，首行缩进 2 个字符，并将该两段文字进行分栏，分 2 栏，第一、二段分别位于左右栏中，栏间距 1 个字符，并加红色、3 磅单线方框及 15%的绿色底纹。
- 将第三、四段设置为仿宋、小四号、左对齐，段前段后间距均为 1 行、1.5 倍行距，首行缩进 2 个字符。
- 将整篇文档的上、下、左、右页边距设为 3 厘米。
- 设置页眉为“雨霖铃----柳永”，居中对齐、楷体、四号、加粗。在页脚插入页码，右对齐，起始页码为 6。
- 页面设为中心辐射、羊皮纸效果。

2. 创建一个新文档，输入下面内容并保存为“Word 操作 2.docx”。

==

解决台式机两千年问题的麻烦在于，你很难从应用软件的源代码中找到问题所在，它与许多遗留的应用系统不一样。台式机的两千年问题涉及台式机的整个软硬件体系。不过，如果硬件和软件是标准化的，你又备有一些系统和网络管理工具，还能得到内行用户的理解，那问题就会好办得多，要少走很多弯路。

解决台式机两千年问题要经历 4 个阶段：

确定问题所在的范围；

明确是什么问题；

对其进行测试；

实施解决方案，重新集成。

==

操作要求如下：

- 为本文添加标题“台式机的两千年问题”，将其设置为艺术字，式样为艺术字库中的第 3 行第 5 列，设置艺术字：阴影样式 7，环绕方式：上下型。
- 为第二段中的文字“4 个阶段”加上双下划线。
- 将全文中的“两千”改为“2000”，红色，黑体，并加上着重号。
- 设置正文第一段为“首字下沉”格式，下沉行数：三行。
- 为文中最后四行添加实心正方形的项目符号。
- 在第一段插入一幅与计算机相关的剪贴画，设置图片高度 2.83cm，宽度 3.35cm，环绕方式为紧密环绕型。
- 在本文中练习图片水印和文字水印。

3. 制作并编辑一个表格，保存为“Word 操作 3.docx”。

- 建立如图 2-2-105 所示的表格（通过“绘制斜线表头”的方法完成表头的制作，“总分”列和“平均分”行由“插入”命令完成）。
- 对表格单元格进行计算（总分和平均分）、对表格内容排序（按总分及各科成绩），并练习由该表格生成相应的图表。
- 练习“表格自动套用格式”命令，改变该表格的样式。用“表格工具”的“设计”和“布局”功能区对表格进行各项操作。

4. 图文混排操作题，保存为“Word 操作 4.docx”。

- 学会使用绘图工具（画图形、给图形填充颜色、设置颜色效果、阴影效果、三维效果、给图形添加文字，设置文字格式等操作）；在文档中插入图片，并对插入的图片进行效果处理；学会设计艺术字效果及改变多个对象的叠放顺序。参考图 2-2-106 绘制一份请柬或贺卡。

科目 成绩 姓名	课程					总分
	数学	语文	英语	物理	化学	
赵元	100	99	99	85	100	
李洋	97	87	88	90	100	
刘超亮	94	94	94	80	95	
李蓓	77	94	89	100	95	
孙亮	76	93	100	85	95	
楼松	87	82	85	95	95	
王殿殿	96	87	93	80	85	
王萧	98	73	89	85	90	
何佳	71	94	77	95	90	
周屋宇	85	68	85	75	70	
程浩宇	55	56	74	80	75	
平均分						

图 2-2-105 表格

图 2-2-106 贺卡效果图

- 对多个对象进行组合、对齐、分解；对图形、文字进行混合排版。参考图 2-2-107～图 2-2-109 制作流程图和几何组合图。

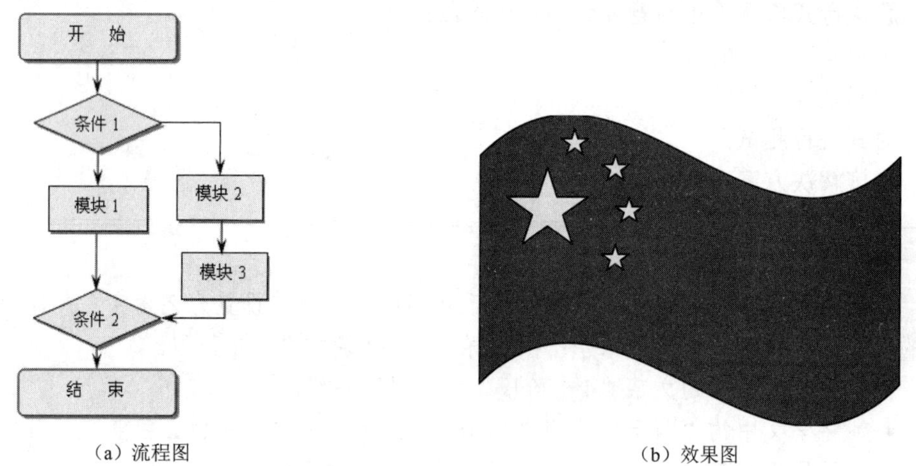

（a）流程图 （b）效果图

图 2-2-107 几何组合效果图 1

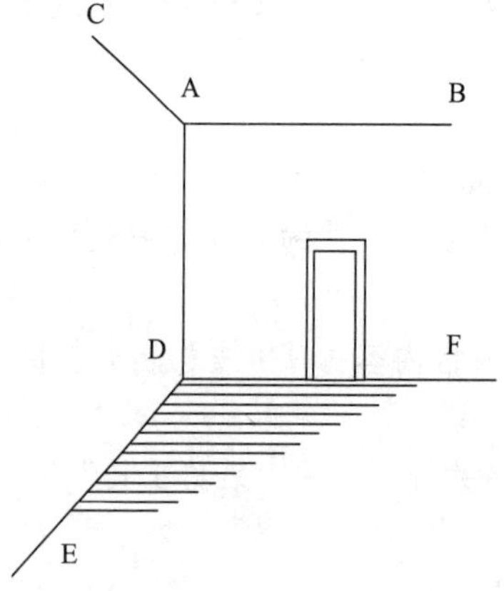

图 2-2-108 几何组合效果图 2

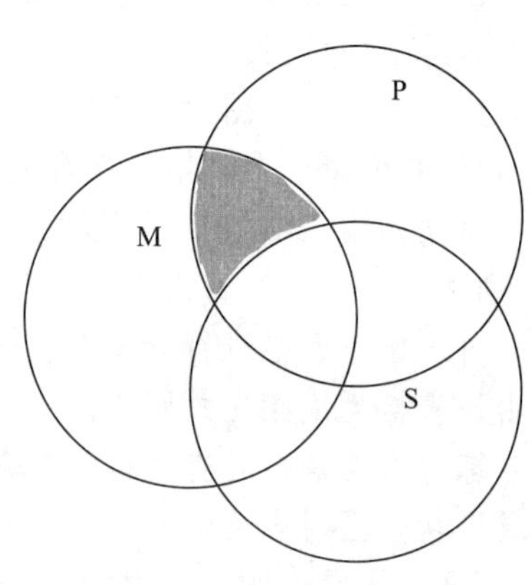

图 2-2-109 几何组合效果图 3

- 输入下列公式：

$$\frac{\sqrt[3]{x_1 x_2}+\frac{x_2}{x_1}}{x_1^2+x_2^2}=\cos\beta \qquad \sqrt{3\lg x-2}-3\lg x+4=0$$

- 将“Word 操作 1.doc”的第一、二段内容分别放入两个文本框内，并竖排文字，设置一个自己喜欢的文本框样式，对文本框设置填充效果为“新闻纸”，设置三维效果为“三维样式 2”。

5．综合操作题，保存为“我的简历.docx”。

- 制作个人简历封面，包含背景图片、封面标题文字和个人简明信息（姓名、所属学院、专业、学号和联系方式等）。
- 使用样式功能编辑各级标题样式并输入相应内容，包括一级标题（个人简历）、二级标题（本人概况、教育背景、社会实践经历、外语能力、计算机能力和特长爱好获奖等）。某些二级标题下根据内容表示需要设置三级标题，三级标题下输入若干文字。
- 二级标题“本人概况”的内容以表格形式表示如下。

<table>
<tr><td>姓名</td><td></td><td>性别</td><td></td><td rowspan="5">照片</td></tr>
<tr><td>出生年月</td><td></td><td>政治面貌</td><td></td></tr>
<tr><td>籍贯</td><td></td><td>民族</td><td></td></tr>
<tr><td>毕业学校、专业</td><td></td><td>学历学位</td><td></td></tr>
<tr><td>电话</td><td></td><td>E-mail</td><td></td></tr>
</table>

- 创建目录，在第二页插入一个空白页，自动生成目录。

应用操作 3　电子表格软件 Excel 2019

Excel 2019 是 Microsoft Office 2019 中的电子表格程序。用户除了可以使用 Excel 创建工作簿并设置工作簿格式外，还可以使用 Excel 跟踪数据、生成数据分析模型、编写公式对数据进行计算，以多种方式透视数据，并以各种具有专业外观的图表来显示数据。

如图 2-3-1 所示为 Excel 2019 的主要功能模块。

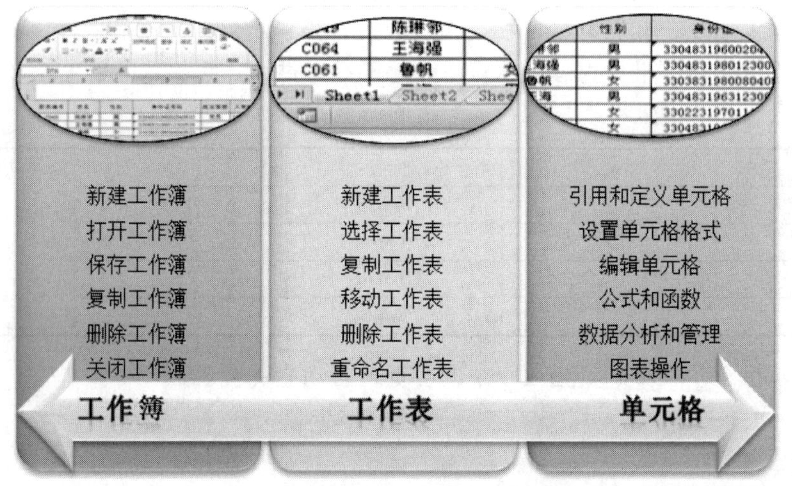

图 2-3-1　Excel 2019 的主要功能模块

用户可以利用 Excel 处理财务会计表，管理账单和销售数据，创建各种可反映数据分析或汇总数据的报表，跟踪时间表或列表中的数据，还可以创建任何类型的日历等。在 Excel 2019 中对功能区进行了改进、新增了 Backstage 视图等，以提高用户与数据交互的效率。Excel 2019 提供了 64 位版本，用户可以创建更大、更复杂的工作簿，可以提高检索、排序和筛选数据的速度。

如图 2-3-2 所示为 Excel 2019 的电子表格样例效果图。

Microsoft Excel 2019 的文件扩展名为“.xlsx”，Excel 的文件也称为工作簿，工作簿是包含一个或多个工作表的文件。工作表是在 Excel 中用于存储和处理数据的主要文档，也称为电子表格，工作表总是存储在工作簿中。工作表由排列成行或列的单元格组成，一张工作表最多有 16384（A 到 XFD）列和 1048576 行。

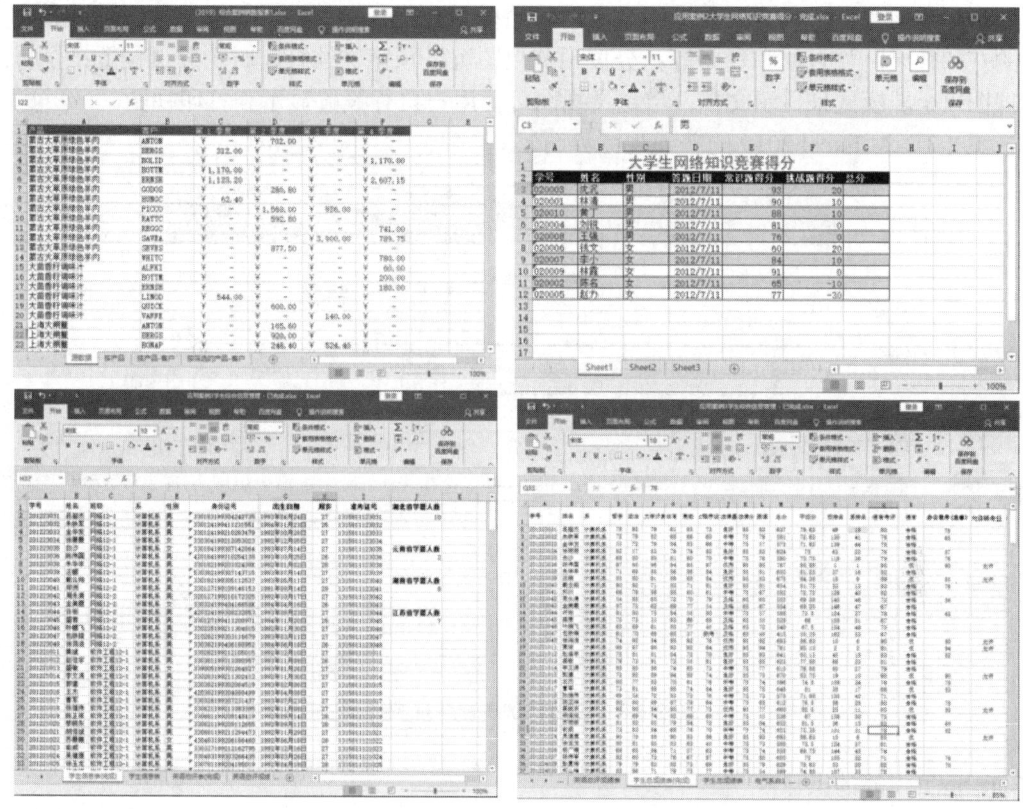

图 2-3-2 Excel 2019 电子表格样例效果图

3.1 知 识 要 点

在电子表格的具体操作过程中，根据数据分析和管理要求，一般会涉及以下常用知识要点。

- 工作簿的操作：新建工作簿，工作簿的复制、删除等。
- 工作表的操作：新建工作表，工作表的选择、复制、移动、删除、重命名等。
- 单元格的操作：单元格的选择、单元格的合并与拆分、插入和删除单元格、插入行和列、删除行和列、调整行高和列宽、单元格的引用、数据的输入和修改、自动填充和序列填充等。
- 窗口操作：排列窗口、拆分窗口、冻结窗口等。
- 数据分析和管理：数据的格式化、设置数据验证、条件格式、自动套用格式、数据排序、筛选、分类汇总、分级显示、合并计算等。
- 公式和函数：公式的输入和编辑、常用函数（Sum、Average、Count、Countif、Sumif、If、And/Or/Not、Max/Min、Rank、Today、Round、Mod、Int、Mid）的使用等。
- 图表操作：利用有效数据建立图表、编辑图表等。

3.1.1 工作簿视图

Excel 2019 的工作簿视图方式有普通视图、页面布局视图、分布预览视图、全屏显示视图和自定义视图，其中最常用的是利用普通视图来查看文档。页面布局视图可以查看文档的打印效果，如页眉和页脚等；分页预览视图可以预览文档打印时的分页位置；全屏显示视图以全屏模式来显示文档；自定义视图可让用户自行设置显示和打印视图。

图 2-3-3 为 Excel 2019 的普通视图界面。

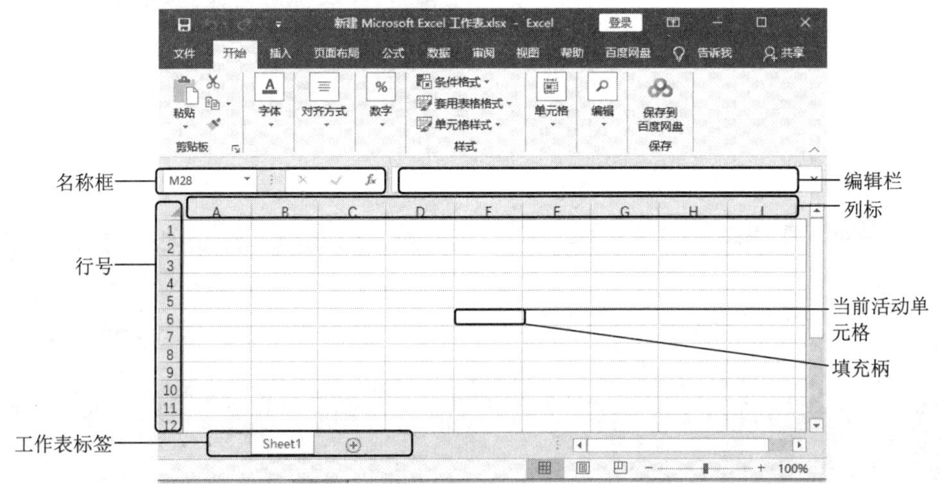

图 2-3-3 Excel 2019 普通视图界面

3.1.2 工作簿的操作

在 Excel 中一个文件被称为一个工作簿，在启动 Excel 2019 时将自动创建一个空白工作簿，用户也可以根据 Excel 的内置模板来创建工作簿。在平时的操作中，也可以打开现有的工作簿，进行编辑、修改等操作。Excel 2019 的工作簿可以另存为多种文件类型，如 Excel 工作簿、Excel 模板、Excel 97-2003 工作簿、网页、文本文件等。Excel 的工作簿作为一个文件，也可以进行移动、复制、删除等操作。

3.1.3 工作表的操作

在新创建的 Excel 空白工作簿中，一般默认有一张工作表 Sheet1，如图 2-3-3 所示。用户可以根据实际需要插入新的工作表，一个工作簿最多可以包含 255 张工作表。工作表的名称标于普通视图界面左下角工作表标签处，用户可以对工作表进行重命名。此外，用户还可以复制工作表、移动工作表和删除工作表。

在对工作表进行操作前应先选定相应工作表。

1）要选定单张工作表，单击相应工作表标签即可选定该张工作表。

2）要选定多张相邻的工作表，先单击第一张工作表标签，再按住 Shift 键后单击最后一张工作表标签，即可选定这几张相邻的工作表。

3）要选定多张不相邻的工作表，可按住 Ctrl 键分别单击要选择的工作表标签，即可选定多张不相邻的工作表。

如果要取消对多张工作表的选定，单击任一未被选定的工作表标签，即可取消对多张相邻或不相邻工作表的选定。

3.1.4 单元格的操作

在 Excel 中的单元格是指工作表中行和列交叉组成的小格子。单元格以其所在的行号和列标标识作为名称。当用户单击选中某个单元格时，该单元格变成当前活动单元格，被粗黑边框线所包围，此时用户可以在当前活动单元格中输入数据。在 Excel 的单元格中可以输入的数据类型有数值、货币、日期、时间、百分比、分数、文本等。用户还可以插入和删除单元格、调整单元格的高度和宽度、对单元格进行合并和拆分等。

单元格的名称默认以单元格的列标和行号表示，如 E9 单元格。用户也可以为单元格或单元格区域定义名称。

在编辑单元格之前，一般要先选择单元格。将鼠标指针移到要选择的单元格上，当鼠标指针变成空心十字形时，单击即可选择该单元格，被选定的单元格被粗黑边框线框出。

1）要选择一块连续的单元格区域，只要将鼠标指针移到该区域左上方的第一个单元格处，当鼠标指针变成空心十字形时，按住鼠标左键向右下方拖动，当鼠标指针到达该区域右下方最后一个单元格上时，松开鼠标左键，即可选择该区域。

2）要选择一行，只要将鼠标指针移到该行的行号上，当鼠标指针变成向右的黑色箭头时单击，即可选定一行。

3）要选择一列，只要将鼠标指针移到该列的列标上，当鼠标指针变成向下的黑色箭头时单击，即可选定一列。

3.1.5 窗口操作

在 Excel 中可以采取多种窗口排列方式查看工作表中的数据。用户可以新建窗口，并可以通过平铺、层叠、水平并排、垂直并排等多种方式来重排窗口。用户可以对窗口进行拆分，并冻结拆分后的窗口，方便在电子表格较大的情况下查看数据。用户还可以隐藏窗口，使其不可见，并在需要的时候取消隐藏。

3.1.6 数据分析和管理

Excel 可以方便、快捷地对数据进行分析和处理。用户可以对工作表中的数据进行格式化，或套用预设的表格格式，使电子表格规范直观。用户可以通过设置数据验证，规定可以输入的数据范围和条件，避免用户误操作输入无效数据。用户可以设置条件格式，使电子表格中满足条件的数据能突出显示或利用数据条、色阶等显示，使数据更加直观明显。

对于工作表中的众多数据，可以使其根据指定字段升序或降序排列，方便用户查阅。利用筛选操作，可以显示出满足用户指定条件的数据，隐藏其他数据，使用户能更快捷地查看到指定数据。通过分类汇总，可以在对数据进行分类后，再进行求最大、最小值或平均值等其他操作，使数据能分类后进行相关处理。另外，对于在不同工作表中的具有相同类别的数据，可以通过合并计算，将多张工作表中的数据汇总到一张结果工作表中，使数据进行合并汇总。

3.1.7 公式和函数

在 Excel 中，利用公式可以进行方便、快捷、自动地数据处理。Excel 的公式以“=”开头，利用各种运算符，将常量、单元格引用和Excel函数等连接在一起，实现自动运算功能。利用Excel的公式处理，可以突破数据常量的局限，实现数据处理的自动计算和自动更新。

Excel 2019为用户提供了众多函数，在公式中利用函数，可以快速实现指定运算，为用户直接提供各种计算结果。在Excel 2019中有财务、日期与时间、数学与三角函数、统计、查找与引用、数据库、文本、逻辑、信息等12大类别的函数。

用户使用频率较高的常用函数有Sum、Average、Countif、Sumif、Count、If、And、Or、Not、Max、Min、Rank、Today、Round、Mod、Int、Mid等，如表2-3-1所示。

表2-3-1 常用函数

函数名称	格式	功能
Sum	SUM(Number1，Number2，…)	求参数的和
Average	AVERAGE(Number1，Number2，…)	求参数的平均值
Countif	COUNTIF(Range，Criteria)	统计指定区域内符合条件的单元格的数量
Sumif	SUMIF(Range，Criteria，Sum_range)	对指定区域内满足条件的单元格求和
Count	COUNT(Value1，Value2，…)	计算指定区域中数字单元格个数
If	IF(Logical_test，Value_if_true，Value_if_false)	对条件进行判断，若条件成立，返回指定值；若条件不成立，返回另一指定值
And	AND(Logical1，Logical2，…)	当所有条件均成立时返回值才为TRUE
Or	OR(Logical1，Logical2，…)	当任一条件成立时即返回TRUE，当所有条件均不成立时才返回FALSE
Not	NOT(Logical)	对逻辑值求反
Max	MAX(Number1，Number2，…)	求所有数值中的最大值
Min	MIN(Number1，Number2，…)	求所有数值中的最小值
Rank.avg	RANK.AVG(Number，Ref，Order)	求某数字在一列数字中的大小排名，若多个数值排名相同，则返回平均值排名
Rank.eq	RANK.EQ(Number，Ref，Order)	求某数字在一列数字中的大小排名，若多个数值排名相同，则返回最佳排名
Today	TODAY()	返回当前日期
Round	ROUND(Number，Num_digits)	按指定位数进行四舍五入
Mod	MOD(Number，Divisor)	求两数相除的余数
Int	INT(Number)	将数值向下取整
Mid	MID(Text，Start_num，Num_chars)	从文本字符串中按指定位置取指定长度的文本

在Excel中的运算符包括算术、比较、文本连接和引用4种类型，如表2-3-2所示。

表2-3-2 Excel的运算符

运算符类型	可使用的主要运算符
算术运算符	+（加法）、-（减法）、*（乘法）、/（除法）、^（乘方）、%（百分比）
比较运算符	=、>、<、>=、<=、<>（不等于）
文本连接运算符	&（连接文本）
引用运算符	:（区域运算符）、,（联合运算符）、空格（交集运算符）

单元格的引用指在公式中可以利用单元格的名称来引用相应单元格的内容。单元格的引用包括绝对引用、相对引用和混合引用，其表示方法、含义和示例如表 2-3-3 所示。

表 2-3-3　单元格的引用

名称	表示方法	含义	示例
单元格的绝对引用	$列标$行号	单元格的绝对引用地址将始终维持不变，不会随着公式位置的变化而变化	如 A1 单元格的绝对引用为$A$1
单元格的相对引用	列标行号	单元格的相对引用地址将随着公式位置的变化而变化	如 A1 单元格的相对引用即为 A1
单元格的混合引用	$列标行号、列标$行号	包括绝对引用和相对引用	如$A1、A$1 等

3.1.8　图表操作

在 Excel 中用户可以利用有效数据来建立图表。图表可以用图形的形式来表示数据系列，使电子表格中的数据更加直观、形象，用户可以更加方便地了解数据、数据发展趋势及不同数据系列之间的关系。

在 Excel 中的图表有柱形图、折线图、饼图、条形图、面积图、XY 散点图、股价图、曲面图、圆环图、气泡图和雷达图等。

3.2　应用案例 1——销量报表管理

3.2.1　应用案例描述

通过本应用案例，进行工作簿、工作表、单元格的基本操作练习，参考效果如图 2-3-4 所示。具体要求如下：

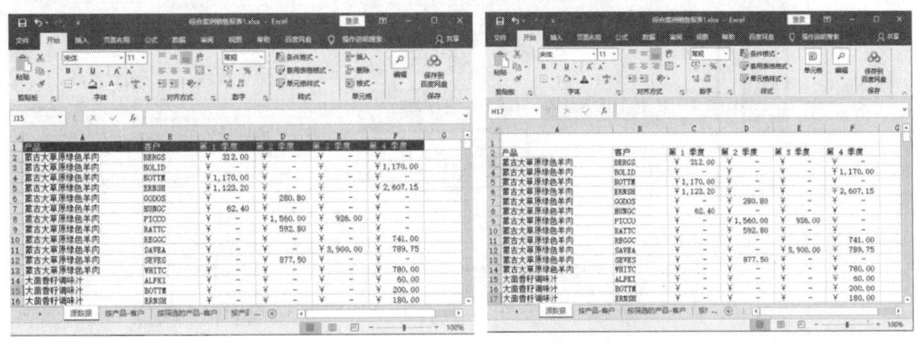

图 2-3-4　应用案例 1 的效果界面

- 创建一个空白工作簿；使用可用模板（销量报表）创建一个新工作簿“销售报表 1”；将“销售报表 1.xlsx”工作簿保存在练习文件夹中，并将“销售报表 1”另存为桌面上的“Excel 97-2003 工作簿（*.xls）”。
- 打开两个工作簿“销售报表 1.xlsx”和“销售报表 1.xls”，利用“并排查看”的多窗口方式查看；在“销售报表 1.xlsx”的“源数据”工作表的 B2 单元格处拆分窗口，并冻结拆分窗口。

- 进行页面设置，设置上、下页边距为 2，左、右页边距为 1.5；设置页脚为“练习用”，居中显示；设置打印区域为“源数据”工作表中的 A1 到 F14；设置打印标题的顶端标题行为第 1 行，左端标题列为第 A 列；设置纸张大小为 A4，方向为纵向，打印时显示行号和列标。
- 在最后新建一张空白工作表 Sheet1，将“源数据”工作表复制到 Sheet1 之后，将“按产品”工作表移动到 Sheet1 之前，删除最后一张工作表，将工作表 Sheet1 重命名为“空白表”。
- 打开“源数据”工作表，将 A1:F1 区域定义名称为“表格标题”，在第 1 行前插入一新行，合并 A1:F1 单元格，将第 1 行行高调整为 20，删除第 3 行数据行，清除第 2 行的底纹，并将 A1:F9 复制到工作表“空白表”中。

3.2.2 解决方案与步骤

本案例主要是对工作簿、工作表和单元格进行基本操作。先使用可用模板（销量报表）创建一个新工作簿“销售报表 1”，利用并排查看、拆分窗口等方式进行查看，进行页面设置、打印选项的设置，通过复制、移动、删除和重命名工作表使工作簿符合要求，最后对单元格进行定义、插入、复制等，并区分清除单元格和删除单元格的操作不同之处。

具体解决方案规划如图 2-3-5 所示。

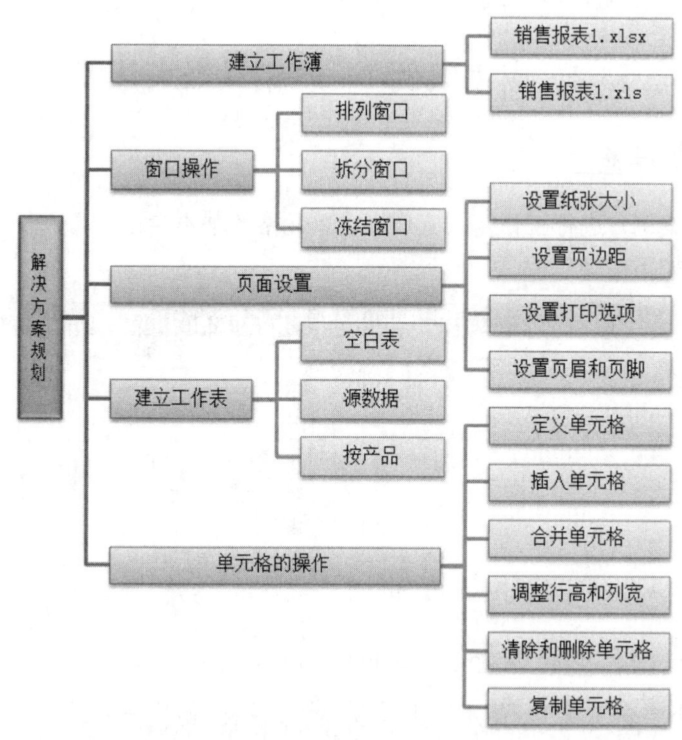

图 2-3-5 本案例的解决方案规划

1. 工作簿的基本操作

(1) 利用内置模板创建一个 Excel 工作簿

Excel 2019 提供了多种内置的工作簿模板，使用模板来创建工作簿方便快捷，并可自动套用模板中的样式，大大方便了用户的操作。利用可用模板（销量报表）创建一个新工作簿的操作步骤如下：

1）选择“文件”→“新建”选项，在“可用模板”选项组中单击选择“样本模板”。

2）在“样本模板”列表中找到并单击选择“销量报表”，最后单击右下方的“创建”按钮，即可创建出一个名为“销售报表 1”的工作簿，如图 2-3-6 所示。

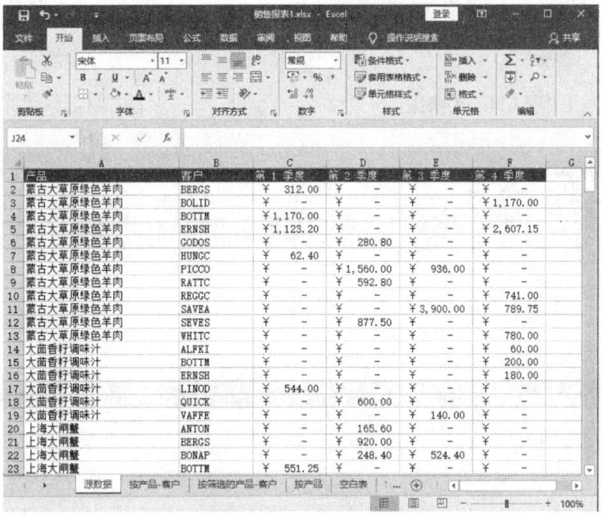

图 2-3-6　销售报表 1

（2）工作簿的“保存”和“另存为”

要将“销售报表 1.xlsx”工作簿保存在“练习”文件夹中，可选择“文件”→“保存”选项，在打开的“另存为”对话框中，选择 C 盘的“练习”文件夹，单击“保存”按钮即可。

另外，选择“文件”→“另存为”选项，在打开的“另存为”对话框中将保存类型改为“Excel 97-2003 工作簿”，再单击“保存”按钮，即可将“销售报表 1.xlsx”工作簿另存为早期版本的 Excel 工作簿（*.xls），可让使用早期 Excel 版本的用户直接打开该工作簿。

（3）打开工作簿

选择“文件”→“打开”选项，在打开的“打开”对话框中找到 C 盘的“练习”文件夹，选择“销售报表 1.xlsx”，单击“打开”按钮，即可打开工作簿“销售报表 1.xlsx”。

2. 窗口操作

（1）排列窗口

打开两个工作簿“销售报表 1.xlsx”和“销售报表 1.xls”，单击“视图”选项卡“窗口”选项组中的“并排查看”按钮，如图 2-3-7 所示，即可使打开的两个工作簿水平并排显示。

如果在“窗口”选项组中单击“全部重排”按钮，将打开“重排窗口”对话框，如图 2-3-8 所示，用户可选择窗口的各种排列方式。

最后再次单击“并排查看”按钮，即可退出多窗口查看方式，如图 2-3-9 所示。

（2）拆分窗口

在工作表内容较多的情况下，可以利用拆分窗口查看的方式，将工作表拆分成多个窗格，从而同时查看工作表的不同区域。

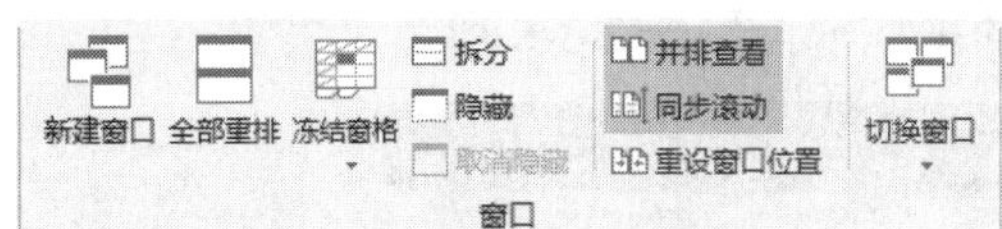

图 2-3-7 “窗口”选项组

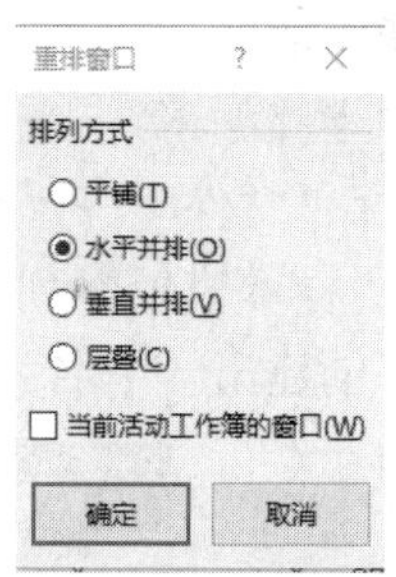

图 2-3-8 “重排窗口”对话框

图 2-3-9 水平并排窗口

单击选中“销售报表 1.xlsx”工作簿的“源数据”工作表中的 B2 单元格，单击“窗口”选项组（图 2-3-7）中的“拆分”按钮，即可看到在 B2 单元格左侧和上方出现了拆分线，工作表工作区被拆分成了 4 个窗格，如图 2-3-10 所示。

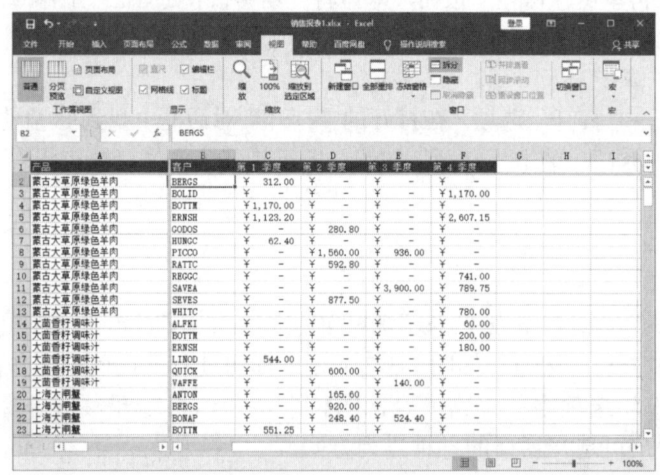

图 2-3-10 拆分后的窗口

（3）冻结窗口

单击“窗口”选项组（图 2-3-7）中的“冻结窗格”按钮，在弹出的下拉列表中单击“冻结窗格”命令，即可冻结拆分窗口，如图 2-3-11 所示，在 B2 单元格的左侧和上方出现了两条黑线，当用户查看工作表数据时可使第 1 行或第 A 列保持不变。

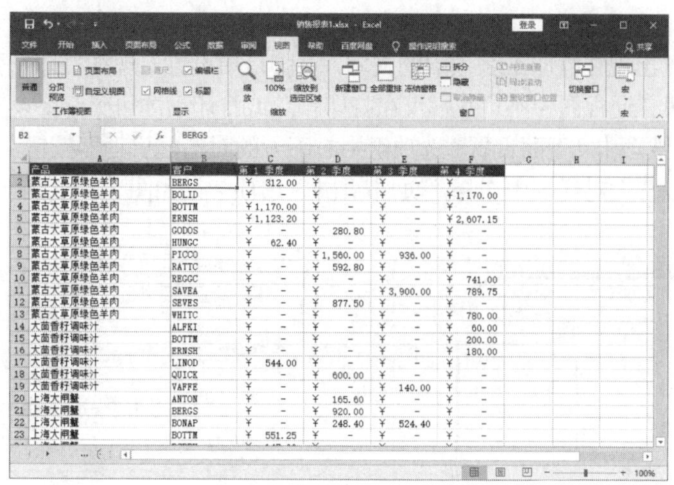

图 2-3-11　冻结拆分窗口

3. 页面设置

通过页面设置可以使文档更加符合用户需求，打印出来的效果更加美观。

（1）设置纸张大小和方向

单击“页面布局”选项卡“页面设置”选项组中的“纸张大小”按钮，可以在弹出的下拉列表中直接选择常用纸张大小，如 A4，快速设置纸张大小。

单击“页面设置”选项组中的“纸张方向”按钮，可以在弹出的下拉列表中选择“纵向”或“横向”，快速设置纸张方向。“页面布局”选项卡中的“页面设置”选项组如图 2-3-12 所示。

（2）设置页边距

页边距指打印纸张边界与打印内容边界之间的距离。要设置页边距，只要单击“页面设置”选项组（图 2-3-12）中的“页边距”按钮，在弹出的下拉列表中选择“自定义边距”选项，如图 2-3-13 所示。

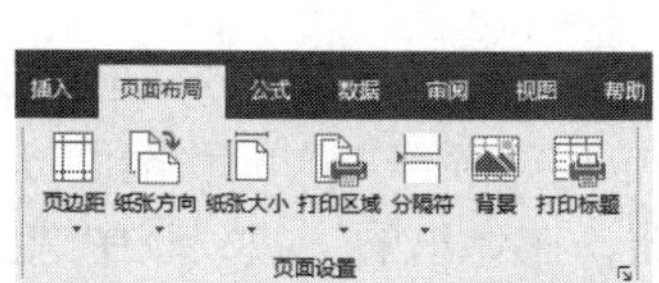

图 2-3-12　“页面设置”选项组

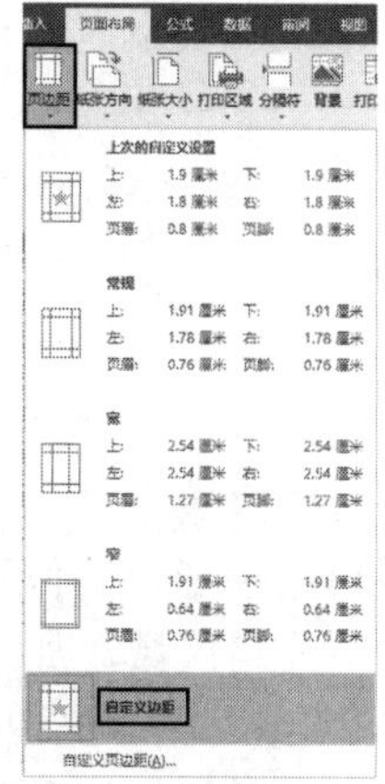

图 2-3-13　“页边距”下拉列表

在打开的“页面设置”对话框中的“页边距”选项卡中，设置上、下页边距为2，左、右页边距为1.5，如图2-3-14所示，单击“确定”按钮即可。

（3）设置页眉和页脚

页眉是指设置出现在打印纸张顶端的文本，页脚是指设置出现在打印纸张底部的文本，页眉和页脚在工作簿普通视图中不可见，仅在打印预览或打印后才可见。要设置页眉和页脚，需单击“页面布局”选项卡“页面设置”选项组中右下方的对话框启动器按钮，如图2-3-12所示，在打开的“页面设置”对话框中选择“页眉/页脚”选项卡，如图2-3-15所示。

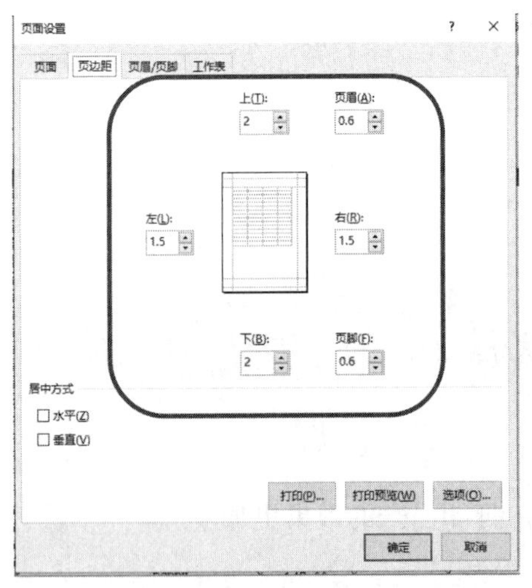

图2-3-14　“页面设置”对话框中的“页边距”选项卡

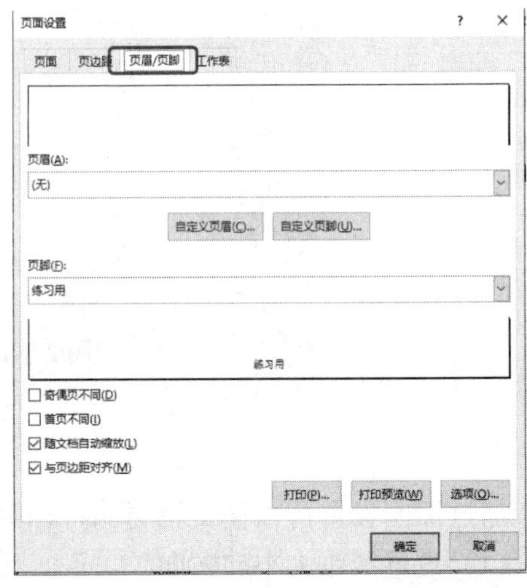

图2-3-15　“页面设置”对话框中的“页眉/页脚”选项卡

单击“自定义页脚”按钮，在打开的如图2-3-16所示的“页脚”对话框中单击“中部”文本框，输入“练习用”文本，单击“确定”按钮后，即可设置页脚为“练习用”，居中显示。

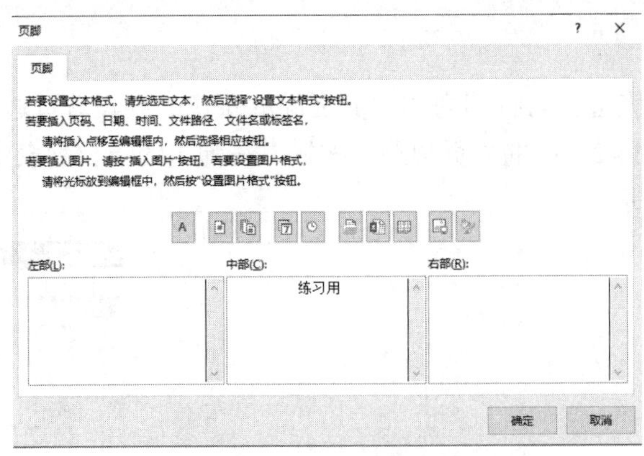

图2-3-16　“页脚”对话框

（4）设置打印区域

打印区域可用于指定工作簿中需要打印出来的区域。要设置打印区域，应先选中要设为打印区域的单元格区域，如选中“源数据”工作表中的A1到F14单元格区域，再单击“页面设置”选项组（图2-3-12）中的“打印区域”按钮，在弹出的下拉列表中选择“设置打印区域”选项，即可将打印区域设置为“源数据”工作表中的A1到F14。

单击“页面设置”选项组中的“打印区域”按钮，在弹出的下拉列表中选择“取消打印区域”选项，可以取消打印区域的设置。

（5）设置打印标题

当 Excel 工作表内容过多、有多行和多列数据，在单页纸张中打印不下时，用户为能更清楚地阅读信息，希望每页纸张中都能出现行标题和列标题，此时可进行打印标题的设置。单击“页面设置”选项组中的“打印标题”按钮（图 2-3-12），在打开的“页面设置”对话框的“工作表”选项卡（图 2-3-17）中，单击“打印标题”选项组中“顶端标题行”右侧的按钮，选择第 1 行，再单击“从左侧重复的列数”右侧的按钮，选择第 A 列，单击“确定”按钮，即可将打印标题的顶端标题行设置为第 1 行，从左侧重复的列数设置为第 A 列。

（6）设置其他打印选项

在如图 2-3-17 所示的“页面设置”对话框中的“工作表”选项卡中，还可以在“打印”选项组中设置其他打印选项，如选中“行和列标题”复选框，即可设置为在打印时显示行和列标题。

4. 工作表的基本操作

（1）新建一张空白工作表

单击“开始”选项卡“单元格”选项组中的“插入”下拉按钮，在弹出的下拉列表中选择“插入工作表”选项，如图 2-3-18 所示，即可在当前工作表之前插入一张空白的新工作表。

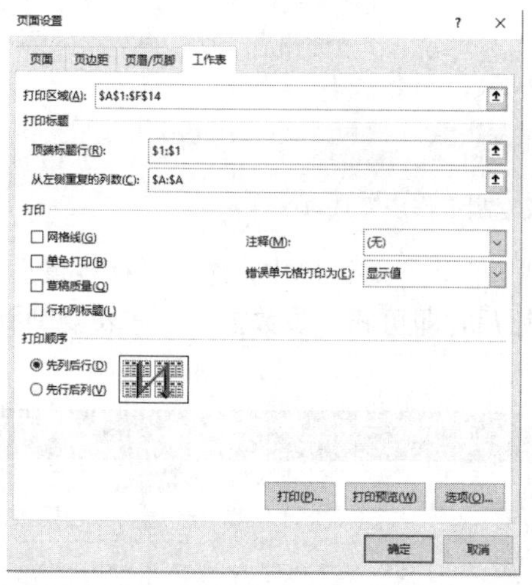

图 2-3-17 “页面设置”对话框中的“工作表”选项卡

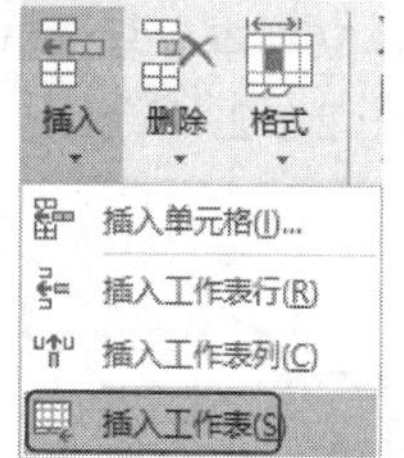

图 2-3-18 “插入工作表”选项

如果想在现有工作表标签最后新建一张空白工作表，可以单击工作表标签最右侧的“插入工作表”按钮，如图 2-3-19 所示，即可在最后新建一张工作表 Sheet1，如图 2-3-20 所示。

图 2-3-19 位于工作表标签最右侧的“插入工作表”按钮

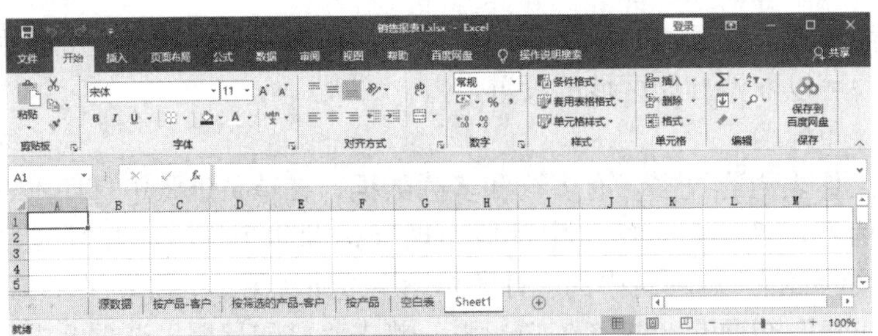

图 2-3-20　在最后新建一张工作表

（2）复制工作表

先单击“源数据”工作表的标签选择该工作表，再单击“开始”选项卡“单元格”选项组下的“格式”按钮，在弹出的下拉列表中选择“组织工作表”选项组中的“移动或复制工作表”选项，如图 2-3-21 所示。

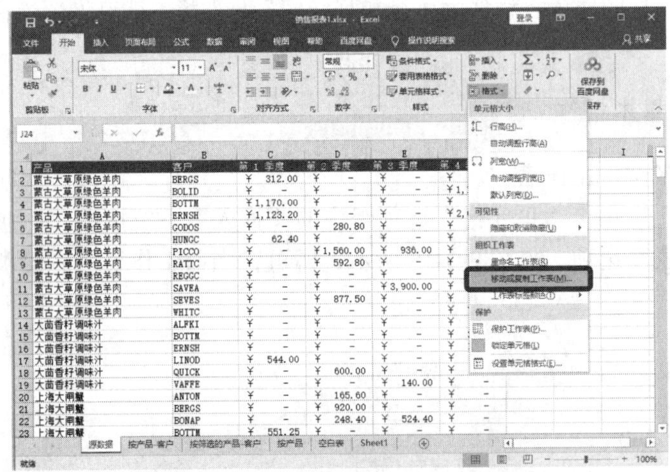

图 2-3-21　“移动或复制工作表”选项

在打开的如图 2-3-22 所示的“移动或复制工作表”对话框中，选择“移至最后”选项，并选中“建立副本”复选框，单击“确定”按钮后，即可将“源数据”工作表复制到 Sheet1 之后，如图 2-3-23 所示。

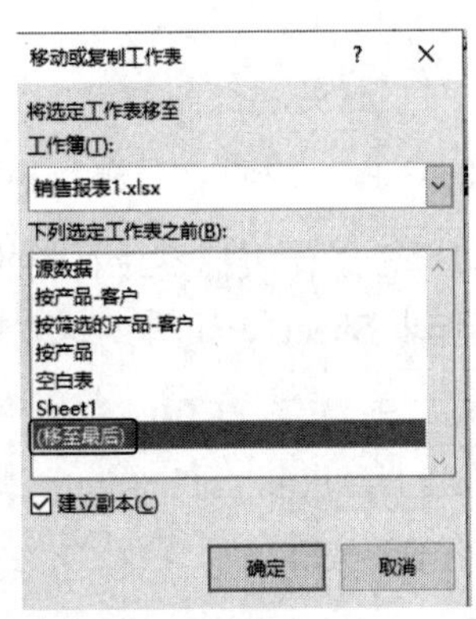

图 2-3-22　“移动或复制工作表”对话框 1

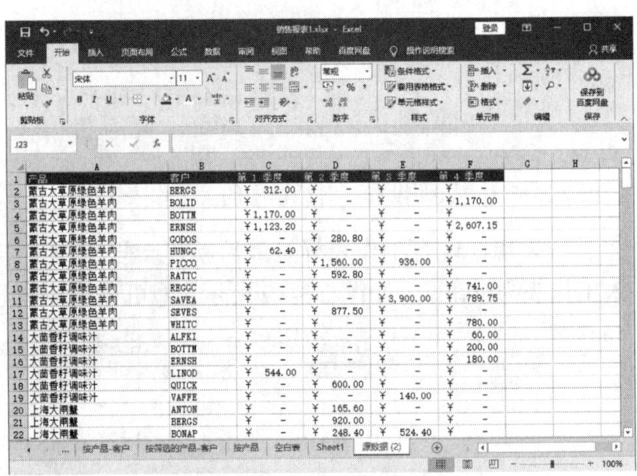

图 2-3-23　复制工作表

（3）移动工作表

移动工作表的操作步骤与复制工作表类似，先单击“按产品”工作表标签选择该工作表，再单击“开始”选项卡“单元格”选项组中的“格式”按钮，在弹出的下拉列表中选择“组织工作表”选项组中的“移动或复制工作表”选项，在打开的“移动或复制工作表”对话框中，选择将选定工作表移至“销售报表1.xlsx”工作簿的“Sheet1”工作表之前，并取消选中“建立副本”复选框，如图2-3-24所示，单击“确定”按钮后，即可将“按产品”工作表移动到Sheet1之前。

（4）删除工作表

单击选择最后一张工作表“源数据（2）”，单击“开始”选项卡“单元格”选项组中的“删除”下拉按钮，在弹出的下拉列表中选择“删除工作表”选项，如图2-3-25所示。

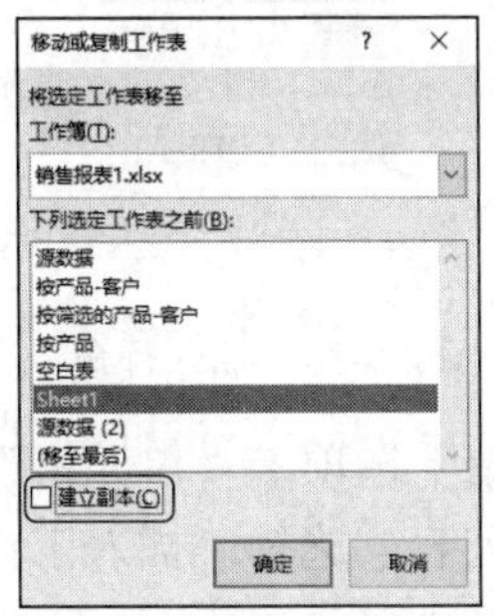

图2-3-24 “移动或复制工作表”对话框2

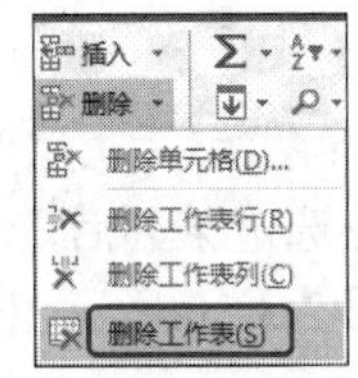

图2-3-25 “删除工作表”选项

图2-3-26 删除工作表提示框

在打开的如图2-3-26所示的提示框中单击“删除”按钮，即可将最后一张工作表“源数据（2）”删除。

被删除的工作表将是永久性的删除，删除工作表的操作是无法撤销的。

（5）重命名工作表

单击工作表Sheet1的标签选定该工作表，再单击“开始”选项卡“单元格”选项组中的“格式”按钮，在弹出的下拉列表中选择“组织工作表”选项组中的“重命名工作表”选项，此时工作表Sheet1的标签将变成高亮反白显示，如图2-3-27所示，输入“空白表”三个字，按Enter键，即可将工作表Sheet1重命名为“空白表”。

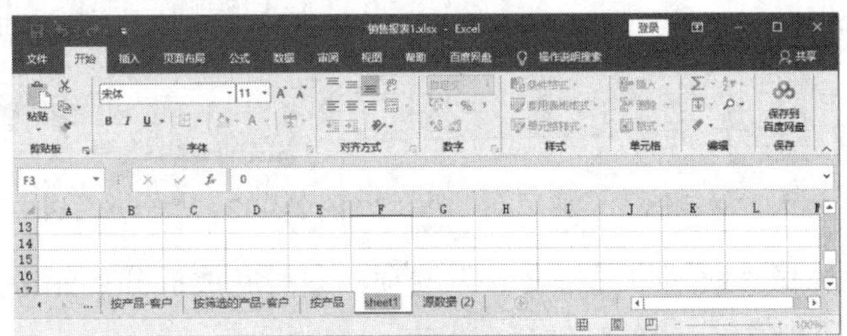

图2-3-27 重命名工作表

5. 单元格的基本操作

（1）单元格的定义

打开工作表“源数据”，选中A1:F1单元格区域，单击“公式”选项卡“定义的名称”

选项组中的“定义名称”下拉按钮，在弹出的如图 2-3-28 所示的下拉列表中选择“定义名称”选项。

在打开的如图 2-3-29 所示的“新建名称”对话框中，在“名称”文本框中输入“表格标题”，单击“确定”按钮，即可将 A1:F1 区域定义名称为“表格标题”。

（2）插入行、列或单元格

单击“源数据”工作表中第 1 行的行号，单击“开始”选项卡“单元格”选项组中的“插入”下拉按钮，在弹出的如图 2-3-30 所示的下拉列表中选择“插入工作表行”选项，即可在第 1 行前插入一新行。

图 2-3-28 定义的名称选项组

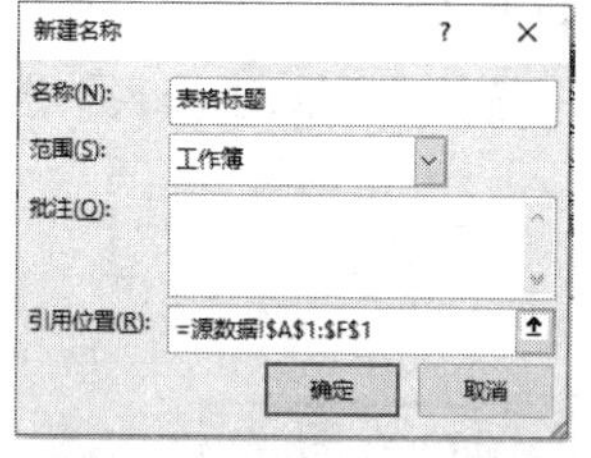

图 2-3-29 “新建名称”对话框

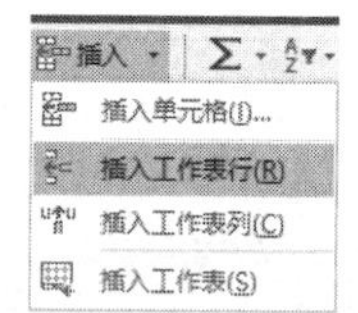

图 2-3-30 插入行命令

插入列的操作方法与插入行类似，在选定某列后，单击“开始”选项卡“单元格”选项组中的“插入”下拉按钮，将弹出与图 2-3-30 所示相似的下拉列表，选择“插入工作表列”选项，即可在该列左侧插入一新列。

如果选中某一个单元格或单元格区域后，在如图 2-3-30 所示的下拉列表中选择“插入单元格”选项，则会打开如图 2-3-31 所示的“插入”对话框，用户可根据需要选中插入单元格的单选按钮。

（3）合并与拆分单元格

在 Excel 中可以将所选单元格合并成一个单元格。

先选中 A1:F1 单元格区域，再单击“开始”选项卡“对齐方式”选项组中“合并后居中”按钮右侧的下拉按钮，在弹出的下拉列表中选择“合并单元格”选项，如图 2-3-32 所示，可以将 A1:F1 单元格区域合并为一个单元格。

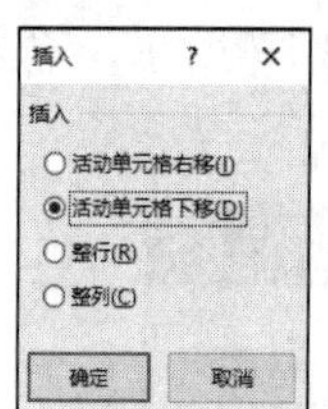

图 2-3-31 “插入”对话框

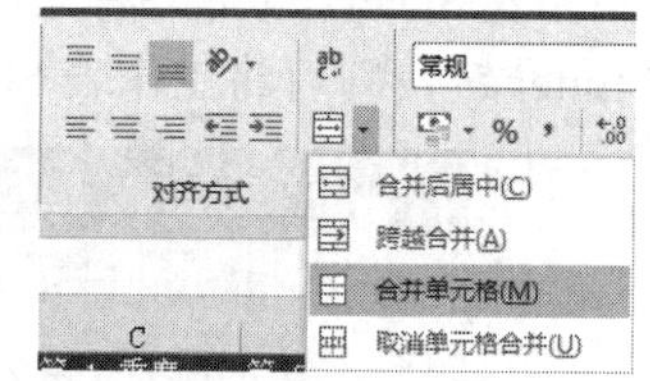

图 2-3-32 “合并后居中”下拉列表

在图 2-3-32 中选择“取消单元格合并”选项，即可完成拆分单元格操作。

（4）调整行高和列宽

在 Excel 中用户可以根据需要自行调整指定行的高度和指定列的宽度。

选定第 1 行，单击“开始”选项卡“单元格”选项组中的“格式”下拉按钮，在弹出的下拉列表中的“单元格大小”选项组中选择“行高”选项，如图 2-3-33 所示。

在打开的“行高”对话框的“行高”文本框中输入“20”，单击“确定”按钮后，可以将第 1 行行高调整为 20。

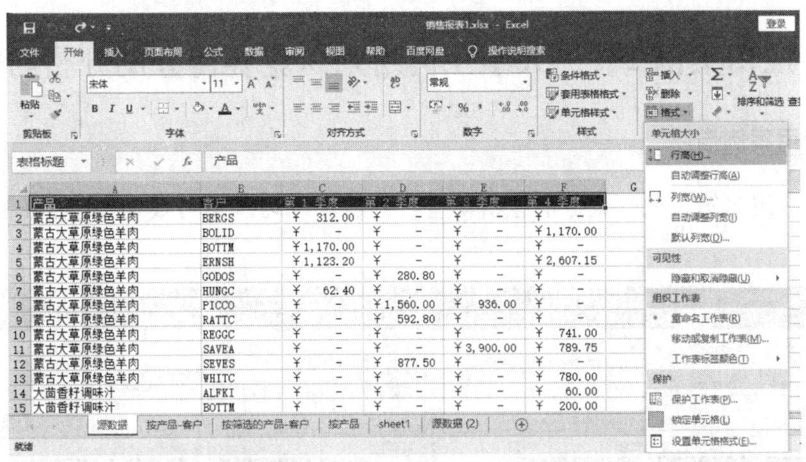

图 2-3-33　单元格格式下拉列表

调整列宽的方法与调整行高的操作方法类似，这里不再赘述。

（5）删除行和列

要删除指定的行或列，可以先选中指定行或列，再单击“开始”选项卡“单元格”选项组中的“删除”下拉按钮，在弹出的下拉列表中选择“删除工作表行”选项或“删除工作表列”选项，如图 2-3-34 所示。

（6）清除和删除单元格

在 Excel 中单元格的清除和删除命令是不同的。清除单元格可以选择清除单元格的格式、内容、批注、超链接等，但是不会删除单元格本身；而删除单元格则将删除单元格本身。

删除单元格可单击“开始”选项卡“单元格”选项组中的“删除”下拉按钮，在弹出的如图 2-3-34 所示的下拉列表中选择“删除单元格”选项。

清除单元格则要单击“开始”选项卡“编辑”选项组中的“清除”按钮。例如，要清除第 2 行的底纹，则要先选定第 2 行，再单击“清除”下拉按钮，在弹出的如图 2-3-35 所示的下拉列表中选择“清除格式”选项，即可清除第 2 行的底纹。

（7）复制和移动单元格区域

复制和移动单元格区域可以使用常规的“复制”+“粘贴”操作和“剪切”+“粘贴”操作。

要将 A1:F9 复制到工作表“空白表”中，可以先选中 A1:F9 区域，单击“开始”选项卡“剪贴板”选项组中的“复制”按钮，如图 2-3-36 所示，再单击“空白表”工作表标签，单击“开始”选项卡“剪贴板”选项组中的“粘贴”按钮即可。

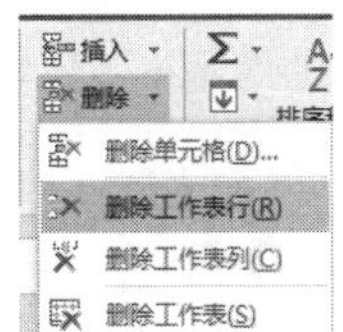

图 2-3-34　删除行和列命令

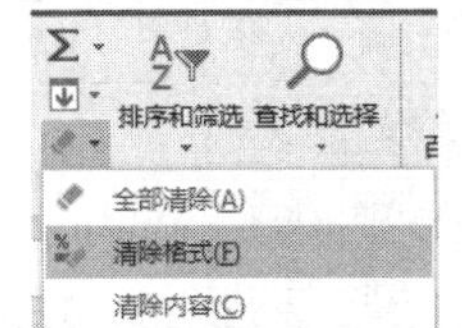

图 2-3-35　“清除”下拉列表

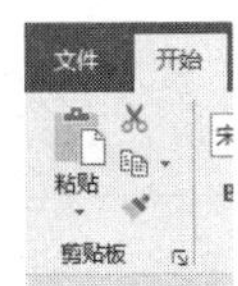

图 2-3-36　“剪贴板”选项组

3.3　应用案例 2——大学生网络知识竞赛得分的分析与管理

3.3.1　应用案例描述

通过本应用案例，进行数据的分析与管理的操作练习，参考效果如图 2-3-37 所示。具体要求如下：

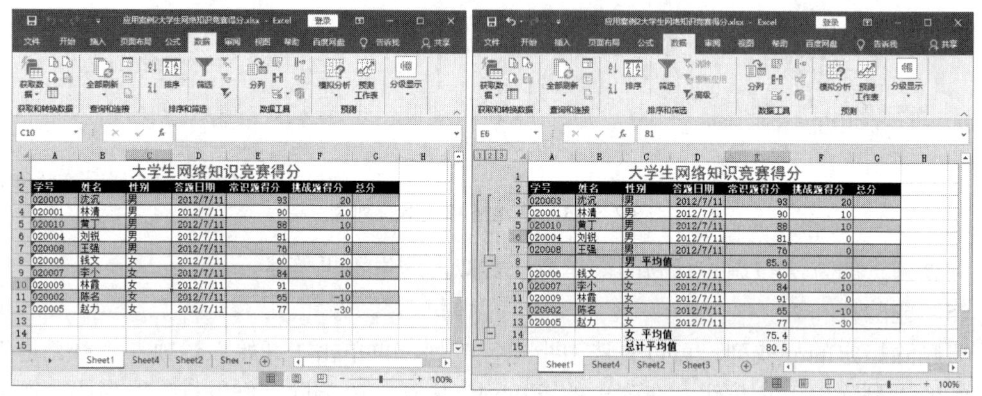

图 2-3-37　应用案例 2 的效果界面

- 输入“大学生网络知识竞赛得分”表，其中“学号”列使用序列填充，“答题日期”利用填充柄复制填充。设置标题行字体为黑体、字号为 18、蓝色，合并 A1:G1 单元格并居中，为 A2:G12 设置所有框线。为 A2:G12 区域套用“表样式中等深浅 1”样式。
- 为“常识题得分”设置数据验证为介于 0～100 的整数，将“挑战题得分”列数据小于 0 的设置成红色文本。
- 按照挑战题得分进行降序排列。筛选出常识题得分高于平均值的数据，再清除筛选。分类汇总求出所有男生和女生的平均得分。

3.3.2　解决方案与步骤

本案例具体解决方案规划如图 2-3-38 所示。

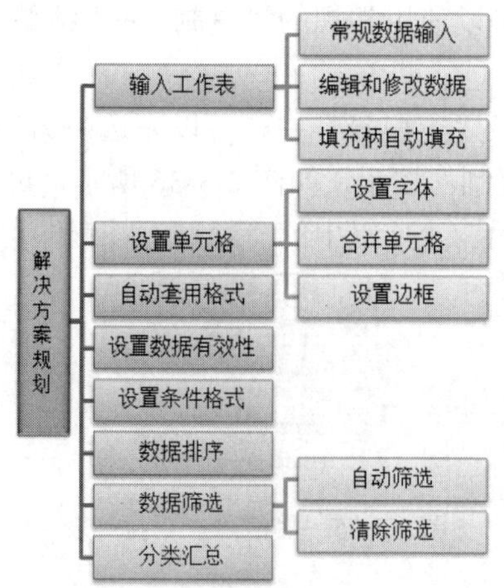

图 2-3-38　本案例的解决方案规划图

本案例主要进行数据的分析与管理练习。首先在工作表中输入数据，其中对于“学号”等有序数列可以使用填充柄进行序列填充，对于相同的数据可以使用填充柄进行复制填充；接着对单元格进行字体、对齐、边框等的设置；可以利用自动套用格式操作快速进行格式的设置；利用数据验证来保证输入数据的准确性；通过设置条件格式使指定数据能突出显示；最后对数据进行排序和筛选操作，练习对数据进行管理。

1. 数据的输入和修改

（1）输入数据

启动Excel 2019，在新打开的空白工作簿中的工作表Sheet1中，输入如图2-3-39所示的“大学生网络知识竞赛得分”表。

图2-3-39 大学生网络知识竞赛得分表

1）在输入数据时，要先单击相应的单元格，再进行输入，输入完成后按Enter键，或单击编辑栏左侧的“输入”按钮✓。例如，单击A1单元格，输入“大学生网络知识竞赛得分”，按Enter键，即可在A1中输入文本。

2）在输入学号“020001”时，在A3单元格中应输入“'020001”，即先输入单引号“'”，再输入“020001”，否则系统将自动将第一位“0”略去。注意：此处单引号“'”应为英文半角符号，不能为中文符号，其作用是标识此处输入的数字是文本格式。

3）输入日期时，可使用斜杠“/”或减号“-”分隔的日期格式。例如，单击D3单元格，输入“2012/7/11”或“2012-7-11”，即可输入指定日期，在D3中显示“2012/7/11”。

4）输入正数时，可输入“+90”，也可省略前面的“+”号，直接输入“90”。

5）输入负数时，可输入“-10”，也可输入“(10)”。注意：“-”和“()”均为英文半角符号。

6）输入分数时，可在分数前加上数字“0”和一个空格，如要输入“1/2”，可在单元格内输入“0 1/2”。输入时间时，可用“:”作为分隔符，如输入“17:33:10”。

（2）修改数据

要修改单元格中的数据，可以直接双击该单元格，此时单元格内部出现条形的闪烁光标，即可进行单元格内容的修改。

用户也可以在单击选中单元格后，单击工作区上方的编辑栏，在编辑栏内进行单元格内容的修改。

（3）填充柄的使用

单击 A3 单元格，可以看到当前活动单元格 A3 的边框被粗黑实线包围，在粗黑边框右下方有一黑色小方块，当鼠标指针移到该黑色小方块上时，鼠标指针将由空心粗十字形变成黑色细十字形，这个黑色小方块就是“填充柄”。在 Excel 中使用填充柄可以快速输入相同数据或序列数据。

将鼠标指针移到 A3 单元格的填充柄处，按住鼠标左键向下拖动至 A12 单元格，可以看到“学号”列已经使用递增序列自动填充了，如图 2-3-40 所示。

图 2-3-40　使用填充柄进行序列填充

单击 D3 单元格，将鼠标指针移到 D3 单元格的填充柄处，按住鼠标右键向下拖动到 D12 单元格处，放开鼠标右键，将会看到弹出一个如图 2-3-41 所示的快捷菜单，选择第 1 项“复制单元格”命令，就可以看到“答题日期”列已经使用相同数据快速填充了。

图 2-3-41　使用填充柄进行复制填充

2. 数据的格式化

（1）设置字体、字号、字体颜色

Excel 中设置字体、字号、字体颜色等操作与 Microsoft Word 中的操作比较类似。

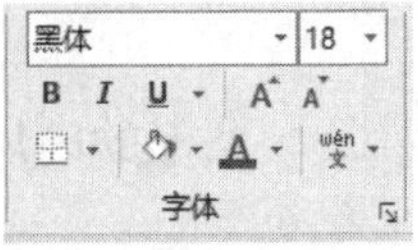

黑体 18 B I U 字体

图 2-3-42　“字体”选项组

单击 A1 单元格，在“开始”选项卡中找到“字体”选项组，如图 2-3-42 所示。

单击“字体”栏右侧的下拉按钮，在弹出的下拉列表中找到 黑体 ，将字体设为黑体。在“字号”栏处将字号改为 18 。在“字体颜色”按钮 A 处将字体颜色改为“蓝色”。

(2) 设置边框

在 Excel 工作区中所见的行和列的细边框线在打印时是不可见的，要打印出边框线，需要自行进行边框的设置。

选中 A2:G12 单元格区域，单击“开始”选项卡“字体”选项组（图 2-3-42）中的“设置边框线”下拉按钮，在弹出的下拉列表中选择“所有框线”，可以为该单元格区域中的所有单元格加上边框线，如图 2-3-43 所示。

图 2-3-43　为单元格加所有框线

3. 自动套用格式

Excel 提供了许多已经预先设计好的表格格式，用户可以直接套用这些表格格式，快速进行表格格式的设置。

选中 A2:G12 单元格区域，单击“开始”选项卡“样式”选项组中的“套用表格格式”下拉按钮，如图 2-3-44 所示。

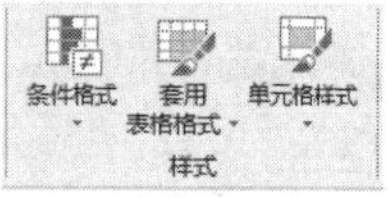

图 2-3-44　“样式”选项组

在弹出的下拉列表的“中等深浅”选项组中选择“表样式中等深浅 1”样式，在打开的“套用表格式”对话框中保持默认的“表格数据的来源”，单击“确定”按钮，即可将指定单元格区域套用指定格式，如图 2-3-45 所示。

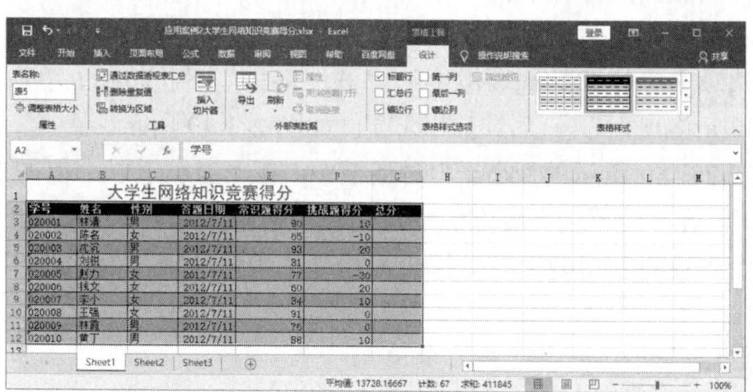

图 2-3-45　套用表格格式

要取消自动套用格式，可以在如图 2-3-45 所示的“设计”选项卡中单击“工具”选项组中的“转换为区域”命令，将工作表转换回普通区域。

4. 设置数据验证

在 Excel 中，可以在指定的单元格区域设置数据验证，即用户在指定单元格区域内输入数据时只能输入满足有效性条件的数据，这样可以避免用户误操作。

在“大学生网络知识竞赛得分”表中，要为“常识题得分”设置数据验证为介于 0～100 的整数，应先选中 E3:E12 区域，再单击“数据”选项卡“数据工具”选项组中的“数据验证”下拉按钮，在弹出的下拉列表中选择“数据验证”选项，如图 2-3-46 所示。

在打开的“数据验证”对话框中的“设置”选项卡中，选择“验证条件”选项组“允许”下拉列表中的“整数”，“数据”下拉列表中的“介于”，再输入“最小值”为“0”，“最大值”为“100”，如图 2-3-47 所示，单击“确定”按钮后，即可成功将“常识题得分”列设置数据验证为介于 0～100 的整数。

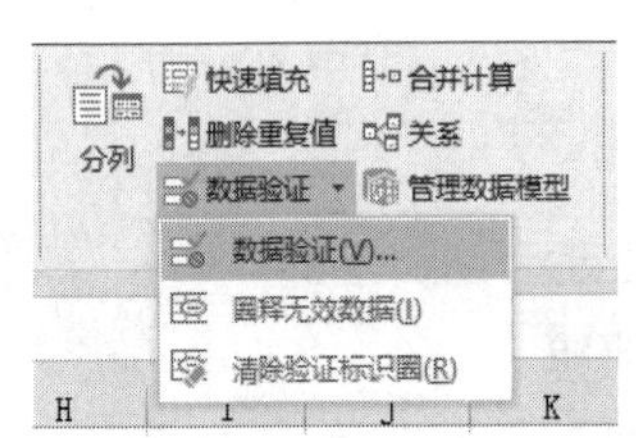

图 2-3-46　数据验证命令下拉菜单

图 2-3-47　“数据验证”对话框

当用户输入小于 0 或大于 100 的整数或小数等不满足有效性条件的数据时，系统会自动打开警告信息框，提醒用户输入值非法，如图 2-3-48 所示。

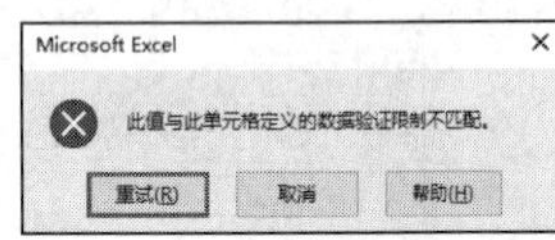

图 2-3-48　输入值非法提示框

5. 条件格式

利用条件格式可以将工作表中满足条件的单元格设置成指定格式，用户可以直观地将满足和不满足条件的数据区分开来。

要将“挑战题得分”列数据小于 0 的设置成红色文本，应先选中 F3:F12 单元格区域，再单击“开始”选项卡“样式”选项组中的“条件格式”下拉按钮，在弹出的下拉列表中选择“突出显示单元格规则”→“小于”选项，如图 2-3-49 所示。

在打开的如图 2-3-50 所示的“小于”对话框中，在“为小于以下值的单元格设置格式”文本框中输入“0”，在“设置为”后方的下拉列表中选择“红色文本”，单击“确定”按钮，即可看到工作表中“挑战题得分”列数据中小于 0 的得分变成了红色文本。

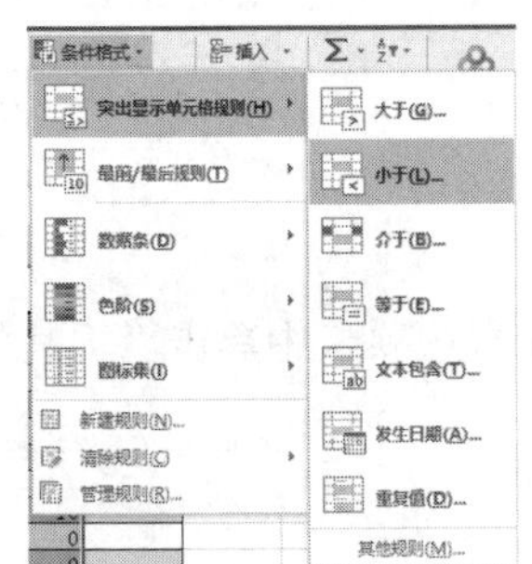

图 2-3-49　“条件格式”下拉列表

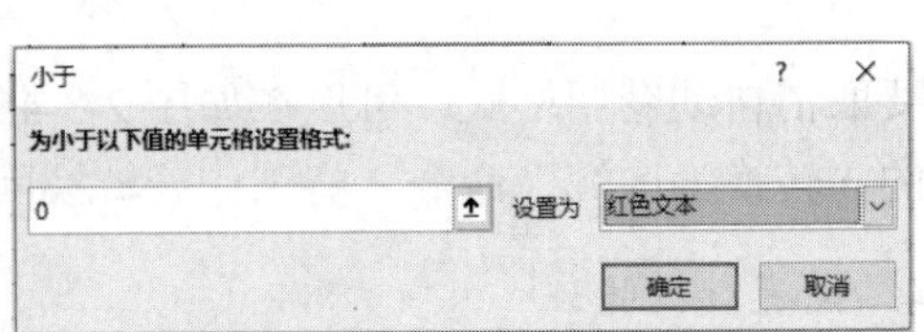

图 2-3-50　“小于”对话框

6. 数据排序

在 Excel 中，可以很方便地按照单元格中的数据进行排序。

单击“挑战题得分”列中的任一单元格，如 F3 单元格，在“数据”选项卡的“排序和筛选”选项组中单击“排序”按钮，如图 2-3-51 所示。

在打开的如图 2-3-52 所示的“排序”对话框中设置“主要关键字”为“挑战题得分”，次序为“降序”，单击“确定”按钮，即可使工作表数据按照挑战题得分降序排列。

图 2-3-51　“排序和筛选”选项组

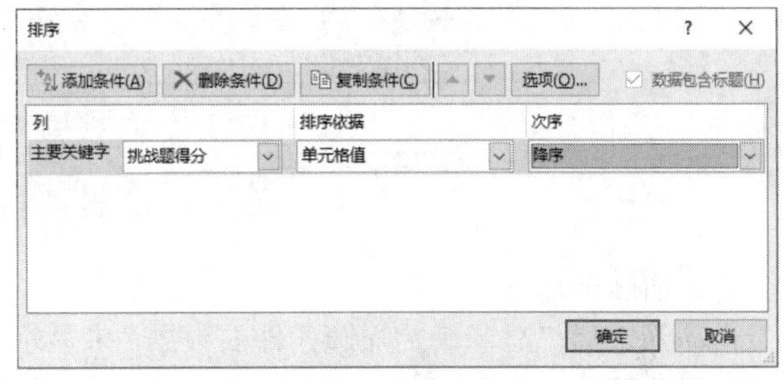

图 2-3-52　“排序”对话框

另外，用户也可以在选中 F3 单元格后，直接单击图 2-3-51 所示的“排序和筛选”选项组中的“降序”按钮，快速使工作表按挑战题得分降序排序。

7. 数据筛选

（1）自动筛选

利用 Excel 的自动筛选功能，可以使工作表仅显示满足条件的数据，而将不满足条件的数据隐藏起来。

单击“数据”选项卡“排序和筛选”选项组中的“筛选”按钮，可以进入自动筛选状态，在工作表中每列的列标题右方都出现了一个下拉按钮，如图 2-3-53 所示。

单击“常识题得分”右侧的下拉按钮，在弹出的下拉列表中选择“数字筛选”→“高于平均值”选项，如图 2-3-54 所示。

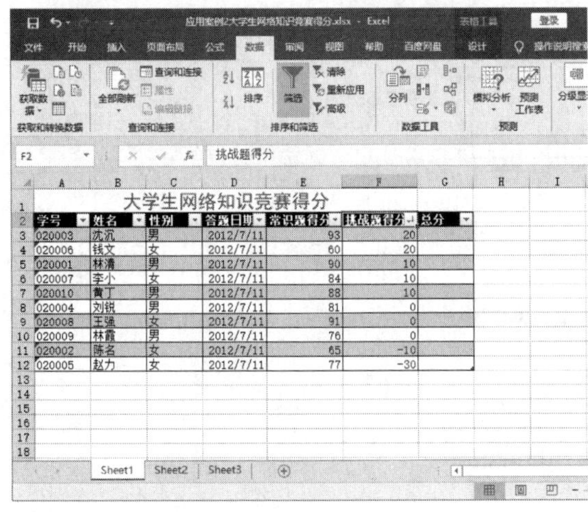

学号	姓名	性别	答题日期	常识题得分	挑战题得分	总分
020003	沈沉	男	2012/7/11	93	20	
020006	钱文	女	2012/7/11	60	20	
020001	林清	男	2012/7/11	90	10	
020007	李小	女	2012/7/11	84	10	
020010	黄丁	男	2012/7/11	88	10	
020004	刘锐	男	2012/7/11	81	0	
020008	王强	女	2012/7/11	91	0	
020009	林霞	男	2012/7/11	76	0	
020002	陈名	女	2012/7/11	65	-10	
020005	赵力	女	2012/7/11	77	-30	

图 2-3-53　自动筛选

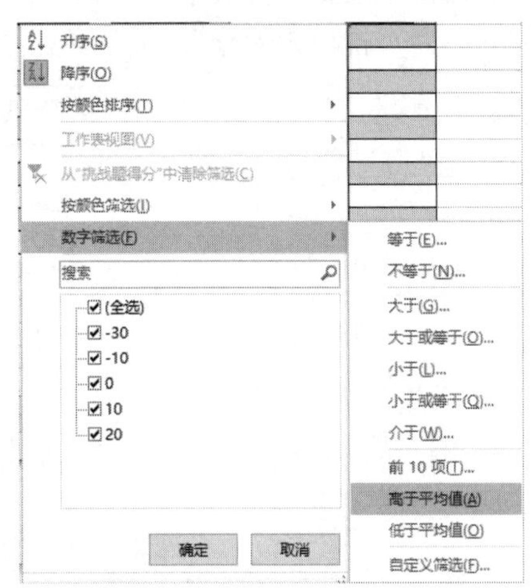

图 2-3-54　“数字筛选”下拉列表

此时在工作表中仅显示出常识题得分高于平均值的数据，如图 2-3-55 所示。

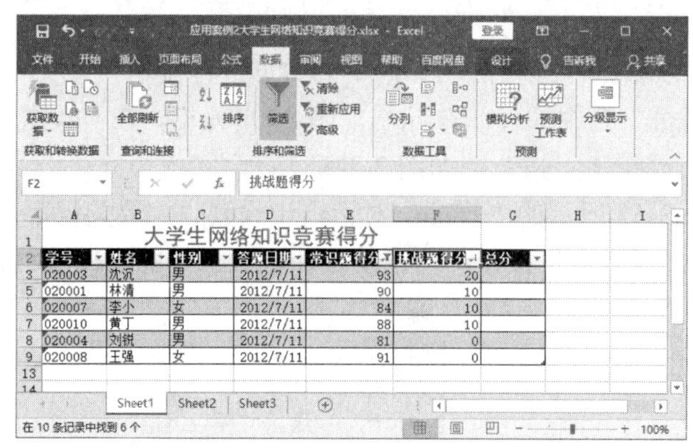

图 2-3-55 筛选结果

（2）清除筛选

自动筛选后仅显示满足筛选条件的数据，未显示的数据只是被隐藏了，而没有被删除。要清除筛选，只需要在图 2-3-51 所示的“排序和筛选”选项组中单击“筛选”按钮右侧的“清除”按钮，即可取消筛选，重新显示出所有数据。

8. 分类汇总

分类汇总需要先对数据根据指定字段进行排序分类，再进行数据的统计汇总等操作。分类汇总使用户能更加方便、快捷地对数据进行分析和处理。

（1）分类汇总

要利用分类汇总功能求出所有男生和女生的平均得分，首先要进行“性别”字段的排序。单击“性别”列的任一单元格，再单击“数据”选项卡“排序和筛选”选项组中的“升序”按钮，即可根据性别进行升序排序。此外，在分类汇总前，应取消对工作表的自动套用格式，使工作表转换为普通区域。

单击“数据”选项卡“分级显示”选项组中的“分类汇总”按钮，在打开的“分类汇总”对话框中设置“分类字段”为“性别”，设置“汇总方式”为“平均值”，选择“选定汇总项”为“挑战题得分”，最后单击“确定”按钮，如图 2-3-56 所示。

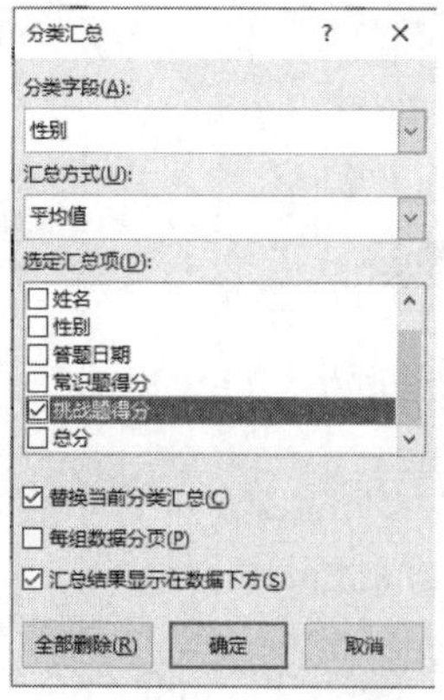

图 2-3-56 “分类汇总”对话框

最后得到的分类汇总结果如图 2-3-57 所示。

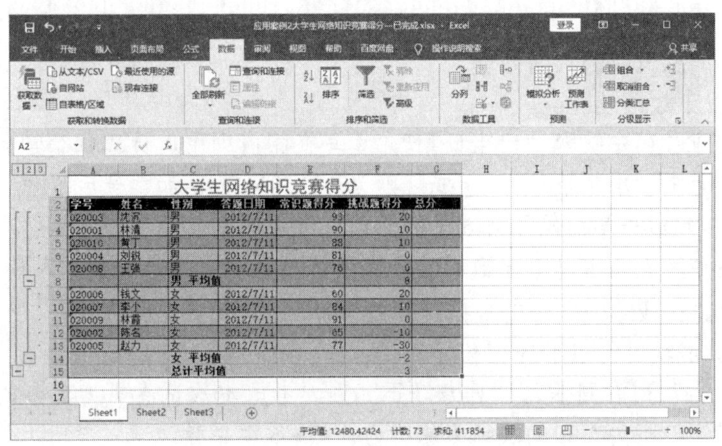

图 2-3-57　分类汇总结果

单击图 2-3-57 工作区左侧的分级显示按钮“1 2 3”，可以看到各级分类汇总的结果。

（2）取消分类汇总

要取消分类汇总的结果，可单击“数据”选项卡“分级显示”选项组中的“分类汇总”按钮，在打开的如图 2-3-56 所示的“分类汇总”对话框中，单击左下方的“全部删除”按钮，可以取消分类汇总结果，回到工作表原先状态。

3.4　应用案例 3——学生综合信息管理

3.4.1　应用案例描述

本案例是抽取某学校 2012 级三个系若干专业的学生基本信息及第一学期的成绩，工作簿中有 170 条数据、4 个工作表，工作簿的文件名为“应用案例 3.xlsx”，其中学生信息表（局部）如图 2-3-58 所示，学生成绩表（局部）如图 2-3-59 所示。

A	B	C	D	E	F
学号	姓名	班级	系	性别	身份证号
201223031	吕超杰	网络12-1	计算机系	男	330183199304240735
201223032	朱铁军	网络12-1	计算机系	男	330124199411231551
201223033	金华发	网络12-1	计算机系	男	330124199210283479
201223034	徐珊珊	网络12-1	计算机系	女	330304199212053023
201223035	白沙	网络12-1	计算机系	女	330184199307142864
201223036	陈伟国	网络12-1	计算机系	男	420184199310254138
201223038	朱华丰	网络12-1	计算机系	男	33018219920102439X
201223039	汪鹏	网络12-1	计算机系	男	530382199307143715
201223040	戴云翔	网络12-1	计算机系	男	330182199305112537
201223041	郑洲	网络12-2	计算机系	男	330127199109146153
201223042	周永清	网络12-2	计算机系	男	320127199210172325
201223043	金美霞	网络12-2	计算机系	女	33032419940416658X
201223044	许彬	网络12-2	计算机系	男	420324199308232853
201223045	盛君	网络12-2	计算机系	男	330127199411200971
201223046	叶鹏飞	网络12-2	计算机系	男	330225199211304815
201223047	包铁锋	网络12-2	计算机系	男	310282199303116679
201223048	徐鸿浩	网络12-2	计算机系	男	330382199406180952
201221011	黄斌	软件工程12-1	计算机系	男	330282199212105015
201221012	赵佳宇	软件工程12-1	计算机系	男	330381199311090957
201221013	盛敏	软件工程12-1	计算机系	女	339005199301264827
201221014	李文涛	软件工程12-1	计算机系	男	330283199211302412
201221015	郭建	软件工程12-1	计算机系	男	330382199302064519
201221016	王杰	软件工程12-1	计算机系	男	420382199304080499

图 2-3-58　学生信息表（局部）

A	B	C	D	E	F	G	H	I	J
学号	姓名	系	哲学	政治	大学计算机	体育	高数	C程序设计	法律基础
201223031	吕超杰	计算机系	78	93	79	61	85	73	良好
201223032	朱铁军	计算机系	72	79	82	68	66	60	中等
201223033	金华发	计算机系	55	72	79	84	85	66	中等
201223034	徐珊珊	计算机系	82	57	83	79	74	82	良好
201223035	白沙	计算机系	68	80	80	81	60	70	中等
201223036	陈伟国	计算机系	97	98	96	94	95	97	优秀
201223038	朱华丰	计算机系	71	69	88	86	86	84	良好
201223039	汪鹏	计算机系	85	80	91	89	68	84	优秀
201223040	戴云翔	计算机系	90	92	71	83	71	81	良好
201223041	郑洲	计算机系	66	79	86	88	60	61	中等
201223042	周永清	计算机系	54	85	65	72	70	79	及格
201223043	金美霞	计算机系	87	73	62	69	77	54	及格
201223044	许彬	计算机系	81	80	75	84	56	80	中等
201223045	盛君	计算机系	70	73	35	93	66	68	及格
201223046	叶鹏飞	计算机系	65	69	61	85	77	46	及格
201223047	包铁锋	计算机系	61	70	68	65	37	缺考	及格
201223048	徐鸿浩	计算机系	74	92	84	88	92	76	优秀
201221011	黄斌	计算机系	98	97	98	93	92	94	优秀
201221012	赵佳宇	计算机系	75	81	81	84	72	70	良好
201221013	盛敏	计算机系	79	73	91	73	56	81	良好
201221014	李文涛	计算机系	85	80	86	74	65	73	中等
201221015	郭建	计算机系	73	92	89	94	88	74	良好
201221016	王杰	计算机系	80	77	83	70	61	76	中等

图 2-3-59　学生成绩表（局部）

本案例工作簿的部分工作表已经具备了基础数据，但还有一系列实际应用需求，要利用公式和函数对各工作表进行计算和处理操作，以及创建和编辑图表。具体要求如下。

（1）“学生信息表”的数据处理

要求进行以下数据处理：

- 从身份证号码中提取“出生日期”，填写在相应列中，计算每个学生的周岁。
- 从学号生成“准考证号”，生成规则为131581111再加学号后5位（前几位的含义是2013年第一学期代号为581的学校，考试级别和类型为111）。
- 统计表中的女生占总学生数的百分比；统计湖北省学籍的学生人数。

（2）“英语总评成绩表”中的数据计算处理

要求对总评成绩进行以下计算和处理：

- 在“听力”列右侧插入“听力修正”列，考虑本次试卷听力部分的难度系数为5分，提高“听力”列的成绩为原听力成绩+难度系数，填入“听力修正”列。
- 计算每位同学的英语总评成绩，评分规则为“总成绩 = 平时成绩*20%+听力修正*20%+阅读*40%+写作*20%”，四舍五入保留整数。
- 成绩分析：统计英语总评成绩为90～100分的人数、80～89分的人数、70～79分的人数、60～69分的人数和59分以下的人数，统计学生英语总评成绩的合格率。
- 在“英语总评成绩表”工作表第3列最下端（C列C178单元格开始）添加“平均分”、“最高分”、“最低分”、“合格人数”和“合格率”，并进行相应计算，结果放置在J列。
- 将每位同学的英语总评成绩复制到“学生总成绩表”的“英语”列。

（3）“学生总成绩表”的数据处理

根据以下要求对“学生总成绩表”工作表中的总评成绩进行计算和处理：

- 在“法律基础”列右侧插入“法律分值”列，将每位同学的考查课“法律基础”成绩转换成分值，转换规则为“优秀=95、良好=85、中等=75、及格=65、不及格=40”。
- 在“英语”列右侧插入“总分”和“平均分”列，统计每位学生的总分和平均分（四舍五入保留2位小数）。注意：上述这些计算不考虑“德育考评”和“办公软件（选修）”的成绩。
- 在“平均分”列右侧插入“校排名”和“系排名”列，在不同范围根据平均分进行校、系排名。
- 在“德育考评”列右侧插入“德育”列，考评成绩转换成三档：85分以上为优秀，60～84分为合格，60分以下为不合格。
- 统计“办公软件（选修）”课的选修人数和总成绩，并由此计算平均成绩，结果放在工作表下面。

（4）根据“学生总成绩表”进行奖惩处理

根据“学生总成绩表”工作表中的各项成绩标注各类奖学金和允许转专业的学生，具体要求如下：

- 在表格的最后增加2列：“允许转专业”和“奖学金”；允许转专业的条件为“校排名为前20%，且德育成绩为优”。对于符合条件的学生在“允许转专业”列中填写“允许”，不符合条件的则这列为空白。
- 根据各科成绩评定各等级的奖学金，并且将等级填写到“奖学金”列，评定条件如下：

一等奖学金：平均成绩在90分以上，且最低成绩在85分以上，系排名为前6名；

二等奖学金：平均成绩在85分以上，且系排名为前10名；

三等奖学金：平均成绩在80分以上，且最低成绩在70分以上，或者系排名为前15名。

- 对于有一门及以上不及格的学生或者德育不合格的学生，则在补考列中注明“补考”，提醒需要另发补考通知。

（5）对“电气系自动化专业”工作表制作图表

- 对“电气系自动化专业”中的女学生的主干课程创建“二维簇状柱形图”，设置图表标题为“电气系自动化专业女生主干课程成绩示意图”。主干课程为大学计算机、高数、C程序设计和英语。
- 对该专业学生的男女比例作“三维立体饼图”，设置图表标题为“电气系自动化专业男女比例示意图”。

3.4.2 解决方案与步骤

打开工作簿“应用案例3.xlsx”，需要对已有的数据进行预处理，针对各项任务需要找到最合适的函数或者公式，设置好参数才能达到目的。解决方案规划图如图2-3-60所示。

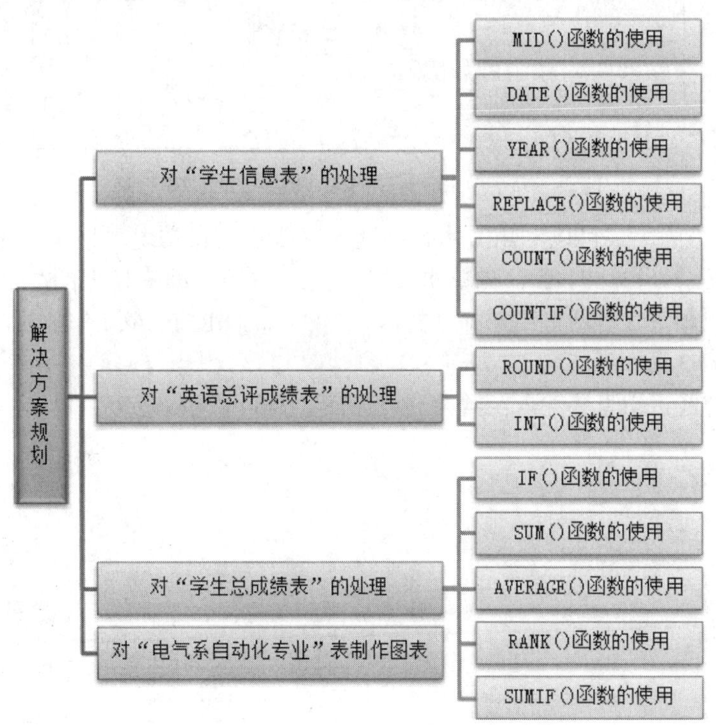

图2-3-60 本案例的解决方案规划图

1. “学生信息表”的数据处理

1）解决方案为利用MID函数提取身份证中左起第7位开始的8位出生日期信息，并且利用DATE日期函数和TEXT文本函数转换成常用的日期格式。G2单元格的函数公式如图2-3-61所示。

=TEXT(DATE(MID(F2,7,4),MID(F2,11,2),MID(F2,13,2)),"yyyy年mm月dd日")

D	E	F	G	H	I
系	性别	身份证号	出生日期	周岁	准考证号
计算机系	男	330183199304240735	1993年04月24日		
计算机系	男	330124199411231551	19941123		
计算机系	男	330124199210283479	19921028		
计算机系	女	330304199212053023	19921205		

图 2-3-61　提取身份证中出生日期信息的公式

如果直接从身份证中左起第 7 位开始取 8 位出生日期信息（公式为“=MID(F3,7,8)”），则显示形式如 G3、G4 单元格所示。如果要使 G3 及后面单元格的格式与 G2 一样，只需要利用 G2 的“填充柄”复制公式即可。

2）以当时日期为准，计算每个学生的周岁（实际年龄）。主要困难是要判断当前月份是否已经过了生日月份，如果已经过了则当前年减去生日年份即为周岁数，否则还要再减少 1 才是周岁。因此，对于 H2 单元格的计算公式为“=IF(MONTH(TODAY())−MID(F2，11，2)>=0，YEAR(TODAY())-MID(F2，7，4)，YEAR(TODAY())−MID(F2，7，4)−1)”。

假设当前的日期是 2012 年 8 月，则前面几位同学的周岁计算结果如图 2-3-62 所示。

=IF(MONTH(TODAY())-MID(F2,11,2)>=0,YEAR(TODAY())-MID(F2,7,4),YEAR(TODAY())-MID(F2,7,4)-1)

D	E	F	G	H	I	J	K	L
系	性别	身份证号	出生日期	周岁	准考证号			
计算机系	男	330183199304240735	1993年04月24日	19				
计算机系	男	330124199411231551	1994年11月23日	17				
计算机系	男	330124199210283479	1992年10月28日	19				
计算机系	女	330304199212053023	1992年12月05日	19				
计算机系	女	330184199307142864	1993年07月14日	19				
计算机系	男	420184199310254138	1993年10月25日	18				
计算机系	男	33018219920102439X	1992年01月02日	20				

图 2-3-62　以当时日期为准计算学生的实际年龄

3）准考证号的生成可以利用文本替换函数 REPLACE 实现，将学号的前 4 位替换成该学期的考试信息“13158111”，先单击 I2 单元格，再单击编辑栏上的“插入函数”按钮，在打开的“插入函数”对话框中选择“文本”类别中的“REPLACE”函数，具体函数的参数设置如图 2-3-63 所示。

也可以在公式栏中直接输入函数公式，如图 2-3-64 所示。

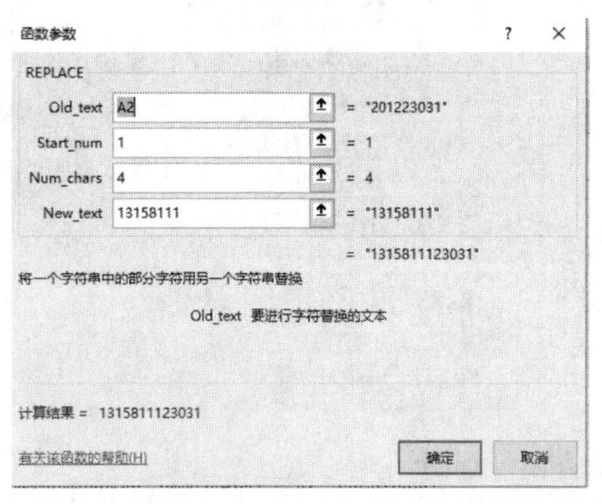

图 2-3-63　REPLACE 函数的参数设置

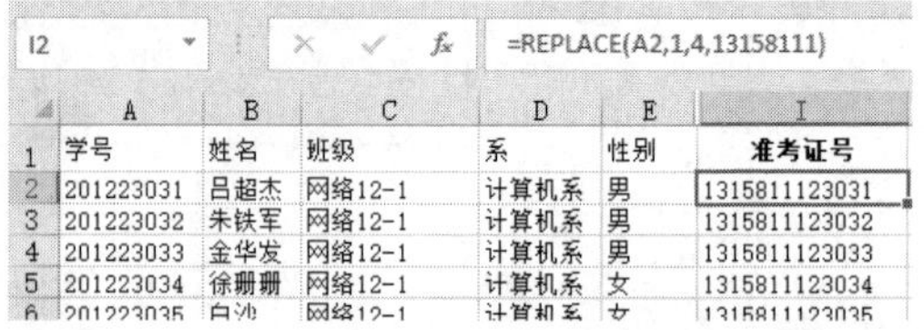

I2　=REPLACE(A2,1,4,13158111)

	A	B	C	D	E	I
1	学号	姓名	班级	系	性别	准考证号
2	201223031	吕超杰	网络12-1	计算机系	男	1315811123031
3	201223032	朱铁军	网络12-1	计算机系	男	1315811123032
4	201223033	金华发	网络12-1	计算机系	男	1315811123033
5	201223034	徐姗姗	网络12-1	计算机系	女	1315811123034
6	201223035	白沙	网络12-1	计算机系	女	1315811123035

图 2-3-64　直接在公式栏中输入 REPLACE 函数

后面单元格的公式格式与 I2 一样，只需要在 I2 单元格使用填充柄即可。

说明

本例各个函数的输入方式类似，填充方式也相似，文中不再一一细述。

4）可用统计函数 COUNTIF 来统计女生人数，再计算表中的女生占总学生数的百分比。在 D172 单元格写上“女生人数”，在 E172 单元格用统计函数 COUNTIF 来统计女生人数，COUNTIF 函数的参数设置如图 2-3-65 所示。

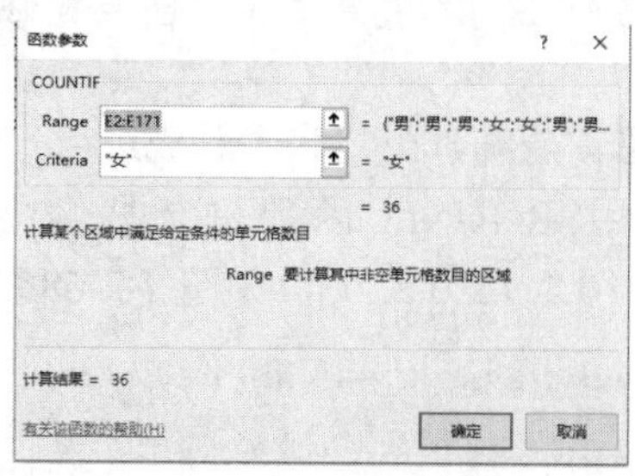

图 2-3-65　COUNTIF 函数的参数设置

注意

在“函数参数”对话框中后一项“Criteria”文本框中写公式时不用加双引号，单击“确定”按钮后系统自动添加。

在 D173 单元格写上“女生占百分比”，使用 TEXT 函数以百分比形式显示且保留 2 位小数，函数公式为“=TEXT(E172/170,"0.00%")”，把计算公式及结果填写在 E173 单元格中。

5）身份证号前 2 位“42”代表湖北省，可以采用 COUNTIF 函数统计湖北省学籍的学生人数，具体方法为提取学生身份证号码的前 2 位与“42”进行比较，函数为 =COUNTIF(F2:F171,"42*")，此处，“*”是通配符，可以代表任意字符；“42*”表示是 42 开头的任意字符，如图 2-3-66 所示。

2. “英语总评成绩表”中的数据计算处理

要求对“英语总评成绩表”工作表进行以下计算和处理：

1）在“听力”列右侧插入“听力修正”列，在 L1 单元格输入“难度系数”，在 L2 单元格输入 5，使用公式修改听力成绩，G2 单元格的公式为“=F2+$L$2”，按 Enter 键确定后，其后面的单元格只需要利用 G2 使用填充柄来完成。注意：公式中对 L2 单元格的引用必须使用绝对地址才能保证向后面填充时不出错误，如图 2-3-67 所示。

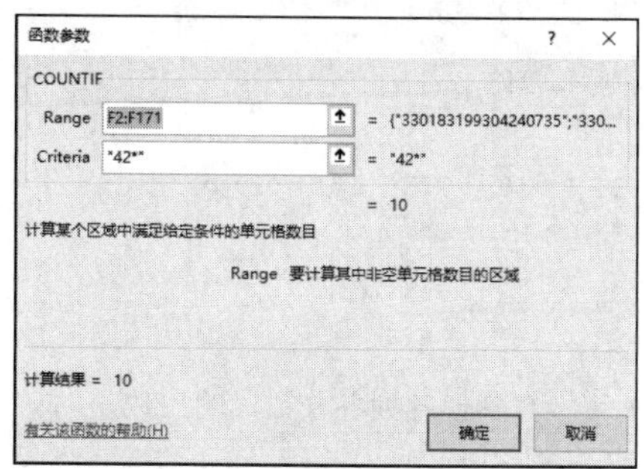

图 2-3-66　COUNTIF 函数统计湖北省学籍的学生人数

fx =F2+$L$2

D	E	F	G	H	I
性别	平时成绩	听力	听力修正	阅读	写作
男	85	72	77	86	81
男	85	81	86	74	75

图 2-3-67　使用公式修改听力成绩

说明

本例不在公式中直接使用“=F2+5”的好处在于，如果发现调整后的听力成绩不合理，要重新调整时就不需要修改公式再重新填充，而只要修改难度系数 L2 的值即可。

2）计算每位同学的英语总评成绩，公式为“总成绩＝平时成绩*20%+听力修正*20%+阅读*40%+写作*20%”，使用 ROUND 函数进行四舍五入保留整数处理，公式为“=ROUND(E2*0.2+G2*0.2+H2*0.4+I2*0.2,0)”，如图 2-3-68 所示。

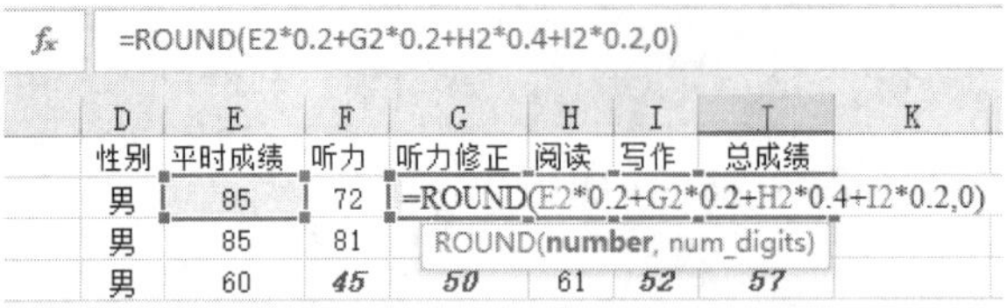

fx =ROUND(E2*0.2+G2*0.2+H2*0.4+I2*0.2,0)

D	E	F	G	H	I	J	K
性别	平时成绩	听力	听力修正	阅读	写作	总成绩	
男	85	72	=ROUND(E2*0.2+G2*0.2+H2*0.4+I2*0.2,0)				
男	85	81	ROUND(**number**, num_digits)				
男	60	45	50	61	52	57	

图 2-3-68　计算总评成绩

注意

公式中听力成绩需要使用 G2 代替原来的 F2，如果直接在 F2 单元格输入公式“=F2+5”，会出现公式包含循环引用的错误。另外，四舍五入保留整数处理也可以使用 INT 函数实现：=INT(E2*0.2+G2*0.2+H2*0.4+I2*0.2+0.5)。

3）成绩分析：使用统计函数 COUNTIF 来统计英语成绩在各分数段的人数，在 C 列 C173 单元格后依次写“90-100 人数”“80-89 人数”“70-79 人数”“60-69 人数”“60 以下人数”文字，在 E173 单元格插入函数 COUNTIF，函数参数为“=COUNTIF(E2:JE172,">=90")”。

依照同样方法，在 E174～E177 单元格内填入函数“=COUNTIF(E2:E171, ">=80")-E173”“=COUNTIF(E2:E171,">=70")-E173-E174”“=COUNTIF(E2:E171,">=60") -E173-E174-E175)”“=COUNTIF(E2:E171,"<60")”，将每行统计数据向右拖动填充柄可计算其他各列各分数段的人数。成绩分段统计结果如图 2-3-69 所示。

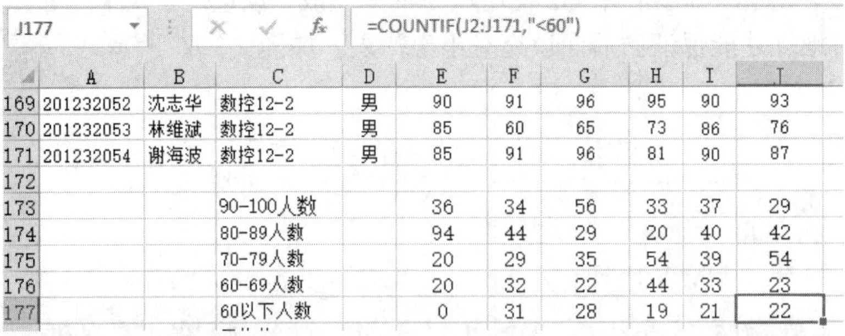

J177　fx =COUNTIF(J2:J171,"<60")

	A	B	C	D	E	F	G	H	I	J
169	201232052	沈志华	数控12-2	男	90	91	96	95	90	93
170	201232053	林维斌	数控12-2	男	85	60	65	73	86	76
171	201232054	谢海波	数控12-2	男	85	91	96	81	90	87
172										
173			90-100人数		36	34	56	33	37	29
174			80-89人数		94	44	29	20	40	42
175			70-79人数		20	29	35	54	39	54
176			60-69人数		20	32	22	44	33	23
177			60以下人数		0	31	28	19	21	22

图 2-3-69　将 E 列每行统计数据向右拖动填充柄可计算其他各列各分数段的人数

4）在“英语总评成绩表”工作表第 3 列最下端（C 列 C178 单元格开始）添加“平均分”“最高分”“最低分”“合格人数”“合格率”，并用函数计算成绩的相关数据，在 J178 单元格输入公式“=AVERAGE(J2:J171)”求平均分，也可以单击“开始”选项卡“编辑”选项组中的“自动求和”下拉按钮，在弹出的下拉列表中选择“平均值”选项（图 2-3-70），但此时的参数计算范围默认为J173:J177，需要在公式栏中修改为J2:J171，或者用鼠标拖动出计算区域。

平均分默认计算结果的小数位数有5位，还需用INT函数对“平均分”进行四舍五入，保留2位小数处理，公式为“=INT(AVERAGE(J2:J171)*100+0.5)/100”，或者用ROUND函数保留2位小数，公式为“=ROUND(AVERAGE(J2:J171),2)”，当然也可以单击“开始”选项卡“数字”选项组中的“.00→.0”按钮，减少小数位数到2位，如图2-3-71所示，也可以通过“设置单元格格式”对话框设置为数值型小数2位。希望学生能掌握上述这四种设置小数位数的方法。

单击J179单元格，同样也可以用图2-3-70所示的“最大值”选项求最大值，注意修改函数参数范围为“=MAX(J2:J171)”，就得到了最大值。求最小值的方法与此类似。

在J181单元格直接输入公式“=COUNTIF(J2:J171,">=60")”求合格人数，在J182单元格直接输入公式“=(J179/170)”可以计算总评成绩的合格率。若要用百分比表示，也可以通过“设置单元格格式”对话框设置为“百分比”小数2位。

成绩统计分析结果如图2-3-72所示。

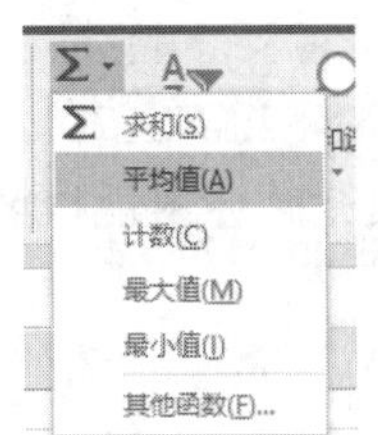

图2-3-70　“自动求和”下拉列表

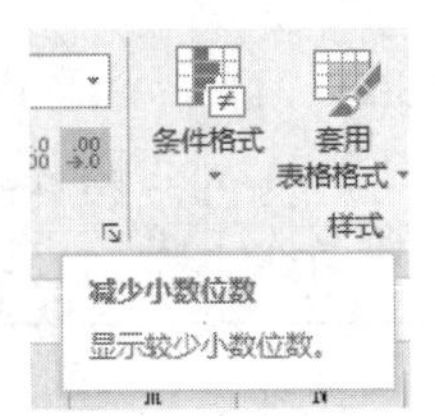

图2-3-71　“减少小数位数”按钮

90-100人数		36	34	56	33	37	29
80-89人数		94	44	29	20	40	42
70-79人数		20	29	35	54	39	54
60-69人数		20	32	22	44	33	23
60以下人数		0	31	28	19	21	22
平均分							76.35
最高分							96
最低分							48
合格人数							148
合格率							87.06%

图2-3-72　成绩统计分析结果

5）将每位同学的英语总评成绩复制到“学生总成绩表”的“英语”列，注意在粘贴时要选择“粘贴数值”。

3.“学生总成绩表”的数据处理

根据以下要求对“学生总成绩表”工作表中的总评成绩进行计算和处理：

1）在“法律基础”列右侧插入“法律分值”列，将每位同学的考查课“法律基础”成绩转换成分值，转换规则为“优秀=95、良好=85、中等=75、及格=65、不及格=40”。K2单元格的公式为“=IF(J2="优秀",95,IF(J2="良好",85,IF(J2="中等",75,IF(J2="及格",65,40))))”，注意：公式中的逗号和双引号必须是半角，如图2-3-73所示。

=IF(J2="优秀",95,IF(J2="良好",85,IF(J2="中等",75,IF(J2="及格",65,40))))

E	F	G	H	I	J	K	L	M	N
政治	大学计算	体育	高数	C程序设	法律基	法律分	英语	总分	平均分
93	79	61	85	73	良好	85	83		
79	82	68	66	60	中等	75	79		
72	79	84	85	66	中等	75	57		

图2-3-73　“法律基础”成绩转换成分值

2）在“英语”列右侧插入“总分”和“平均分”列，统计每位学生的总分和平均分（四舍五入保留2位小数）。注意：上述这些计算不考虑“德育考评”和“办公软件（选修）”的成绩。

总分的计算方法有2个，以M2单元格为例，后面的数据只要用填充柄即可。

- 用SUM函数计算，函数公式为“=SUM(D2:L2)”，计算的范围无须考虑减去“法律基础”字符型数据，因为SUM函数只对给定范围内的数值求和。
- 利用加法公式计算，公式为“=D2+E2+F2+G2+H2+I2+K2+L2”。这种方法在遇到某单元格不是数值时会出错，如I17单元格为文本“缺考”，此时用这个加法公式会出错，需要人工调整公式，在公式中删除I17单元格。

平均分的计算方法有2个，以N2单元格为例，后面的数据只要用填充柄即可。

- 用AVERAGE函数计算，函数公式为“=ROUND(AVERAGE(D2:L2),2)”，计算的范围无须考虑减去“法律基础”字符型数据，因为AVERAGE函数只对给定范围内的数值求平均。
- 利用总分除以成绩门数公式计算，公式为“=ROUND(M2/8,2)”。这种方法在遇到某单元格不是数值时会出错，如I17单元格为缺考，此时用这个公式会出错，需要人工调整公式改成除以7。

3）在“平均分”列右侧插入“校排名”和“系排名”列，使用RANK函数在不同范围根据平均分进行校、系排名。

校排名的函数公式为“=RANK(N2,$N$2:$N$171)”，注意：其中的$N$2:$N$171 为排名的参照数值区域，必须用绝对地址表示（图2-3-74），否则公式向下填充时会出现排名的参照数值区域在不断下移变化，就无法正确地排名次了。

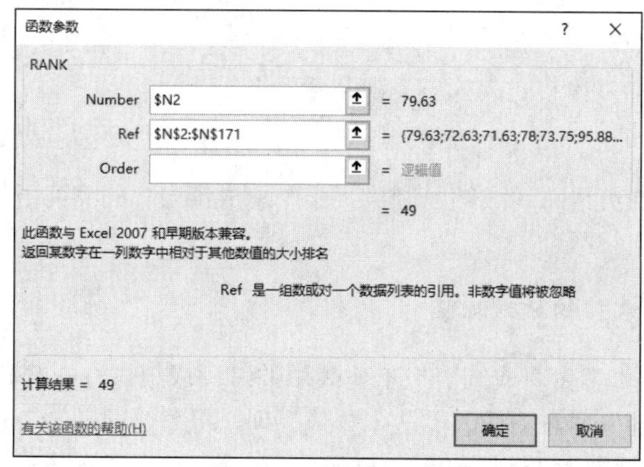

图2-3-74 RANK函数根据平均分进行校排名

类似地，系排名也采用RANK函数，只是每个系的排名的参照数值区域不同，但也要用绝对地址表示，各系排名的方法如下：

计算机系排名，P2单元格函数为“=RANK(N2,$N$2:$N$55)”，向后单元格填充即可。

电气系排名，P56单元格函数为“=RANK(N56,$N$56:$N$113)”，向后单元格填充即可。

机械系排名，P114单元格函数为“=RANK(N114,$N$114:$N$171)”，向后单元格填充即可。

注意

上述RANK函数是2007版Excel及更早期的Excel版的排名函数，在2010版Excel中它已被两个新函数（RANK.AVG函数和RANK.EQ函数）取代，这些新函数可以提供更高的准确度，而且它们的名称可以更好地反映出其用途。

下面以校排名为例，学习 RANK.AVG 函数和 RANK.EQ 函数。

RANK.AVG 函数的参数如图 2-3-75 所示。

RANK.EQ 函数的参数如图 2-3-76 所示。

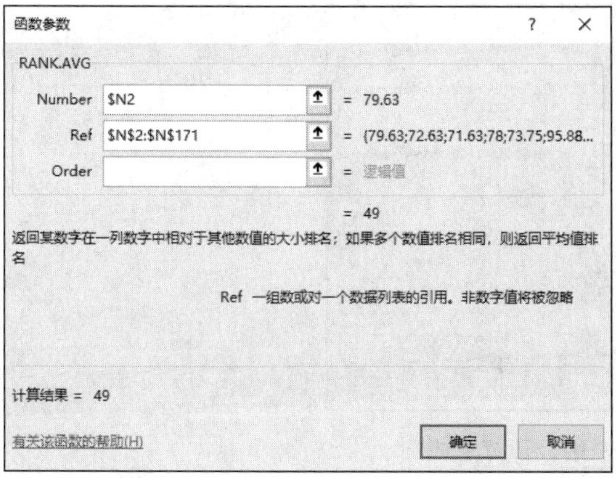

函数参数　? ×
RANK.AVG
Number　$N2　= 79.63
Ref　$N$2:$N$171　= {79.63;72.63;71.63;78;73.75;95.88...
Order　= 逻辑值
= 49
返回某数字在一列数字中相对于其他数值的大小排名；如果多个数值排名相同，则返回平均值排名
Ref 一组数或对一个数据列表的引用。非数字值将被忽略
计算结果 = 49
有关该函数的帮助(H)　确定　取消

图 2-3-75　RANK.AVG 函数根据平均分进行校排名

函数参数　? ×
RANK.EQ
Number　$N2　= 79.63
Ref　$N$2:$N$171　= {79.63;72.63;71.63;78;73.75;95.88...
Order　= 逻辑值
= 49
返回某数字在一列数字中相对于其他数值的大小排名；如果多个数值排名相同，则返回该组数值的最佳排名
Ref 一组数或对一个数据列表的引用。非数字值将被忽略
计算结果 = 49
有关该函数的帮助(H)　确定　取消

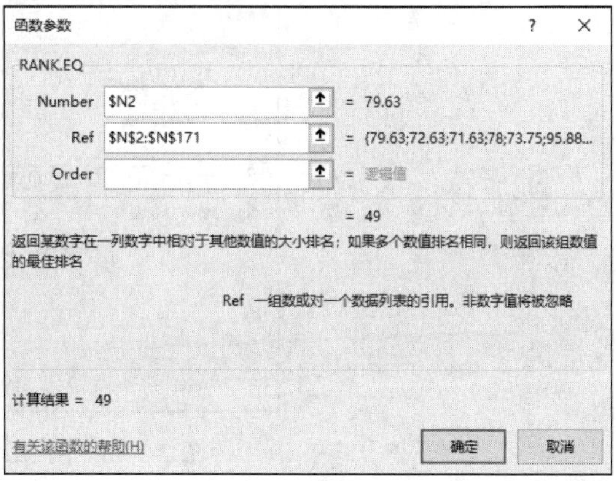

图 2-3-76　RANK.EQ 函数根据平均分进行校排名

说明

上述两个函数的 Number 参数中使用的是混合地址，$N2 是绝对列和相对行，这样复制到不同列位置时绝对引用的列不变，函数仍能正常使用。

上述这三个排名函数的排名结果对照如图 2-3-77 所示，可见 RANK.EQ 函数与 RANK 函数排名一样。

X	Y	Z
RANK校排名	RANK.AVG校排名	RANK.EQ校排名
49	49	49
130	130.5	130
139	140	139
63	64	63
119	119.5	119
1	1	1
37	37	37
18	18	18
33	34	33
129	129	129
145	145	145
146	146	146
124	125	124
158	158	158
154	154	154
162	162	162
10	10.5	10
2	2	2
45	45.5	45
66	66.5	66
80	80	80

图 2-3-77　三个排名函数结果对照

4）在“德育考评”列右侧插入“德育”列，考评成绩转换成三档：85 分及以上为优秀、60～84 分为合格、60 分以下为不合格。

R2 单元格 IF 函数为“=IF(Q2>=85,"优",IF(Q2>=60,"合格","不合格"))”或者也可以是“=IF(Q2>=85,"优",IF(AND(Q2>=60,Q2<85),"合格","不合格"))”，向后填充即可。

5）统计“办公软件（选修）”课的选修人数和总成绩，并由此计算平均成绩。在 S172～S174 单元格分别写上“选修人数”“总成绩”“平均成绩”，计算结果放在它的右侧单元格中。

“选修人数”采用 COUNT 函数公式为“=COUNT(S2:S171)”。

“总成绩”采用 SUMIF 函数公式为“=SUMIF(S2:S171,">0",S2:S171)”，如图 2-3-78 所示，公式的意思是把 S 列所有有成绩的单元的数值求和。

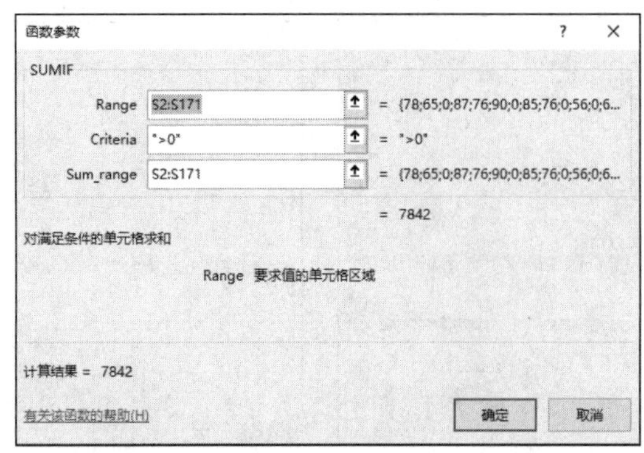

图 2-3-78　用 SUMIF 函数计算总成绩

“平均成绩”的计算公式则为“=T173/T172”，小数位数的处理方法同前。

4. 根据“学生总成绩表”进行奖惩处理

根据“学生总成绩表”工作表中的各项成绩标注各类奖学金和允许转专业的学生，具体要求如下。

1）在表格的最后增加 2 列：“允许转专业”和“奖学金”。

2）转专业的条件为：校排名为前 20%，且德育成绩为优。对于符合条件的学生在“允许转专业”列中填写“允许”，不符合条件的则这列为空白。T2 单元格的判断公式为“=IF(AND(O2<=34,R2="优"),"允许","")”。

3）根据各科成绩评定各等级的奖学金，并且将等级填写到“奖学金”列，评定条件如下。

一等奖学金：平均成绩在 90 分以上，且最低成绩在 85 分之上，系排名为前 6 名；

二等奖学金：平均成绩在 85 分以上，且系排名为前 10 名；

三等奖学金：平均成绩在 80 分以上，且最低成绩在 70 分之上，或者系排名为前 15 名。

U2 单元格的判断公式为“=IF(AND(N2>=90,MIN(D2:L2)>85,P2<=6),"一等奖学金",IF(AND(N2>=85,P2<=10),"二等奖学金",IF(OR(AND(N2>=80,MIN(D2:L2)>70),P2<=15),"三等奖学金","")))”。

4）对于有一门及以上不及格的学生或者德育不合格的学生，则在补考列中注明“补考”，提醒需要另发补考通知。

V2 单元格的判断公式为“=IF(OR(MIN(D2:L2)<60,R2="不合格"),"补考","")”。

5. 对“电气系自动化专业”工作表制作图表

（1）制作“二维簇状柱形图”

对“电气系自动化专业”中的女学生的主干课程创建“二维簇状柱形图”，设置图表标题为“电气系自动化专业女生主干课程成绩示意图”。主干课程为大学计算机、高数、C 程序设计和英语。主要步骤如下。

1）若要对女生的数据作图表分析，先对性别进行降序排序，这样可以把女生的记录连在一起。

2）由于主干课程没有在连续的区域，所以在选择作图数据时需要先按 Ctrl 键，再鼠标拖动选择姓名、大学计算机、高数、C 程序设计和英语这 5 列，如图 2-3-79 所示。

3）插入图表。单击“插入”选项卡“图表”选项组中的“柱形图”按钮，如图 2-3-80 所示。

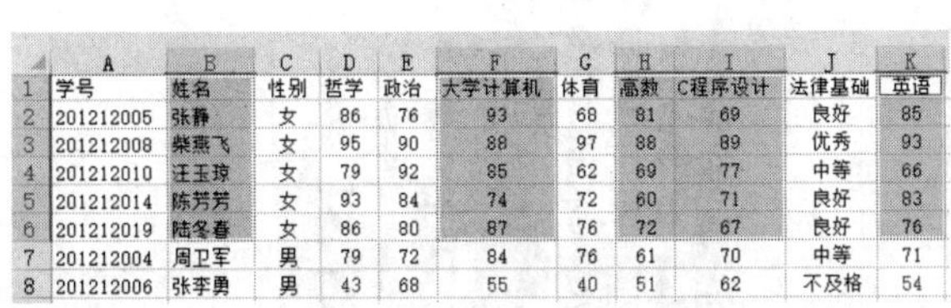

	A	B	C	D	E	F	G	H	I	J	K
1	学号	姓名	性别	哲学	政治	大学计算机	体育	高数	C程序设计	法律基础	英语
2	201212005	张静	女	86	76	93	68	81	69	良好	85
3	201212008	柴燕飞	女	95	90	88	97	88	89	优秀	93
4	201212010	汪玉琼	女	79	92	85	62	69	77	中等	66
5	201212014	陈芳芳	女	93	84	74	72	60	71	良好	83
6	201212019	陆冬春	女	86	80	87	76	72	67	良好	76
7	201212004	周卫军	男	79	72	84	76	61	70	中等	71
8	201212006	张李勇	男	43	68	55	40	51	62	不及格	54

图 2-3-79 按 Ctrl 键选择需要作图表的不连续数据列

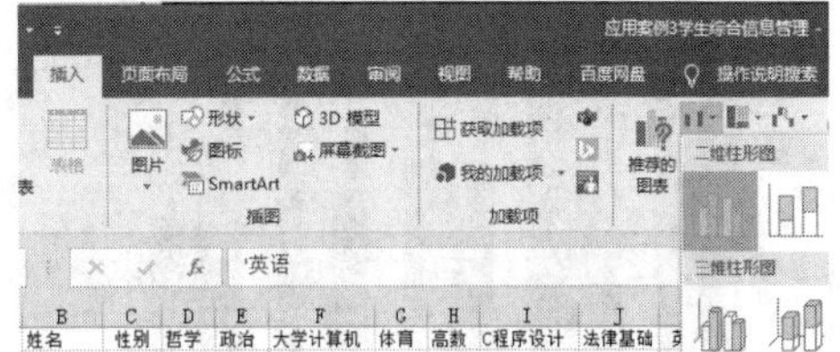

图 2-3-80 插入图表

在弹出的下拉列表中选择第一项“二维簇状柱形图”，便自动出现默认格式的图表，如图 2-3-81 所示。

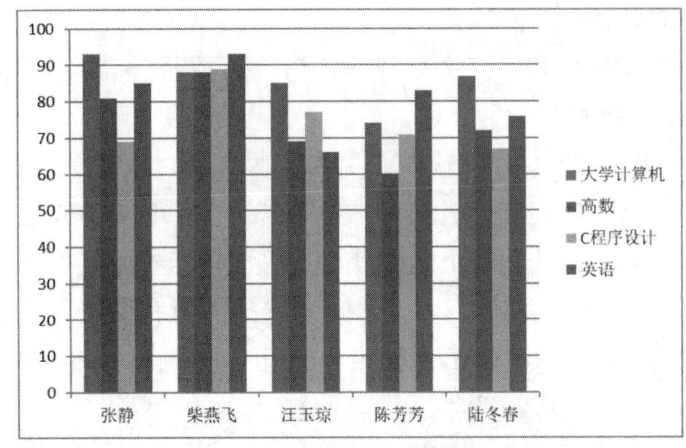

图 2-3-81 默认格式的二维簇状柱形图

4）添加图表的标题。单击图表，会出现“图表工具-设计”选项卡，可以对图表进行设计和修改布局参数。例如，在“图表工具-设计”选项卡中选择添加图表标题在图表上方，如图 2-3-82 所示。

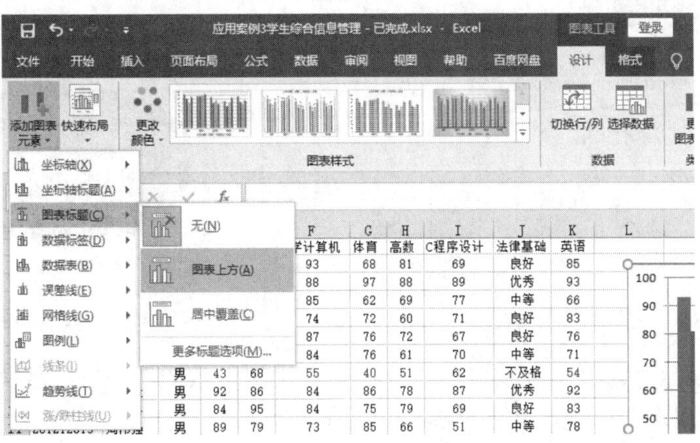

图 2-3-82 添加图表标题在图表上方

在输入标题文字后，可以修改标题文字的大小为 12 号，颜色为红色，如图 2-3-83 所示。

5）编辑图表选项。单击图表相关项，从快捷菜单中选择要编辑的图表选项，如更改图表类型为三维簇状柱形图、调整图表大小，还可以对“大学计算机”成绩添加数据标签，如图 2-3-84 所示。

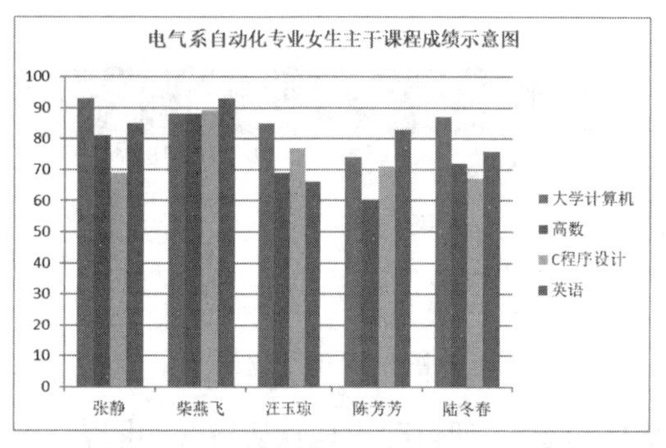

图 2-3-83 输入标题文字并修改字号

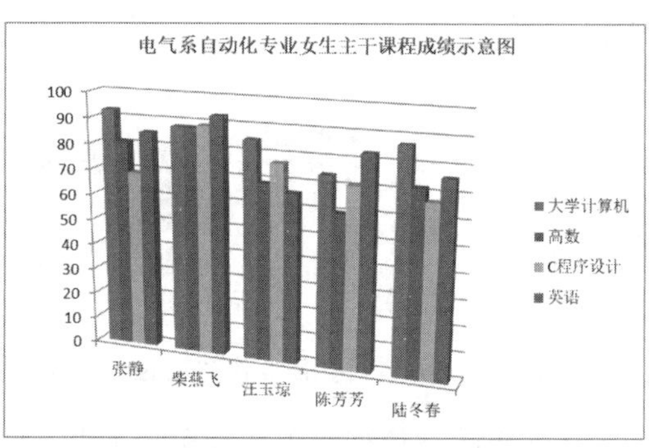

图 2-3-84 编辑图表选项

（2）制作“三维立体饼图”

对该专业学生的男女比例作“三维立体饼图”，设置图表标题为“电气系自动化专业男女比例示意图”。主要步骤如下：

1）在 B20 和 B21 单元格中分别输入“男生人数”和“女生人数”，在 C20 和 C21 单元格中分别输入公式“=COUNTIF(C2:C19,"男")”和“=COUNTIF(C2:C19,"女")”。

2）选择 B20:C21 区域（四个单元格），单击“插入”选项卡“图表”选项组右下角的对话框启动器按钮，打开“插入图表”对话框，再选择“所有图表”选项卡中的“饼图”→“三维饼图”，如图 2-3-85 所示。单击“确定”按钮，得到默认的三维饼图，如图 2-3-86 所示。

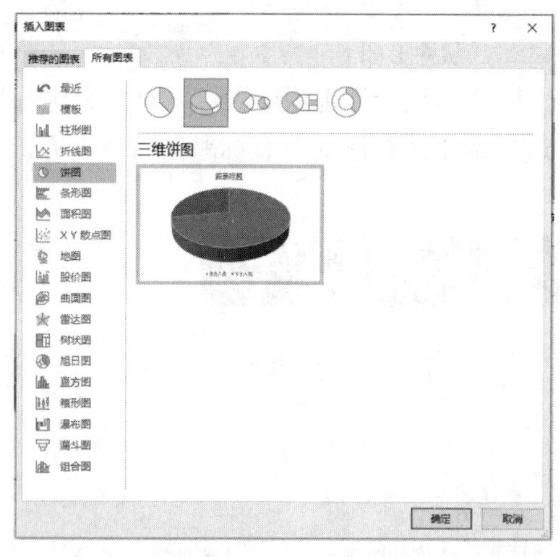

图 2-3-85 选择“三维饼图”

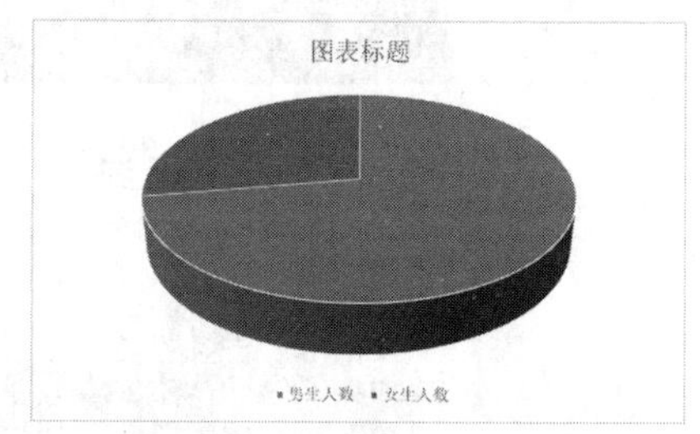

图 2-3-86 默认的三维饼图

3）设置图表标题为“电气系自动化专业男女比例示意图”，选择“图表工具-设计”选项卡，可以更改图表的外观，如图 2-3-87 所示。

4）同时在“图表布局”上选择第 1 项布局样式，如图 2-3-88 所示。

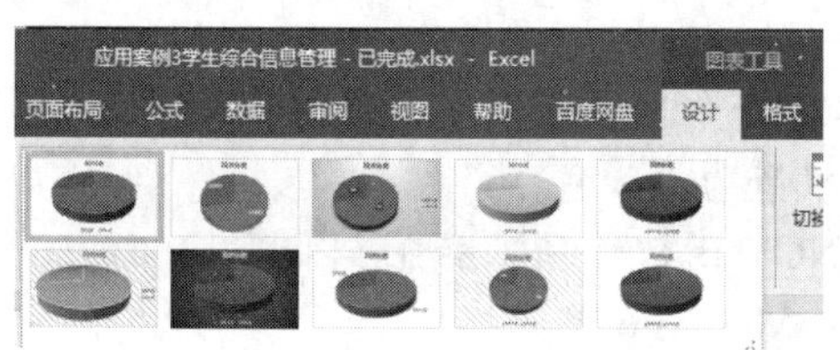

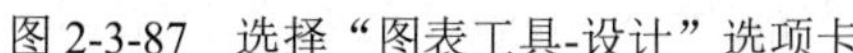

图 2-3-87　选择“图表工具-设计”选项卡

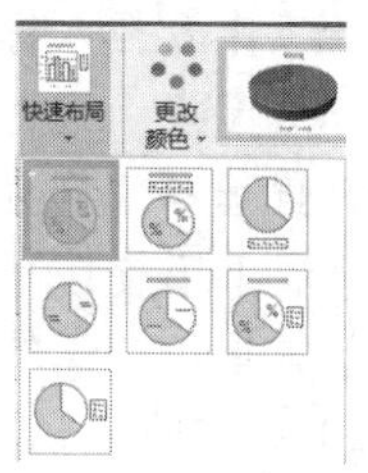

图 2-3-88　选择布局样式

5）选择图例字体，加大、加粗，得到如图 2-3-89 所示的最终饼图。

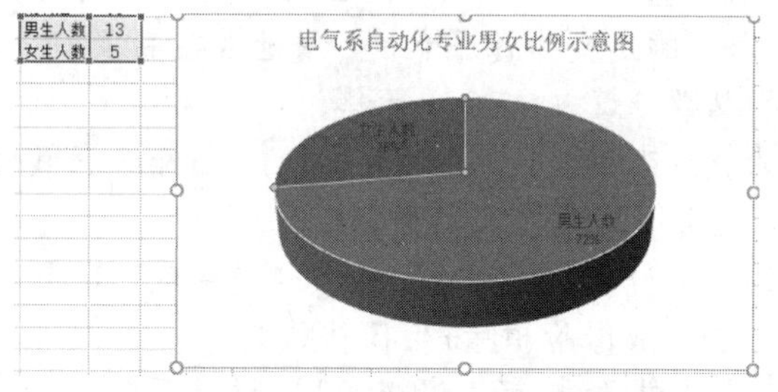

图 2-3-89　最终的电气系自动化专业男女比例饼图

3.5　应用案例 4——Excel 2010 综合案例

3.5.1　综合案例描述——职工工资信息管理

利用 Excel 软件来建立一个企业职工工资信息表，进行 Excel 高级操作练习，对信息进行有效处理，让工作达到事半功倍的效果。参考效果如图 2-3-90 所示。具体操作要求如下。

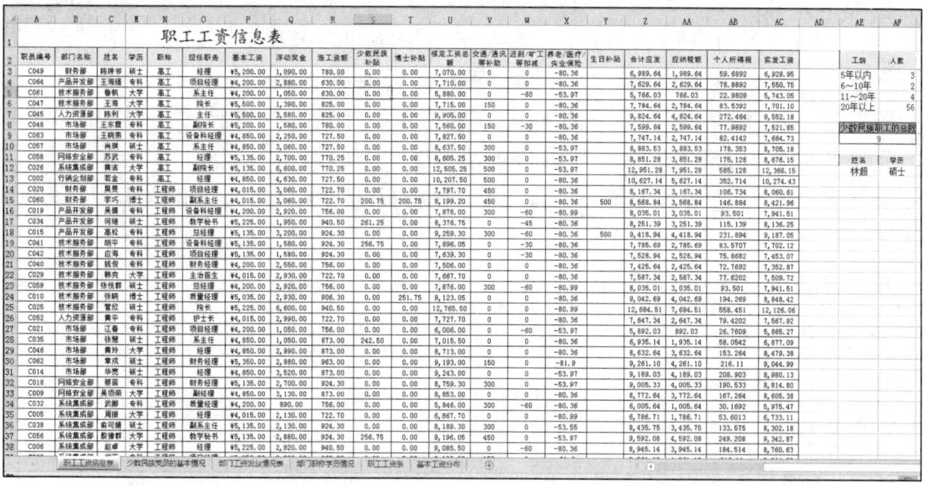

图 2-3-90　参考效果图

- 在 Sheet1 工作表中，建立“职工工资信息表”相关数据信息，将 Sheet1 重新命名为“职工工资信息表”，并更改工作表标签颜色为蓝色。

- 给工作表插入标题“职工工资信息”，合并居中，字体为黑色 24 号楷体。
- 冻结窗口：列标题和姓名列冻结。
- 设置基本工资为货币形式；对基本工资数据区域使用条件格式为蓝色数据条；并将职工工资信息表的自动套用格式设置为“浅色 16”。
- 计算每位职工的工龄；用 FREQUENCY 函数计算工龄在 5 年以内、6～10 年、11～20 年、20 年以上的员工人数，填入 AF3:AF6 单元格。
- 计算涨工资额（助教涨幅为 5%，讲师涨幅为 8%，高工涨幅为 15%，副教授/工程师涨幅为 18%，主治医师/教授涨幅为 25%，其余职称涨幅为 2%）。
- 将少数民族额外补贴基本工资的 5%填入 S 列，博士额外补贴基本工资的 5%填入 T 列。
- 将党龄在 25 年以上的定义为资深党员，用函数在 H 列列出是否为资深党员；计算少数民族职工的总数，填入 AE9 单元格。
- 计算每位职工的核定工资（核定工资=基本工资+涨工资额+浮动奖金+补贴）。
- 如果员工当月过生日，计算生日补贴。
- 计算每位职工的合计应发工资（合计应发工资=核定工资+交通/通信补助+迟到/旷工扣减+养老/医疗/失业保险扣除+生日补贴）。
- 计算应纳税额（应纳税额=核定工资−5000）；计算每个职工应该缴纳的个人所得税；计算每个职工的实发工资=合计应发−个人所得税。
- 用函数查出姓名为“林超”的职工的学历。
- 对职称按高工、工程师、其他技术职称的顺序进行排序。
- 使用前四个人的“姓名”和“基本工资”两列数据建立簇状柱形图。要求：标题名为“基本工资分布情况图”，分类轴名为“姓名”，数值轴名为“基本工资”，初始值为 3000 元，图例显示在底部并显示值，插入“Sheet3”，Sheet3 命名为“基本工资分布”；在建立的图表右侧插入艺术字“基本工资分布情况图”。
- 高级筛选少数民族党员的基本情况，将筛选结果存入 Sheet3，并更名为“少数民族党员基本情况”。
- 新建数据透视表，分析不同部门各种职称不同学历的员工的人数，命名为“部门职称学历情况”；将数据透视表的最左上格添加斜线表头，表头名为“部门/职称”。
- 将职工工资信息表中的部门名称和实发工资两列复制到 Sheet4，并更名为“部门工资发放情况表”，对各部门的实发工资用合并计算进行统计。同时按合并计算的部分进行制作 SmartArt 中的基本列表图形。
- 对职工工资信息表设置保护操作，保护密码为“12456”，对“部门工资发放情况表”设置隐藏。
- 新建工作表，命名为“职工工资条”，以工资条的形式列出每位员工的详细信息。

3.5.2 解决方案

1. 总体分析

企业每月工资的发放是再正常不过的一件事情，那么在每月工资发放前夕，财务人员必须要完成对本月工资的核算。工资的最终结算金额来自多项数据，如员工的基本工资、涨工资额、各项补贴、个人所得税等。如果用手工方式计算这些数据，工作效率低下，并容易出错。有了 Excel 软件，就可以在学习 Excel 中创建表格并利用函数计算来管理这些数据，从而达到一些自动化管理的功能。

2. 设计规划

本案例的实现可以从三个方面展开，即工作表的基本设置、各项数据的计算及数据的管理分析和图表生成。

（1）工作表的基本设置

工作表的基本设置主要包括：

- 建立职工工资信息表并对信息进行基本设置。
- 为操作方便对窗口进行冻结操作。
- 设置单元格的格式及自动套用格式。

（2）各项数据的计算

各项数据的计算主要包括：

- 使用日期与时间函数计算工龄。
- 用数组频率统计函数FREQUENCY计算各工龄段的人数。
- 用逻辑函数中IF函数计算涨工资额、少数民族补贴和判断是否为资深党员。
- 用统计函数中COUNTIF函数计算少数民族的总数。
- 用数组公式计算各项数据。
- 根据现有条件实现快速查询。
- 设置公式自动返回相关信息。

（3）数据的管理分析和图表生成

数据的管理分析和图表生成主要包括：

- 按技术职称的顺序对数据进行排序。
- 用图表直观显示各员工基本工资分布情况。
- 通过高级筛选显示少数民族党员基本情况。
- 建立数据透视表分析不同部门各种职称不同学历的员工的人数。
- 对数据进行合并计算。
- 保护工作表。
- 制作每个职工的工资条。

3. 解决方案

完成本案例时，首先需要搜索信息建立职工工资信息表，并进行单元格格式设置，除了用公式统计每位员工的工资额外，还要进行排序、高级筛选、制作图表和数据透视表等操作。

此外，因为企业实际业务的需要，还要把工资表制作成工资条发给每位员工，我们利用Excel 2019的高级操作完成这个功能，制作出来的工资条既美观又简便。

3.5.3 实现步骤

1. 工作表的基本设置

（1）建立工作表并重命名

在Sheet1工作表中建立“职工工资信息表”相关数据信息，将Sheet1重命名为“职工工资信息表”，并更改工作表标签颜色为蓝色，如图2-3-91所示。

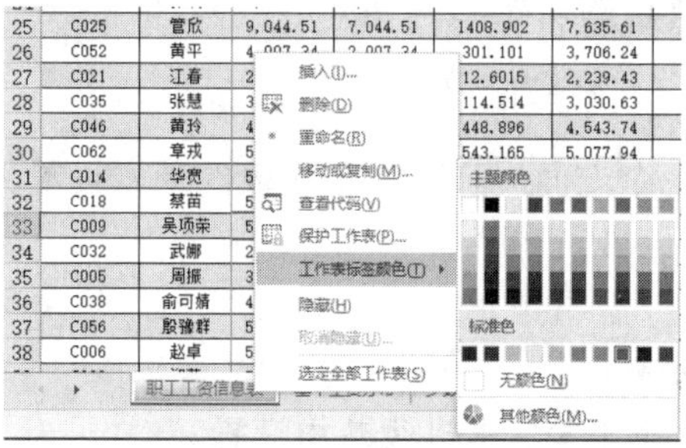

图 2-3-91 工作表重命名

（2）工作表标题操作

设置：给工作表插入标题“职工工资信息”，合并居中，字体为黑色 24 号楷体。

操作：选中第 1 行，右键单击插入，并合并 A1:AC1 单元格，输入文字：职工工资信息，设置字体为黑色 24 号楷体，如图 2-3-92 所示。

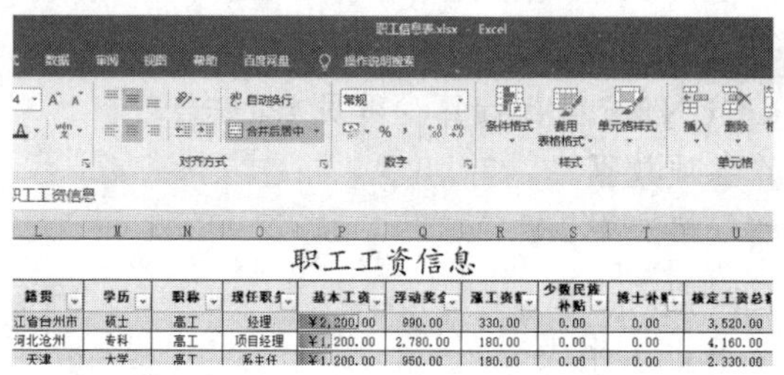

图 2-3-92 工作表标题设置

（3）冻结窗口操作

设置：将列标题和姓名列冻结。

操作：先切换到“视图”选项卡，然后选中 D3 单元格，单击“冻结窗格”按钮，冻结拆分窗格，如图 2-3-93 所示。

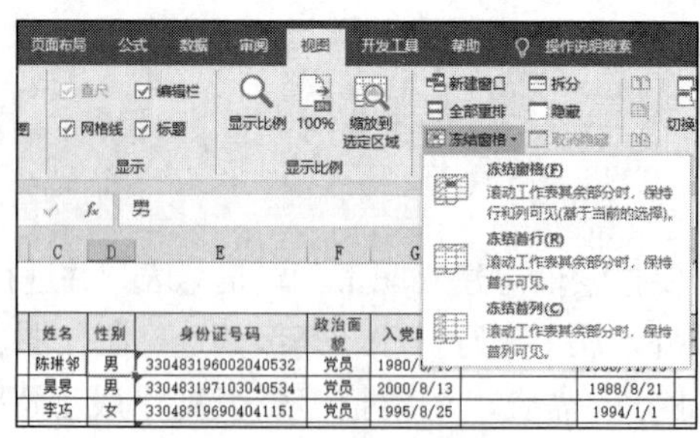

图 2-3-93 冻结窗格

（4）单元格格式操作

设置：设置基本工资为货币形式。

操作：选中 P 列，设置单元格格式，设置“分类”为“货币”，货币符号设置为“¥”，其余保持不变，如图 2-3-94 所示。

（5）条件格式的应用

设置：对基本工资数据区域使用条件格式为蓝色数据条，并将职工工资信息表的自动套用格式设置为“浅色 16”。

操作：选择“样式”选项卡，选择“条件格式”→“数据条”→“蓝色数据条”选项，如图 2-3-95 所示。

图 2-3-94　单元格格式设置

图 2-3-95　条件格式使用

先将职工工资信息表全选后，选择“开始”选项卡，选择“套用表格格式”→“浅色”→“表格样式浅色 16”类型，完成结果如图 2-3-96 所示。

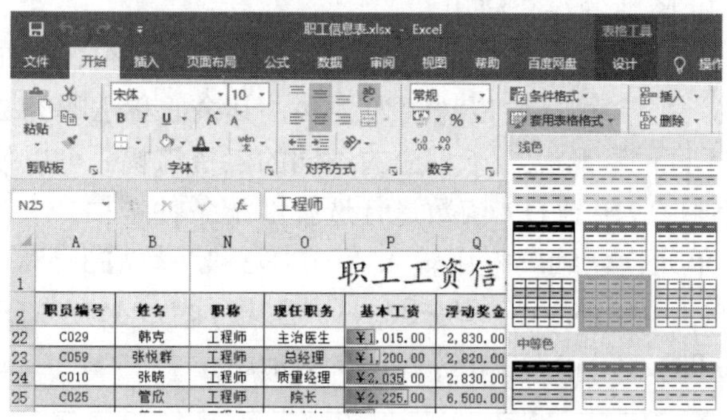

图 2-3-96　自动套用浅色 16 样式

2. 各项数据的计算

（1）日期与时间函数应用

计算：每位职工的工龄。

分析：运用日期函数计算职工工龄，填入 J 列。计算公式应为当前时间年份与参加工作时年份之差。

操作：选中 J3 单元格，在编辑栏中输入“=YEAR(TODAY())-YEAR(I3)”，如图 2-3-97 所示。

J3　=YEAR(TODAY())-YEAR(I3)

	H	I	J	K	L	M	N
1							职
2	是否资深党员	参加工作时间	工龄	民族	籍贯	学历	职称
3		1988/11/13	31	汉	浙江省台州市	硕士	高工
4		1988/8/21	31	汉	浙江省杭州市	专科	工程师
5		1994/1/1	25	朝鲜	北京	博士	工程师

图 2-3-97　时间函数运用

（2）数组频率统计函数 FREQUENCY 的应用

计算：用 FREQUENCY 函数计算工龄在 5 年以内、6～10 年、11～20 年、20 年以上的员工人数，填入 AF3:AF6 单元格。

分析：计算数值在某个区域内的出现频率，然后返回一个垂直数组。使用函数 FREQUENCY 可以在数据区域内计算某范围内的个数。由于函数 FREQUENCY 返回一个数组，所以它必须以数组公式的形式输入。

操作：选中 AF3:AF6 单元格，输入“=FREQUENCY(J3:J67,AG3:AG5)”，在编辑栏状态下，按 Ctrl+Shift+Enter 组合键，完成数组公式，如图 2-3-98 所示。

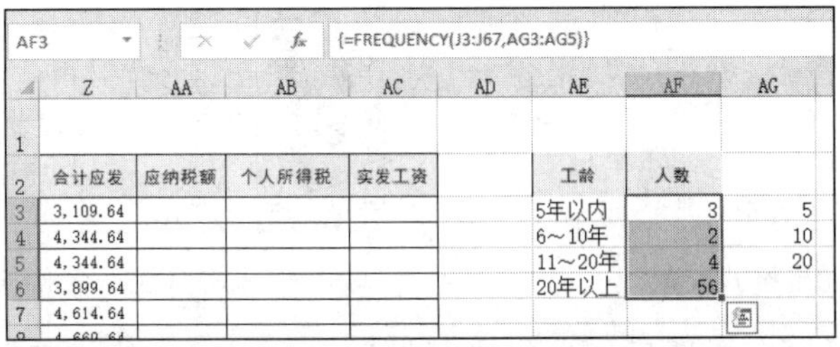

AF3　{=FREQUENCY(J3:J67,AG3:AG5)}

	Z	AA	AB	AC	AD	AE	AF	AG
1								
2	合计应发	应纳税额	个人所得税	实发工资		工龄	人数	
3	3,109.64					5年以内	3	5
4	4,344.64					6～10年	2	10
5	4,344.64					11～20年	4	20
6	3,899.64					20年以上	56	
7	4,614.64							

图 2-3-98　FREQUENCY 函数的应用

（3）逻辑函数中 IF 函数的综合应用

计算 1：计算涨工资额（助教涨幅为 5%，讲师涨幅为 8%，高工涨幅为 15%，副教授/工程师涨幅为 18%，主治医师/教授涨幅为 25%，其余职称涨幅为 2%）。

分析：根据多个不同的职称，给予相应的不同的工资涨幅。可以使用逻辑函数 IF 来完成多层嵌套使用，同时也应用到 OR 函数进行选择匹配条件选项。

操作：选中 R3 单元格，编辑栏中输入“=IF(N3="助教",P3*5%,IF(N3="讲师",P3*8%,IF(N3="高工",P3*15%,IF(OR(N3="副教授",N3="工程师"),P3*18%,IF(OR(N3="主治医师",N3="教授"),P3*25%,P3*2%)))))”，如图 2-3-99 所示。

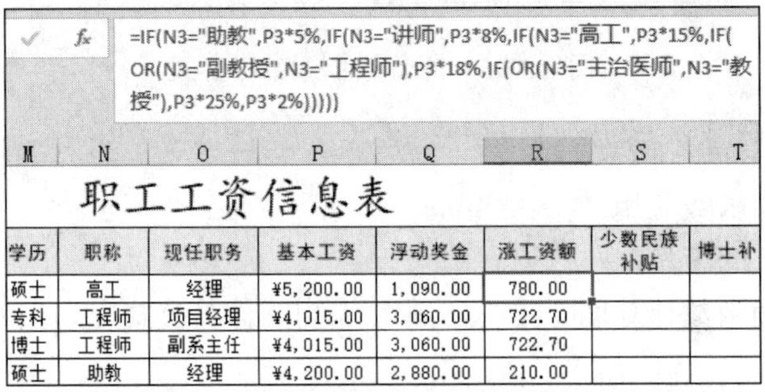

=IF(N3="助教",P3*5%,IF(N3="讲师",P3*8%,IF(N3="高工",P3*15%,IF(OR(N3="副教授",N3="工程师"),P3*18%,IF(OR(N3="主治医师",N3="教授"),P3*25%,P3*2%)))))

职工工资信息表

学历	职称	现任职务	基本工资	浮动奖金	涨工资额	少数民族补贴	博士补
硕士	高工	经理	¥5,200.00	1,090.00	780.00		
专科	工程师	项目经理	¥4,015.00	3,060.00	722.70		
博士	工程师	副系主任	¥4,015.00	3,060.00	722.70		
硕士	助教	经理	¥4,200.00	2,880.00	210.00		

图 2-3-99　逻辑函数中 IF 函数的综合应用 1

计算 2：少数民族额外补贴基本工资的 5%填入 S 列，博士额外补贴基本工资的 5%填入 T 列。

分析：可以根据逻辑函数 IF 来划分民族为少数民族时，满足基本工资补贴 5%，同时用逻辑函数 IF 划分学历为“博士”时，满足基本工资补贴 5%。

操作：选择 S3 单元格，输入函数“=IF(K3<>"汉",P3*5%,0)”，填充本列数据单元格。选择 T3 单元格，输入函数“=IF(M3="博士",P3*5%,0)”，填充本列数据单元格，如图 2-3-100 所示。

S3 =IF(K3<>"汉",P3*5%,0)

	J	K	L	M	N	O	P	Q	R	S
1	职工工资信息表									
2	工龄	民族	籍贯	学历	职称	现任职务	基本工资	浮动奖金	涨工资额	少数民族补贴
3	31	汉	浙江省台州市	硕士	高工	经理	¥5,200.00	1,090.00	780.00	0.00
4	31	汉	浙江省杭州市	专科	工程师	项目经理	¥4,015.00	3,060.00	722.70	0.00
5	25	朝鲜	北京	博士	工程师	副系主任	¥4,015.00	3,060.00	722.70	200.75
6	31	汉	浙江省宁波市	硕士	助教	经理	¥4,200.00	2,880.00	210.00	0.00
7	30	汉	浙江省瑞安市	硕士	副教授	教学秘书	¥5,135.00	2,720.00	924.30	0.00

图 2-3-100　逻辑函数中 IF 函数的综合应用 2

计算 3：党龄在 25 年以上的为资深党员，用函数在 H 列列出是否为资深党员。

分析：需要同时满足政治面貌为“党员”，而且党龄大于 25 年两个条件，才可以作为“资深党员”。

操作：选中 H3 单元格，输入函数“=IF(AND(F3="党员",DATEDIF(G3,TODAY(),"y")>25),"资深党员","")”，如图 2-3-101 所示。

=IF(AND(F3="党员",DATEDIF(G3,TODAY(),"y")>25),"资深党员","")

C	F	G	H	I	J	K	L
姓名	政治面貌	入党时间	是否资深党员	参加工作时间	工龄	民族	籍贯
陈琳邻	党员	1980/5/19	资深党员	1988/11/13	31	汉	浙江省台州市
昊旻	党员	2000/8/13		1988/8/21	31	汉	浙江省杭州市
李巧	党员	1995/8/25		1994/1/1	25	朝鲜	北京
邵蒙				1988/11/30	31	汉	浙江省宁波市
庄伟				1989/4/29	30	汉	浙江省瑞安市

图 2-3-101　逻辑函数中 IF 函数的综合应用 3

计算 4：如果员工当月过生日，则在 Y 列中填充生日补贴 500 元。

分析：可以根据逻辑函数 IF 结合身份证信息来计算员工当月是否过生日。

操作：选择 Y3 单元格，输入函数“=IF(VALUE(MID(E3,11,2))=MONTH(TODAY()),500,"")”，填充本列数据单元格，如图 2-3-102 所示。

=IF(VALUE(MID(E3,11,2))=MONTH(TODAY()),500,"")

C	U	V	W	X	Y	
姓名	核定工资总额	交通/通讯等补助	迟到/旷工等扣减	养老/医疗/失业保险	生日补贴	合
陈琳邻	7,070.00	0	0	-80.36	500	
昊旻	7,797.70	450	0	-80.36	500	
李巧	8,199.20	450	0	-80.36		
邵蒙	7,290.00	0	0	-80.36		
庄伟	8,779.30	0	-60	-80.36		

图 2-3-102　逻辑函数中 IF 函数的综合应用 4

（4）统计函数中 COUNTIF 函数的应用

计算：将少数民族职工的总数填入 AE9 单元格。

分析：要计算少数民族职工数，可以将条件设定为非汉族人数的统计。

操作：在 AE9 单元格中编辑函数“=COUNTIF(K3:K67,"<>汉")”，如图 2-3-103 所示。

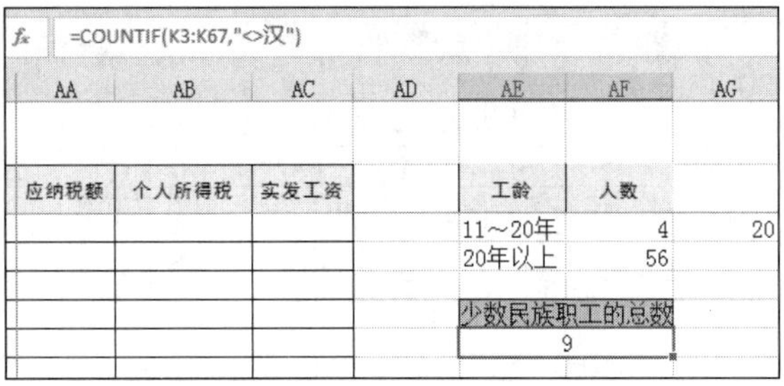

=COUNTIF(K3:K67,"<>汉")

AA	AB	AC	AD	AE	AF	AG
应纳税额	个人所得税	实发工资		工龄	人数	
				11～20年	4	20
				20年以上	56	
				少数民族职工的总数		
				9		

图 2-3-103 COUNTIF 函数的应用

（5）常用函数公式应用

计算 1：每位职工的核定工资（核定工资=基本工资+涨工资额+浮动奖金+补贴）。

操作：选中 U3 单元格，输入函数“=SUM(P3:T3)”或者“=P3+Q3+R3+S3+T3”。

计算 2：每位职工的合计应发工资（合计应发工资=核定工资+交通/通信补助+迟到/旷工扣减+养老/医疗/失业保险扣除+生日补贴）。

操作：选中 Y3 单元格，输入函数“=SUM(U3:Y3)”。

计算 3：应纳税额（应纳税额=核定工资-5000）。

操作：选中 Z3 单元格，输入函数“=Z3-5000”。

计算 4：每个职工应该缴纳的个人所得税（个人所得税=应纳税额×税率）。

个人所得税税率表如图 2-3-104 所示。

所得税率表			
级数	应纳税所得额	税率（%）	速算扣除数
1	不超过3000元的	3	0
2	超过3000元至12000元的部分	10	210
3	超过12000元至25000元的部分	20	1410
4	超过25000元至35000元的部分	25	2660
5	超过35000元至55000元的部分	30	4410
6	超过55000元至80000元的部分	35	7160
7	超过80000元的部分	45	15160

图 2-3-104 个人所得税税率表

操作：选中 AB3 单元格，输入函数“=IF(AA3<3000,AA3*0.03,IF(AA3<12000,AA3*0.1-210,IF(AA3<25000,AA3*0.2-1410,IF(AA3<35000,AA3*0.25-2660,IF(AA3<55000,AA3*0.3-4410,IF(AA3<80000,AA3*0.35-7160,AA3*0.45-15160))))))”，如图 2-3-105 所示。

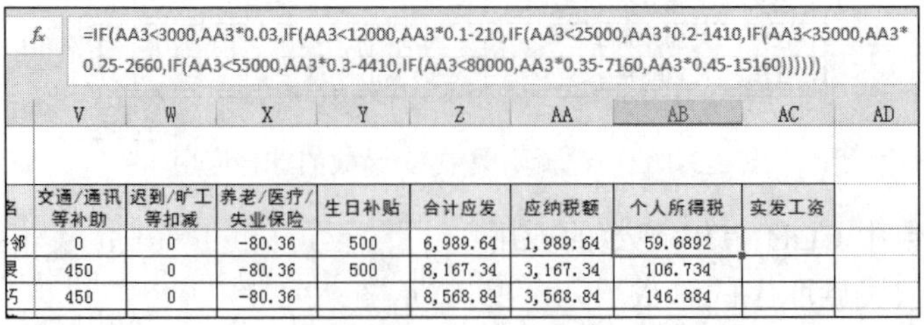

=IF(AA3<3000,AA3*0.03,IF(AA3<12000,AA3*0.1-210,IF(AA3<25000,AA3*0.2-1410,IF(AA3<35000,AA3*0.25-2660,IF(AA3<55000,AA3*0.3-4410,IF(AA3<80000,AA3*0.35-7160,AA3*0.45-15160))))))

V	W	X	Y	Z	AA	AB	AC	AD
交通/通讯等补助	迟到/旷工等扣减	养老/医疗/失业保险	生日补贴	合计应发	应纳税额	个人所得税	实发工资	
0	0	-80.36	500	6,989.64	1,989.64	59.6892		
450	0	-80.36	500	8,167.34	3,167.34	106.734		
450	0	-80.36		8,568.84	3,568.84	146.884		

图 2-3-105 个人所得税

计算 5：每个职工的实发工资=合计应发-个人所得税。

操作：选中 AB3 单元格，输入函数“=Z3-AB3”。

（6）高级函数的综合应用

计算 1：用函数查出姓名为“林超”的职工的学历。

分析：通过工作表中某一单元格信息来搜索与其相关的其他单元格信息，我们可以考虑一些相关功能的函数来实现查找数据工作。

操作：=INDEX(M2:M67,MATCH(AE12,C2:C67,0))，如图 2-3-106 所示。

或者：=VLOOKUP(AE12,C2:M67,11,FALSE)。

=INDEX(M2:M67,MATCH(AE12,C2:C67,0))

	C	AB	AC	AD	AE	AF
名称	姓名	个人所得税	实发工资		工龄	人数
发部	胡力	72.2292	7,335.41			
发部	吴婧	93.501	7,941.51		姓名	学历
发部	何维	115.139	8,136.25		林超	硕士
发部	麟俊	226.853	9,141.68			

图 2-3-106　函数的高级综合应用——查找学历

计算 2：新建工作表，命名为“职工工资条”，以工资条的形式列出每位员工的详细信息。

操作：“=IF(MOD(ROW(A1),3)=0," ",IF(MOD(ROW(A1),3)=1,职工工资信息表!A$2，INDEX(职工工资信息表!$A$3:$AD$66,(ROW($A1)+1)/3,COLUMN(A1))))”。

完成效果如图 2-3-107 所示。

A1　=IF(MOD(ROW(A1),3)=0," ",IF(MOD(ROW(A1),3)=1,职工工资信息表!A$2,INDEX(职工工资信息表!$A$3:$AD$66,(ROW($A1)+1)/3,COLUMN(A1))))

	A	B	C	D	E	F	G	H	I	J	K	L	M	N	O	P
1	职员编号	部门名称	姓名	性别	身份证号	政治面貌	入党时间	是否资深	参加工作	工龄	民族	籍贯	学历	职称	现任职务	基本工
2	C049	财务部	陈琳邻	男	330483196	党员	29360	资深党员	32460	31	汉	浙江省台	硕士	高工	经理	52
3																
4	职员编号	部门名称	姓名	性别	身份证号	政治面貌	入党时间	是否资深	参加工作	工龄	民族	籍贯	学历	职称	现任职务	基本工
5	C020	财务部	昊旻	男	330483197	党员	36751		32376	31	汉	浙江省杭	专科	工程师	项目经理	4
6																
7	职员编号	部门名称	姓名	性别	身份证号	政治面貌	入党时间	是否资深	参加工作	工龄	民族	籍贯	学历	职称	现任职务	基本工
8	C060	财务部	李巧	女	330483196	党员	34936		34335	25	朝鲜	北京	博士	工程师	副系主任	4
9																
10	职员编号	部门名称	姓名	性别	身份证号	政治面貌	入党时间	是否资深	参加工作	工龄	民族	籍贯	学历	职称	现任职务	基本工
11	C024	财务部	邵蒙	女	330483196	0	0		32477	31	汉	浙江省宁	硕士	助教	经理	4
12																
13	职员编号	部门名称	姓名	性别	身份证号	政治面貌	入党时间	是否资深	参加工作	工龄	民族	籍贯	学历	职称	现任职务	基本工
14	C033	财务部	庄伟	男	330583196	0	0		32627	30	汉	浙江省瑞	硕士	副教授	教学秘书	51
15																

图 2-3-107　职工工资条

3. 数据的管理分析和图表生成

（1）数据的排序

要求：对职称按高工、工程师、其他技术职称的顺序进行排序。

操作：选中整张工作表单 A2:AC67，单击“数据”选项卡“排序和筛选”选项组中的“排序”按钮，打开“排序”对话框，主要关键字设置为“职称”，次序设置为“自定义序列”，如图 2-3-108 所示，单击“确定”按钮。

在打开的“自定义序列”对话框中输入序列“高工，工程师，其他”，如图 2-3-109 所示。

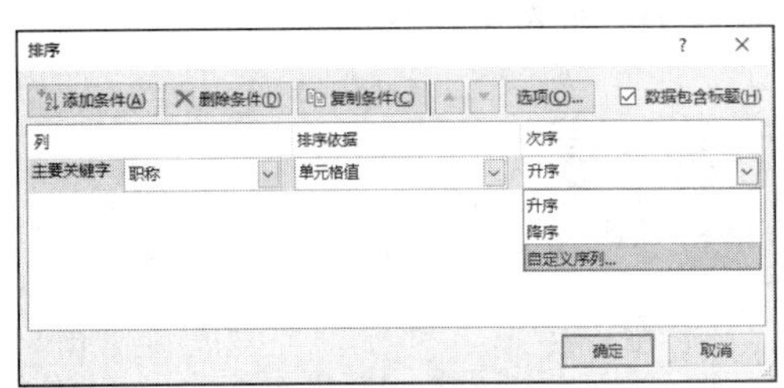

图 2-3-108　数据的排序

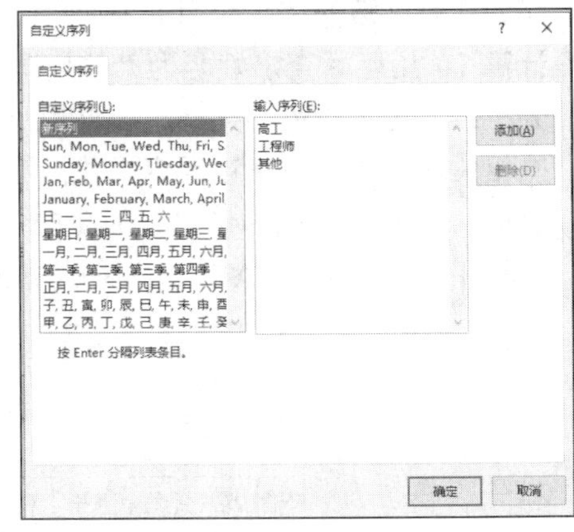

图 2-3-109　输入序列

（2）数据图表的制作

要求：使用前四个人的“姓名”和“基本工资”两列数据建立簇状柱形图，标题名为“基本工资分布情况图”，分类轴名为“姓名”，数值轴名为“基本工资”，初始值为 1000 元，图例显示在底部并显示值，插入“Sheet3”，Sheet3 命名为“基本工资分布”，在建立的图表右侧插入艺术字“基本工资分布情况图”。

操作：打开“Sheet3”工作表，选择“插入”选项卡，单击“图表”→“柱形图”→“二维柱形图”→“簇状柱形图”，并选择图表数据区域为“职工工资信息表!$C$2:$C$6，职工工资信息表!$P$2: $P$6”，如图 2-3-110 所示。

修改图表背景填充颜色为渐变填充（默认），坐标轴选项中，最小值设为 3000，主要刻度和次要刻度均设置为 500。同时在数据图右侧中选择“插入”选项卡，在“文本”选项组中单击“艺术字”按钮，编写艺术字内容“基本工资分布情况图”，调整艺术字大小和位置，使之整体效果美观，如图 2-3-111 所示。

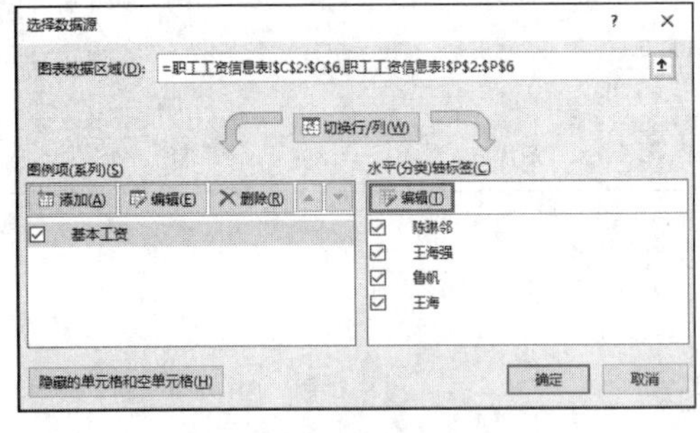

图 2-3-110　选择图表数据区域

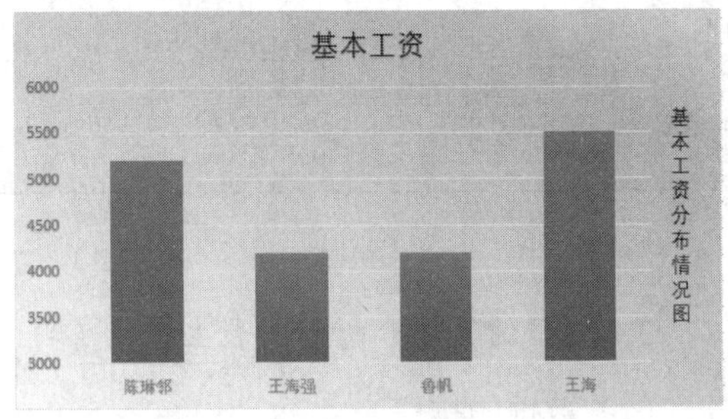

图 2-3-111　数据图表完成

（3）高级筛选

要求：高级筛选条件为“少数民族党员的基本情况”，将筛选结果存入 Sheet4，并更名为“少数民族党员基本情况”。

操作：先把整张数据表复制到 Sheet4 表，编写满足题目要求的筛选条件：政治面貌为党员，民族为非汉。选择“数据”选项卡，在“排序和筛选”选项组中单击“高级”按钮，打开“高级筛选”对话框，如图 2-3-112 所示。筛选结果如图 2-3-113 所示。

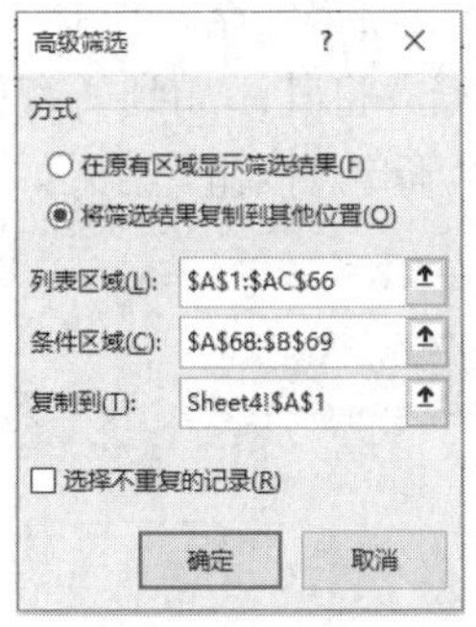

图 2-3-112　高级筛选

	A	B	C	F	K
1	职员编号	部门名称	姓名	政治面貌	民族
14	C060	财务部	李巧	党员	朝鲜
16	C034	产品开发部	何维	党员	维吾尔
18	C041	技术服务部	胡平	党员	白
41	C053	系统集成部	贾申平	党员	朝鲜
42	C031	行销企划部	钱晓	党员	彝
67					
68	政治面貌	民族			
69	党员	<>汉			
70					

图 2-3-113　筛选结果

（4）数据透视表

要求 1：新建数据透视表，分析不同部门、各种职称、不同学历的员工的人数，命名为“部门职称学历情况”，并将数据透视表的最左上格添加斜线表头，表头名为“部门\职称”。

操作：新建工作表并命名为“部门职称学历情况”，单击“插入”选项卡“表格”选项组中的“数据透视表”→“数据透视表”按钮，在打开的“创建数据透视表”对话框中设置“表/区域”为“职工工资信息表!$A$2:$AC$67”，如图 2-3-114 所示。

根据题目要求选择添加到报表的字段分别为“部门名称”“学历”“职称”三项，拖动“职称”字段到列标签，“部门名称”字段到行标签，数值计数项为“学历”字段，如图 2-3-115 所示。

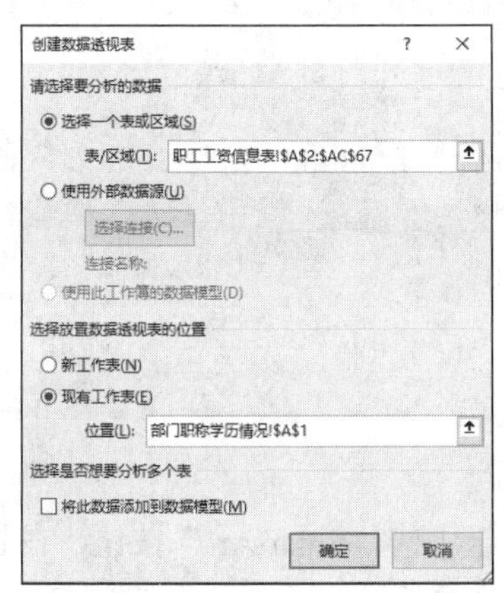

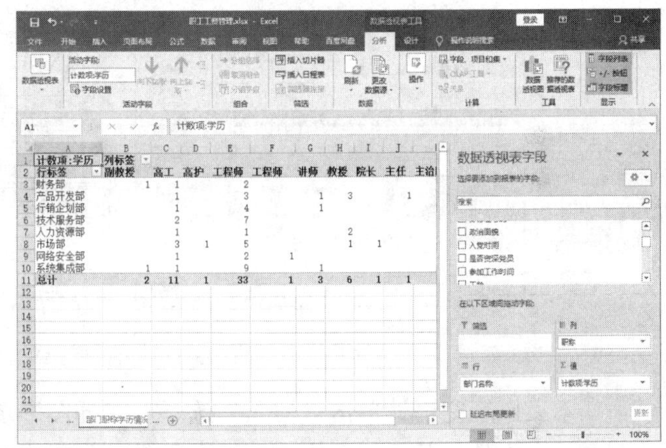

图 2-3-114　“创建数据透视表”对话框　　图 2-3-115　拖动字段到指定列标签、行标签、数值计数项

完成数据透视表后，选择最左上角的单元格“计数项：学历”，删除其内容，重新输入内容“部门职称”，然后右击本单元格，在弹出的快捷菜单中选择“设置单元格格式”选项，在打开的“设置单元格格式”对话框中选择“边框”选项卡，绘制斜线表头，如图 2-3-116 所示。

要求 2：将职工工资信息表中的部门名称和实发工资两列复制到新表“部门工资发放情况表”，对各部门的实发工资用合并计算进行统计。同时按合并计算的部分制作 SmartArt 中的基本列表图形。

操作：新建一张工作表，改名为“部门工资发放情况表”，并把职工工资信息表中的“部门名称”和“实发工资”两列复制到本工作表内。指定一个空白单元格，选择“数据”选项卡中的“合并计算”功能，引用位置确定为选取的两列数据，将其添加到所有引用位置，并在标签位置处选中“首行”和“最左列”复选框，最后单击“确定”按钮，结果如图 2-3-117 所示。

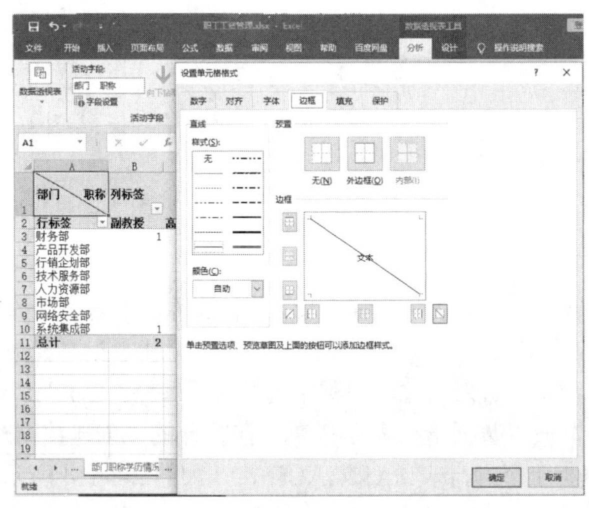

图 2-3-116　完成后效果图

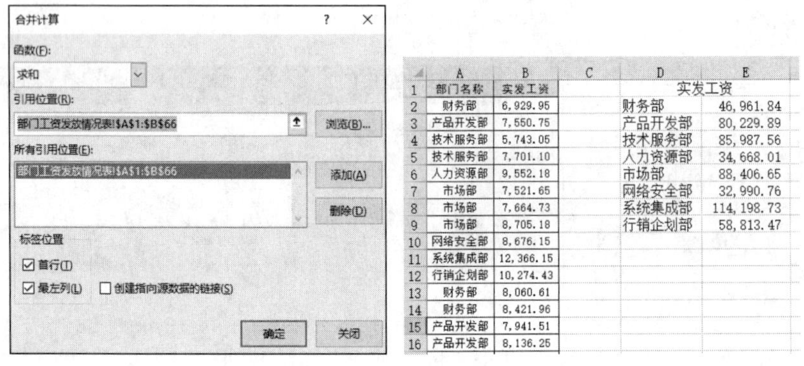

图 2-3-117　合并计算结果

在本工作表空白处单击“插入”选项卡“插图”选项组中的“SmartArt”按钮，在打开的对话框中选择基本列表样式，在左侧的项目列表中填入各个部门名称，如图 2-3-118 所示。

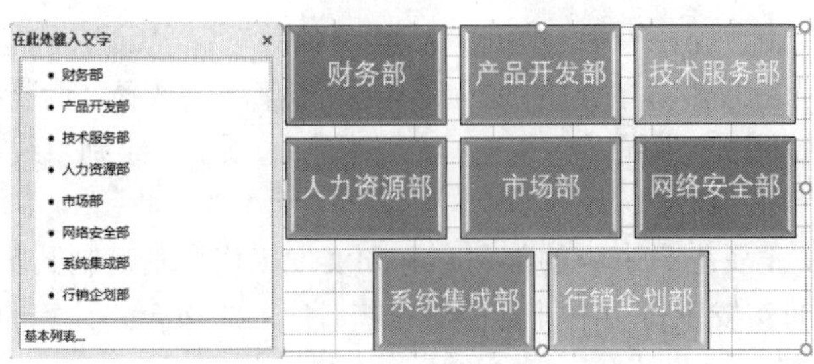

图 2-3-118　SmartArt 效果图

要求 3：对职工工资信息表设置保护操作，保护密码为“12456”，对“部门工资发放情况表”设置隐藏，对整个工作簿设置保护操作，保护密码为“123456”。

操作：选中“职工工资信息表”，选择“审阅”选项卡，选择保护工作表，设定取消工作表保护时使用的密码为“12456”，同时再需要重新确认一次密码，如图 2-3-119 所示。

图 2-3-119　保护工作表的操作

选中“部门工资发放情况表”，在工作表名处右击，在弹出的快捷菜单中选择“隐藏”选项，将本工作表隐藏，如图 2-3-120 所示。

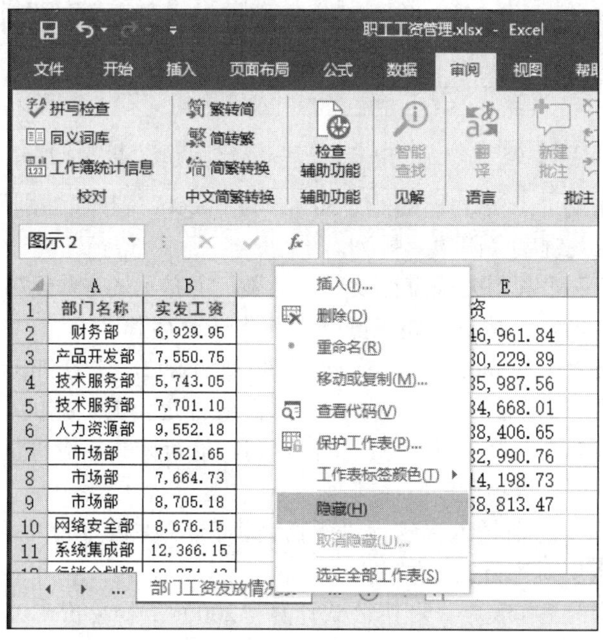

图 2-3-120　隐藏工作表

操 作 习 题

1．如图 2-3-121 所示，按下列要求操作，并将结果存盘。

（1）在所给的 Sheet1 表后插入工作表 Sheet2 和 Sheet3。

（2）在 Sheet1 第 E 列之前增加一列：“有机化学，51，67，68，88，84，75，79，81，74，98”；第 F 列后增加一列“平均成绩”，并求出相应平均值（保留一位小数）。

（3）将 Sheet1 复制到 Sheet3 中，并对 Sheet3 中 10 位学生按“平均成绩”升序排列。

（4）在 Sheet1 的“平均成绩”后增加一列“学习情况”，其中的内容由公式计算获得：如果“应用基础”或“高等数学”中有一门大于等于 90，则给出“好”，否则给出“需努力”。

2．如图 2-3-122 所示，按下列要求操作，并将结果存盘。

（1）将 Sheet1 复制到 Sheet2 和 Sheet3 中，并将 Sheet1 更名为“工资表”。

（2）将 Sheet2 第 3 至第 7 行、第 10 行及 B 和 C 两列删除。

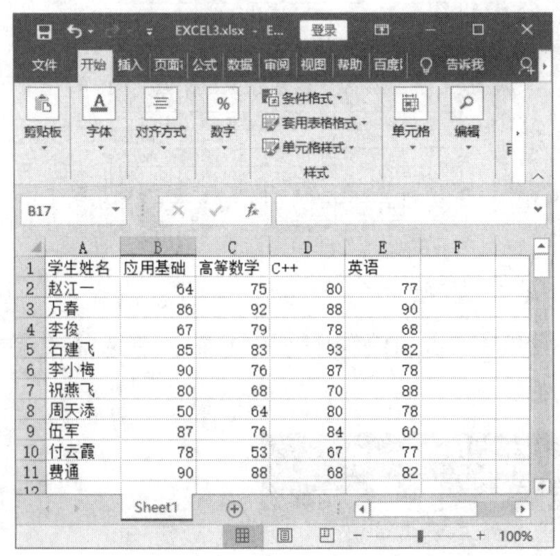

学生姓名	应用基础	高等数学	C++	英语
赵江一	64	75	80	77
万春	86	92	88	90
李俊	67	79	78	68
石建飞	85	83	93	82
李小梅	90	76	87	78
祝燕飞	80	68	70	88
周天添	50	64	80	78
伍军	87	76	84	60
付云霞	78	53	67	77
费通	90	88	68	82

图 2-3-121 习题 1

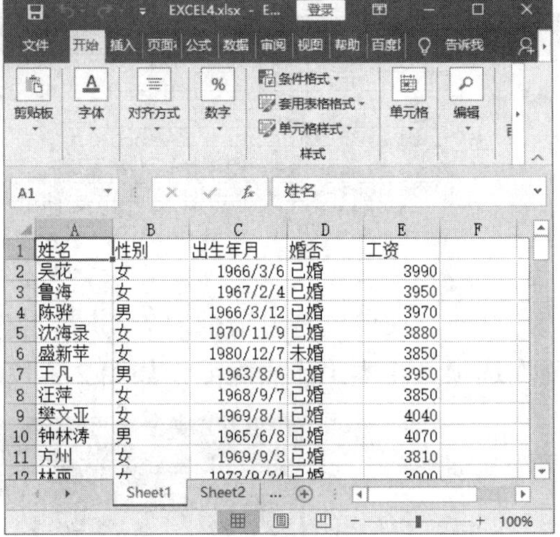

姓名	性别	出生年月	婚否	工资
吴花	女	1966/3/6	已婚	3990
鲁海	女	1967/2/4	已婚	3950
陈骅	男	1966/3/12	已婚	3970
沈海录	女	1970/11/9	已婚	3880
盛新苹	女	1980/12/7	未婚	3850
王凡	男	1963/8/6	已婚	3950
汪萍	女	1968/9/7	已婚	3850
樊文亚	女	1969/8/1	已婚	4040
钟林涛	男	1965/6/8	已婚	4070
方州	女	1969/9/3	已婚	3810

图 2-3-122 习题 2

（3）将 Sheet3 中的“工资”每人增加 50%；将 Sheet3 中按“性别”为第一关键字（升序），“工资”为第二关键字（降序）排列。

（4）在“工资表”中利用公式统计女职工人数，并放入 G2 单元格。

3．如图 2-3-123 所示，按下列要求操作，并将结果存盘。

（1）在 Sheet1 表后插入 Sheet2，将 Sheet1 复制到 Sheet2，并将 Sheet1 更名为“出货单”。

（2）将“出货单”工作表中除土豆、山药、西红柿之外的数据的单价上涨 40%（利用公式四舍五入，保留 2 位小数）填入“调整价”列，重新计算相应“货物总价”；将“出货单”工作表中的数据按“货物量”降序排列。

（3）在 Sheet2 第 1 行前插入标题行“货物销售表”，并设置为“隶书，字号 20，合并 A1 至 G1 单元格及水平对齐方式为居中”。

（4）在“出货单”工作表中，利用公式计算“2000<货物总价<3000”的货物量之和，放入 J2 单元格。

4．如图 2-3-124 所示，按下列要求操作，并将结果存盘。

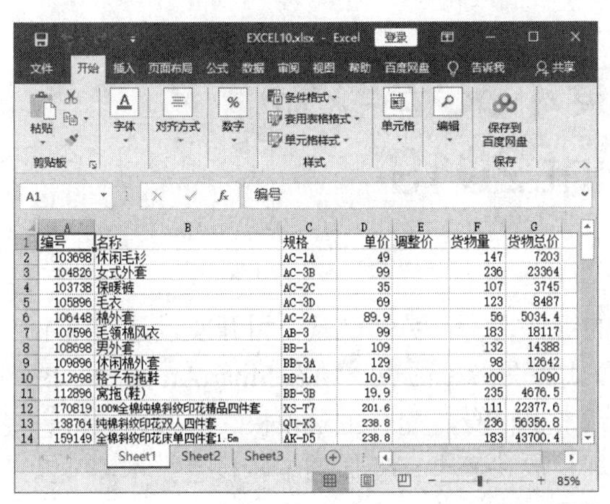

图 2-3-123　习题 3

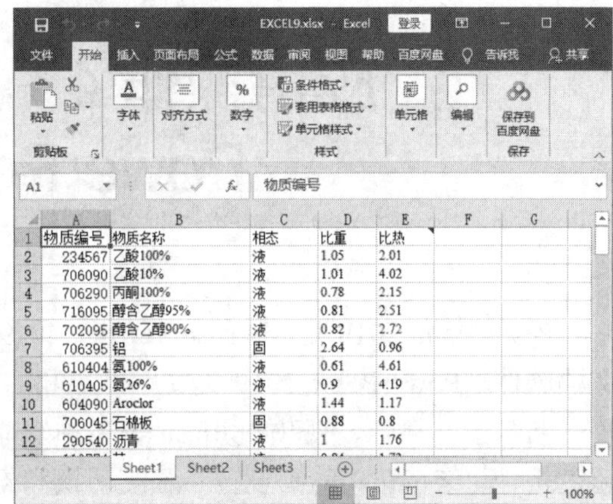

图 2-3-124　习题 4

（1） 将 Sheet1 复制到 Sheet2 和 Sheet3 中，并将 Sheet1 更名为“材料表”。

（2） 将 Sheet3 中“物质编号”和“物质名称”分别改为“编号”和“名称”，为“比重”（D1 单元格）添加批注，文字是“15.6 至 21℃”，并将所有比重等于 1 的行删除。

（3）在 Sheet2 中的 A90 单元格输入“平均值”，并求出 D、E 二列相应的平均值。

（4）在 Sheet2 表的第 1 行前插入标题行“常用液体、固体、气体比重-比热表”，并设置为“楷体，字号 20，合并 A1 至 E1 单元格，及水平对齐方式为居中”，然后设置 A 列至 E 列列宽为 12。

（5）在 Sheet2 中利用公式统计液态物质种类，并把统计数据放入 G1 单元格。

（6）在 Sheet3 工作表后添加工作表 Sheet4，将“材料表”复制到 Sheet4。

（7）对 Sheet4 采用高级筛选，筛选出比重在 1～1.5 之间（含 1 和 1.5），或比热大于等于 4.0 的数据行。

5．参照应用案例 4，收集和整理数据信息，制作一个关于学生信息的管理工作簿，要求包括：学生基本资料表、课程信息表和学生成绩表，以及对所有信息的组织、运算和管理等操作。

应用操作4　演示文稿软件 PowerPoint 2019

PowerPoint 2019 是 Microsoft Office 2019 的组件之一，是由微软公司开发设计的演示文稿软件。PowerPoint 2019 集文字、表格、公式、图形、图表、动态 SmartArt 图示、图片、艺术字、声音、视频和 Flash 等多种媒体元素于一身，配合主题模板、母版、版式、超链接、动作按钮、动画设置、过渡切换和幻灯片放映等丰富便捷的编辑设置技术，可以快速创建极具感染力和视觉冲击力的动态演示文稿。

如图 2-4-1 所示为 PowerPoint 2019 的主要功能模块。

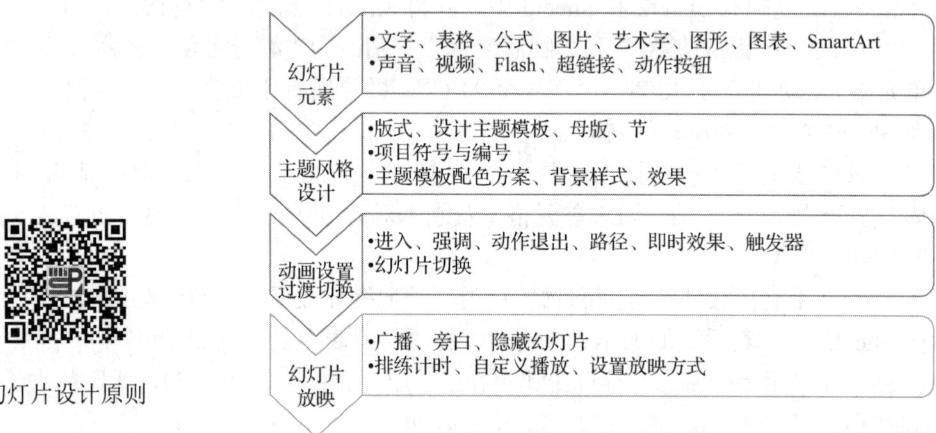

图 2-4-1　PowerPoint 2019 的主要功能模块

PowerPoint 简称 PPT，使用者不仅可以在投影仪或计算机上进行演示，也可以将演示文稿打印出来，制作成胶片，以便应用到更广泛的领域中。利用 PowerPoint 不仅可以创建演示文稿，还可以通过网络召开面对面会议、远程会议或给观众展示演示文稿。

PowerPoint 2019 的演示文稿文件扩展名为.pptx。演示文稿中的每一页称为幻灯片，每张幻灯片都是演示文稿中既相互独立又相互关联的主体元素。

如图 2-4-2 所示为 PowerPoint 2019 的幻灯片样例效果图。

图 2-4-2　PowerPoint 2019 的幻灯片样例效果图

4.1 知识要点

在演示文稿的具体制作和实现过程中，根据要求呈现的格式和效果，一般会涉及以下的常用知识要点。

- 视图显示方式：普通视图、大纲视图、幻灯片浏览视图、备注页视图、阅读视图和幻灯片放映视图等。
- 基本内容编辑：文本和段落的格式编辑、项目符号、行距和格式刷的使用等。
- 装饰信息编排：图片、图表、图标、图形、表、文本框、艺术字和公式的插入、编辑与组合混排等。
- 多媒体信息设置：声音、视频、Flash 动画的处理等。
- 主题设计：主题选择、版式选择、母版设计、主题配色和背景设置等布局美化处理。
- 动画设置：动画、动画刷、动作路径、动作按钮、触发器使用和超链接等。
- 幻灯片切换：设置各个幻灯片的切换效果和换片方式等。
- 演示文稿放映：幻灯片放映设置、排练计时和播放视图设置等。

4.1.1 视图显示方式

PowerPoint 2019 提供了多种视图显示方式。根据需要，合理地选择相应的视图显示方式，可以便于编辑制作工作，达到事半功倍的效果。

PowerPoint 2019 中可用于编辑、打印和放映演示文稿的视图包括普通视图、幻灯片浏览视图、备注页视图、幻灯片放映视图（包括演示者视图）、阅读视图和母版视图（幻灯片母版、讲义母版和备注母版）。

可以在两处选择 PowerPoint 2019 的视图方式：一是在“视图”选项卡“演示文稿视图”选项组和“母版视图”选项组中；二是在 PowerPoint 2019 的窗口右下方的状态栏上，提供了四个视图图标（普通视图、幻灯片浏览视图、阅读视图和幻灯片放映视图）。

1. 普通视图

普通视图是 PowerPoint 2019 中最常用的幻灯片视图方式，如图 2-4-3 所示，主要用于编辑和设计演示文稿。普通视图有四个工作区域，包括大纲窗格、幻灯片浏览窗格、幻灯片窗格和备注窗格，普通视图各工作区域的主要作用如下。

① **大纲窗格** 以大纲形式显示幻灯片文本，可以随意调整文本的层次级别。

② **幻灯片浏览窗格** 编辑时以缩略图的形式呈现顺序排列的幻灯片，使用缩略图能方便地遍历所有幻灯片，并可浏览幻灯片设计更改的外观效果。在幻灯片浏览窗格中还可以添加或删除幻灯片，以及进行复制和移动操作，从而轻松实现整理、排列幻灯片的目的。

③ **幻灯片窗格** 以页面形式显示当前编辑的幻灯片，可以添加文本，插入图片、表格、SmartArt 图示、图表、图形对象、文本框、视频、声音、超链接和动画等。

④ **备注窗格** 可以输入对当前编辑的幻灯片的备注文字内容，还可以将备注文字内容打印出来，并在放映演示文稿时供演讲者参考。

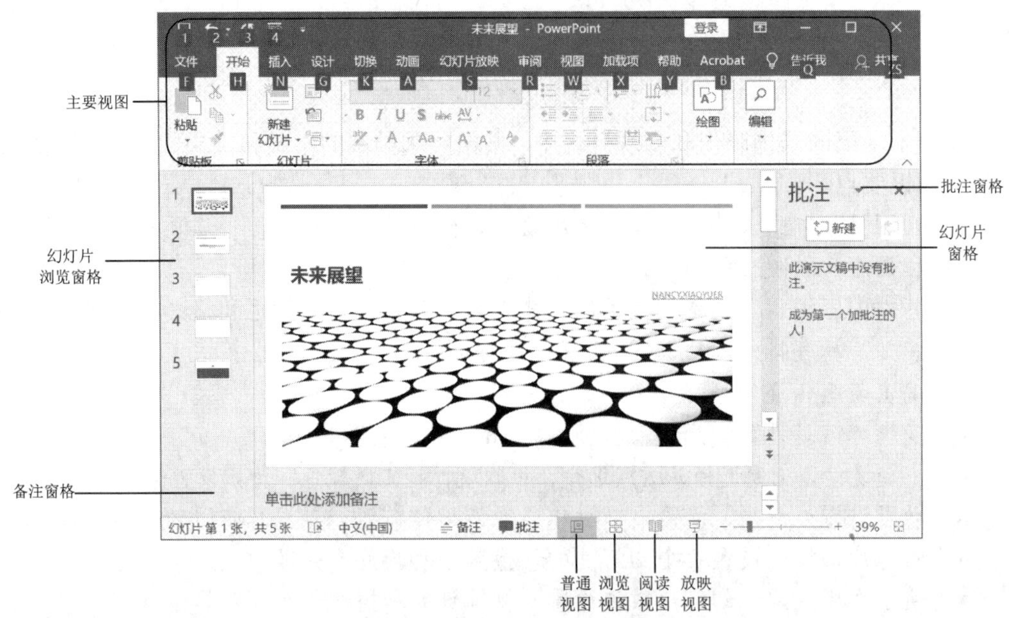

图 2-4-3 PowerPoint 2019 普通视图显示界面

2. 幻灯片浏览视图

幻灯片浏览视图与普通视图中的幻灯片浏览窗格作用类似，通过幻灯片浏览视图可以在整个文档窗口中查看缩略图形式的幻灯片，可以对幻灯片的顺序进行排列和调整，同时还可以在幻灯片浏览视图中添加节来人为地分隔区域，以便实现不同节区域幻灯片的格式设置和排列调整。

3. 备注页视图

单击“视图”选项卡“演示文稿视图”选项组中的“备注页”按钮，可以以整页形式查看和使用备注页。与普通视图中的备注窗格作用类似，备注页视图将当前编辑的幻灯片和备注页呈现在一个页面上，在备注页区域可以记录当前幻灯片的备注信息，并可将备注信息打印出来供演讲者或听众参考，或者将备注信息包括在发送给受众或发布在网页上的演示文稿中。

4. 母版视图

母版视图包括幻灯片母版视图、讲义母版视图和备注母版视图。母版是存储有关幻灯片设计格式信息的聚集处，其中包括背景、配色、字体、项目符号、效果、占位符大小和位置等。使用母版的优点在于，可以集中在母版处统一设计幻灯片的整体格式效果，使通篇演示文稿达到风格上的协调一致性。

5. 用于放映演示文稿的视图

（1）幻灯片放映视图

幻灯片放映视图用于播放演示文稿。放映时幻灯片会占据整个计算机屏幕，可以看到幻灯片中所有设计元素的具体呈现效果，这与投影在大屏幕上的演示文稿完全一样。按

Esc 键可退出幻灯片放映视图。

（2）演示者视图

演示者视图是一种可在放映期间使用的基于幻灯片放映的辅助视图。若要使用演示者视图，首先必须保证计算机具有多监视器功能，借助于两台监视器，可以在放映幻灯片的同时查看幻灯片备注信息，而这些是在座受众所无法感知的。

（3）阅读视图

阅读视图提供了一种简单的审阅窗口来查看演示文稿的内容和放映效果。

6. 用于准备和打印演示文稿的视图

为了节省纸张和油墨，在打印之前可能需要准备打印作业。

PowerPoint 2019 提供了一系列的视图和设置，可帮助用户指定要打印的内容（幻灯片、讲义或备注页），以及这些作业的打印方式（彩色打印、灰度打印、黑白打印、带有框架等）。

（1）幻灯片浏览视图

通过幻灯片浏览视图，可以在准备打印幻灯片时方便地对幻灯片的顺序进行排列和组织。

（2）打印预览

打印预览可以让用户指定并设置要打印的内容（讲义、备注页、大纲或幻灯片）。

7. 设置默认视图

默认情况下，打开 PowerPoint 2019 时会显示普通视图，其中列有缩略图窗格、备注窗格和幻灯片窗格视图。但是，用户可以根据需要指定 PowerPoint 2019 在打开时显示另一个视图，如幻灯片浏览视图、幻灯片放映视图、备注页视图及普通视图的各种变体。设置方法如下：选择“文件”→“选项”选项，在打开的“PowerPoint 选项”对话框中选择“高级”选项，在右侧“显示”选项组中的“用此视图打开全部文档”下拉列表中，选择要设置为新默认视图的视图，然后单击“确定”按钮。

4.1.2 基本内容编辑

PowerPoint 2019 演示文稿的基本内容编辑主要包括四个方面：创建基本的 PowerPoint 2019 演示文稿；命名并保存演示文稿；添加、重新排列和删除幻灯片；在幻灯片中添加文本等。

4.1.3 装饰信息编排

PowerPoint 2019 演示文稿中装饰信息的编排包括将模板应用于演示文稿；添加幻灯片编号、备注页编号或日期和时间；设置文字格式和项目符号；插入艺术字、图形、图片或剪贴画等。

多媒体设置上

4.1.4 多媒体信息设置

在 PowerPoint 2019 演示文稿中，多媒体信息设置主要是指音频和视频的插入和编辑，包括设置中兼容的音频文件和视频文件格式；在演示文稿中添加和播放音频；在演示文稿中添加和播放视频；将演示文稿转换为视频等。

4.1.5 主题设计

在 PowerPoint 2019 中使用主题，主要包括颜色、字体和效果三项内容，可以在演示文稿中应用多个主题，或对幻灯片应用背景图片、颜色或水印等。

4.1.6 动画设置

可以给 PowerPoint 2019 演示文稿中的文本、图片、形状、表格、SmartArt 图示等任何对象添加特殊视觉或声音效果，即动画，赋予各对象进入、强调、退出和动作路径等动画效果。相关操作主要包括查看 PowerPoint 2019 中的动画效果类型；为对象添加动画；对单个对象应用多个动画效果；查看幻灯片中当前的动画列表；为动画效果设置计时或顺序；测试动画效果等。

多媒体设置下

4.1.7 幻灯片切换

切换是给幻灯片添加视觉效果的另一种方式，是指播放演示文稿期间，从一张幻灯片移到下一张幻灯片时在“幻灯片放映”视图中出现的动画效果。

在 PowerPoint 2019 中，切换幻灯片的相关操作包括添加幻灯片切换效果；设置切换效果的计时；向幻灯片切换效果添加声音；更改幻灯片的切换效果；设置切换效果的属性；删除切换效果等。

幻灯片切换

4.1.8 演示文稿放映

制作完成的演示文稿可以采用多种方式放映，包括创建直接自动放映的演示文稿；将演示文稿刻录为 CD 光盘；在具有多台监视器上放映演示文稿的同时查看演讲者备注；创建并打印备注页；向远程访问群体广播演示文稿等。

幻灯片放映

4.2 应用案例 1——中国菜系专题介绍

4.2.1 应用案例描述

制作一个以文字叙述为主、图片装饰为辅的中国菜系的专题介绍幻灯片文稿，完成效果如图 2-4-4 和图 2-4-5 所示。具体要求如下：

- 幻灯片不得少于 15 张。
- 文稿的第一页为封面，最后一页为尾页，标题文字要求用艺术字，页面有一定的图片装饰。
- 可以使用系统提供的主题设计模板，但必须添加自己的模板设计元素，也可以完全自己原创，并将模板文件保存下来。

- 演示文稿中的文字须使用项目符号或编号。
- 文稿中的文本、图、表、公式等对象须进行一定的美化处理。
- 幻灯片之间必须设置过渡切换效果。
- 幻灯片之间的转场可以使用动作按钮或图片、文字、剪贴画等完成。
- 所有文字的格式和项目符号须在幻灯片母版中设置。
- 根据题材选择，在幻灯片中添加切合主题的音乐。

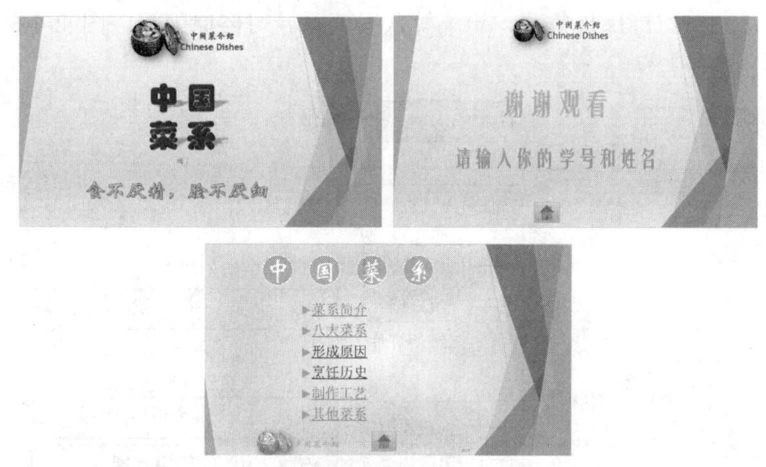

图 2-4-4　本案例的封面页、尾页以及专题导航效果界面

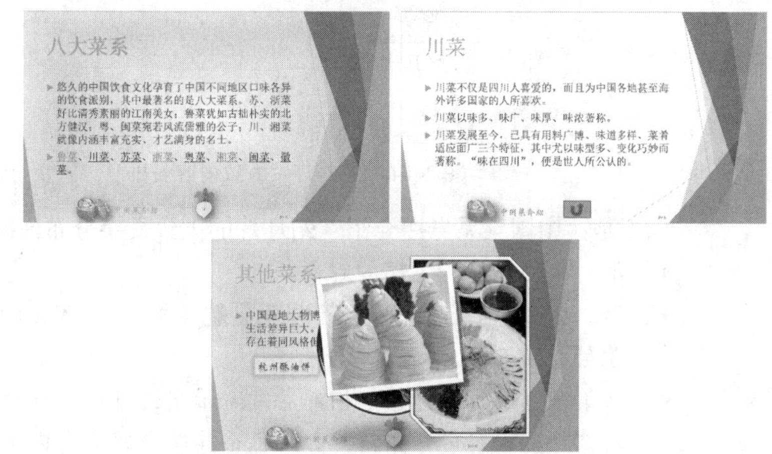

图 2-4-5　本案例的超链设置、动作按钮和图片显示触发器效果界面

4.2.2　解决方案与步骤

1. 总体分析与规划设计

根据题目要求，这是一个以文字叙述为主的专题介绍文稿，所以需要考虑文字编排的整体一致性和母版版式的统一协调性。

虽然每张幻灯片上不宜放置太多文字，但为了突显文字主题，图片的运用应该以点缀为主，为了少占用幻灯片版面空间，图片可以作为装饰制作在母版背景上。

关于中国菜系的介绍文字可以从网络上收集，但是，从网络上收集来的题材文字，通常杂乱而无层次。所以，可以先在 Word 文档中做一个前期筛选和整理。

因为 PowerPoint 2019 演示文稿对于文本内容的要求，不同于 Word 文档编辑，一般只需要提纲性的摘要。所以，可以将素材文档归纳提取为一、二、三级层次内容，做一个总体分布安排。

本案例幻灯片一共分三个级别：一级幻灯片主要是封面页、中国菜系导航（目录）和尾页，二级幻灯片是 6 个目录项（菜系简介、八大菜系、形成原因、烹饪历史、制作工艺和其他菜系），三级幻灯片是鲁菜、川菜等八大菜系、习俗原因等。图 2-4-6 所示为各幻灯片的内容大致安排。

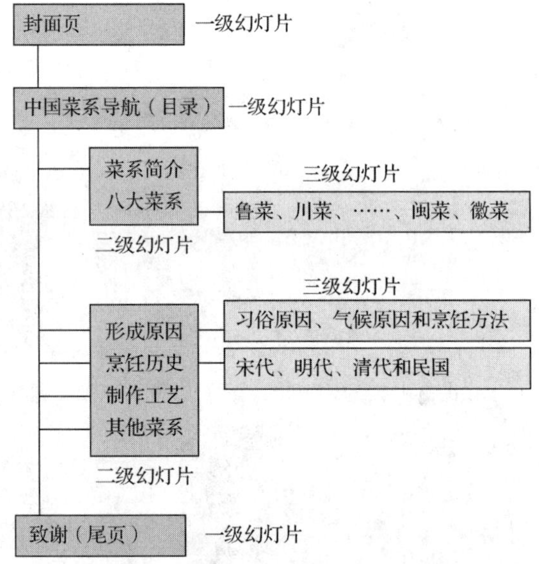

图 2-4-6 各幻灯片大致内容安排

中国菜系专题介绍-封面页

中国菜系专题介绍-内容页

中国菜系专题介绍-尾页

以下是“中国菜系专题介绍”幻灯片的大致文字分布情况。

- 第一张幻灯片：主题的封面。
- 第二张幻灯片：专题介绍内容导航（类似于 Word 中的一级标题目录）。
- 从第三张幻灯片开始，相继后续若干张幻灯片，是对第二张导航幻灯片的内容展开介绍。如果每个导航主题又有更详尽的文字内容或图片需要展示，可以使用超链接的方式处理，然后通过动作按钮返回到相应主题的幻灯片，这样处理的层次结构整齐而清晰。
- 最后一张幻灯片用于致谢或出示与主题相关的宣传标语。

本案例具体的规划设计步骤如图 2-4-7 所示。

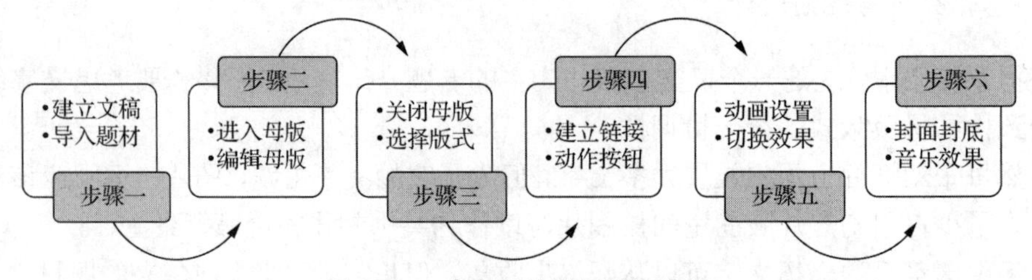

图 2-4-7 本案例的规划设计步骤

2. 新建 PowerPoint 2019 文稿并导入题材文本

创建演示文稿

导入文本

（1）新建空白 PowerPoint 2019 演示文稿文件并保存

默认情况下，PowerPoint 2019 对新的演示文稿应用空白演示文稿，空白演示文稿是 PowerPoint 2019 中最简单且最普通的模板，很适合在第一次创建 PowerPoint 2019 演示文稿时使用。具体操作步骤如下：

1）选择“文件”→“新建”→“空白演示文稿”选项，新建一个空白演示文稿。

2）选择“文件”→“保存”，在打开的“另存为”对话框中选择要保存的文件夹，并在“文件名”文本框中输入文件名（学号姓名中国菜系），选择文件类型为“PowerPoint 演示文稿(*.pptx)”，单击“保存”按钮。

（2）将文字素材导入新建的中国菜系文稿中

先把排版处理好的 Word 文档文件在大纲视图下显示，将图片、表格等对象都删除，并另存为 RTF 格式的文件。在 PowerPoint 2019 中，选择“开始”选项卡“幻灯片”选项组“新建幻灯片”下拉列表中的“幻灯片（从大纲）”选项，在打开的“插入大纲”对话框中选择 RTF 格式的文件，在案例素材包中选择“文本素材.rtf”文件，单击“插入”按钮，则所有文字内容就有层次地出现在演示文稿中，且每个一级标题的项目对应一张独立的幻灯片，如图 2-4-8 所示。

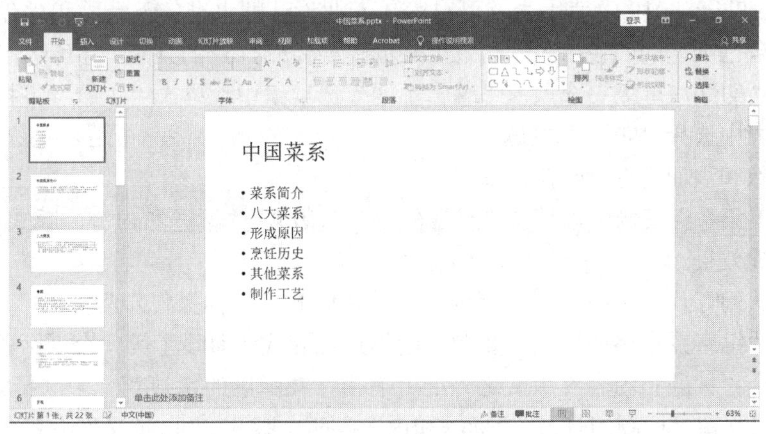

图 2-4-8　新建演示文稿并导入文本素材示意

在 PowerPoint 2019 的普通视图中，可以根据需要，运用 两个降低和提高文本列表级别按钮，对每一张幻灯片的文本列表级别进行调整，以便快捷地将幻灯片的文字内容按要求布局。

3. 编辑幻灯片母版

（1）进入幻灯片母版视图

在确定了每一张幻灯片的文字内容后，就可以对幻灯片进行进一步的内容格式布局处理了。例如，为每张幻灯片选择合适的版式、主题设计模板和主题配色方案并修改母版，以实现总体的统一性与设计的个性化风格。

首先通过修改原有的幻灯片母版，设计个性化的切合中国菜系主题的幻灯片母版。进入幻灯片母版视图的具体操作步骤如下：

打开演示文稿“中国菜系”，在“视图”选项卡的“母版视图”选项组中，单击“幻灯片母版”按钮。打开幻灯片母版视图时，会显示一个具有默认相关版式的空幻灯片母版。在幻灯片母版编辑视图中，左侧窗格的第一个幻灯片是 Office 主题幻灯片母版，与其相关的各种版式位于幻灯片母版下方，如图 2-4-9 所示。

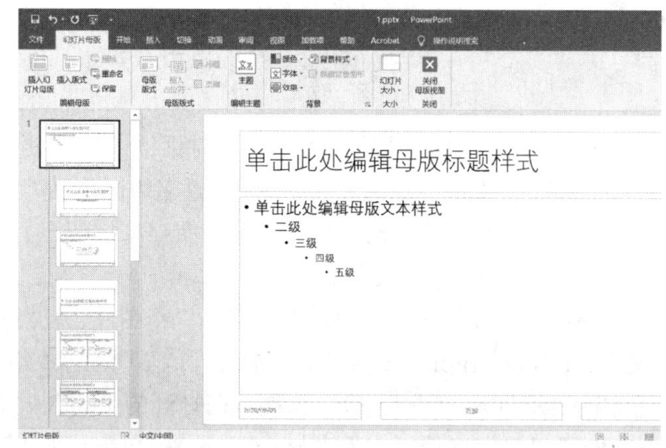

图 2-4-9　幻灯片母版视图

（2）选择幻灯片母版主题

在 PowerPoint 2019 中使用主题可以简化专业设计师水准的演示文稿的创建过程。每个主题使用自己唯一的颜色、字体和效果来创建整体幻灯片的外观，亦可选用 Office 自带的主题。在“幻灯片母版”选项卡“编辑主题”选项组中，单击“主题”下拉按钮，在弹出的下拉列表中选择“平面”主题。

（3）删除和添加幻灯片母版版式

在“中国菜系”案例中设计了“标题幻灯片”版式、“标题和内容”版式和“自定义”版式三种版式效果。

删除默认幻灯片母版附带的多余内置幻灯片版式，具体操作步骤如下：

在幻灯片缩略图窗格中，选择要删除的幻灯片版式（即除了第一个“标题幻灯片”版式和最后一个“标题和内容”版式之外的）右击，在弹出的快捷菜单中选择“删除版式”选项，直到只保留“标题幻灯片”“标题和内容”两个版式。“自定义”版式在后期通过复制“标题和内容”版式并略加修改来获得，如图 2-4-10 所示。

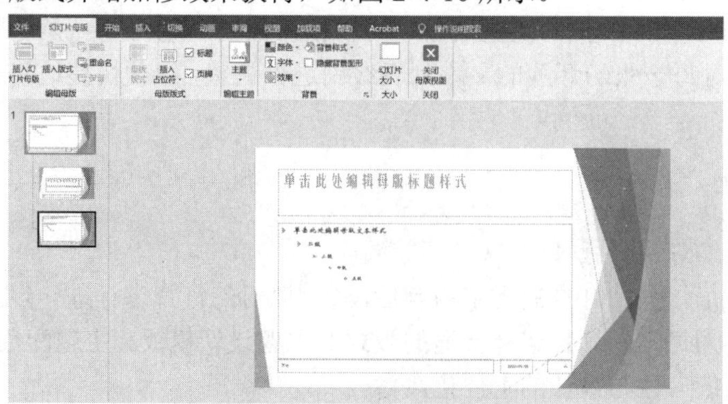

图 2-4-10　删除多余平面幻灯片母版后的版式

（4）删除和添加幻灯片母版版式中的占位符

占位符是带有包含内容的点线边框的框，位于幻灯片版式中。除了“空白”版式之外，所有内置幻灯片版式都包含内容占位符。删除和添加占位符的具体步骤如下：

1）选择平面幻灯片母版，在“幻灯片母版”选项卡“母版版式”选项组中，取消选中“页脚”复选框，使版式中的日期、页脚等占位符同时被删除。

2）选择“标题幻灯片”版式，依次单击“副标题样式”占位符、“页脚”占位符和“日期”占位符，按 Delete 键删除占位符。

3）选择“标题和内容”版式，在幻灯片窗格中分别单击“日期”占位符和“页脚”占位符的边框，按 Delete 键删除。此时“标题和内容”版式的外观如图 2-4-11 所示。

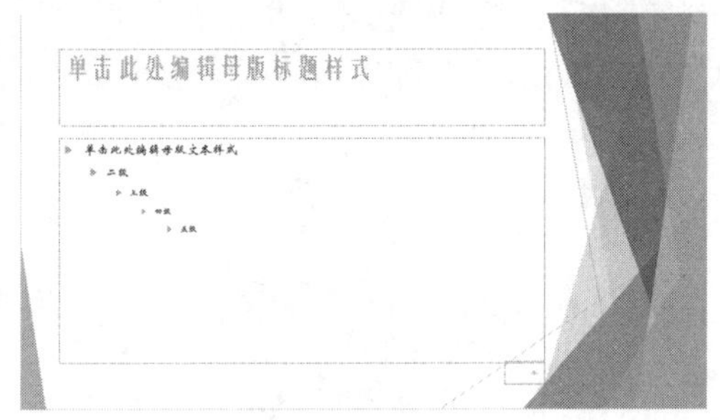

图 2-4-11　“标题和内容”版式删除部分占位符后的效果

4）如果要恢复默认页脚的占位符，则在“母版版式”选项组中选中“页脚”复选框即可。如果要在版式中添加其他占位符，可以在“幻灯片母版”选项卡“母版版式”选项组中，单击“插入占位符”下拉按钮，在弹出的下拉列表中选择需要的占位符类型，然后在幻灯片窗格适当位置拖动鼠标绘制即可。

（5）修改幻灯片母版中文本类占位符的各项设置

修改版式中文本占位符的字体格式的具体步骤如下：

选择平面幻灯片母版，在幻灯片窗格单击“标题样式”占位符边框，在“开始”选项卡“字体”选项组进行字体设置，设置字体加粗，字号 54。选择“文本样式”占位符边框，设置字体字号为 28 磅，拖选第二行的二级“文字”，设置其文本项目符号格式，即在“段落”选项组中，单击“项目符号”下拉按钮，在弹出中下拉列表中选择加粗空心方形项目符号”，如图 2-4-12（a）所示。使用同样的方法设置“三级”～“五级”的字体格式，最终效果如图 2-4-12（b）所示。

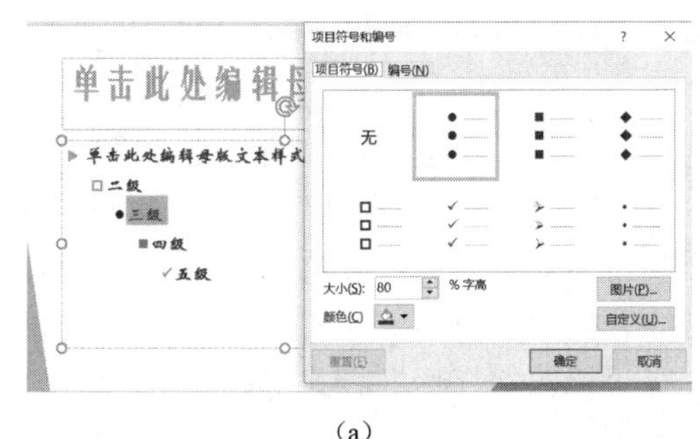

（a）

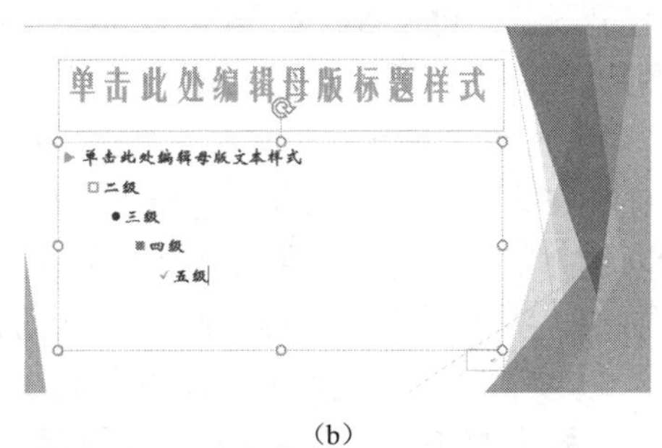

（b）

图 2-4-12　文本的项目符号和编号设置及最终效果

（6）设置幻灯片编号

设置幻灯片编号的具体步骤如下：

选择“标题和内容”版式，将鼠标指针移到显示有“<#>”的幻灯片编号占位符中，当鼠标指针呈“I”形时单击，在编号域标识“<#>”左侧输入“第”字、右侧输入“页”字。选中这个占位符中的所有文本，在“开始”选项卡中，设置“第‹#›页”字体加粗，然后在“插入”选项卡“文本”选项组中，单击“幻灯片编号”按钮，打开“页眉和页脚”对话框，如图2-4-13（a）所示，选中“幻灯片编号”和“标题幻灯片中不显示”复选中，单击“全部应用”按钮。最终效果如图2-4-3（b）所示。

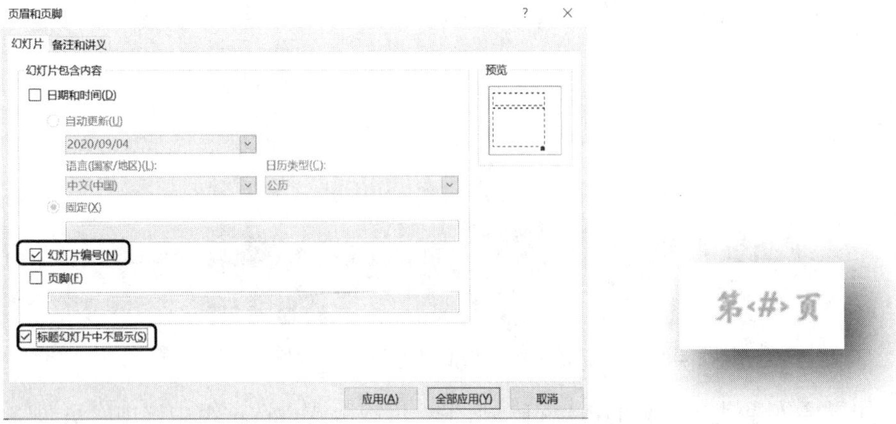

（a） （b）

图2-4-13 幻灯片编号设置

（7）装饰“标题幻灯片”版式

为“标题幻灯片”版式添加装饰性图片的具体步骤如下：

1）插入图片：选择“标题幻灯片”版式，在“插入”选项卡“图像”选项组中单击“图片”按钮，在打开的“插入图片”对话框的素材目录中选择文件“佛跳墙.jpg”，然后单击“插入”按钮，将图片插入幻灯片窗格中。

2）删除“佛跳墙.jpg”图片背景：选中幻灯片窗格中新插入的图片并双击（或选择“格式”选项卡），在“调整”选项组中单击“删除背景”按钮，图片变成紫色背景（紫色区域即为要删除的背景），并出现调整控点。调整控点，使要显示的内容都在框选范围内，单击“保留更改”按钮，图片背景变透明。调整图片到合适大小，放置至合适的位置。若是纯色背景色，可设置背景为透明。并设置图片样式为矩形投影（选择“图片工具-格式”→“图片样式”→“矩形投影”）。

3）在图片右侧插入文本：单击“插入”选项卡“文本”选项组中的“文本框”下拉按钮，在弹出的下拉列表中选择“横排文本框”选项，移动鼠标指针到“佛跳墙.jpg”图片右侧并单击，输入文字“中国菜介绍 Chinese Dishes”，并进行字体格式设置（字体设置为居中，字体颜色为紫色，字号为24磅），效果如图2-4-14所示。

4）更改“标题幻灯片”版式的背景格式。在“标题幻灯片”版式幻灯片空白区域右击，在弹出的快捷菜单中选择“设置背景格式”选项，打开“设置背景格式”对话框，选择“渐变填充”，其余设置保持默认，然后单击“关闭”按钮。“标题幻灯片”版式设计的最终效果如图2-4-15所示。

图 2-4-14　“标题幻灯片”版式添加装饰性图片后的效果

设置母版

中国菜系专题介绍-文本导入、母版设置

图 2-4-15　“标题幻灯片”版式设计的最终效果

（8）装饰“标题和内容”版式

为“标题和内容”版式添加装饰性图片的具体步骤如下：

复制“标题幻灯片”版式中设置好的“佛跳墙.jpg”图片和文本框，粘贴到“标题和内容”版式，设置图片颜色（选择“图片工具-格式”→“颜色”→“重新着色”→“绿色 个性色 1 浅色”），并将文字“中国菜介绍”字体颜色设置为浅绿。“标题和内容”版式设计的最终效果如图 2-4-16 所示。

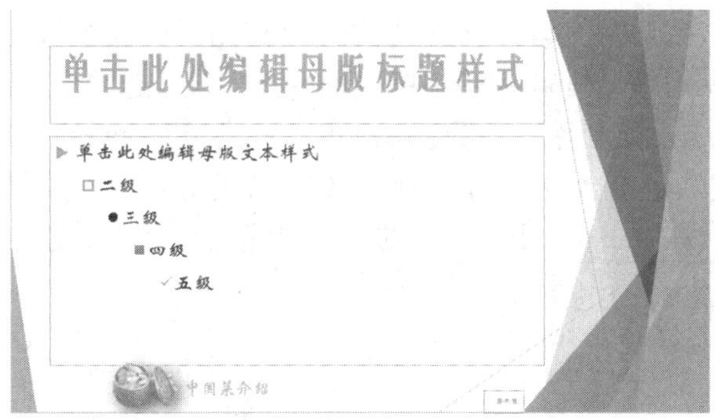

图 2-4-16　“标题和内容”版式设计的最终效果

（9）设置“自定义”版式

从“标题和内容”版式创建“自定义”版式的具体步骤如下：

1）在“幻灯片母版”视图中，右击左侧幻灯片缩略图窗格中的“标题和内容”版式，在弹出的快捷菜单中选择“复制版式”选项。在复制的版式上右击，在弹出的快捷菜单中选择“重命名版式”选项，在打开的“重命名版式”对话框中输入新版式名称“自定义”，然后单击“重命名”按钮。

2）右击该版式，打开“设置背景格式”对话框，更改“填充”方式为“渐变填充”，类型改为“路径”，“自定义”版式设计的最终效果如图 2-4-17 所示。

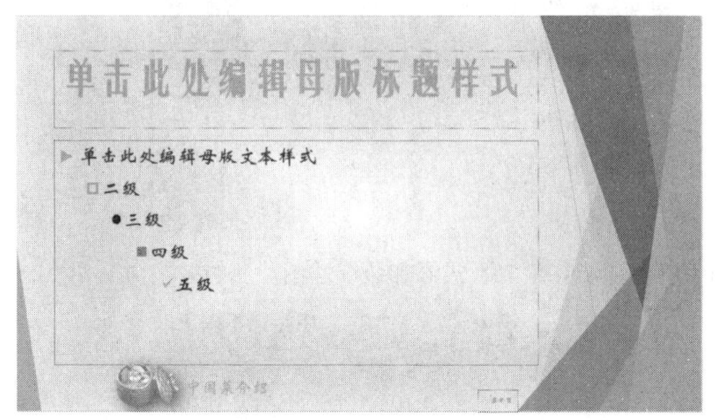

图 2-4-17　“自定义”版式设计的最终效果

4. 关闭幻灯片母版，并为各幻灯片应用相应版式

（1）关闭幻灯片母版

在“幻灯片母版”选项卡“关闭”选项组中，单击“关闭母版视图”按钮，返回幻灯片普通视图。

（2）插入两张幻灯片

选中第一张幻灯片，在“开始”选项卡“幻灯片”选项组中单击“新建幻灯片”下拉按钮，在弹出的下拉列表中选择“标题幻灯片”版式，则在当前幻灯片的下方插入一张新幻灯片。使用同样的操作，在最后一张幻灯片后插入一张“标题幻灯片”版式的幻灯片。

（3）为各幻灯片应用版式

经过上述操作，演示文稿共有 24 张幻灯片，除了第一张幻灯片和最后一张幻灯片应用了“标题幻灯片”版式外，其余幻灯片默认全部应用了“标题和内容”版式。

参看图 2-4-6，在幻灯片缩略图窗格中，配合 Shift 键，选中示意图中的所有二级幻灯片，在“开始”选项卡“幻灯片”选项组中单击“版式”下拉按钮，在弹出的下拉列表中选择“自定义”版式，将“自定义”版式应用到二级幻灯片中，如图 2-4-18 所示（红色框的为二级幻灯片，即根据第二张幻灯片的六个描述主题进行幻灯片的选择）。

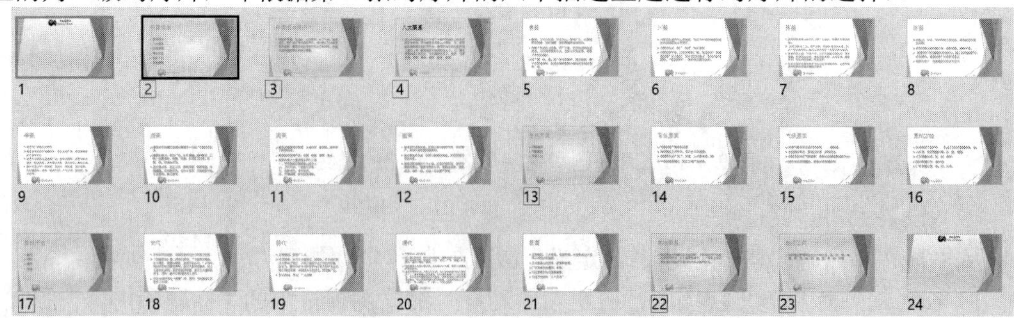

图 2-4-18　二级幻灯片“自定义”版式设置

5．超链接和动作按钮

幻灯片中显示的文字内容多数是提纲，如果对某个主题的文字内容或图片特别关注，想要详细展示，可以使用超链接与动作按钮配合的方式来实现。

本案例中，中国的八大菜系介绍、中国菜系的形成因素介绍及中国菜系的烹饪历史介绍均需要重点展示，所以都采用了以超链接方式跳转到分类内容、分类内容通过动作按钮返回的设计。

（1）设置超链接

超链接可以从一张幻灯片跳转到同一演示文稿中的另一张幻灯片，也可以跳转到其他网页或文件，或者跳转到电子邮件地址。从文本到图形、图像或声音、视频等都可以作为创建超链接的对象。

本案例中，中国的八大菜系介绍是以文本创建超链接跳转到同一演示文稿中的其他幻灯片。以第四张幻灯片“八大菜系”幻灯片为例，超链接功能具体的实现步骤如下：

1）在普通视图中，在“八大菜系”幻灯片中选择“鲁菜”两个字，单击“插入”选项卡“链接”选项组中的“链接”按钮。在打开的“编辑超链接”对话框中，选择“链接到”→“本文档中的位置”选项，在“请选择文档中的位置”列表框中，选择要作为超链接目标的幻灯片主题“5.鲁菜”，如图 2-4-19 所示，然后单击“确定”按钮。

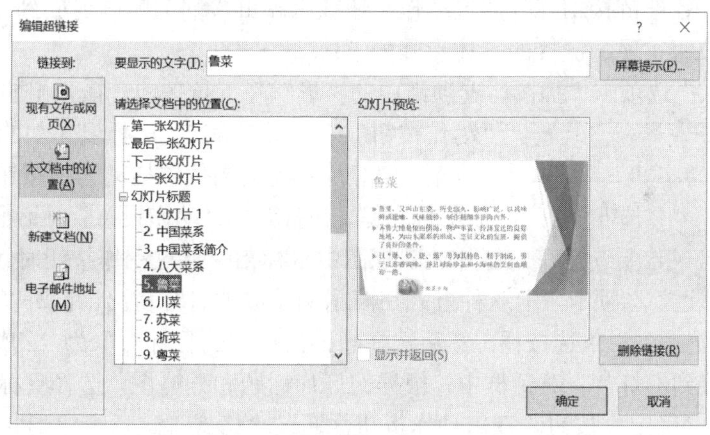

图 2-4-19　“鲁菜”文本的超链接设置

2）使用同样的方法，分别为川菜、苏菜、浙菜、粤菜、湘菜、闽菜、徽菜等一一创建超链接，链接到其对应主题的幻灯片。

3）单击“幻灯片放映”选项卡“开始放映幻灯片”选项组中的“从当前幻灯片开始放映”按钮，通过单击相应菜系的文本，查看超链接效果，如图 2-4-20 所示。

（2）设置超链接的文字颜色

设置过超链接的文本会自动更改文字颜色并添加下划线，如果对演示文稿自动生成的超链接颜色不满意，可以通过“主题”功能进行修改，具体步骤如下：

1）单击“设计”选项卡“主题”选项组中的“颜色”下拉按钮，在弹出的下拉列表中选择“新建主题颜色”选项。在打开的“新建主题颜色”对话框中设置“超链接”和“已访问的超链接”的颜色并保存（如图 2-4-21 所示，更改为红色和浅蓝色）。

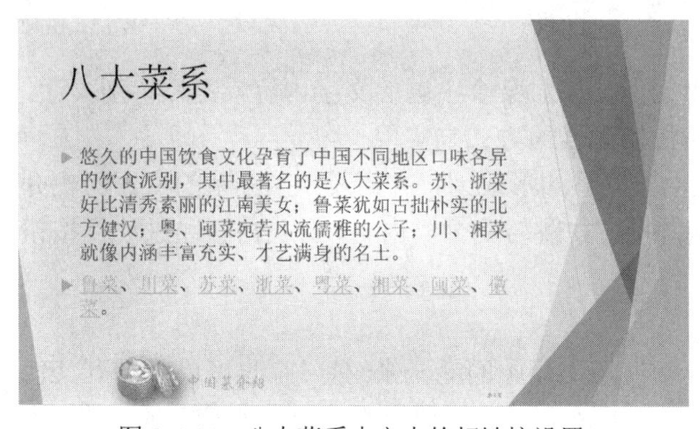

图 2-4-20 八大菜系中文本的超链接设置

图 2-4-21 通过主题更改超链接颜色

2）若要更改超链接文本的颜色，则单击“超链接”下拉按钮，在弹出的下拉列表中选择一种颜色即可。

同时完成第二张幻灯片等其他二级幻灯片中其他文本超链接的设置。

（3）制作动作按钮

要从超链接目标幻灯片返回到调用幻灯片，需要在超链接目标幻灯片上设置一个返回的对象（可以是按钮、图片或文本等）。

本案例中，各被链接幻灯片通过动作按钮或有超链接的剪贴画返回到调用幻灯片。

使用动作按钮实现超链接的具体步骤如下：

单击“插入”选项卡“插图”选项组中的“形状”下拉按钮，在弹出的下拉列表中的“动作按钮”中（图 2-4-22）选择要添加的按钮形状，在“鲁菜”幻灯片中的适当位置拖动为该按钮绘制形状。释放鼠标左键，在打开的“动作设置”对话框中，选择“单击鼠标”选项卡（若要选择在幻灯片放映视图中鼠标指针移过动作按钮时该按钮的行为，则选择“鼠标移过”选项卡，但这种方式在演示文稿放映时容易出错，所以不建议轻易选用），选中“超链接到”单选按钮，然后选择超链接动作的目标对象为“幻灯片”，在随后打开的“超链接到幻灯片”对话框中，根据幻灯片标题和缩略图，选择目标幻灯片“八大菜系”，并单击“确定”按钮。双击动作按钮，通过“格式”选项卡“形状式样”选项组中的各功能按钮，调整按钮外观和声音等，效果如图 2-4-23 所示。然后把设置好的按钮复制到其他同类幻灯片中。

动作按钮

图 2-4-22 动作按钮

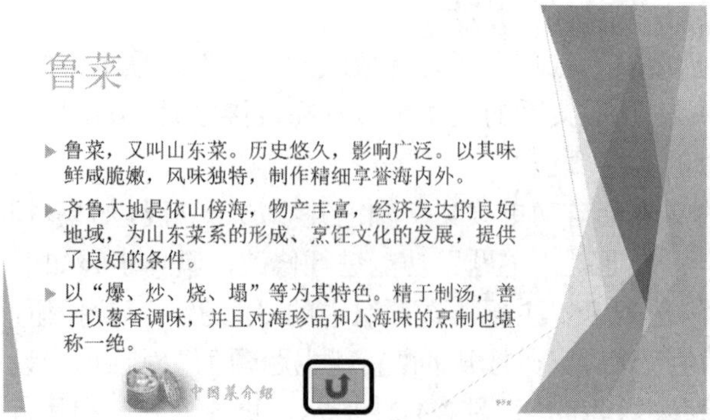

鲁菜

▶ 鲁菜，又叫山东菜。历史悠久，影响广泛。以其味鲜咸脆嫩，风味独特，制作精细享誉海内外。

▶ 齐鲁大地是依山傍海，物产丰富，经济发达的良好地域，为山东菜系的形成、烹饪文化的发展，提供了良好的条件。

▶ 以“爆、炒、烧、塌”等为其特色。精于制汤，善于以葱香调味，并且对海珍品和小海味的烹制也堪称一绝。

中国菜介绍

图 2-4-23 “鲁菜”幻灯片返回动作按钮的设置效果

另外，对“中国菜系简介”“八大菜系”“形成原因”“烹饪历史”“其他菜系”“制作工艺”等六个二级幻灯片添加合适的图片，设置其超链接返回至第二张“中国菜系”幻灯片。这里插入图片素材中“萝卜.png”图片（图片样式可设置为矩形投影），设置其超链接返回至第二张“中国菜系”幻灯片。部分幻灯片添加动作按钮超链接设置后的效果如图 2-4-24 所示。

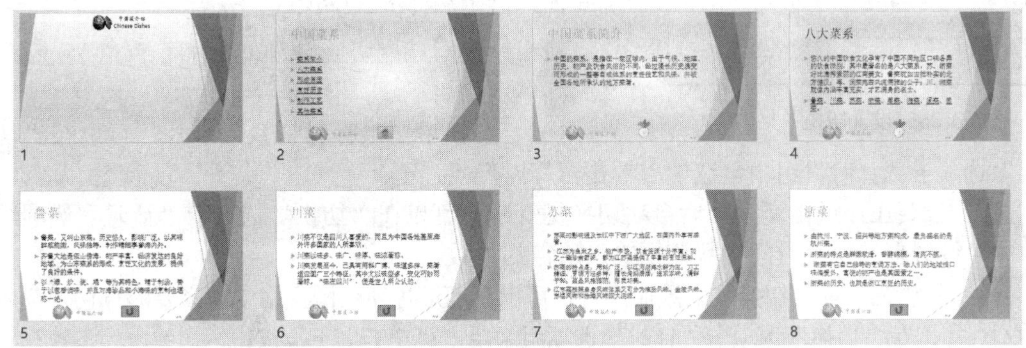

图 2-4-24　动作按钮和超链接部分功能的设置效果

6. 设置幻灯片切换的过渡效果及方式

在演示文稿放映过程中，通过幻灯片切换效果的设置，可以使幻灯片之间的切换像电影镜头的变换一样，过渡自然而效果独特。

（1）设置幻灯片切换过渡效果

幻灯片切换效果是在演示期间从一张幻灯片移到下一张幻灯片时在“幻灯片放映”视图中出现的动画效果，可以设置切换效果的速度、添加声音，甚至还可以对切换效果的属性进行自定义。本案例幻灯片切换效果设置的具体步骤如下：

1）在幻灯片缩略图窗格中，选择第一张幻灯片的缩略图，在“切换”选项卡“切换到此幻灯片”选项组中，选择“涟漪”切换效果，如图 2-4-25 所示。

图 2-4-25　选择“涟漪”切换效果

2）设置最后一张幻灯片的切换效果为帘式；设置演示文稿中第二张幻灯片的切换效果为缩放；设置二级幻灯片（第 3、4、13、17、22、23 张）的切换效果为立方体；设置其余幻灯片的切换效果为剥离。

3）如果要向演示文稿中的所有幻灯片应用相同的幻灯片切换效果，则可以在“切换”选项卡“计时”选项组中，单击“全部应用”按钮。

4）设置上一张幻灯片与当前幻灯片之间的切换效果的持续时间，可以在“切换”选项卡“计时”选项组中的“持续时间”数值框中，输入或选择所需的速度，如图2-4-26所示。

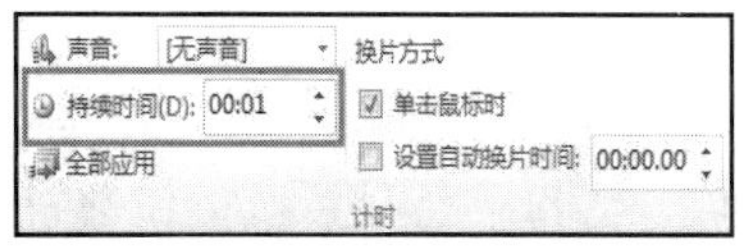

图2-4-26 设置切换效果的计时

（2）设置幻灯片切换的方式及时间

具体步骤如下：

1）若要在单击鼠标时切换幻灯片，可以在“切换”选项卡“计时”组中，选中“单击鼠标时”复选框。

2）若要在经过指定时间后自动切换幻灯片，可以在“切换”选项卡“计时”选项组中的“设置自动换片时间”数值框输入所需的秒数。

3）若要为幻灯片切换效果添加声音，可以在幻灯片缩略图窗格中选择要添加切换音效的幻灯片，在“切换”选项卡“计时”选项组中单击“声音”下拉按钮，在弹出的下拉列表中选择所需的声音即可。

4）若要添加列表中没有的声音，可以选择“其他声音”选项，在打开的“添加音频”对话框中选择要添加的声音文件，然后单击“确定”按钮。

7. 设置动画效果

通过对幻灯片中各对象动画效果的设置，可以使静态的幻灯片变得动感十足，让观众将注意力集中在要点上，提高观众对演示文稿的兴趣。

动画设置

在PowerPoint 2019演示文稿中，可以将文本、图片、形状、表格、SmartArt图形和其他对象制作成动画，赋予它们进入、退出、大小或颜色变化甚至移动等视觉效果。设置动画效果，可以单独使用任何一种动画，也可以将多种效果组合在一起。

PowerPoint 2019中有以下四种不同类型的动画效果：

①“进入”效果　如使对象逐渐淡入焦点、从边缘飞入幻灯片或跳入视图中等。

②“强调”效果　如使对象缩小或放大、更改颜色或沿着其中心旋转等。

③“退出”效果　如使对象飞出幻灯片、从视图中消失或从幻灯片旋出等。

④“动作路径”效果　如使对象上下移动、左右移动或沿着指定路径移动等。

（1）设置对象的动画效果

以本案例中的第二张幻灯片“中国菜系”幻灯片（中国菜系专题导航）为例，设置对象动画效果的具体步骤如下：

1）先对第二张幻灯片进行编辑文本修饰美化，可自行设计，效果如图2-4-27所示。

2）选择“中国菜系”标题的其中一个字，如选择“中”字，在“动画”选项卡“动画”选项组中，选择“飞入”效果。单击“效果选项”下拉按钮，在弹出的下拉列表中选择“自顶部”选项，单击“开始”下拉按钮，在弹出的下拉列表中选择“上一动画之后”选项，持续时间更改为1s。单击“高级动画”选项组中的“添加动画”下拉按钮，在弹出的下拉列表中选择“强调”中的“陀螺旋”效果，单击“开始”下拉按钮，在弹出的下拉列表中选择“与上一动画同时”选项，持续时间也更改为1s。

依次选择“国”“菜”“系”三个字，设置如上所述的动画效果。

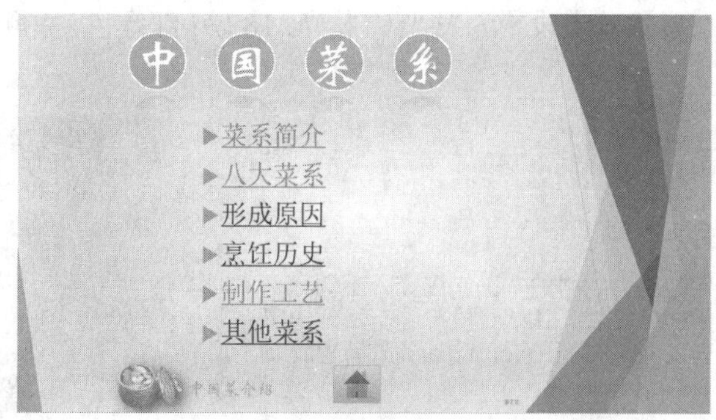

图 2-4-27　第二张幻灯片文本修饰效果

3）放映当前幻灯片，可以看到标题文本应用“飞入”进入效果及“陀螺旋”强调效果。

4）设置“中国菜系”幻灯片中的文本占位符的六个一级文本进入动画效果为“自左侧”“擦除”，设置“菜系简介”文本为单击进入，其他五个设置为“开始”“与上一动画同时”（单击“动画窗格”按钮，在右侧弹出的窗格中按住 Shift 键选择其他五个文本动画，再选择“计时”→“开始”→“上一动画之后”选项）。第二张幻灯片的动画效果可在其动画窗格中清楚看到，如图 2-4-28 所示。

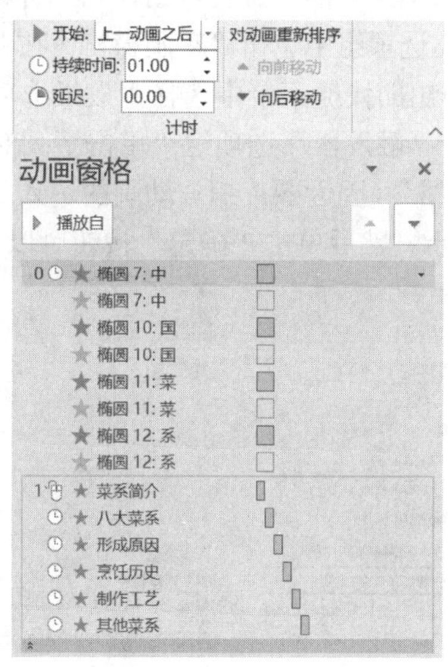

图 2-4-28　第二张幻灯片（中国菜系专题导航）的动画效果设置

（2）触发器的使用

为了在一张幻灯片中依次展示多张图片，但又不希望这些图片显示的次序是固定的，也就是说，随便点看哪张图片都可以看到当前的图片对象，而不受图片叠放次序的影响。这意味着前面看过的图片，显示后就必须在指定的时间内退出消失。

控制这样的显示效果必须通过触发器来实现，具体操作步骤如下：

1）选择“其他菜系”幻灯片。

2）在幻灯片中添加三个横排文本框，分别输入“杭州酥油饼”“东北小吃-大丰收”“西藏酥油茶”，如图2-4-29所示，字体艺术字样式设置为渐变填充（“红色，主题色5；映像”），形状填充设置为黄色，形状效果设置为发光（“发光：18磅；深绿色，主题色2”），如图2-4-29所示。

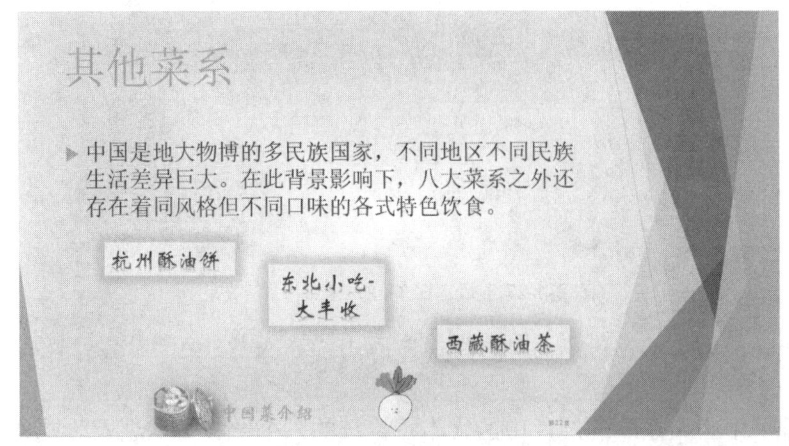

图2-4-29 在“其他菜系”幻灯片中添加三个文本框

3）现以“杭州酥油饼”文本框为例，进行触发器的使用操作说明。

插入图片素材包中的“杭州酥油饼”图片素材，放置合适的位置，选择“图片工具”-“格式”选项卡“图片样式”选项组中的“旋转，白色”图片样式。对图片添加“进入”→“缩放”动画。在“高级动画”选项组中单击“动画窗格”按钮，在右侧的动画列表窗口中选择图片缩放动画右击，在弹出的快捷菜单中选择“效果选项”选项，在打开的“缩放”对话框中选择“计时”选项卡“触发器”选项组“单击下列对象时启动动画效果”下拉列表中的“文本框6：杭州酥油饼”（因为图片缩放动画的进入是通过单击某个文本框对象来产生的），设置如图2-4-30所示，然后单击“确定”按钮可以查看效果。

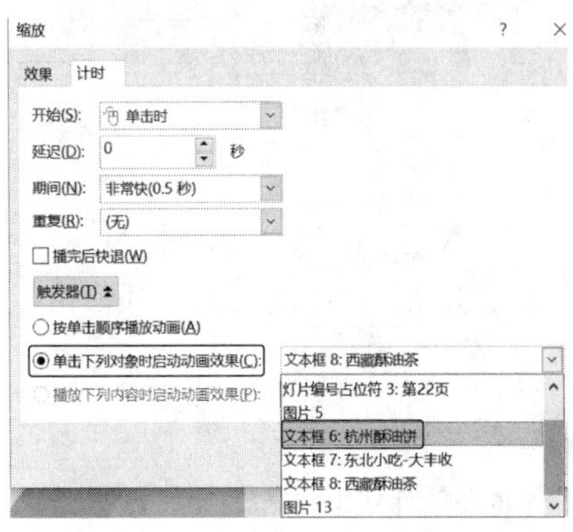

图2-4-30 “进入”触发器的设置

接下来设置图片通过触发器的使用来完成其单击退出效果的操作。

选择“杭州酥油饼”图片，在“高级动画”选项组中单击“添加动画”下拉按钮，在弹出的下拉列表中选择“退出”→“随机线条”效果。打开“动画窗格”窗格，可以看到动画顺序，选择退出动画选项，单击“动画窗格”下方“重新排序”右侧的按钮，将“退出”动画顺序置于“进入”效果之后。在“计时”选项组中，将“随机线条”动画效果设置为“开始”→“上一动画之后”；将“延迟”设置为2s。至此，“杭州酥油饼”相关图片的触发动画效果设置完毕，如图 2-4-31 所示。

图 2-4-31　退出触发器的设置

重复以上操作，插入相应的图片，完成“东北小吃-大丰收”“西藏酥油茶”两个文本框触发图片的动画效果设置。

8. 装饰封面和尾页幻灯片

封面幻灯片是标题显示，而尾页幻灯片是致谢显示。封面和尾页幻灯片的装饰制作，主要包括四部分工作：设置主标题和副标题文字；插入艺术字装饰及自制绘画图形装饰；设置动画；插入声音文件。

（1）插入艺术字并装饰标题

具体步骤如下：

1）单击选中第一张幻灯片的缩略图，在标题占位符中直接输入文字“中国菜系”，设置字体为华文琥珀、80 磅、加粗、文字阴影。在“绘图工具-格式”选项卡“艺术字样式”选项组中设置“文本效果”为“阴影”→“透视”→“右上”和“棱台“→“凸圆形”。

2）插入艺术字“食不厌精，脍不厌细”，并为艺术字自行设置样式，并添加“波浪形”强调动画效果，开始方式为“与上一动画同时”、持续时间 1s、延迟 1s，并右击，在弹出的快捷菜单中选择“效果选项”选项，在打开的相应对话框中设置“计时”选项卡中的“重复”为 3。

3）编辑尾页幻灯片，输入合适的结束语，并设置样式。插入动作按钮返回至第一张幻灯片。封面和尾页幻灯片最终效果如图 2-4-4 所示。

（2）插入音乐对象

为了突出重点、渲染氛围和效果，可以在演示文稿中添加音频，如音乐、旁白、原声摘要等。

在本案例中，我们为演示文稿添加 MP3 音频文件作为背景音乐，具体操作步骤如下：

1）在幻灯片缩略窗格中选择封面幻灯片（即第一张幻灯片）。

2）单击“插入”选项卡“媒体”选项组中的“音频”下拉按钮，在弹出的下拉列表中选择“PC 上的音频”选项，在打开的“插入音频”对话框中选择准备好的素材“背景音乐.mp3”，并单击“确定”按钮，幻灯片中显示一个表示音频文件的图标🔈。

3）在“播放”选项卡“音频选项”选项组中，选中“跨幻灯片播放”和“放映时隐藏”复选框，如图 2-4-32 所示。

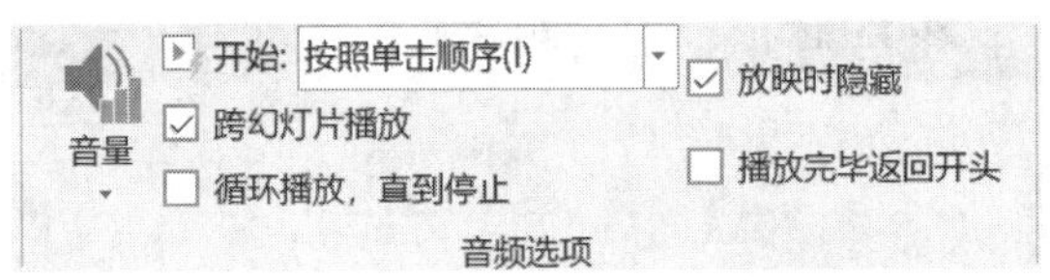

图 2-4-32 音频的插入与设置

4）在“动画”选项卡“高级动画”选项组中，单击“动画窗格”按钮，在右侧“动画窗格”中选择“背景音乐.mp3”，并调整其动画顺序到动画列表的第一个。右击“背景音乐.mp3”，在弹出的快捷菜单中选择“效果选项”选项，打开“播放音频”对话框，在“效果”选项卡中将“停止播放”设置为“在 N 张幻灯片之后”，其中 N 的值根据需要确定，使背景音乐既可以跨幻灯片播放，又可以在指定幻灯片位置停止播放。如果“开始”设置为“跨幻灯片播放”，则“停止播放”的默认值为“999”。另外，在对话框的“计时”选项卡中，设置“开始”为“与上一动画同时”。

5）按 F5 键从头放映演示文稿，查看背景音乐的设置效果。

PowerPoint 2019 支持的音频格式如表 2-4-1 所示。

表 2-4-1 PowerPoint 2019 支持的音频格式

文件格式	扩展名	音频类型	说明
AIFF 文件	.aiff	音频交换文件格式	这种声音格式最初用于 Apple 和 Silicon Graphics（SGI）计算机。这些波形文件以 8 位的非立体声（单声道）格式存储，这种格式不进行压缩，因此会导致文件很大
AU 文件	.au	UNIX 音频	这种文件格式通常用于为 UNIX 计算机或网站创建声音文件
MIDI 文件	.mid 或.midi	乐器数字接口	这是用于在乐器、合成器和计算机之间交换音乐信息的标准格式
MP3 文件	.mp3	MPEG Audio Layer 3	这是一种使用 MPEG Audio Layer 3 编解码器进行压缩的声音文件
Windows 文件	.wav	波形格式	这种音频文件格式将声音作为波形存储，这意味着 1min 长的声音所占用的存储空间可能仅为 644KB，也可能高达 27MB
Windows Media Audio 文件	.wma	Windows Media Audio	这是一种 Microsoft Windows Media Audio 编解码器。编解码器：压缩/解压缩进行压缩的声音文件，该编解码器是微软开发的一种数字音频编码方案，用于发布录制的音乐（通常发布到 Internet 上）

4.3 应用案例 2——毕业答辩演示文稿的制作

4.3.1 应用案例描述

制作以本科毕业生的毕业答辩为主题的演示文稿，简要介绍该生毕业设计的系统设计与实现情况。图 2-4-33 所示为封面页、目录页和致谢页幻灯片的制作效果，图 2-4-34 所示为“系统分析”等三个内容页的制作效果。

- 文稿的封面页和尾页文字采用艺术字设计，并添加一定的动画效果。
- 若同一个元素出现在多张幻灯片中，使用幻灯片母版提高制作效率。
- 同一张幻灯片上不宜出现过多的文字，尽量简明扼要。
- 充分运用 PowerPoint 2019 中的 SmartArt 图形的功能表现内容。
- 选用内容相关的图片美化幻灯片，并且保持幻灯片整体色彩协调。
- 使用表格和图表来呈现信息量大的数据。

- 文稿中的图片、图表等对象设置一定的动画以增加视觉吸引力。
- 添加一定的动作按钮，完成各个幻灯片的切换，并设置一定的过渡切换效果。
- 设置幻灯片放映。

图 2-4-33　封面页、目录页和致谢页的效果

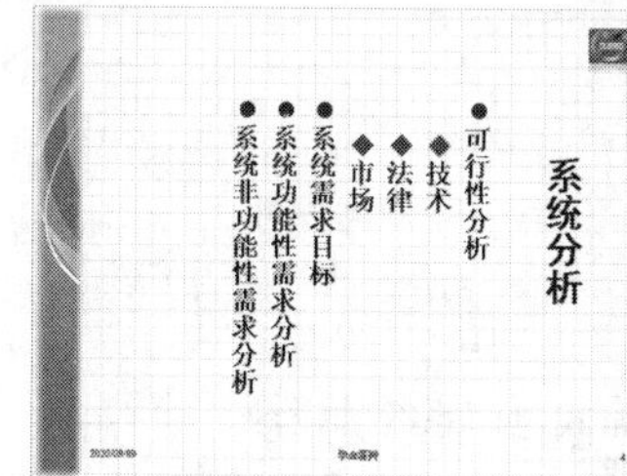

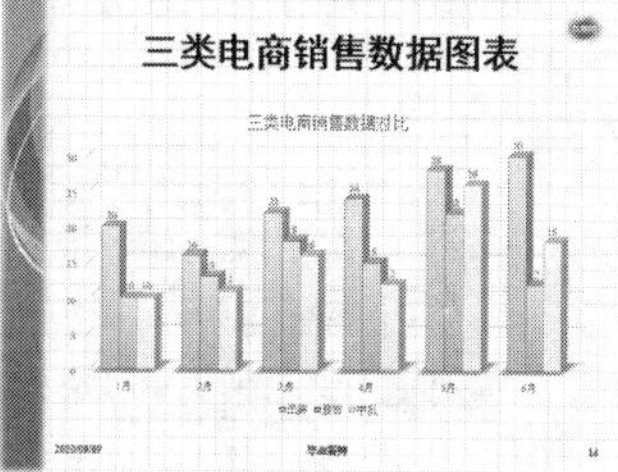

图 2-4-34　几个内容页的制作效果

4.3.2　解决方案与步骤

1. 总体分析与规划设计

根据题目要求，这是一个以毕业论答辩为专题的演示文稿制作，文字需简明扼要，主要使用图片、表格和图表等元素。本案例中的幻灯片一共分三个级别：一级幻灯片主要是封面页、目录页和尾页（即致谢页），二级幻灯片是六个目录项，三级幻灯片是具体内容和图表。图 2-4-35 所示为各幻灯片的内容大致安排。

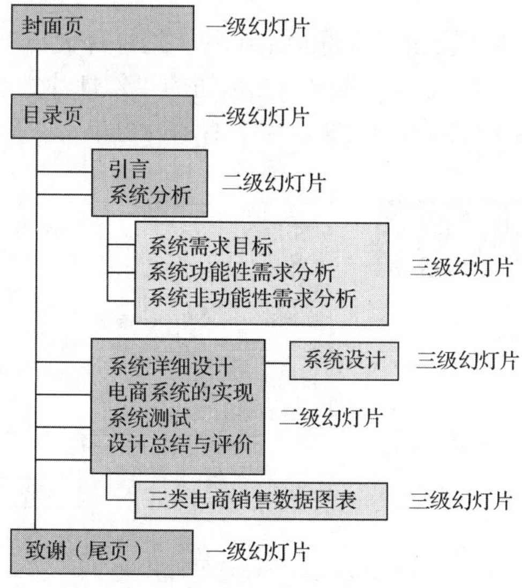

图 2-4-35　各幻灯片的内容大致安排

2. 打开素材演示文稿并选择主题模板

打开素材包中的“毕业答辩（素材）”演示文稿，将其另存为“学号姓名毕业答辩”演示文稿。

（1）选择主题模板

本演示文稿不采用 Office 自带主题，而是选用自行设计的主题模板。单击“设计”选项卡“主题”选项组中的“其他”下拉按钮，在弹出的下拉列表中选择“浏览主题”选项，如图 2-4-36 所示，并在打开的“选择主题或主题文档”对话框中，选择案例素材包中提供的“我的模板”文件，单击“应用”按钮。

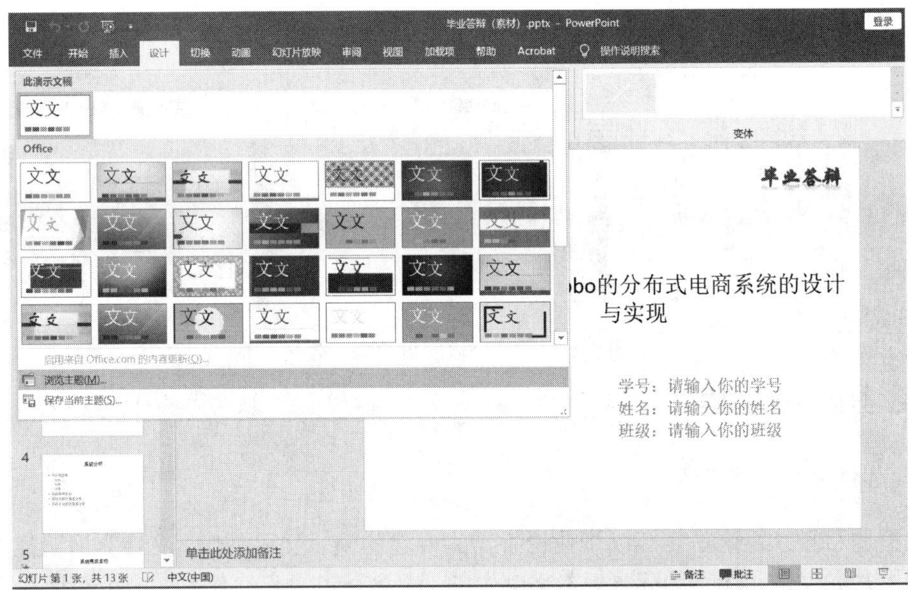

图 2-4-36 选择主题模板

（2）更改幻灯片大小

单击“设计”选项卡“自定义”选项组中的“幻灯片大小”下拉按钮，在弹出的下拉列表中选择“自定义幻灯片大小”选项，在按钮的“幻灯片大小”对话框中设置“宽度”为 26 厘米、“高度”为 19 厘米，如图 2-4-37 所示，再单击“确定”按钮。

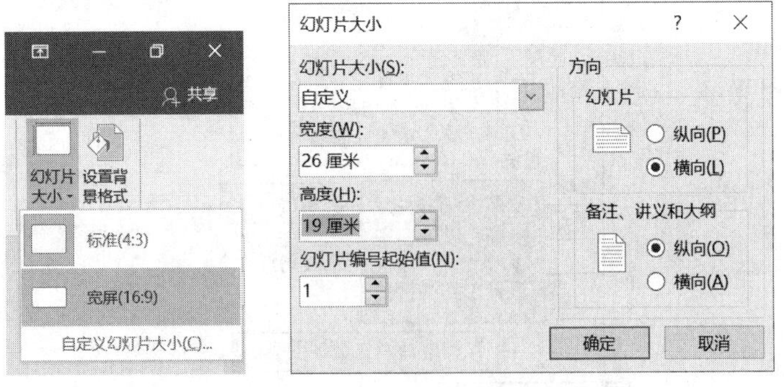

图 2-4-37 设置幻灯片大小

（3）插入页脚内容

单击“插入”选项卡“文本”选项组中的“页眉和页脚”按钮，打开“页眉和页脚”对话框，选中前面四个复选框，如图 2-4-38 所示，插入日期、页码和页脚（毕业答辩）内容，最后单击“全部应用”按钮。

图 2-4-38　“页眉和页脚”对话框

（4）修改各版式的过渡切换效果

单击“视图”选项卡“母版视图”选项组中的“幻灯片母版”按钮，进入“幻灯片母版”视图。

1）选择“标题幻灯片”版式，选择“切换”→“分割”切换效果，并选中“设置自动换片时间”复选框，设置时间为 3s。

2）选择“垂直排列标题与文本” 版式，选择“切换”→“立方体”切换效果，“效果选项”设置为“自左侧”，同样选中“设置自动换片时间”复选框，设置时间为 3s，如图 2-4-39 操作。

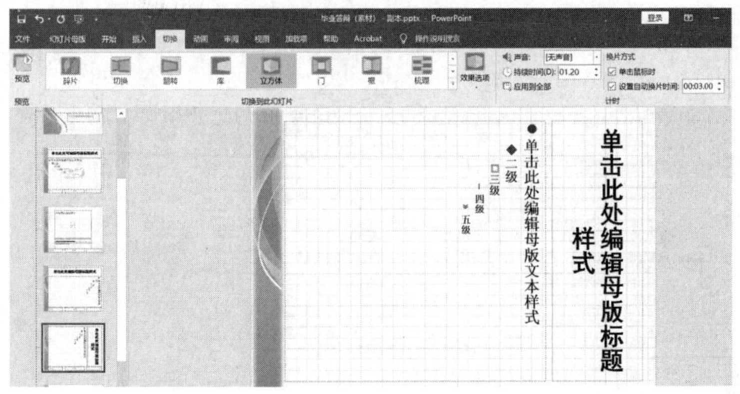

图 2-4-39　修改幻灯片母版的切换效果

3）选择“标题和内容”版式，选择“切换”→“涟漪”切换效果，最后选择“幻灯片母版”选项卡，单击“关闭”选项组中的“关闭母版视图”按钮，退出幻灯片母版视图。

3．制作封面页和尾页

（1）制作封面页

输入封面页的副标题相关的文本信息（即输入自己的学号、姓名和班级文本信息），并单击副标题占位符，添加“飞入”进入动画效果，“效果选项”设置为“自顶部”，在“计时”选项组中，更改“开始”为“与上一动画同时”，如图 2-4-40 所示。

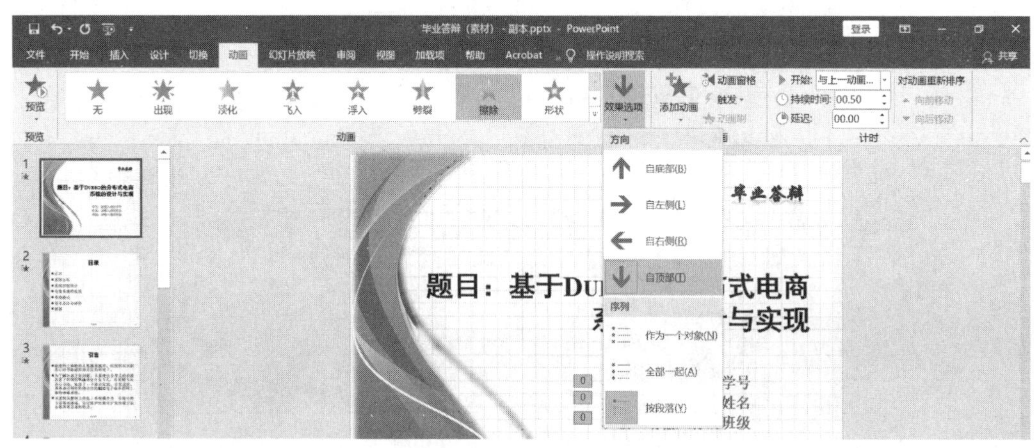

图 2-4-40 “封面页”副标题占位符动画效果的设置

（2）制作尾页“致谢”幻灯片

在幻灯片浏览窗格中选择最后一张“致谢”幻灯片，右击该幻灯片，在弹出的快捷菜单中选择“版式”→“标题幻灯片”版式，如图 2-4-41 所示。

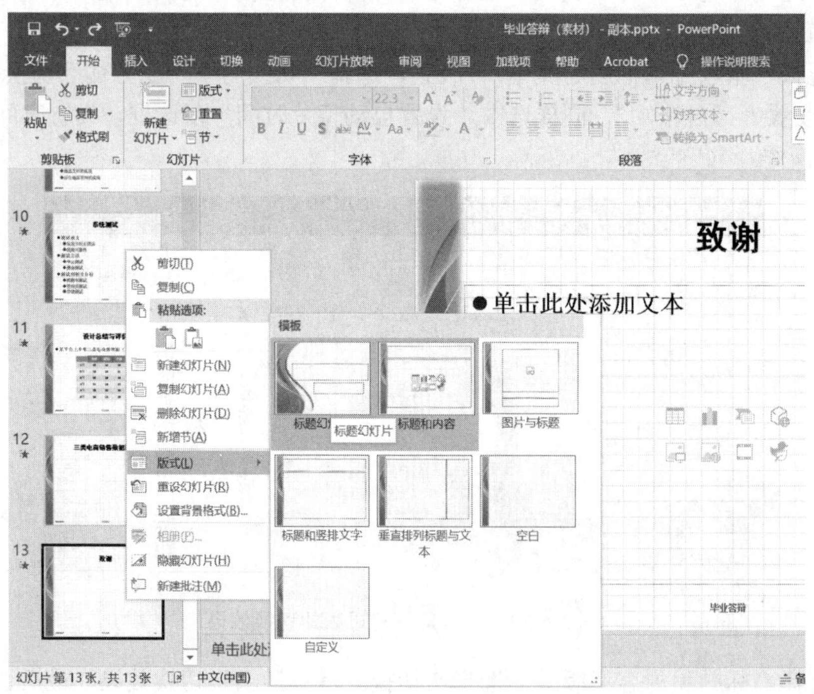

图 2-4-41 更改“致谢”幻灯片的版式

选中并删除尾页幻灯片的副标题、时间和日期、页脚、页码等占位符。单击“插入”选项卡“文本”选项组中的“艺术字”下拉按钮，在弹出的下拉列表中选择一种艺术字效果，并输入“谢谢聆听！”等文字信息，调整其字体大小、颜色及合适的位置，并为其添加“强调”→“脉冲”动画效果，在“动画”→“计时”选项组中更改“开始”为“上一动画之后”。

在“致谢”幻灯片中插入一个动作按钮“空白”，设置效果如图 2-4-42 所示，超链接到“幻灯片”，选择第一张“题目”幻灯片，播放声音设置为“风铃”。

图 2-4-42　动作按钮“空白”的设置

最后，选择该动作按钮右击，在弹出的快捷菜单中选择“编辑文字”选项，输入“返回”两个字，并单击“绘图工具-格式”选项卡“形状样式”选项组中的“其他”下拉按钮，如图 2-4-43 所示，在弹出的下拉列表中更改样式为“浅色 1 轮廓，彩色填充-水绿色，强调颜色 5”。“致谢”幻灯片的最终效果如图 2-4-44 所示。

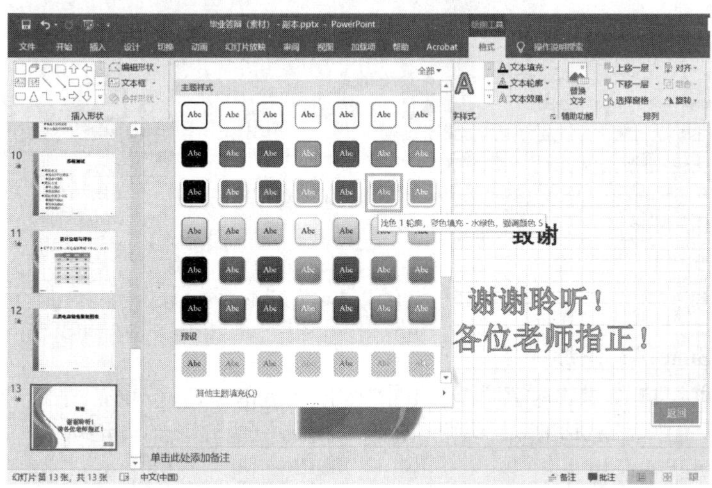

图 2-4-43　更改“返回”动作按钮的形状样式

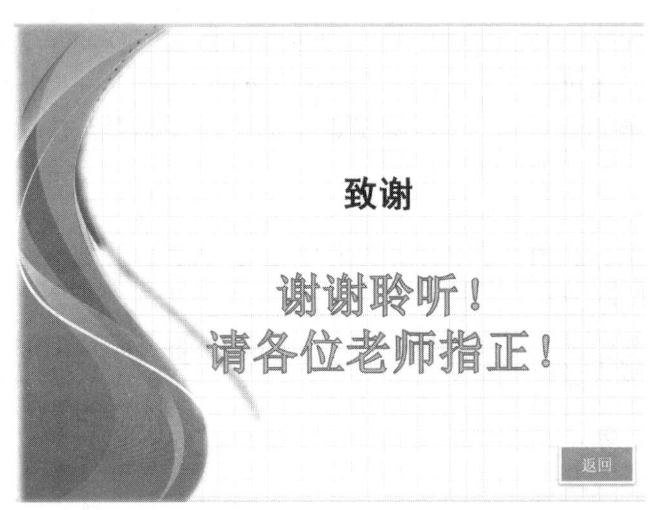

图 2-4-44 “致谢”幻灯片的最终效果

4. 制作“目录”页

（1）设置目录的文本效果

将鼠标指针定位到第二张幻灯片目录页，选中标题文字“目录”，选择“绘图工具-格式”选项卡“艺术字样式”选项组“文本效果”下拉列表中的“发光”样式，设置其发光效果为“发光：18 磅；红色，主题色 2”，如图 2-4-45 所示。

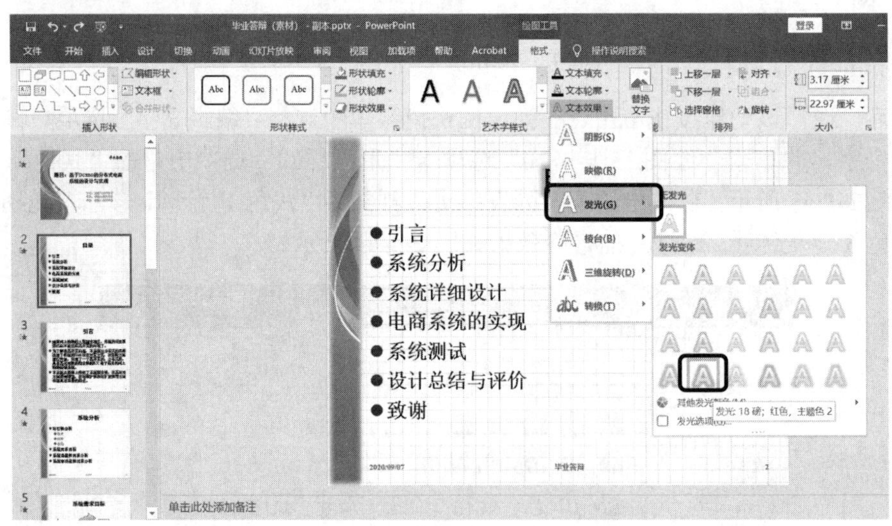

图 2-4-45 设置“目录”文本的效果

（2）插入 SmartArt 图形

单击“插入”选项卡“插图”选项组中的“SmartArt”按钮，打开“选择 SmartArt 图形”对话框，如图 2-4-46 所示。在“列表”选项中选择“垂直框列表”SmartArt 图形，单击“确定”按钮完成操作。

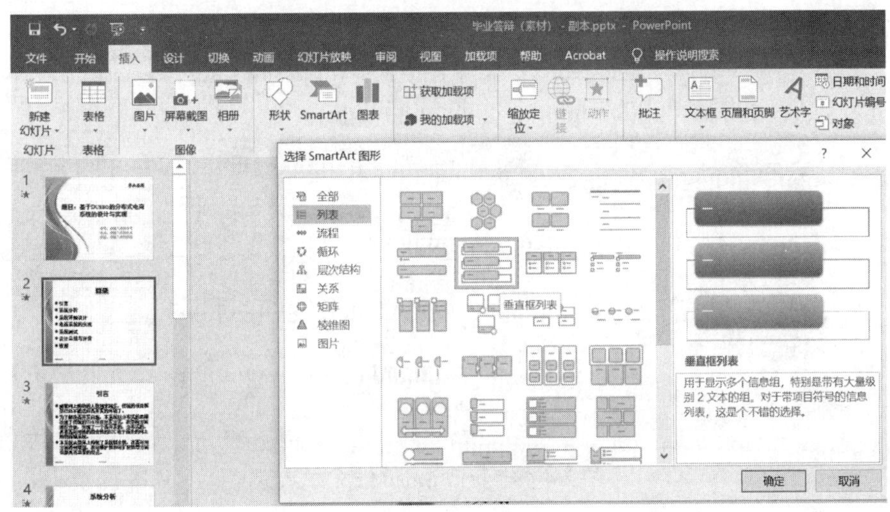

图 2-4-46　选择“垂直框列表”SmartArt 图形

复制该幻灯片中的文本占位符内容，全部粘贴到列表中文字区域，如图 2-4-47 所示，若文本框有多余的“文本”列表显示，可以按 Backspace 键（向前删）或 Delete 键（往后）删除多余的文本框项目列表。

图 2-4-47　编辑 SmartArt 列表框文字

删除目录页的文本占位符，设置其字体加粗，字号为 26 磅，再调整该 SmartArt 图形至合适位置和大小，并单击“SmartArt 工具-设计”选项卡“SmartArt 样式”选项组中的“更改颜色”下拉按钮，在弹出的下拉列表中选择“彩色-个性色”选项，如图 2-4-48 所示。

（3）插入动画效果

设置“目录”标题的进入动画效果为“劈裂”，“效果选项”设为“中央向左右展开”，在“计时”选项组中设置“开始”为“单击时”。

设置 SmartArt 垂直列表框的进入动画效果为“擦除”，“效果选项”设为“自顶部”，在“计时”选项组中设置“开始”为“上一动画之后”，如图 2-4-49 所示。

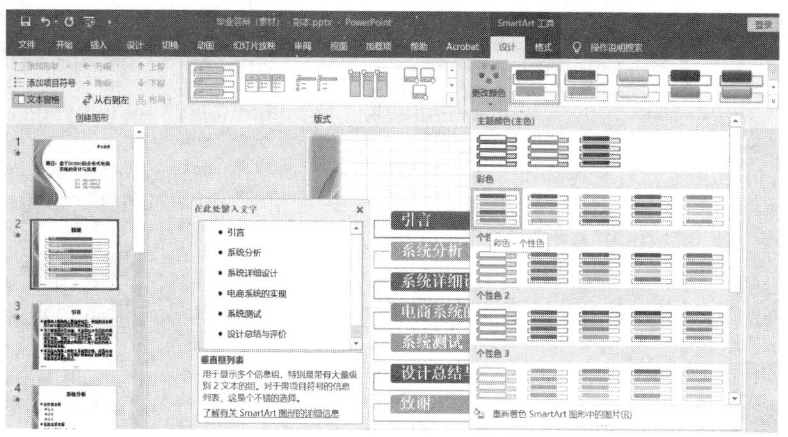

图 2-4-48 更改 SmartArt 样式

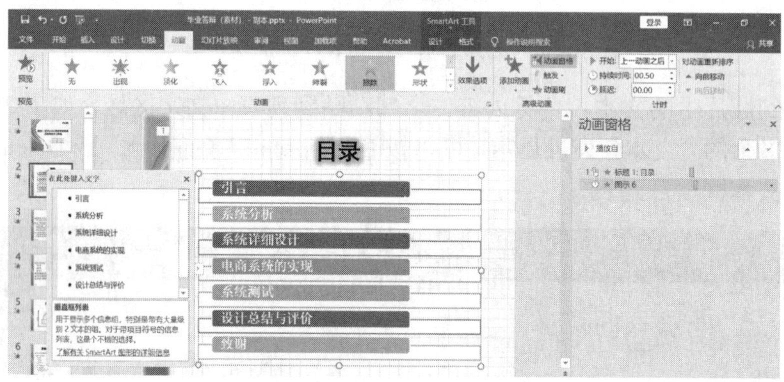

图 2-4-49 目录页的动画效果设置

（4）对 SmartArt 图形的列表项添加超链接

将目录页中的七个列表分别超链接到对应的二级幻灯片中，以“系统分析”为例进行说明。先选中“系统分析”列表项，单击“插入”选项卡“链接”选项组中的“链接”按钮，在打开的“插入超链接”对话框中，选择“本文档中的位置”选项，并选中幻灯片中的“4.系统分析”幻灯片，如图 2-4-50 所示，然后单击“确定”按钮。

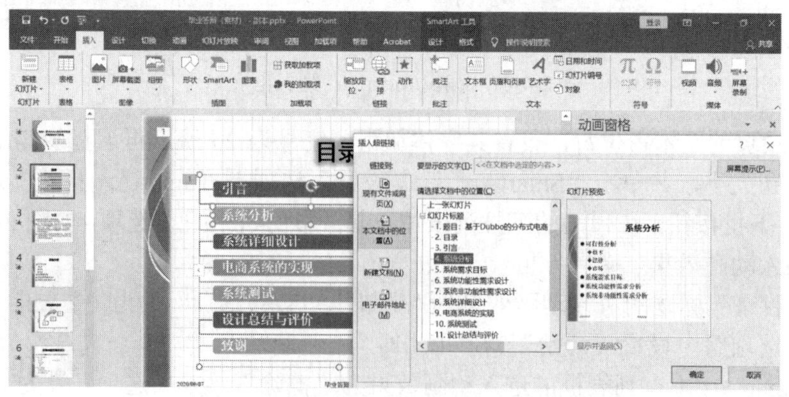

图 2-4-50 “系统分析”列表的超链接功能设置

其余六个列表项目的超链接功能，按照上述操作一一完成，这里不再赘述。

5. 制作引言页

选择第三张“引言”幻灯片中的文本占位符，在“动画”选项卡中，设置其进入动画效果为“出现”，“文本动画”效果设置为“按第一级段落”，并设置“开始”为“单击时”，如图 2-4-51 所示。

图 2-4-51　引言页中文本占位符的动画效果设置

6. 制作系统分析页

在普通视图中的左侧幻灯片浏览窗格中，定位到第四张“系统分析”幻灯片，右击该幻灯片，在弹出的快捷菜单中选择“版式”→“垂直排列标题与文本”版式。调整该文本占位符的位置和大小，设置文本字号为 28 磅，并设置文本占位符的动画效果为“进入”→“随机线条”，其余保持默认。

第四张“系统分析”幻灯片的设置效果如图 2-4-52 所示。

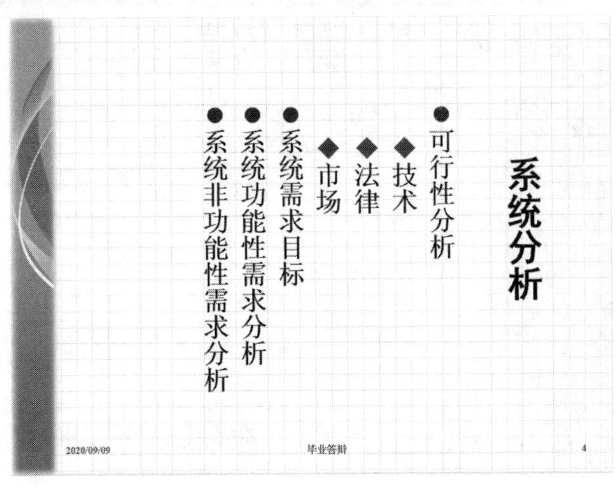

图 2-4-52　“系统分析”幻灯片的设置效果

7. 制作系统需求目标页

在普通视图中的左侧幻灯片浏览窗格中，定位到第五张“系统需求目标”幻灯片，选择“箭头”图形，设置其进入动画效果为“擦除”，“效果选项”设为“自左侧”。

同时选中松耦合、高并发性、可扩展性三个图形，设置其进入效果为“缩放”，“效果选项”设为“幻灯片中心”，计时“开始”设为“上一动画之后”。

第五张“系统需求目标”幻灯片的设置效果如图 2-4-53 所示。

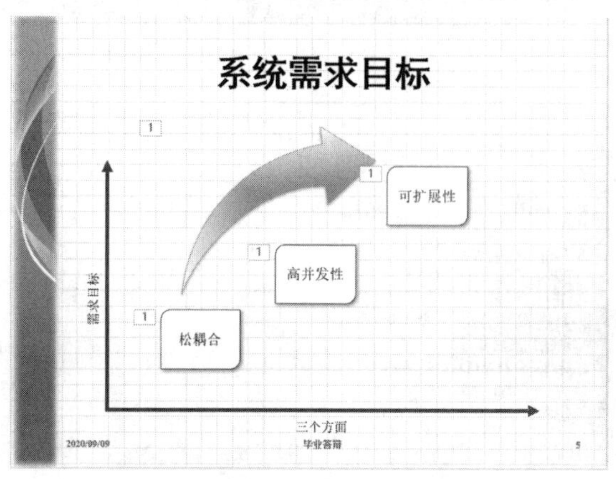

图 2-4-53 “系统需求目标”幻灯片的设置效果

8. 制作系统功能性需求设计页

1）设置“电商系统是 Web 端的系统……”的文本占位符的字号为 32 磅。

2）插入 SmartArt 图形。单击“插入”选项卡“插图”选项组中的“SmartArt”按钮，打开“选择 SmartArt”对话框，如图 2-4-54 所示。在“图片”选项中选择“蛇形图片重点列表”SmartArt 图形，单击“确定”按钮完成操作。

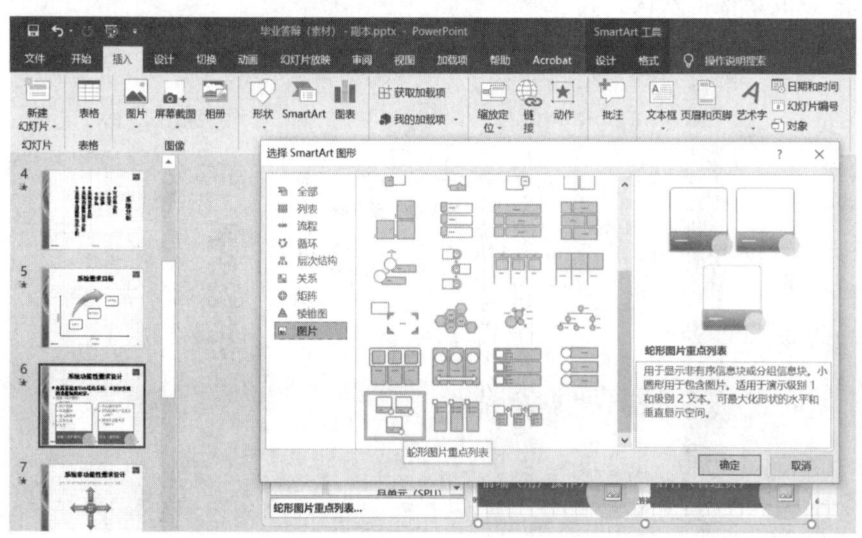

图 2-4-54 插入“蛇形图片重点列表”SmartArt 图形

复制该幻灯片中第二个文本占位符的全部内容，粘贴到 SmartArt 图形列表中的文字区域，删除多余的文本，依次单击“前端（用户操作）”和“后台（管理员）”的图片区域，在打开的“插入图片”对话框中分别选择图片素材包中的“用户操作.jpg”图片和“管理员.jpg”图片，并调整 SmartArt 图形的大小和位置，设置字体加粗、字号为 24 磅。删除幻灯片中多余的占位符和文本。

单击“SmartArt 工具-设计”选项卡“SmartArt 样式”选项组中的“更改颜色”下拉按钮，在弹出的下拉列表中选择“彩色”→“彩色范围-个性色 2 至 3”，并设置其样式为“强烈效果”，如图 2-4-55 所示。

图 2-4-55　更改 SmartArt 样式

3）添加动画效果。选中 SmartArt 图形后，选择“动画”选项卡，选择进入动画效果为“弹跳”，“效果选项”设为“一次级别”。第六张“系统功能性需求设计”幻灯片的设置效果如图 2-4-56 所示。

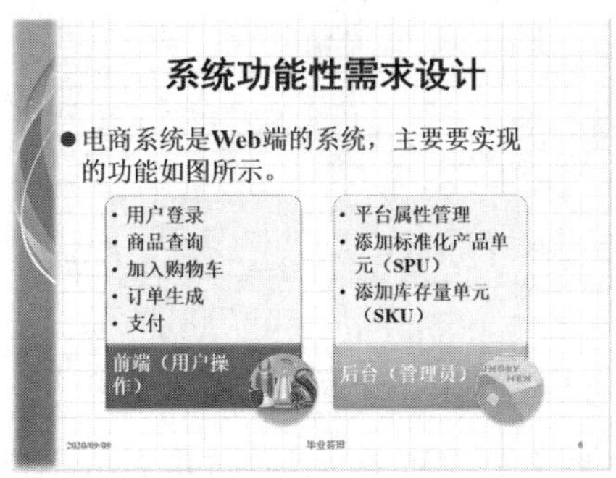

图 2-4-56　“系统功能性需求设计”幻灯片的设置效果

9. 制作系统非功能性需求设计页

（1）设置四个方向箭头的动画

按住 Ctrl 键依次单击四个方向箭头，选择“动画”→“其他”→“动作路径”→“直线路径”动画，如图 2-4-57 所示。打开“动画窗格”，更改四个方向箭头的路径。此时需注意，直线路径中的绿色三角形表示起点，红色三角形表示终点，设置效果如图 2-4-58 所示。

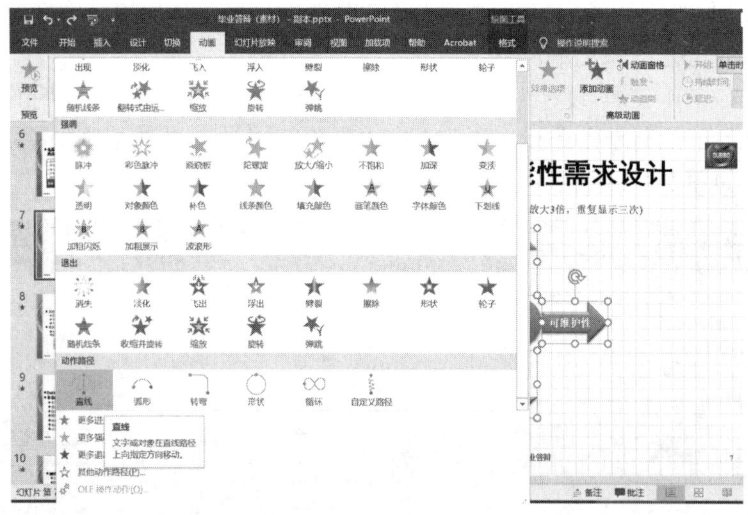

图 2-4-57　插入直线路径动画

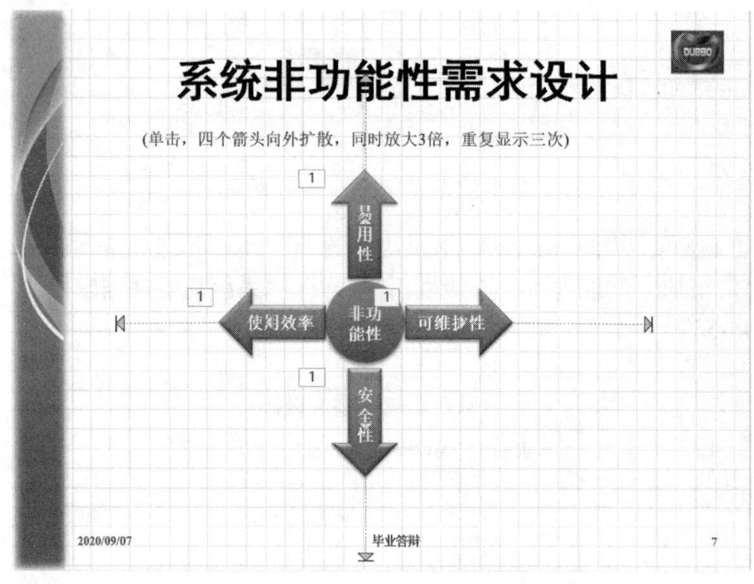

图 2-4-58　更改四个方向箭头的动画终点位置

在“动画窗格”中，选中四个方向箭头的动画选项右击，在弹出的快捷菜单中选择“效果选项”选项，打开“向下”对话框。选择“计时”选项卡，设置“重复”为 3，如图 2-4-59 所示，单击“确定”按钮完成操作。

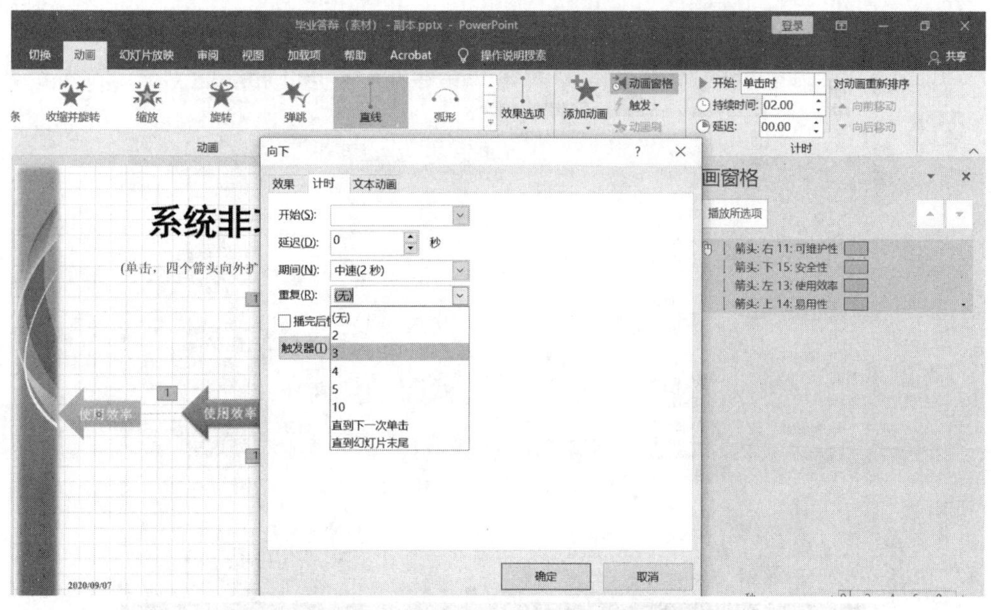

图 2-4-59　直线路径动画的“重复”选项设为 3

（2）为四个方向箭头添加“强调”→“放大/缩小”动画效果

同样，按住 Ctrl 键依次单击四个方向箭头，选择“动画”→“高级动画”→“添加动画”→“强调”→“放大/缩小”动画，如图 2-4-60 所示。

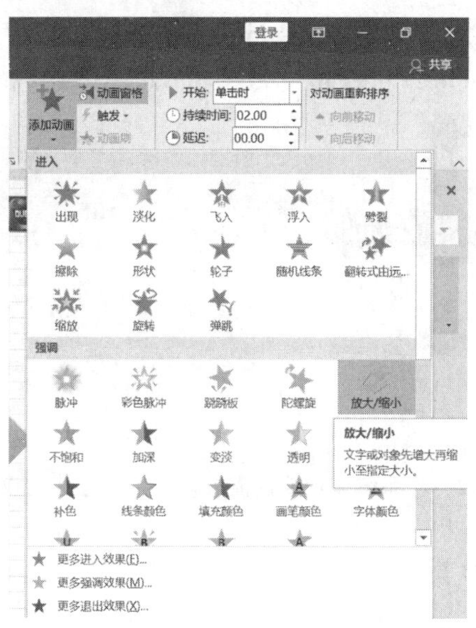

图 2-4-60　添加“放大/缩小”动画

在“动画窗格”中，选中这个四个箭头的强调动画，设置“计时”选项组中的“开始”为“与上一动画同时”。同时右击，在弹出的快捷菜单中选择“效果选项”选项，在“放大/缩小”对话框的“效果”选项卡中，更改“尺寸”为原来的 3 倍，即在“自定义”文本框中输入 300，按 Enter 键确认，如图 2-4-61 所示；再选择“计时”选项卡，设置“重复”3，最后单击“确定”按钮完成操作。

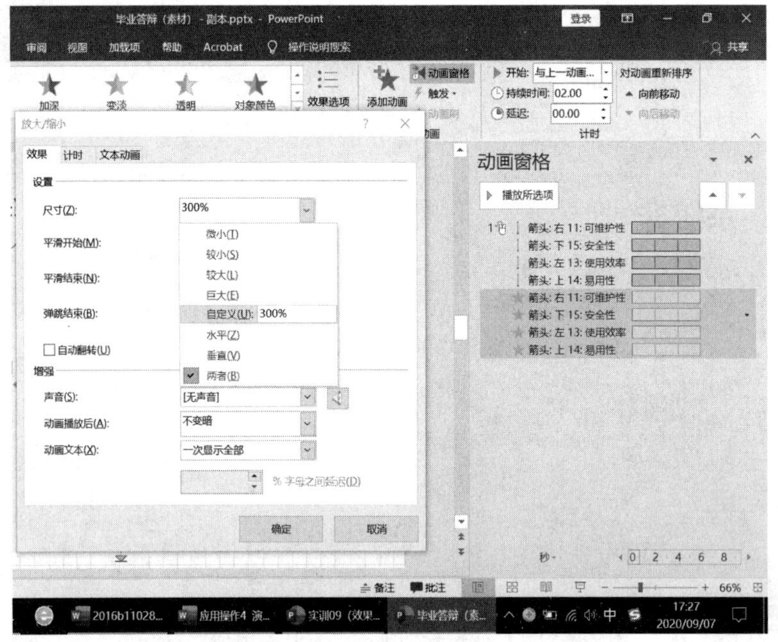

图 2-4-61　更改“放大/缩小”动画效果的位置

第七张“系统非功能性需求设计”幻灯片的设置效果如图 2-4-62 所示。

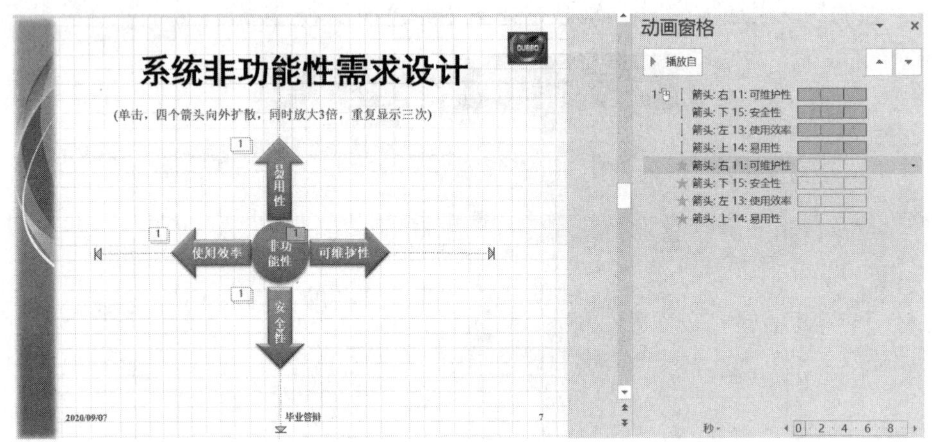

图 2-4-62　“系统非功能性需求设计”幻灯片的设置效果

10．制作系统详细设计页

（1）设置文本项目的升降级

Office 文本项目一共提供 9 个级别，选中某个文本项目，每按一次 Tab 键则降一级，每按一次 Shift+Tab 组合键则升一级。

在幻灯片浏览窗格中，定位到第八张“系统详细设计”幻灯片中，在幻灯片编辑区域，选中最后的五个一级文本项目，如图 2-4-63 所示，该五个文本项目当前处于第一项目级别，现在需要对其降两级，则需要按两次 Tab 键，达到项目级别降两级的效果，如图 2-4-64 所示。

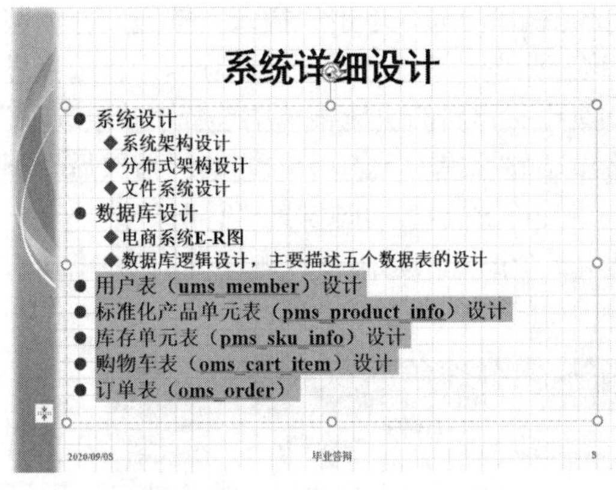

图 2-4-63　选中 5 个一级文本项目

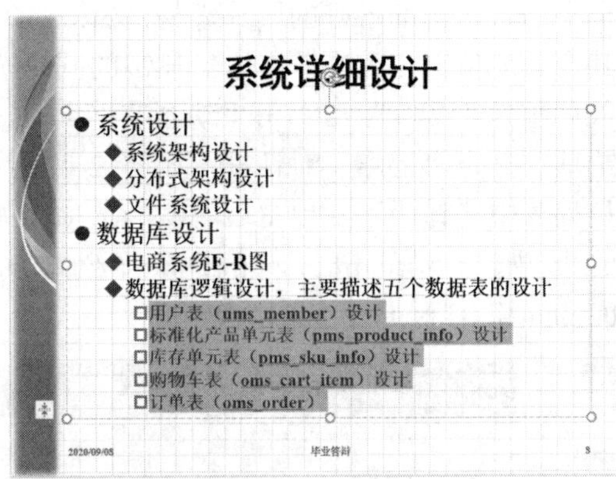

图 2-4-64　文本项目降 2 级操作

（2）设置文本占位符的动画效果

选择该幻灯片中的文本占位符，单击“动画”选项卡“动画”选项组中的“其他”下拉按钮，在弹出的下拉列表中选择“更多进入效果”选项，在打开的“更改进入效果”对话框中选择“华丽型”→“空翻”效果，单击“确定”按钮。在“高级动画”选项组中，单击“动画窗格”按钮，在弹出的“动画窗格”中展开每一个动画，选择“用户表（ums_member）设计”这一条动画，设置其“开始”为“单击时”，如图 2-4-65 所示。

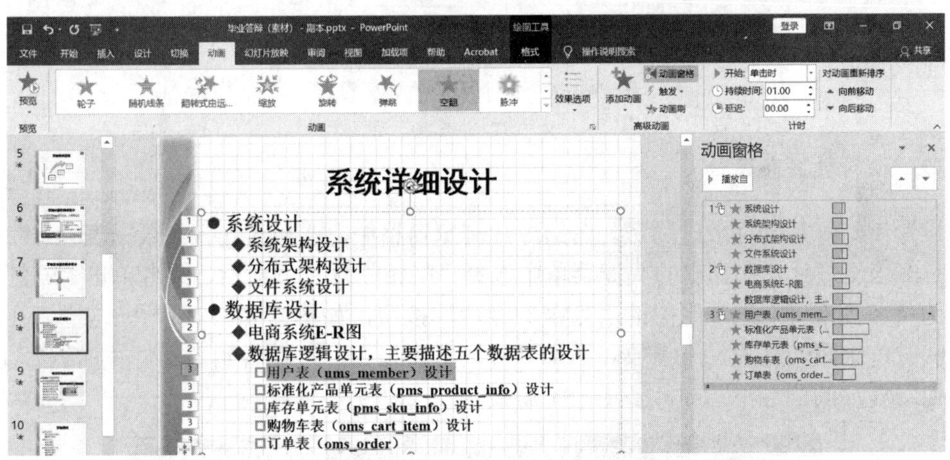

图 2-4-65　插入“空翻”动画效果

11. 新建并编辑系统设计页

（1）新建一张幻灯片

在幻灯片浏览窗格中，选择第八张“系统详细设计”幻灯片，按 Enter 键，则在其后自动新建一张“标题和内容”版式的幻灯片。在右侧的幻灯片编辑区域，单击“标题样式”占位符，输入“系统设计”四个字；单击“文本”占位符，输入“系统设计从三方面考虑：系统架构设计、分布式架构设计、文件系统设计。”。

（2）插入三张图片

单击“插入”选项卡“图像”选项组中的“图片”按钮，在打开的“插入图片”对话框中插入案例准备好的图片素材：01.png、02.png 和 03.png，单击“插入”按钮，并调整其合适的位置和大小。按住 Ctrl 键的同时选中这三张图片，在“动画”选项卡中，选择进入动画为“浮入”，并打开“动画窗格”，右击动画，在弹出的快捷菜单中选择“效果选项”选项，打开“上浮”对话框，如图 2-4-66 所示。在“效果”选项卡的“动画播放后”下拉列表中选择“下次单击后隐藏”选项，如图 2-4-66 所示，同时设置“计时”选项卡中的“开始”为“单击时”，然后单击“确定”按钮。三个图片的动画播放顺序分别为 01.png、02.png 和 03.png。

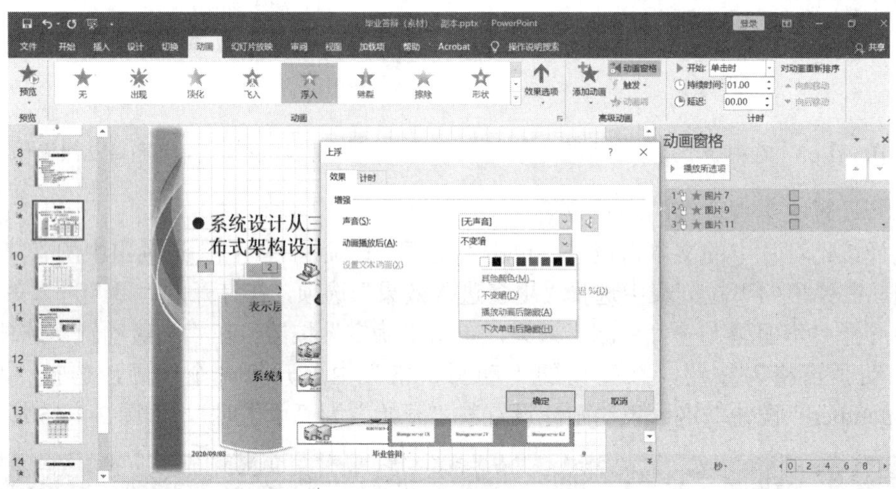

图 2-4-66 三个图片的效果设置

12. 编辑数据表设计页

设置该幻灯片为播放时隐藏。在幻灯片浏览窗格中，选择第九张“数据表设计”幻灯片，右击该幻灯片，在弹出的快捷菜单中选择“隐藏幻灯片”选项，或者单击“幻灯片放映”选项卡“设置”选项组中的“隐藏幻灯片”按钮，如图 2-4-67 所示。这样，在幻灯片放映时，隐藏幻灯片，不播放。在幻灯片浏览窗格中，可以看到该幻灯片的编号 10 上与其他幻灯片的编号不一样，多了一条斜线。

图 2-4-67 设置隐藏幻灯片

13. 编辑电商系统的实现页

（1）设置图片 Email 超链接

选择幻灯片中的图片，单击“插入”选项卡“链接”选项组中的“链接”按钮，在打开的“编辑超链接”对话框中，选择“链接到”→“电子邮件地址”选项，在电子邮件地址文本框中输入自己的 Email 地址，如 139600500@QQ.COM（注意：此时在文本框中将自动产生“mailto:”字样，如图 2-4-68 所示，不要删除它），最后单击“确定”按钮完成操作。

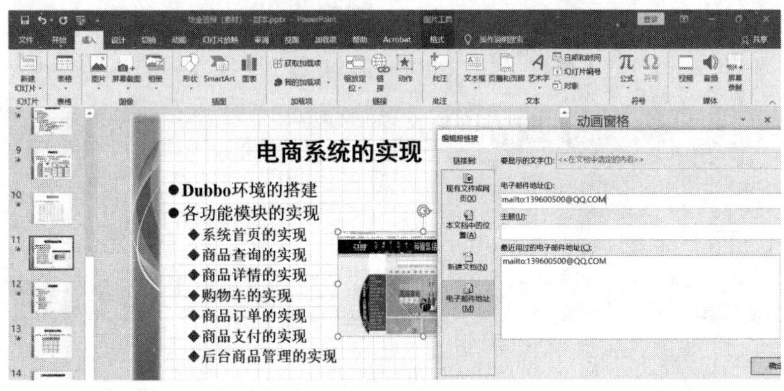

图 2-4-68　设置电子邮件超链接

（2）设置动画效果

选择该幻灯片中的文本占位符，设置其“进入”动画效果为“出现”，其“效果选项”设为“作为一个对象”，“开始”设置为“单击时”。

选择该幻灯片中的图片，设置其“进入”动画效果为“飞入”，“效果选项”设为“自右侧”，“开始”设置为“单击时”，并设置图片动画播放顺序为文本先出现，如图 2-4-69（a）所示。选择第二个图片动画，单击动画窗格右上角的▲按钮，使其播放顺序上升；同理单击▼按钮，则使动画播放顺序下降，如图 2-4-69（b）所示。

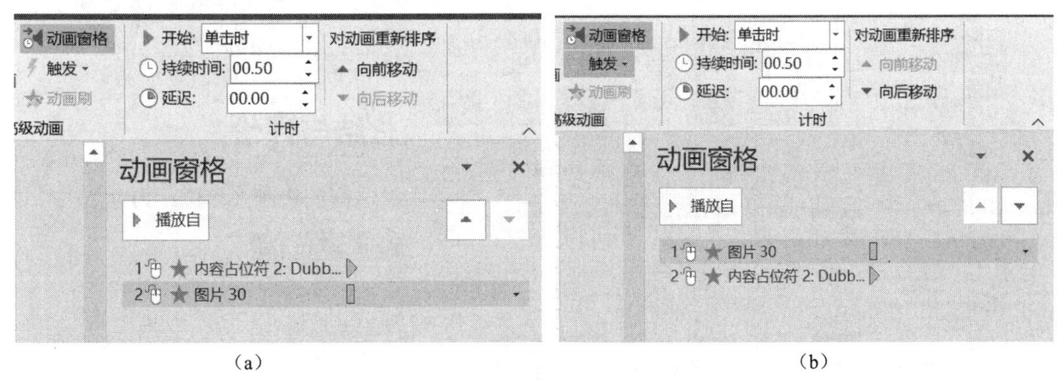

图 2-4-69　更改动画效果播放顺序

14. 编辑系统测试页

设置该幻灯片中的文本占位符，设置其段落行距为 1.2 倍行距。单击“开始”选项卡“段落”选项组右下角的对话框启动器，打开“段落”对话框。设置其“段前”“段后”

间距均为 0 磅，在“行距”下拉列表中选择“多倍行距”选项，并设置为 1.2，如图 2-4-70 所示，最后单击“确定”按钮完成操作。

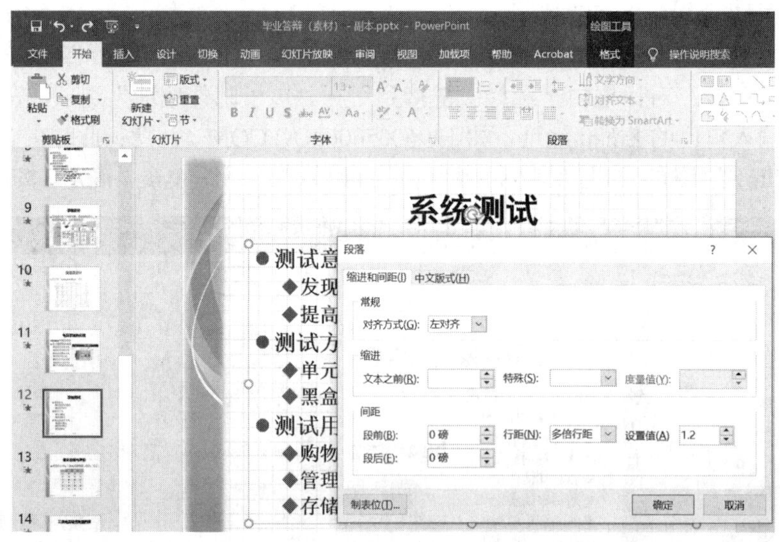

图 2-4-70　设置行距

15. 编辑设计总结与评价页

（1）设置表格样式

在幻灯片浏览窗格中，定位到第 13 张“设计总结与评价”幻灯片，选择该幻灯片中表格，单击“表格工具-设计”选项卡“表格样式”选项组中的“其他”下拉按钮，在弹出的下拉列表中选择“中等色”中的“中度样式 2-强调 5”样式，如图 2-4-71 所示。

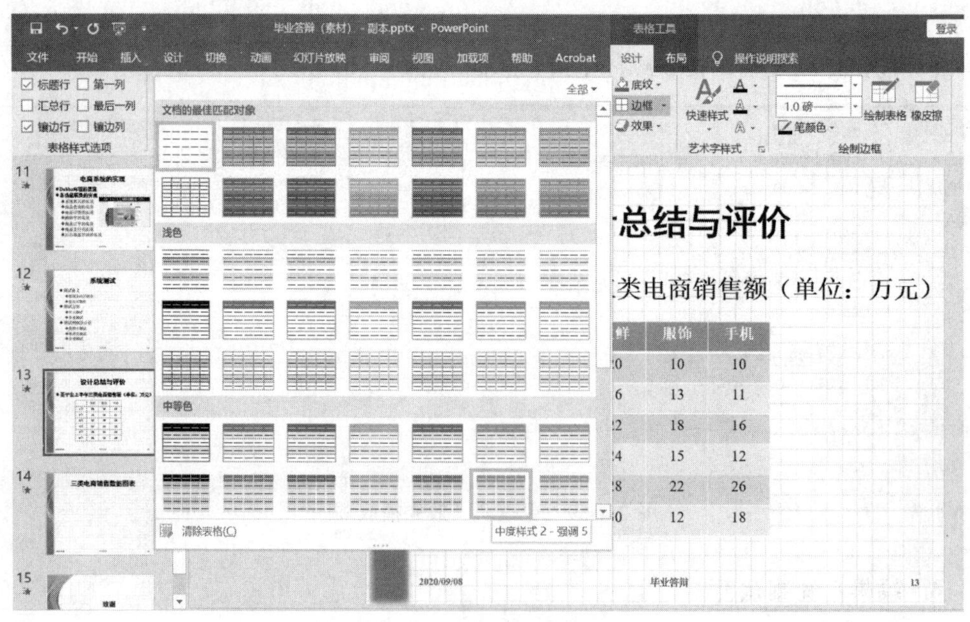

图 2-4-71　设置表格样式

（2）设置幻灯片的背景格式

单击该幻灯片编辑区域的任意空白位置，单击“设计”选项卡“自定义”选项组中的“设置背景格式”按钮（或者在该幻灯片的任意空白位置右击，在弹出的快捷菜单中选择“设置背景格式”选项），弹出“设计背景格式”窗格，如图 2-4-72 所示。

图 2-4-72　设置背景格式

在“填充”选项组中选中“渐变填充”单选按钮，同时在“预设渐变”下拉列表中选择“顶部聚光灯-个性色 6”渐变，如图 2-4-73 所示，同时在“填充”选项组中选中“隐藏背景图形”复选框。该幻灯片的最终效果如图 2-4-74 所示。

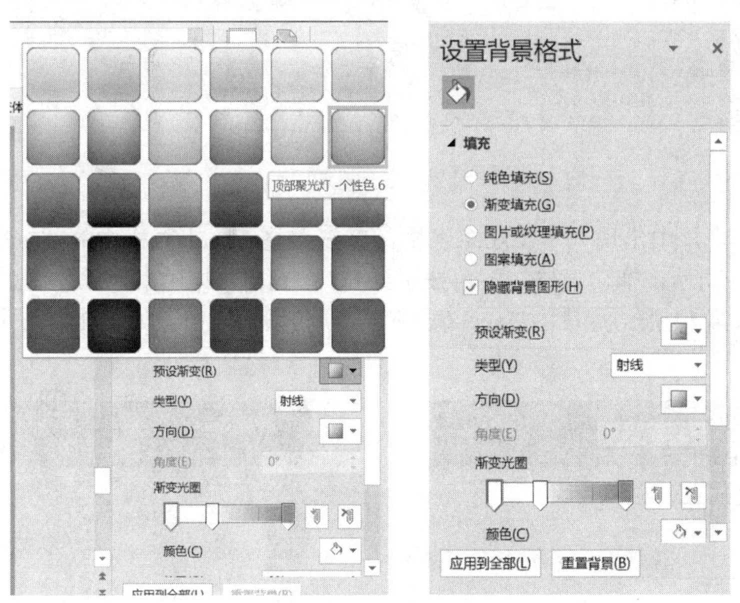

图 2-4-73　设置幻灯片背景格式

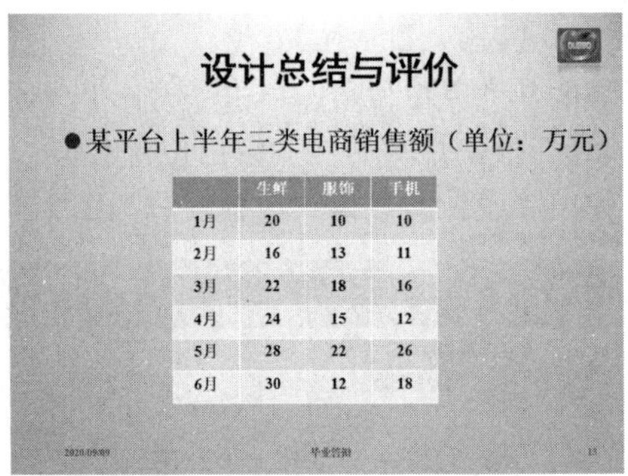

	生鲜	服饰	手机
1月	20	10	10
2月	16	13	11
3月	22	18	16
4月	24	15	12
5月	28	22	26
6月	30	12	18

图 2-4-74 第 13 张幻灯片的设置效果

16. 编辑三类电商销售数据图表页

（1）插入图表

在幻灯片浏览窗格中，定位到第 14 张“三类电商销售数据图表”幻灯片，在右侧幻灯片编辑区域中，单击其文本占位符中的“插入图表”按钮 ，在打开的“插入图表”对话框中选择“柱形图”→“三维簇状形图”选项，如图 2-4-75 所示，再单击“确定”按钮。

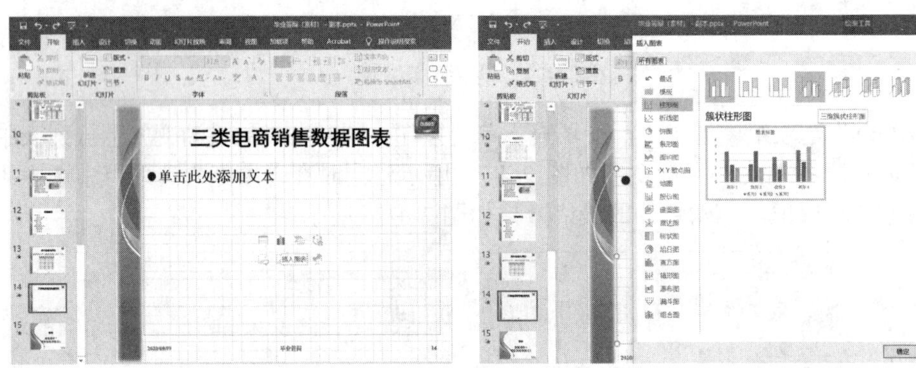

图 2-4-75 插入图表

随即在幻灯片中出现一个 Excel 表格，首先调整 Excel 表格中的数据区域大小，如图 2-4-76（a）所示，拖动表格右下角按钮至 D7 单元格，同时对照第 13 张幻灯片的表格数据依次输入第 14 张幻灯片的 Excel 表的类别项和系列项中，如图 2-4-76（b）所示，再关闭 Excel 表格。

Microsoft PowerPoint 中的图表

	A	B	C	D	E	F
1		系列 1	系列 2	系列 3		
2	类别 1	4.3	2.4	2		
3	类别 2	2.5	4.4	2		
4	类别 3	3.5	1.8	3		
5	类别 4	4.5	2.8	5		
6						
7						
8						

（a）

Microsoft PowerPoint 中的图表

	A	B	C	D	E	F
1		生鲜	服饰	手机		
2	1月	20	10	10		
3	2月	16	13	11		
4	3月	22	18	16		
5	4月	24	15	12		
6	5月	28	22	26		
7	6月	30	12	18		
8						

（b）

图 2-4-76 输入数据

选中图表，在“图表工具-设计”选项卡中，更改“图表样式”为“样式 4”，如图 2-4-77 所示。

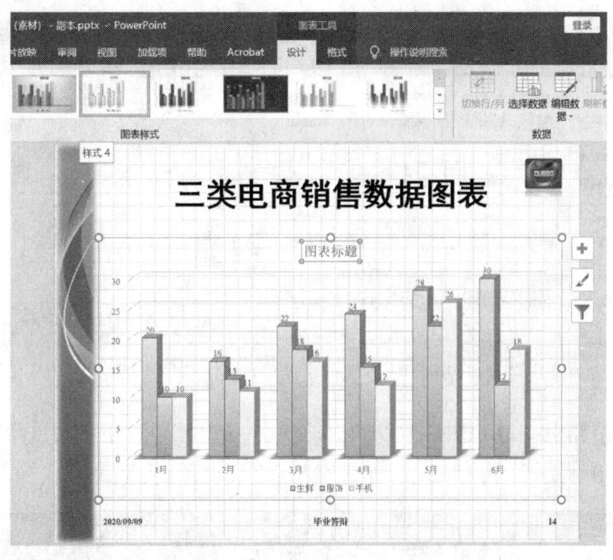

图 2-4-77　更改图表样式

最后，在“图表标题”中输入标题“三类电商销售数据对比”。

（2）设置图表的动画效果

选择图表，设置其动画效果为“进入”→“浮入”，在“效果选项”下拉列表中设置“方向”为“上浮”，设置“序列”为“按系列”，在“计时”选项组中设置“开始”为“上一动画之后”，如图 2-4-78 所示。

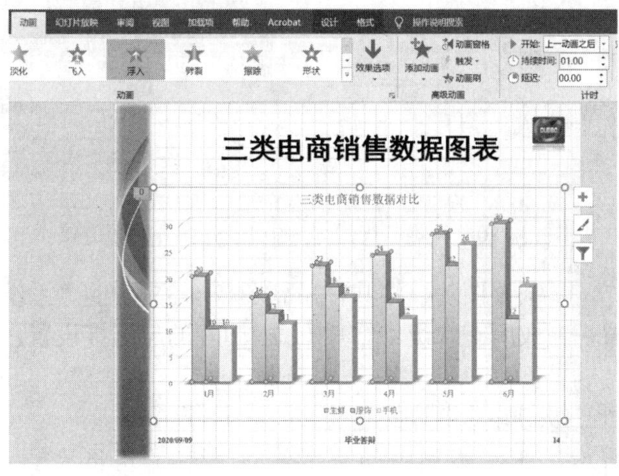

图 2-4-78　设置图表的动画效果

17. 创建各幻灯片图片超链接

（1）创建和编辑二级幻灯片图片的超链接

如图 2-4-35 所示，在本案例中的二级幻灯片左上角插入图片素材包中的“Logo.jpg”

图片，第一次可定位在第三张“引言”幻灯片中，如图2-4-79所示，调整其大小和位置，并设置其图片样式为“映像圆角矩形”。

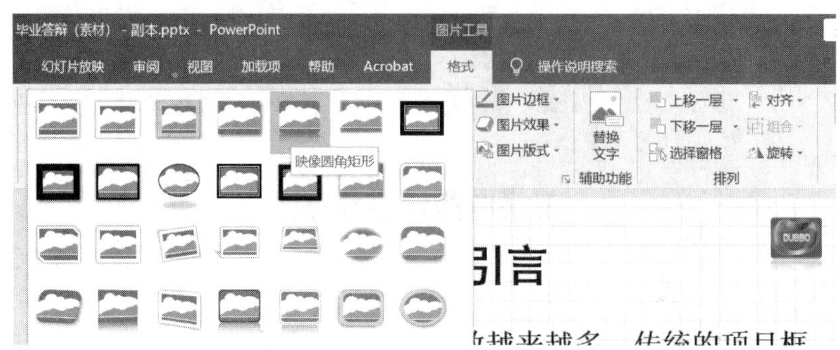

图2-4-79 更改二级幻灯片Logo图片样式

对该图片设置超链接，将其链接到“本文档中的位置”中的幻灯片标题为“2.目录”中，操作如图2-4-80所示，再单击“确定”按钮完成超链接操作。

图2-4-80 设置二级幻灯片中Logo图片的超链接

使用同样的操作，复制该图片，将其粘贴到图2-4-35中的“系统分析”等其他二级幻灯片的右上角位置，完成所有二级幻灯片Logo图片的超链接设置，且其均链接到“目录”幻灯片中。

（2）创建和编辑三级幻灯片图片的超链接

如图2-4-35所示，在本案例中的三级幻灯片左上角再次插入图片素材包中的“Logo.jpg”图片，第一次可定位在第五张“系统需求目标”幻灯片中，如图2-4-81所示，设置其图片样式为“柔化边缘椭圆”。

对该图片设置超链接，将其链接到“本文档中的位置”中的幻灯片标题为“4.系统分析”中，如图2-4-82所示，再单击“确定”按钮完成超链接操作。

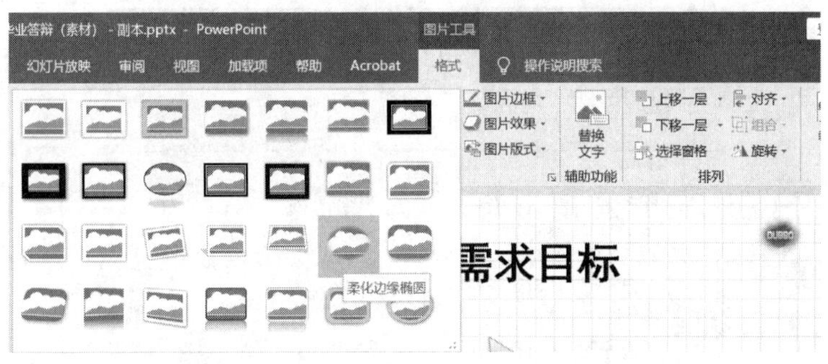

图 2-4-81　更改三级幻灯片中 Logo 图片的样式

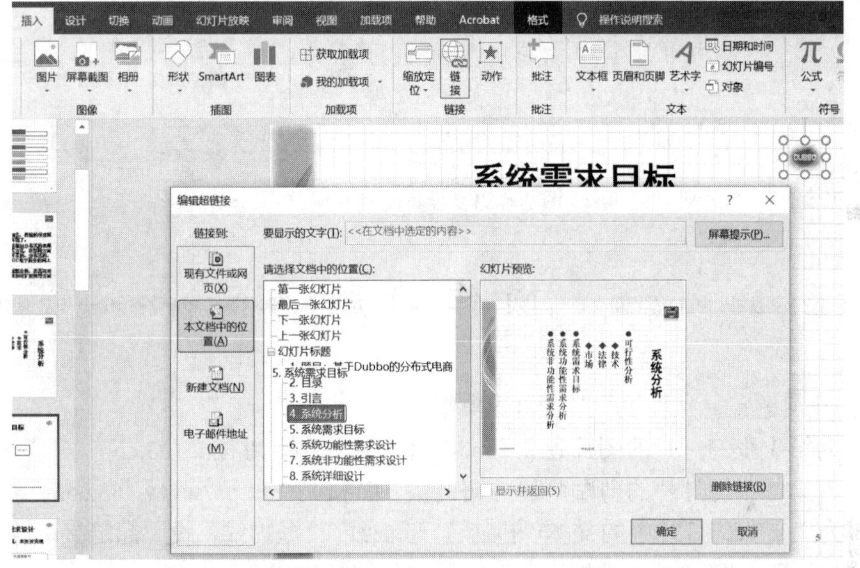

图 2-4-82　设置三级幻灯片 Logo 图片的超链接

使用同样的操作，复制该图片，将其粘贴到图 2-4-35 中其他三级幻灯片的右上角位置，完成所有三级幻灯片 Logo 图片的超链接设置，具体操作如下：

1）将三级幻灯片“系统功能性需求设计”和“系统非功能性需求设计”中的 Logo 图片均链接到“系统分析”幻灯片中。

2）将三级幻灯片“系统设计”中的 Logo 图片链接到“系统详细设计”幻灯片中。

3）将三级幻灯片“三类电商销售数据图表”的 Logo 图片链接到“设计总结与评价”幻灯片中。

18. 设置幻灯片放映

单击“幻灯片放映”选项卡“设置”选项组中的“设置幻灯片放映”按钮，在打开的“设置放映方式”对话框中的“放映选项”选项组中，选中“循环放映，按 ESC 键终止”复选框，同时，“绘图笔颜色”设为蓝色，其他选项保持默认设置，如图 2-4-83 所示。

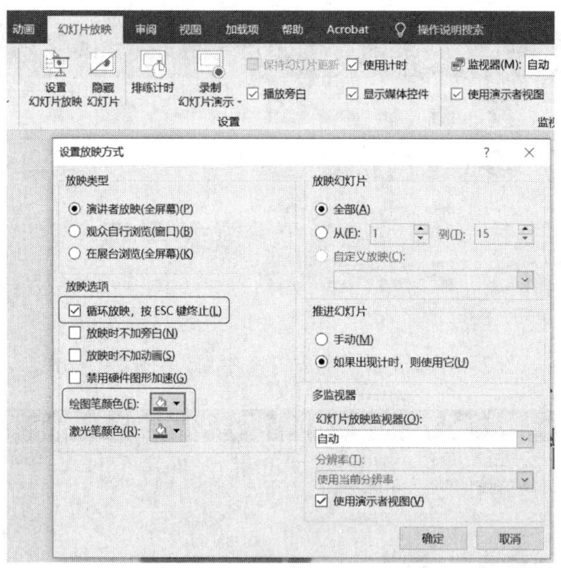

图 2-4-83 设置幻灯片放映

操 作 习 题

1. 打开习题素材文件 1，完成如下操作：

（1）为第 1 张幻灯片的图片建立 Email 超链接，链接到 jsj@163.com。

（2）为第 2 张幻灯片的剪贴画建立超链接，链接到“http://www.163.com”。

（3）为第 2 张幻灯片中的文本“椭圆”“双曲线”“抛物线”设置超链接，链接目标分别为以“椭圆”“双曲线”“抛物线”为标题的各幻灯片。

（4）在最后一张幻灯片的右下角建立一个“自定义”动作按钮，使其链接到第 1 张幻灯片。

（5）将最后一张幻灯片中的“三角形”置于顶层，然后把这个三角形和其他几个图形“组合”成一个整体。

（6）在第 1 张幻灯片前插入一张标题幻灯片，在其主标题区输入文字“圆锥曲线方程”，并将主标题的字体设置为华文彩云，字号为 60。

（7）设置所有幻灯片的主题模板为“剪切”。

2. 打开习题素材文件 2，完成如下操作：

（1）删除“草原上的动物”所在幻灯片中所有一级文本的项目符号。

（2）将第 1 张幻灯片中的一级文本项目符号改为 1.、2.、3.……格式。

（3）把“几个概念”所在的幻灯片的文本内容转换为“SmartArt 图形”中的“垂直 V 形列表”，并更改颜色为“强调文字颜色 2”中的“彩色填充”。

（4）将第 1 张幻灯片的背景设置为“渐变填充”，“预设渐变”设置为“顶部聚光灯-个性色 1”。

（5）将第 2 张幻灯片的背景格式设置为“水滴”纹理填充。

（6）将第 6 张幻灯片设置为播放时隐藏，取消第 7 张幻灯片的隐藏。

（7）仅设置第 5 张幻灯片的主题模板为“离子”，其余幻灯片的主题不设置。

3. 打开习题素材文件 3，完成如下操作：

（1）在第 8 张幻灯片之后插入一张幻灯片，版式为“标题和内容”，在“内容”占位符中插入“簇状柱形图”，图表数据来源于第 8 张幻灯片中的“每 100 克水果中蛋白质和脂肪的含量”数据表。

（2）对上一题中的图表设置进入效果为“浮入”，并在“效果选项”下拉列表中设置为“按系列中的元素”。

（3）把第 3 张幻灯片的主题设置为“夏季”，其余幻灯片的主题设置为“冬季”。

（4）将所有幻灯片的高度设置为“22.5 厘米”。

（5）设置最后一张幻灯片中的文本框的动画进入效果为“劈裂”。

（6）将第 4 张幻灯片的切换效果设置为“逆时针时钟”，“持续时间”为 2s，“换片方式”为“单击鼠标时”。

4. 打开习题素材文件 4，完成如下操作：

（1）设置“作息制度”所在幻灯片中的表格对象的动画效果为“自右侧飞入”。

（2）在所有幻灯片的页脚处插入自动更新的日期和时间（默认方式）。

（3）去掉幻灯片母版中的大熊猫图片。

（4）在“幻灯片母版”中添加四个动作按钮◁、▷、|◁、▷|，分别链接到“上一张幻灯片”“下一张幻灯片”“第一张幻灯片”“最后一张幻灯片”。

（5）在最后添加一张“空白”版式的幻灯片，并在新添加的幻灯片中插入一个横排文本框，文本框的内容为“The End”，字体为“Times New Roman”。

（6）将“历史分布区”所在幻灯片的版式设置为“垂直排列标题与文本”。

5. 打开习题素材文件 5，完成如下操作：

（1）对第 7 张幻灯片的三张图片按图片 4、图片 5、图片 6 的顺序，均设置动画进入效果为“自左下部”中速飞入，“开始”时间为“上一动画之后”。

（2）设置第 2 张幻灯片的文本区各段落的行距为“1.2 倍行距”。

（3）设置幻灯片的页脚为“中国金鱼”，其中标题幻灯片不显示。

（4）在最后添加一张“空白”版式的幻灯片，插入艺术字“The End”，并设置它的进入效果为“翻转式由远及近”。

（5）对所有幻灯片添加幻灯片编号及日期和时间，设置“自动更新”。

（6）设置第 4 张幻灯片的二级文本“主要特征：”升一级（注意 Tab 和 Shift+Tab 的区别）。

6. 自备素材，完成如下操作：

准备一些个人电子照片，使用 PowerPoint 2019 中的“个人相册”功能制作一本电子相册，并配上背景音乐。对所有照片设置切换效果，对电子相册设置排练计时，每张照片播放时间为 5s 左右，并且将排练的时间进行保存。

应用操作 5　计算机网络应用

计算机网络是计算机和通信线路的有机结合。随着计算机及通信技术的发展，计算机网络应用范围已遍布工作、生活的各个角落。它的出现影响和改变了人们工作、生活的方式，人们对计算机网络的依赖越来越大，网络应用中碰到的问题也越来越多，如何解决这些问题则越来越受关注。

5.1　知识要点

虽然网络的应用种类缤纷繁杂、数量繁多，但其出现的问题却是有迹可循的。只要对计算机网络基础知识有一定的了解，在解决问题的过程中，往往能起到事半功倍的效果。

计算机网络应用的主要知识模块如图 2-5-1 所示。

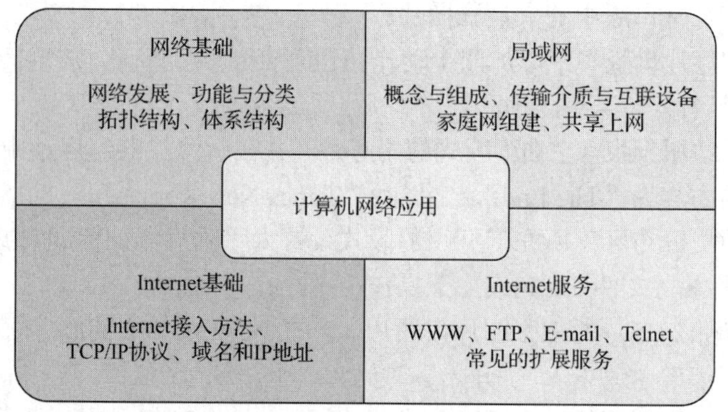

图 2-5-1　计算机网络应用的主要知识模块

计算机网络应用主要包括以下的知识要点。

- 计算机网络基础：计算机网络的发展、功能、分类、拓扑结构和体系结构。
- 局域网：局域网的基本概念、组成、传输介质和网络互联设备。
- 局域网组建：家庭局域网组建及 Internet 共享上网。
- Internet 的基础知识：Internet 发展、基本服务和常见的扩展服务。
- Internet 接入：接入 Internet 的基本方法，TCP/IP 协议（transmission control protocol/internet protocol，传输控制协议/互联协议），域名和 IP 地址。
- 信息获取：搜索引擎的使用。
- 使用基于网页的邮件系统，注册邮件账户，收发邮件，常用联系人管理。

5.1.1　计算机网络基础

1. 计算机网络的概念

一般来说，计算机网络是指将地理位置不同的具有独立功能的多台计算机及其外部设备，通过通信线路连接起来，在网络操作系统、网络管理软件及网络通信协议的管理和协调下，实现资源共享和信息传递的计算机系统。计算机网络是现代通信技术与计算机技术紧密结合的产物，它涉及通信技术与计算机技术两个领域。

2. 计算机网络的发展

计算机网络的发展大致可以分为面向终端的计算机通信网络、计算机互联网络、标准化网络及网络互联与高速网络四个阶段。

（1）第一代：面向终端的计算机通信网络

这一阶段的计算机网络实质上就是以单机为中心，终端为延伸的联机系统，是面向终端的计算机通信，如图 2-5-2 所示。

1954 年，一种被称为收发器的终端诞生，实现了将穿孔卡片上的数据从电话线路上发送到远端的计算机。此后，电传打字机也作为远程终端与计算机相连。这种“终端-通信线路-计算机”系统，就是计算机网络的雏形。

在这种网络中，计算机是网络的中心和控制者，终端围绕中心计算机分布在各处，各终端通过通信线路共享主机的硬件和软件资源。因此，计算机除了要完成数据处理任务外，还要承担繁重的各终端间的通信管理任务，这大大增加了计算机的负荷，降低了主机的信息处理能力。同时，由于分散的终端都要单独占有一条通信线路，使通信线路利用率降低。

（2）第二代：计算机互联网络

这一阶段的计算机网络实现了计算机与计算机之间的直接通信，其核心技术就是分组交换技术，如图 2-5-3 所示。

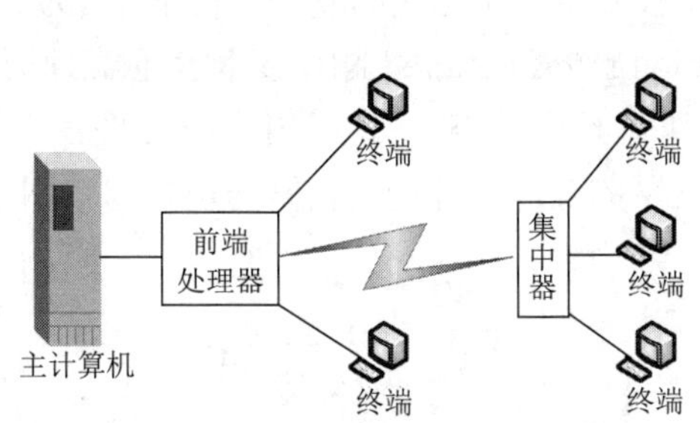

图 2-5-2 面向终端的计算机通信网络

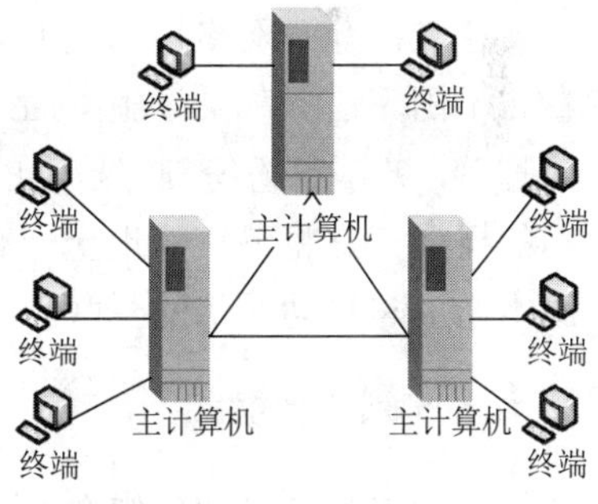

图 2-5-3 计算机互联网络

20 世纪 60 年代中期，英国国家物理实验室 NPL 的戴维斯提出了分组的概念，并将其应用于计算机通信，从此，计算机网络的发展进入了一个崭新的时代。

这一阶段的计算机网络的典型代表是美国国防部高级研究计划局（Defense Advanced Research Projects Agency，DARPA）于 1969 年 12 月投入运行的 ARPANET，该网络是一个典型的以实现资源共享为目的的具有通信功能的多机系统。其主导思想是网络必须能够经受住故障的考验，一旦发生战争，当网络的某一部分因遭受攻击而失去工作能力时，网络的其他部分应当能够维持正常通信。

ARPANET 的试验成功使计算机网络的概念发生了根本性的变化，为计算机网络的发展奠定了基础。它在功能结构上对计算机网络进行了划分，即通信子网和资源子网。以通信子网为中心，不仅可以共享通信子网的资源，还可以共享资源子网的硬件和软件资源。

通信子网由通信控制处理器、通信线路与其他通信设备组成，完成网络数据传输、转发等通信处理任务。

资源子网由主计算机系统、终端、终端控制器、联网外部设备、各种软件资源与信息资源组成，负责全网的数据处理，向网络用户提供各种网络资源与网络服务。

（3）第三代：标准化网络

这一阶段的计算机网络遵循国际标准化协议，具有统一的网络体系结构，确保了各厂家生产的计算机和网络产品之间的互联，推动了网络技术的应用和发展。

20 世纪 70 年代，为了抢占市场，各厂家采用自己独特的技术，开发了自己的网络体系结构，这使一个公司生产的各种网络产品能够很容易地进行互联。例如 1974 年，IBM 公司宣布了网络标准按分层方法研制的系统网络体系结构 SNA。但由于网络体系结构不同，不同公司生产的网络产品很难相互连通，制约了网络技术的应用和发展。

为了使不同体系结构的计算机网络都能互联，1984 年，国际标准化组织（International Standards Organization，ISO）正式颁布了一个能使各种计算机在世界范围内互联成网的标准框架——开放系统互联参考模型 OSI/RM（open systems interconnection reference model）。只要遵循 OSI/RM 标准，一个系统就可以和位于世界上任何地方的也遵循同一标准的其他任何系统进行通信。从此，开始了所谓的第三代计算机网络。

（4）第四代：网络互联与高速网络

这一阶段的计算机网络具有高速化、综合化等特点，目前的计算机网络发展正处于第四阶段。

20 世纪 90 年代以来，世界经济已经进入一个全新的发展阶段，计算机技术、通信技术，以及建立在互联网络技术之上的计算机网络技术得到了迅速的发展。特别是 1993 年，美国宣布了国家信息基础设施（national information infrastructure，NII，又称信息高速公路）建立计划后，各国也纷纷制定自己的 NII。在此基础上，人们相应地提出了个人通信与个人通信网的概念，它将最终实现全球有线网与无线网的互联、邮电通信网与电视通信网的互联、固定通信与移动通信的互联。

3. 计算机网络的功能

计算机网络是通过通信媒介，把各个独立的计算机互联所建立起来的系统。一般来说，计算机网络可以提供以下一些主要功能。

（1）数据通信

计算机网络是现代通信技术和计算机技术结合的产物。数据通信是计算机网络最基本的功能，正是这一功能才能实现计算机之间快速可靠地相互传送各种信息，包括文字、声音、图像、动画等。

（2）资源共享

资源共享是计算机网络产生的主要原动力。通过计算机系统的硬件、软件和数据的共享，从而大大提高系统资源的利用率。

① *硬件资源* 网络硬件资源主要包括大型主机、大容量存储设备、打印机，以及昂贵的专用外部设备等。

② *软件资源* 网络软件资源主要包括网络操作系统、数据库管理系统、网络管理系统、应用软件、开发工具及服务器软件等。

③ *数据资源* 网络数据资源主要包括各类数据文件、数据库等所保存的各种数据，如电子图书库、档案库、新闻、科技信息等。数据是网络中最重要的资源。

（3）均衡负荷与分布式处理

计算机网络的组建，可以使单一计算机无法完成的工作任务分散到网络中不同的计算机上去执行。当网络中某台计算机负荷过重时，通过网络调度，可将任务转给其他较空闲的计算机去处理，从而起到均衡负荷的作用，实现分布处理的目的。这样就能提高处理速度，充分使用空闲设备，提高设备利用率。

（4）提高可靠性

在计算机网络系统中，一般将大的、复杂的任务交给多台计算机处理，当网络中的某一台计算机发生故障时，其任务可由其他计算机代为处理。这将大大提高系统的可靠性，而不会因为局部故障导致整个系统的瘫痪。

（5）综合信息处理

网络系统可有效地将分散在各地的计算机中的数据信息收集起来进行综合分析处理，并将分析结果反馈给相关用户。这可避免数据信息的片面和不完整。

4. 计算机网络的分类

计算机网络的分类可按不同的分类标准进行划分，对于同一种网络可能有不同的分类描述，因此对计算机网络分类的学习有助于我们更好地理解和学习计算机网络。以下介绍几种计算机网络的分类方法。

（1）按计算机网络规模和覆盖范围划分

按照计算机网络规模和所覆盖的地理范围来划分，可以将计算机网络分为局域网(local area network，LAN)、城域网(metropolitan area network，MAN)和广域网(wide area network，WAN)。

① *局域网* 是指在一个有限的地理范围内，一组计算机及相关设备通过通信线路或无线连接的方式组合在一起的计算机网络，以实现进行资源共享和信息交换的目的。其覆盖范围一般较小，通常在 10km 以内，如一个办公室、一幢大楼、一个校园、一个企业等。其特点是分布距离近、传输速率高（一般为 10Mb/s 以上）、组建方便、使用灵活且传输延迟低、数据传输误码率低、连接费用低等。

② *城域网* 分布范围介于局域网和广域网之间，它通常使用与 LAN 相似的技术，所以可把城域网看作一个大型的局域网。其覆盖范围往往在一个规模较大的城市范围内，通常在几千米至几百千米之间，如大型企业集团、电信部门、公安部门等构建的专用网络和公用网络。城域网中可以包含若干个彼此互联的局域网，每个局域网都有自己独立的功能，可以采用不同的系统硬件、软件和通信传输介质，从而使不同类型的局域网能有效地共享信息资源。

③ *广域网* 也称为远程网，是一种跨越城市、国家的网络。其覆盖范围通常为几十千米到几千千米。其特点是地理范围分布广，规模可以覆盖整个地球。但其具有传输速度慢、数据传输误码率高、网络设备昂贵等缺点。

（2）按计算机网络的传输技术划分

计算机网络所采用的信息传输技术决定了它的主要技术特点，按网络所采用的传输技术划分，可以将计算机网络分为广播式网络和点对点式网络。

① 广播式网络　其中，所有联网计算机都共享一个公共通信信道，当一台计算机利用该信道发送数据信息时，所有其他计算机都将会接收并处理这个数据信息。但由于该数据信息中包含目标计算机的地址，所以当各计算机对该数据信息进行检查核对时，如果包含的地址与自身地址相符则接收，否则就丢弃。在广播式网络中，若数据信息是发送给网络中的某些计算机，则称为多播或组播；若数据信息只发送给网络中的某一台计算机，则称为单播。

② 点对点式网络　其中，每两台计算机之间都存在一条单独的物理信道，即在进行数据信息传输时，该数据信息只在指定的计算机之间进行传输。因此在点对点式网络中，不存在信道共享与复用的情况。当一台计算机发送数据信息后，它会根据目标计算机的地址，经过一系列中间设备的转发，直至到达目标计算机。

（3）按传输介质划分

传输介质是指计算机网络中计算机的连接线及连接方式。根据所使用的传输介质不同，通常将计算机网络划分为有线网和无线网。

① 有线网　是指采用有形的物理介质进行连接的计算机网络。这类有形的物理介质包括同轴电缆、双绞线、光纤等。

② 无线网　是指采用无线电、微波或红外线等无线介质进行数据通信的计算机网络。目前，无线网络的实现已无技术上的障碍，其使用人群也随着便捷的优势和价格的逐步合理而呈现井喷之势。

（4）按网络使用的范围划分

按计算机网络的使用范围，计算机网络通常可分为公用网和专用网。

① 公用网　为全社会所有的人提供服务的网络，也就是说只要符合网络拥有者的要求就能使用这个网络。公用网一般是国家电信部门建造的网络。

② 专用网　是某个部门为本系统的特殊业务工作需要而建造的网络，它只为拥有者提供服务，一般不向本系统以外的人提供服务。专用网常为局域网或是通过租借电信部门的线路而组建的广域网，如军队、银行、税务等的专用网络。

5. 计算机网络的拓扑结构

在分析计算机网络结构时，引用拓扑学中研究与大小、形状无关的点、线、面关系的分析方法，将计算机网络中的计算机和通信设备抽象为“点”，将传输介质抽象为“线”，形成一个点和线组成的几何图形。这种几何图形我们称为计算机网络的拓扑结构，它能反映出计算机网络中各设备之间的相互关系。因此，在网络方案设计过程中，计算机网络的拓扑结构是关键问题之一。

常见的计算机网络的拓扑结构有总线型、星形、环形、树形和网状等，如图 2-5-4 所示。

（1）总线型拓扑结构

总线型网络是将若干个节点设备平等地连接到一条公共总线上，各节点之间通过该总线进行数据通信。总线型网络一般采用广播通信方式，一个节点发出的信息，其他节点均可“收听”到。

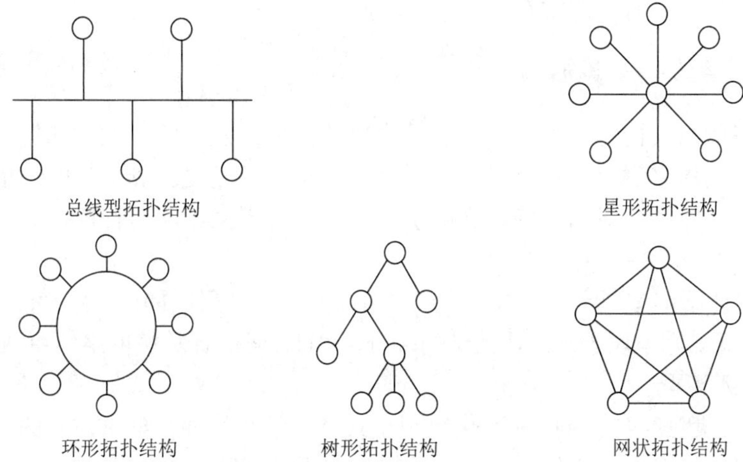

图 2-5-4 常见的网络拓扑结构

这种结构的优点是结构简单、布线容易、可靠性高、易于扩展，且网络节点间响应速度快，是局域网常采用的拓扑结构。其缺点是由于所有数据均通过总线进行传输，总线就成为整个网络的瓶颈。一旦总线出现故障，整个网络就会瘫痪，而且故障诊断较为困难。

（2）星形拓扑结构

星形网络的所有节点通过独立的传输介质与中心节点连接，采用集中控制，即任何两节点间的通信都要通过中心节点进行转发，中心节点通常为集线器（hub）。

这种结构的优点是结构简单、建网容易、易于扩展、便于集中控制和管理，连接点的故障容易监测和排除。其缺点是由于各站点的数据通信都需要中心节点中转或控制，中心节点负担过重，成为网络可靠性的瓶颈。中心节点一旦出现故障就会导致整个网络的瘫痪。并且由于采用独立传输介质进行连接，线路利用率不高。

（3）环形拓扑结构

环形网络的每个节点都先连接到一个转发器上，再将所有的转发器通过点到点信道连成闭合环路，环路中的数据只能单向传输。

这种结构的优点是结构简单、易于确定传输延迟而进行数据传输的实时控制。其缺点是由于环路封闭，因此扩展不方便，增加和删除节点较困难，且环网中的每个节点均成为网络可靠性的瓶颈，任意节点出现故障都会造成网络瘫痪，故障诊断也较为困难。

（4）树形拓扑结构

树形网络是从星形拓扑结构中派生出来的，往往用于较大型的网络。在树形网络中有多个中心节点，形成一种分级管理的集中式网络。

这种结构的优点是连接容易、管理简单、维护方便。其缺点是对顶部节点的依赖性大，越靠近顶部的节点，其性能要求越高，一旦顶部节点发生故障，则全网不能正常工作。

（5）网状拓扑结构

网状网络中的各个节点通过传输介质相互连接，并且任何一个节点都至少与其他两个节点相连。

这种结构的优点是具有较高的可靠性，当一个节点出现故障时，网络仍能正常工作。

但其实现起来费用高、结构复杂、不易管理和维护。不过应该指出，在实际组建网络中，拓扑结构不一定是单一的，通常有几种结构混用。

6. 计算机网络的体系结构

计算机网络体系结构是一种网络功能层次化的模型，是从总体上对计算机网络进行分析的一种方法。具体来讲，计算机网络体系结构是指为了完成计算机间的通信合作，将每台计算机互联的功能划分成有明确定义的层次，并规定了同层次进程通信的协议及相邻之间的接口与服务。

计算机网络体系结构规定计算机网络应设置哪几层，每层应提供哪些功能的精准定义。至于功能如何实现，则不属于网络体系结构部分。由此看来，计算机网络体系结构是抽象的。

（1）OSI/RM 模型

OSI/RM 模型是 1984 年国际标准化组织正式颁布的网络通信标准。它的目的就是使两个不同的系统能够较容易地通信而不需要改变底层硬件或软件的逻辑。

OSI/RM 模型将计算机网络的体系结构分成七层，如图 2-5-5 所示，由低到高依次为物理层、数据链路层、网络层、传输层、会话层、表示层和应用层。其中，1～3 层直接与通信子网连接，称为底层，4～7 层为用户应用，称为高层。

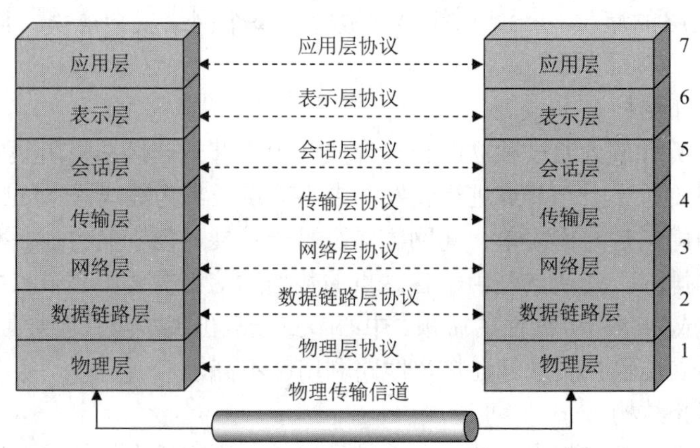

图 2-5-5 OSI/RM 模型的层次结构

协议规定了相邻层之间相互传递信息的接口关系——层间服务；同层内，通信双方要遵守约定和规则——层内协议。

下面简单地阐述 OSI/RM 模型中的各层。

① *物理层* 物理层处于 OSI/RM 模型的最底层，向下直接与物理传输介质相连接，向上相邻且服务于数据链路层，是建立在物理介质基础上的，实现设备之间连接的物理接口。物理层传输的数据单位是比特（bit）。这一层负责在计算机之间传递数据的比特流，为在物理介质上传输的比特流建立规则，同时定义电缆如何连接到网卡上，以及需要用何种传输技术在电缆上传送数据。因此，其功能是提供建立、维护和拆除物理链路所需要的机械、电器、功能和规程特性；实现数据的按位传输，保证按位传输的正确性，实现数据链路进程或程序之间比特流的透明传输；物理层管理，如功能的激活及差错控制。

② *数据链路层* 数据链路层的作用是通过一些数据链路层协议，在不太可靠的物理链路上实现可靠的数据传输，采用的手段是检验、确认和重发。数据链路层传输的数据单位

是帧（frame），数据帧包含地址信息、控制信息、数据和检验信息。

③ *网络层*　网络层的作用是实现网络上任一节点的数据准确、无差错地传输到其他节点。这一层定义网络操作系统通信用的协议，为信息确认地址，将逻辑地址和名称翻译成物理地址，以及确认从原机沿着网络到目标机的路由选择并处理交通问题。网络层的主要功能是支持网络连接的实现，为传输层提供整个网络范围内两个终端用户之间的数据传输的通路。网络层传输的数据单位是数据包（packet）。

④ *传输层*　传输层的目的是弥补各个通信子网提供服务的差异和不足，为从原机到目标机提供可靠的数据传输。传输层传输的数据单位是数据段（segment）。传输层的主要功能是提供传输连接的建立、维护和释放；传输层地址到网络层地址的映射；完成端到端可靠的透明传输、差错纠正和流量控制，并实现两个终端系统之间传送的分组信息无差错、无丢失、无重复。

⑤ *会话层*　会话层建立在传输层之上，由于利用传输层提供的服务，所以两个会话进程之间不需要考虑它们之间相隔多远，使用什么样的通信子网等网络通信细节，从而可以进行透明、可靠的数据传输。其目的就是当两个应用进程进行相互通信时，为它们组织通话、协调它们之间的数据流。会话层的主要功能是在两个相互通信的应用进程之间建立、组织和协调其交互，提供会话活动管理、交互管理和会话同步管理等功能，以达到协调会话过程，为表示层提供更好的服务的目的。

⑥ *表示层*　表示层主要解决两个通信系统中交换新的表示方法差异问题，完成数据转换、格式化和文本压缩。表示层的主要功能是通过一些编码规则定义在通信中传送这些信息所需要的传送语法，完成语法的转换。另外，数据加密和解密、压缩与还原也是其要实现的功能。

⑦ *应用层*　应用层是最终用户通过应用程序访问网络服务的地方，是用户和网络的界面，为用户使用网络提供接口或手段。

（2）TCP/IP 参考模型

TCP/IP 参考模型是最早的计算机网络 ARPANET 及其以后的 Internet 使用的参考模型，是一个事实上的模型。TCP/IP 参考模型分为四个层次：网络接口层、网际层、传输层、应用层，其与 OSI/RM 模型体系结构的对比如图 2-5-6 所示。

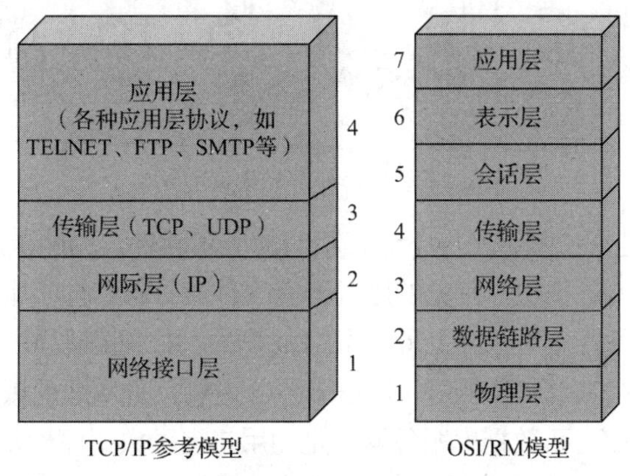

图 2-5-6　TCP/IP 参考模型与 OSI/RM 模型体系结构的对比

这个体系的两个主要协议是 TCP/IP 协议。

- TCP 称为传输控制协议，主要对应于 OSI/RM 七层协议的传输层，确保数据传输的正确性。为此，发送方在发送的数据中增加了辅助信息和校验码，接收方则对接收数据编号和回传以确认接收信息。
- IP 称为互联协议，主要对应于 OSI/RM 七层协议的网络层，确保路由器的正确选择和报文的正确传输。

5.1.2 局域网

1. 局域网的基本概述

在计算机网络技术的整个发展和应用过程中，局域网占有重要的地位和发挥着重要的作用。局域网是指在一个有限的地理范围内，一组计算机及相关设备通过通信线路或无线连接的方式组合在一起的计算机网络，以实现资源共享和信息交换的目的。这个有限的地理范围可以是一个办公室、一幢大楼、一个校园、一个企业等。

2. 局域网的组成

局域网由网络硬件和网络软件两部分组成。网络硬件主要包括服务器、工作站、传输介质和网络互联设备等。网络软件包括网络操作系统、控制信息传输的网络协议及相应的协议软件、大量的网络应用软件等。如图 2-5-7 所示为一种比较常见的局域网。

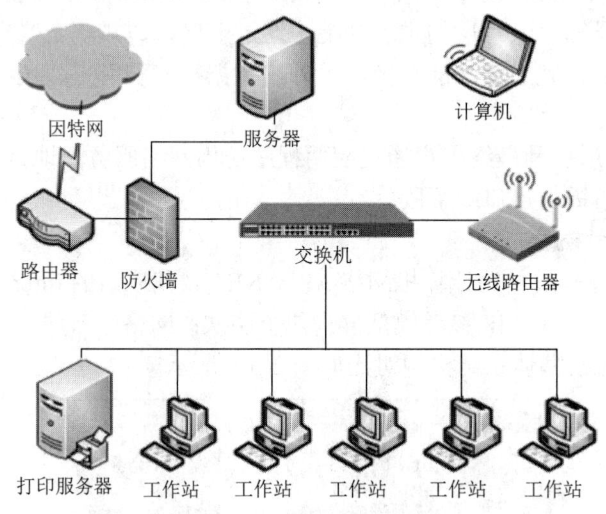

图 2-5-7 一种常见的局域网

服务器（server）是指在网络环境下运行相应的应用软件，为网上用户提供共享信息资源和各种服务的一种高性能计算机。常见的服务器有文件服务器、打印服务器、通信服务器、数据库服务器等。文件服务器是局域网上最基本的服务器，用来管理局域网内的文件资源；打印服务器则为用户提供网络共享打印服务；通信服务器主要负责本地局域网与其他局域网、主机系统或远程工作站的通信；而数据库服务器则是为用户提供数据库检索、更新等服务。

工作站（workstation）也称为客户机（clients），可以是一般的个人计算机，也可以是专用计算机，如图形工作站等。工作站可以有自己的操作系统，独立工作。通过运行工作站的网络软件可以访问服务器的共享资源。

工作站和服务器之间的连接通过传输介质和网络互联设备来实现。

3. 传输介质

传输介质是通信网络中连接计算机的具体物理设备和数据传输物理设备，常见的有双绞线、同轴电缆、光纤等有线传输介质，也可以利用无线电短波、卫星通信、红外线通信等无线传输介质。

（1）双绞线

双绞线是局域网中最普通的传输介质。它是由两根绝缘导线相互缠绕而成的，将4对双绞线放置在一个保护套内便成了双绞线电缆，俗称网线，如图2-5-8所示。

双绞线的最大长度一般不能超过100m，否则传输质量将大大下降。如果要加大网络的范围，那么两端双绞线之间可以安装中继器。但同一局域网中，最多只允许使用4个中继器。双绞线可分为六类，目前普遍使用的是五类线和超五类线。联网所用双绞线制作有T568A和T568B两种标准，该标准对线序排列有明确的规定，如表2-5-1所示。在制作网线时我们一般采用T568B标准，同时，必须注意RJ-45接头的引脚顺序，如图2-5-9所示。

表2-5-1 双绞线线序标准

标准	引脚针							
	1	2	3	4	5	6	7	8
T568A	白绿	绿	白橙	蓝	白蓝	橙	白棕	棕
T568B	白橙	橙	白绿	蓝	白蓝	绿	白棕	棕

图2-5-8 双绞线

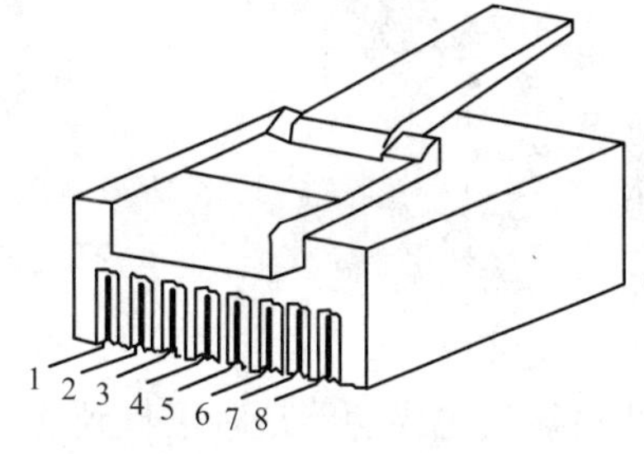

图2-5-9 RJ-45接头的引脚顺序

（2）同轴电缆

同轴电缆的中心是一根单芯铜导线，铜导线外包一层绝缘层，绝缘层外则是导电金属网，用于屏蔽电子干扰和防止辐射，如图2-5-10所示。同轴电缆具有较高的带宽和较好的抗干扰特性，根据直径的不同，其一般分为粗缆和细缆。家庭中有线电视信号接入就是采用同轴电缆。

（3）光纤

光纤是光导纤维的简称，通常是由传导光波的透明的石英玻璃或特制塑料拉成纤维细丝线芯，外加抗拉保护层构成，如图2-5-11所示。与其他传输介质相比，光纤具有频带宽、传输速度快、传输距离远且电磁绝缘性能好等特点，但其成本高，并且连接技术比较复杂。因此，光纤主要用于要求传输距离较长、布线条件特殊的数据传输和网络的主干线。

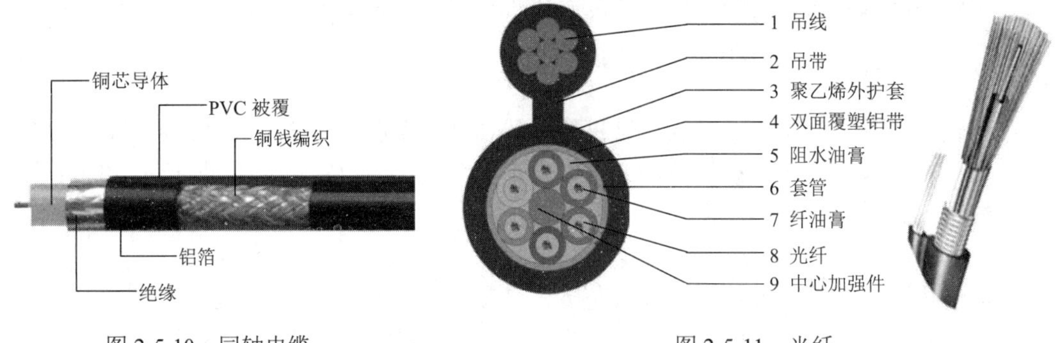

图 2-5-10　同轴电缆

图 2-5-11　光纤

4. 网络互联设备

目前，局域网互联设备主要包括网卡、集线器和交换机等。

（1）网卡

网卡是服务器、工作站等网络设备与网络的接口部件，工作在数据链路层。它除了作为服务器、工作站等网络设备连接入网的物理接口外，还控制数据帧的发送和接收。随着计算机网络的发展，网卡已经成为计算机的标准配置。网卡除了生产厂商不同外，其类型也五花八门，有集成网卡、内置网卡、无线网卡、USB 网卡等，如图 2-5-12 所示。

内置网卡　内置无线网卡　USB 有线网卡　USB 无线网卡

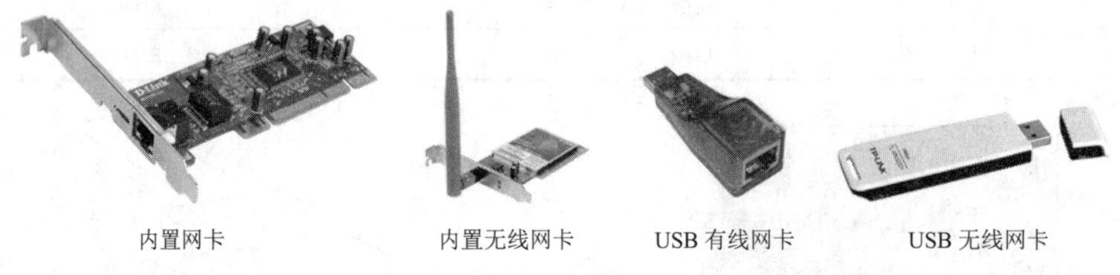

图 2-5-12　各种类型的网卡

（2）集线器

集线器的主要功能是对接收到的信号进行再生整形放大，以扩大网络的传输距离，同时把所有节点集中在以它为中心的节点上，工作在物理层。但随着电子技术的发展，交换机价格日趋合理化，集线器已逐步被小型交换机所替代。

（3）交换机

交换机是集线器的升级产品，如图 2-5-13 所示，采用交换方式进行工作，能够将多条线路的端点集中连接在一起，并支持端口工作站之间的多个并发连接，实现多个工作站之

IP-COM 家用 5 口交换机　D-Link DGS-3024 24 口二层交换机　H3C S1650 48 口二层交换机　思科 WS-C4507R 四层交换机

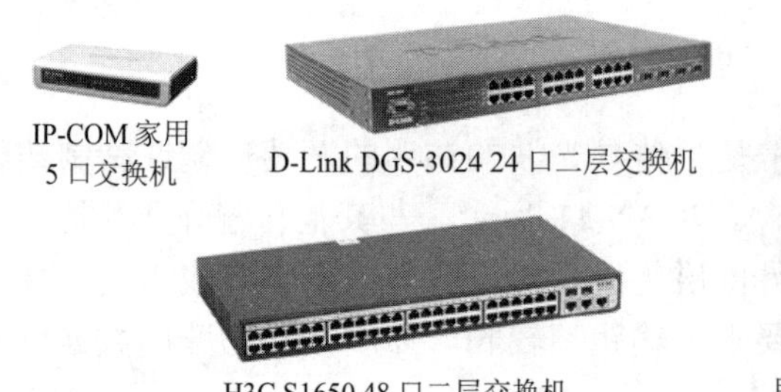

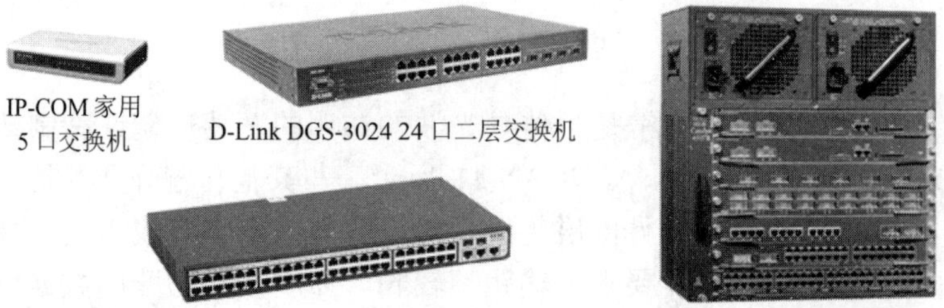

图 2-5-13　交换机

间数据的并发传输，可以增加局域网带宽，改善局域网的性能和服务质量。与集线器不同的是，集线器多采用广播方式工作，接到同一集线器的所有工作站都共享同一速率；而接到同一交换机的所有工作站都独享同一速率。

除了网络硬件外，网络软件也是局域网的一个重要组成部分。目前，常见的网络操作系统主要有 Windows 7、Windows 10、Linux、UNIX、Netware 等。

5. 局域网的组建

用于家庭、办公场所的局域网组建技术往往采用对等网技术，即网络中的各台计算机功能相同，不分主从，既可以作为网络服务器，为其他计算机提供资源，又可以作为工作站，分享其他计算机提供的资源。

对等网又称为点对点网络，其优点是网络成本低、网络配置和维护简单，其缺点是网络性能较低、数据保密性差、文件管理分散。

对等网的组建一般不需要考虑网络性能，采用适用原则，可以根据实际的计算机数量、分布情况等购买相应的连接设备，如交换机的端口数量、双绞线的长度等。

对等网的组建一般有以下步骤：

1）硬、软件选择。硬件选择主要是网络设备的选择，如网卡、交换机、路由器、传输介质、计算机等，软件选择主要是操作系统、网络协议的选择。

2）综合布线。根据计算机及电源分布情况合理设置交换设备的摆放及各接入计算机位置的确定等，同时，需考虑美观和防干扰。

3）设备安装连接。网卡的安装，计算机与网络设备的互联。

4）软件安装与配置。操作系统、网卡驱动、网络协议、数据通信软件、应用软件等的安装和配置。

5）资源共享和网络服务开启。文件共享、打印机共享等。

5.1.3 Internet

Internet，中文正式译名为因特网，也叫作国际互联网、网际网等。它是一个通过公用语言将全球数亿台计算机连接起来的全球性网络，进而实现全球数据通信和资源共享。

1. Internet 的起源和发展

Internet 最早来源于美国国防部高级研究计划局的前身 ARPA 建立的 ARPANET，该网是一个实验性的由四个节点连接的网络，于 1969 年 12 月投入使用。

1972 年，ARPANET 在首届国际计算机通信会议上首次与公众见面，并验证了分组交换技术的可行性，由此，ARPANET 成为现代计算机网络诞生的标志。

1982 年，Internet 由 ARPANET、MILNET 等几个计算机网络合并而成，作为 Internet 的早期骨干网，ARPANET 试验并奠定了 Internet 存在和发展的基础，较好地解决了异种机网络互联的一系列理论和技术问题。

1983 年，ARPANET 分裂为两部分：ARPANET 和纯军事用的 MILNET。该年 1 月，ARPA 把 TCP/IP 协议作为 ARPANET 的标准协议，其后，人们称呼这个以 ARPANET 为主干网的网际互联网为 Internet，TCP/IP 协议簇在 Internet 中进行研究、试验，并改进成为使用方便、效率极好的协议簇。与此同时，局域网和其他广域网的产生和蓬勃发展对 Internet

的进一步发展起了重要的作用。

1985 年，美国国家科学基金会 NSF 提供巨资建立六个超级计算机中心。为了使全国的科学家、工程师能够共享这些超级计算机设施，NSF 建立了自己的基于 TCP/IP 协议簇的计算机网络 NSFNET。

1986 年，NSFNET 成功地成为 Internet 的第二个主干网，并取代了 ARPANET。而 ARPANET 完成其历史使命，于 1990 年停止运行。NSFNET 对 Internet 的推广起到了巨大的推动作用，它使 Internet 不再是仅有科学家、工程师、政府部门使用的网络，而是进入了以资源共享为中心的实用服务阶段。

到 1991 年年底，由于 Internet 发展太快，NSFNET 主干网已无法满足需要。NSF 采用招标方式，由 IBM、MCI 和 Merit 组成高级网络服务公司 ANS，建立 ANSNET 取代 NSFNET。这标志着 Internet 开始进入它的商业化发展阶段，开始向全世界扩展。

在 Internet 商业化的过程中，万维网（world wide web，WWW）的出现，使 Internet 的使用更加简单、方便，开创了 Internet 发展的新时期。

2. Internet 提供的服务

Internet 为全球提供海量信息服务的同时，也提供方便快捷的通信方式。人们进入 Internet 后，就可以利用其中各个网络和各种计算机上无穷无尽的资源，同世界各地的人们自由通信和交换信息，以及去做通过计算机能做的各种各样的事情，享受 Internet 为我们提供的各种服务。

（1）WWW 浏览

WWW 简称 3W 或 Web，它是一个基于超文本方式的信息查询工具，是目前 Internet 上最广泛的服务类型。

WWW 为用户提供一种友好的信息查询接口，即用户仅需要提出查询要求，而到哪里查询及如何查询则由 WWW 自动完成。它采用超文本和多媒体技术，为用户带来世界范围的信息检索服务。只要操作鼠标，就可以通过 Internet 调来希望得到的文本、图像、声音、视频等信息。

（2）E-mail 服务

E-mail（electronic mail），中文译为电子邮件或伊妹儿，它是用户或用户组之间通过计算机网络收发信息的服务。使用 E-mail 服务需要向服务提供商申请个人电子邮箱，从而获得电子邮件地址。通过电子邮件地址，用户可以方便、快速地交换信息。目前，电子邮件服务已成为网络用户之间简便、可靠及成本低廉的现代通信手段，也是 Internet 上使用广泛、受欢迎的服务之一。

（3）IM 服务

IM（instant messaging，即时通信）是一种基于 Internet 的即时交流信息的技术，允许两人或多人使用网络即时地传递文字信息、档案、语音与视频交流等。目前 Internet 上有多种 IM 服务，比较流行的 IM 软件有 QQ、MSN、UC、IS、YY、阿里旺旺等。

（4）FTP 服务

FTP（file transfer protocol，文件传输协议）服务即文件传输服务，是 Internet 提供的基本的服务之一，能实现网络中计算机之间文件的传送。它是一种实时的联机服务，是在网络通信协议 FTP 上实现的。使用 FTP 可以传送文本文件、二进制文件、图像文件、声音文件、数据压缩文件等多种不同类型的文件。

普通的FTP服务需要在登录时提供相应的用户名和密码，当用户不知道对方计算机的用户名和密码时就无法使用FTP服务。为此，一些信息服务机构为了方便Internet用户通过网络使用他们公开发布的信息，提供了一种“匿名FTP服务”。

（5）Telnet服务

Telnet服务即远程登录服务，是在网络通信协议Telnet的支持下使本地计算机暂时成为远程计算机仿真终端的过程。使用Telnet要求在本地计算机上运行一个名为Telnet的程序与指定的远程计算机建立连接。一旦建立连接并登录成功后，用户便可以实时使用该远程计算机对外开放的功能和资源。

Telnet是一个强有力的资源共享工具，许多大学图书馆都通过Telnet对外提供联机检索服务。

（6）BBS服务

BBS（bulletin board system，电子公告板）服务也称为网络论坛，是一种用于公布信息和提供网上专题讨论、交流的方式，能提供信件讨论、软件下载、在线聊天等多种服务。

（7）Usenet服务

Usenet即网络新闻组，简单地说就是一个基于网络的计算机组合，这些计算机称为新闻服务器，不同的用户通过一些软件可连接到新闻服务器，阅读其他人的消息并可以参与讨论。

（8）其他服务

Internet还提供其他很多服务，如文档检索服务Archie、关键词查询服务WAIS、菜单检索服务Gopher、IP电话、博客、网络影音、电子商务等。

3. Internet的接入

要使用Internet提供的服务，需要将计算机连接到Internet上，这就需要考虑采用何种方式接入，通常有以下几种接入Internet的方法。

（1）PSTN接入

PSTN（public switched telephone network，公用交换电话网）技术是指利用PSTN通过调制解调器（Modem，俗称猫）拨号实现用户接入的方式。这种接入方式只要有电话接入的地方并安装有调制解调器就能连接进入Internet，其最高速率为56kb/s。但是随着多媒体技术在Internet上的广泛应用，通过此接入方式进入Internet已无法适应网络对速度的要求。目前，只有在偏远地区或落后国家仍在使用该接入方式。

（2）DDN专线接入

DDN（digital data network，数字数据网）技术是指利用数字信道传输数据信号的接入方式。它的主干网传输媒介有光纤、数字微波、卫星信道等，用户端多使用普通电缆和双绞线。DDN将数字通信技术、计算机技术、光纤通信技术及数字交叉连接技术有机地结合在一起，提供高速度、高质量的通信环境，可以向用户提供点对点、点对多点透明传输的数据专线出租电路，为用户传输数据、图像、声音等信息。DDN的租用费用较高，普通个人用户一般负担不起，所以其客户主要是面向集团公司等需要综合运用的单位。

（3）ADSL接入

ADSL（asymmetric digital subscriber line，非对称数字用户线）技术是一种能够通过普通电话线提供宽带数据业务的技术，是目前普通家庭用户和小型企事业单位广泛采用的一种接入技术。ADSL 支持上行速率 640kb/s～1Mb/s，下行速率 1Mb/s～8Mb/s。它采用频分复用技术把普通的电话线分成了电话、上行和下行三个相对独立的信道，从而避免了相互之间的干扰，即使边打电话边上网，也不会发生上网速度和通话质量下降的情况。

（4）Cable-Modem 接入

Cable-Modem（线缆调制解调器）接入是一种利用 Cable-Modem 通过有线电视网络将计算机接入 Internet 的方式。它利用现成的有线电视网进行数据传输，已是比较成熟的一种技术。随着有线电视网的发展壮大和人们生活质量的不断提高，通过 Cable-Modem 利用有线电视网访问 Internet 已成为越来越受业界关注的一种高速接入方式。

（5）PON 接入

PON（passive optical network，无源光网络）技术是一种点对多点的光纤传输和接入技术，是目前通信运营商大力推广的接入方式。在光配线网中不含有任何电子器件和电子电源，全部由光分路器等无源器件组成，不需要昂贵的有源电子设备。PON 技术上行采用时分多址方式，下行采用广播方式，上下行传输速率可达 155Mb/s。目前用于宽带接入的 PON 技术主要有 EPON 和 GOPN。

（6）LMDS 无线接入

LMDS（local multipoint distribution services，本地多点分布服务）技术是目前用于社区宽带接入的一种无线接入技术。LMDS 主要使用 ATM（asynchronous transfer mode，异步传输方式）传送协议，具有标准化的网络侧接口和网管协议。LMDS 具有很宽的带宽和双向数据传输的特点，可提供多种宽带交互式数据及多媒体业务，能满足用户对高速数据和图像通信日益增长的需求。

（7）卫星接入

卫星接入技术是指利用人造卫星作为中继转发站而实现连接 Internet 的接入方式。卫星用户通过调制解调器接入本地 ISP 访问 Internet，其最大特点是不受地形和地域的限制，也可以利用其特殊的传输通道减少网络阻塞，适合偏远地方又需要较高带宽的用户。目前卫星接入方式正日益受到青睐。

4. IP 地址

在计算机网络中，IP 地址是一个非常重要的概念，是 Internet 赖以工作的基础。所谓 IP 地址就是给每一个连接在 Internet 上的主机（包括路由器）分配一个在全世界范围内唯一的地址。这个地址由因特网编号分配机构负责分配。

目前，计算机网络广泛采用的是 IPv4 地址，但随着 Internet 中计算机网络和计算机接入数的增多，IPv4 地址面临枯竭的境地。因此 IETF（Internet Engineering Task Force，因特网工程任务组）设计了下一代 IP 协议 IPv6 用于替代现行版本 IP 协议（IPv4），并于 2012 年 6 月在全球范围内正式启用。下面仍以现行版本 IPv4 的 IP 地址进行阐述。

（1）IP 地址的表示

在 IPv4 中，IP 地址用二进制来表示，每个 IP 地址长 32bit（位），比特换算成字节，就是 4 字节。例如，一个采用二进制形式的 IP 地址是“00001010000000000000000000000001”，这么长的地址，人们处理起来也太费劲了。为了方便人们的使用，IP 地址经常被写成十进制的形式，中间使用符号“.”分开不同的字节。于是，上面的 IP 地址可以表示为“10.0.0.1”。IP 地址的这种表示法叫作“点分十进制表示法”。

IP 地址采用分层结构，由网络号和主机号两部分组成。网络号用来标识一个网络，主机号用来标识这个网络上的某一台主机。IP 地址在 Internet 上具有唯一性，不允许出现相同 IP 地址的两台主机。寻址时先按 IP 地址中的网络号把对应网络找到，再按主机号把主机找到，所以 IP 地址并不只是一个计算机编号，而是指出了连接到某个网络上的某台计算机。

（2）IP 地址的分类

为了对 IP 地址进行有效的管理，按照网络规模的大小，IP 地址分为 A、B、C、D、E 五类，如图 2-5-14 所示。

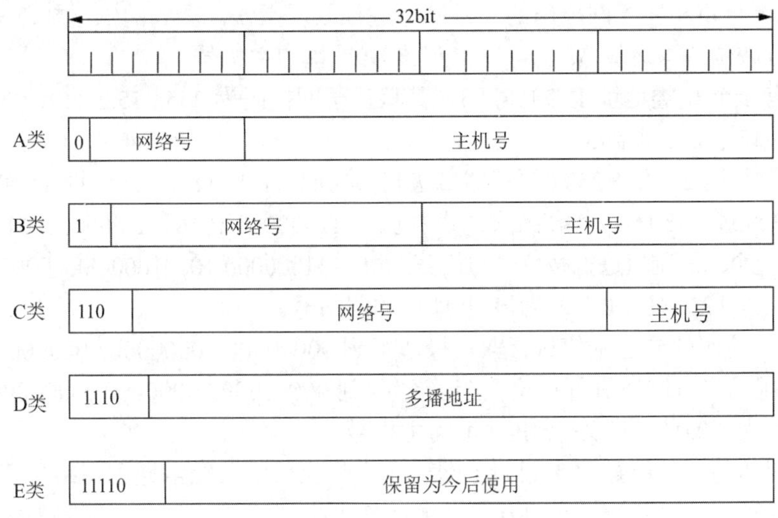

图 2-5-14 IP 地址的分类

① **A 类地址** 是指在 IP 地址的四段号码中，第一段号码为网络号码，剩下的三段号码为本地计算机的号码。如果用二进制表示 IP 地址的话，A 类地址就由 1 字节的网络地址和 3 字节的主机地址组成，网络地址的最高位必须是“0”。A 类地址中网络的标识长度为 8 位，主机标识的长度为 24 位。A 类网络地址数量较少，可以用于主机数达 1600 多万台的大型网络。A 类地址的地址范围为 1.0.0.1～126.255.255.255，其子网掩码为 255.0.0.0，每个网络支持的最大主机数为 $256^3-2=16777214$ 台。

② **B 类地址** 是指在 IP 地址的四段号码中，前两段号码为网络号码。如果用二进制表示 IP 地址的话，B 类地址就由 2 字节的网络地址和 2 字节的主机地址组成，网络地址的最高位必须是“10”。B 类地址中网络的标识长度为 16 位，主机标识的长度为 16 位。B 类网络地址适用于中等规模的网络，每个网络所能容纳的计算机数为 6 万多台。B 类地址的地址范围为 128.1.0.0～191.255.255.255，其子网掩码为 255.255.0.0，每个网络支持的最大主机数为 $256^2-2=65534$ 台。

③ **C 类地址** 是指在 IP 地址的四段号码中，前三段号码为网络号码，剩下的一段号码为本地计算机的号码。如果用二进制表示 IP 地址的话，C 类地址就由 3 字节的网络地址和 1 字节的主机地址组成，网络地址的最高位必须是“110”。C 类地址中网络的标识长度为 24 位，主机标识的长度为 8 位。C 类网络地址数量较多，适用于小规模的局域网络，每个网络最多只能包含 254 台计算机。C 类地址的地址范围为 192.0.1.1～223.255.255.255，其子网掩码为 255.255.255.0，每个网络支持的最大主机数为 256−2=254 台。

④ D 类地址 是多播地址，不用来标识网络。

⑤ E 类地址 是实验性地址，保留为今后使用。

（3）子网掩码

为了快速确定 IP 地址的网络号和主机号，同时也为了判断两个 IP 地址是否属于同一网络，因此引入了子网掩码的概念。

用子网掩码判断 IP 地址的网络号与主机号的方法如下：

① 网络号 将相应子网掩码及 IP 地址的二进制值进行按位“与运算”，就可以得到该 IP 地址的网络号。

② 主机号 将相应子网掩码的二进制值进行取反操作，得到的二进制值与 IP 地址的二进制值进行按位“与运算”，就可以得到该 IP 地址的主机号。

例如，有一个 C 类地址 192.168.1.3，其默认子网掩码为 255.255.255.0，则它的网络号和主机号可按以下方法得到：

1）将子网掩码 255.255.255.0 转换成二进制值为 11111111 11111111 11111111 00000000。

2）将 IP 地址 192.168.1.3 转换成二进制值为 11000000 10101000 00000001 00000011。

3）将这两个二进制值进行按位“与运算”得到 11000000 10101000 00000001 00000000，转换成十进制为 192.168.1.0，即为该 IP 地址的网络号。

4）将子网掩码的二进制值进行取反操作得到 00000000 00000000 00000000 11111111，然后与 IP 地址的二进制值进行按位“与运算”得到 00000000 00000000 00000000 00000011，转换成十进制为 0.0.0.3，即为该 IP 地址的主机号。

子网掩码的另一功能是用来划分子网。在实际应用中，经常遇到网络号不够但主机号富裕的问题。通常采用划分子网的方式来优化 IP 地址的分配。划分子网就是将主机号标识部分的一些二进制位划分出来用于标识子网。

5. 域名系统

在 Internet 上，我们根据主机的 IP 地址来进行相互访问。但是由于 IP 地址是数字型的，难以记忆，也难以理解。因此，Internet 上同时采用了一套容易辨识、容易记忆的字符型的地址方案，用于标识主机，即域名地址，俗称网址，如百度的域名地址为“www.baidu.com”。但是在 Internet 上真正用于识别主机的是 IP 地址，这就需要将便于识别、便于记忆的域名地址转换成 IP 地址，这个转换工作我们称为域名解析，这个系统我们称为域名系统（domain name system，DNS）。DNS 是一个分层的名称管理查询系统，主要提供 Internet 上主机 IP 地址和域名地址相互对应关系的服务。域名解析是由专门的 DNS 服务器来完成，整个过程是自动进行的。域名地址与 IP 地址之间是一一对应的。

域名地址可由几个部分构成，各个部分之间用“.”分割。域名地址按分层结构来构造，从左至右，级别依次提升，分别为……、三级域名、二级域名、顶级域名。一般格式如下：主机名.组织机构名.网络类型名.最高层域名。

例如，新浪网的域名为 www.sina.com.cn，各部分含义如下。

- www：主机名，表示该主机提供 WWW 服务。
- sina：组织机构名，表示新浪网的商业标识。
- com：网络类型名，表示该网站为商业服务网站。
- cn：顶级域名，表示该网站所在国家为中国。

顶级域名代表建立网络的组织机构或网络所隶属的地区或国家，大致可分为两类：一类是组织性顶级域名，如表 2-5-2 所示；一类是地理性顶级域名，如表 2-5-3 所示。

表 2-5-2 组织性顶级域名

域名	含义	域名	含义	域名	含义
com	商业机构	net	网络机构	edu	教育机构
int	国际机构	gov	政府机构	mil	军事机构
org	非营利性组织	info	信息服务机构	mobi	手机及移动终端设备

表 2-5-3 地理性顶级域名

域名	国家或地区	域名	国家或地区	域名	国家或地区
cn	中国	hk	中国香港	tw	中国台湾
us	美国	uk	英国	de	德国
fr	法国	ko	韩国	jp	日本

5.2 应用案例 1——家庭局域网的组建

5.2.1 应用案例描述

随着计算机的普及和计算机网络技术的发展，一户家庭已不仅仅拥有一台计算机，而且对 Internet 的接入需求也不仅仅局限于一台计算机。众多其他电子产品如网络电视机、手机、平板电脑等都有了入网的需求。

绍兴的李廉目前就急需解决这么一个问题。他家办理了电信 ADSL 宽带业务，而电信 ADSL 宽带只允许一台计算机拨号上网。但是，家里人都有上网的需求，父亲需要上网看新闻，母亲需要上网逛淘宝、看电视剧，而刚毕业的他则需要通过网络学习新的知识，充实自己。怎么样进行家庭网络的改造才能满足家里人对网络的需求呢？

5.2.2 解决方案与步骤

1. 总体规划与设计方案

本案例所描述的就是通过家庭局域网的连接和配置，实现 ADSL 拨号上网的共享访问。家庭局域网设备列表，如表 2-5-4 所示。

表 2-5-4 家庭局域网设备列表

序号	设备名	数量	备注
1	台式计算机	2 台	
2	笔记本	1 台	
3	智能手机	1 部	
4	宽带猫	1 个	
5	电话机	1 部	
6	TP-LINK 无线路由器	1 个	
7	语音分离器	1 个	
8	网线	若干	

家庭局域网结构图如图 2-5-15 所示。

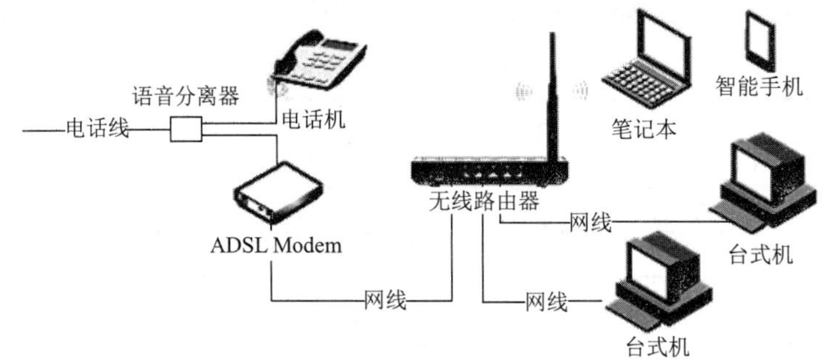

图 2-5-15　家庭局域网结构图

2. 线路连接

ADSL 语音分离器如图 2-5-16 所示，其作用是将电话线路中的高频数字信号和低频话音信号进行分离，避免低频话音信号与高频数字信号的干扰。ADSL 语音分离器的 LINE 口接用户进线，PHONE 口接电话机，Modem 口接 ADSL 宽带猫的 LINE 口。

无线路由器的各接口如图 2-5-17 所示，其中 WAN 口与 ADSL Modem 的 LAN 口相连，LAN 口与计算机相连。

图 2-5-16　ADSL 语音分离器

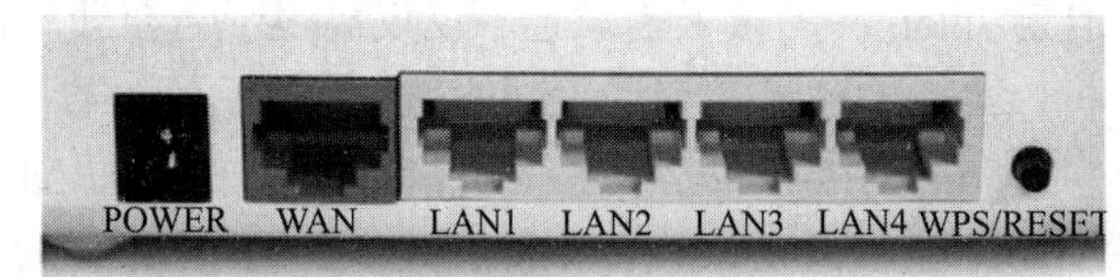

图 2-5-17　无线路由器的各接口

3. 无线路由器的配置

连接好线路后，打开路由器电源，进行路由器设置。常见路由器的默认 IP 地址一般为 192.168.1.1，初始用户名和密码一般均为 admin。我们以 Windows 7 操作系统和 TP-LINK WR740N 为例，进行无线路由器的配置。

（1）管理界面登录

方法一：通过 LAN 口进行路由器的配置。

通过 LAN 口进行路由器配置，需要将计算机的 IP 地址设置为 192.168.1.2～192.168.1.254 中的一个，使计算机和路由器处于同一网络，这样才能访问路由器管理界面。

具体设置步骤如下：

1）打开“控制面板”，单击“查看网络状态和任务”链接，打开的界面如图 2-5-18 所示。

2）单击“本地连接”链接，打开“本地连接 状态”对话框，如图 2-5-19（a）所示。单击“属性”按钮，打开“本地连接 属性”对话框，如图 2-5-19（b）所示。

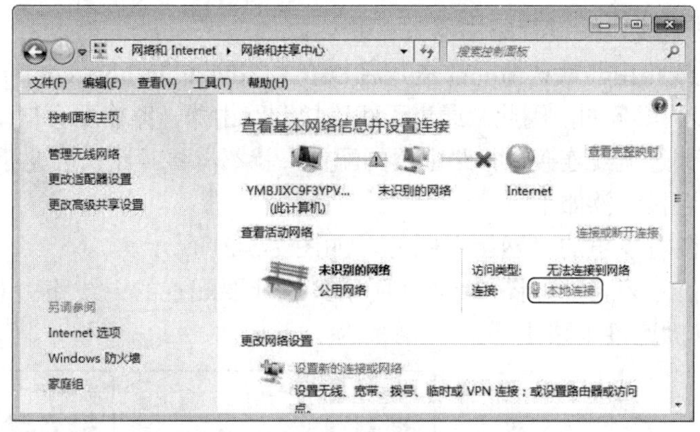

图 2-5-18 网络状态和任务对话框

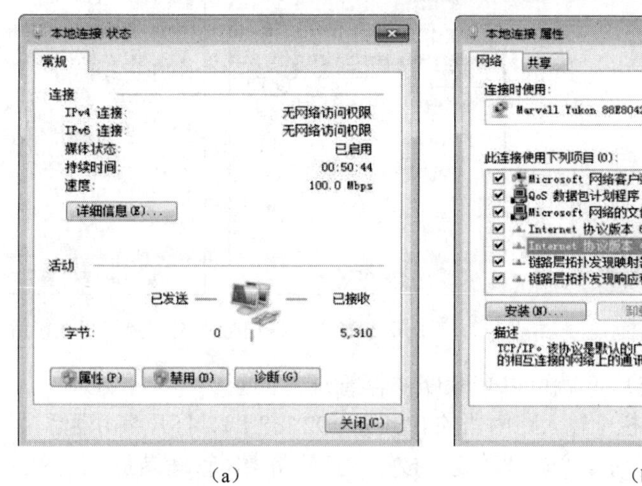

（a） （b）

图 2-5-19 “本地连接 状态”和“本地连接 属性”对话框

3）选择“Internet 协议版本 4（TCP/IPv4）”选项，单击“属性”按钮，打开“Internet 协议版本 4（TCP/IPv4）属性”对话框，设置计算机的 IP 地址、子网掩码、默认网关，如图 2-5-20 所示。

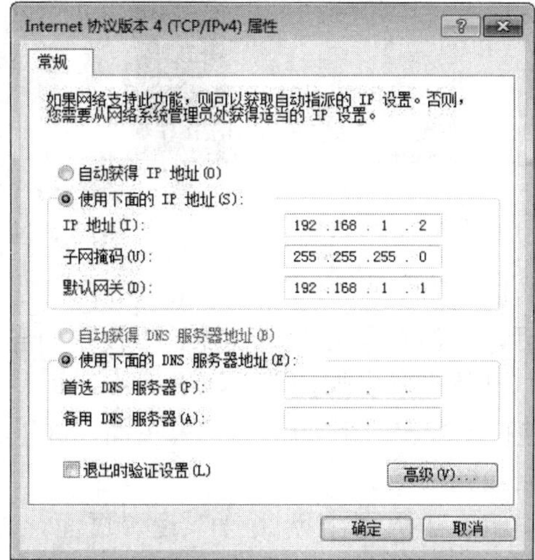

图 2-5-20 “Internet 协议版本 4（TCP/IPv4）属性”对话框

方法二：通过无线连接进行路由器的配置。

由于每一台无线路由器默认情况都是开启 DHCP（dynamic host configuration protocol，动态主机配置协议）服务的，因此，通过无线连接到路由器，路由器会自动分配一个 IP 地址给计算机。所以，通过无线连接进行路由器的配置，就不需要对计算机进行 IP 地址的设置，只需要连接即可。连接步骤如下：

1）单击任务栏右下角的“网络”图标，如图 2-5-21 所示。

2）打开无线信号列表，如图 2-5-22 所示。选择要配置的无线路由器信号，单击“连接”按钮，将计算机连接到路由器。

图 2-5-21 单击“网络”图标

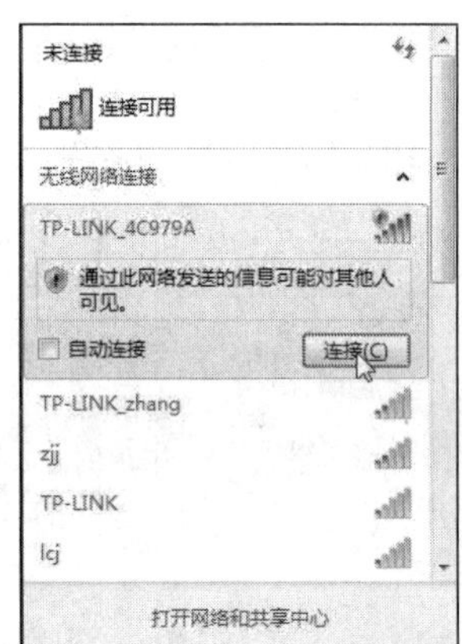

图 2-5-22 无线信号列表连接前和连接后

经过上述两种方式设置后，就可以登录路由器管理界面了。

打开 IE 浏览器，在地址栏中输入路由器的 IP 地址 192.168.1.1，打开路由器登录界面，输入用户名和密码，如图 2-5-23 所示。单击“确定”按钮，打开路由器管理界面，如图 2-5-24 所示。

图 2-5-23 路由器登录界面

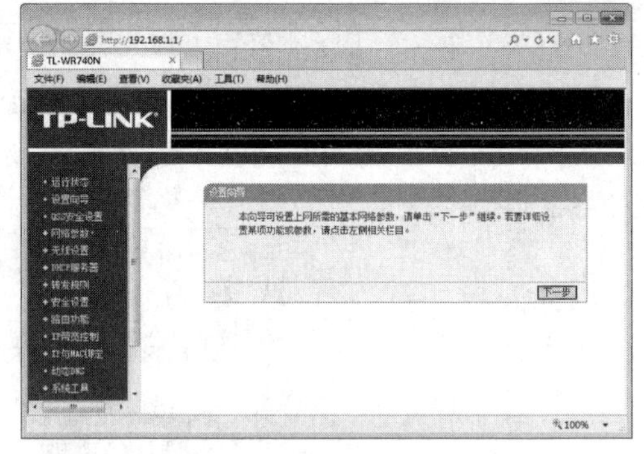

图 2-5-24 路由器管理界面

（2）上网基本网络参数的设置

打开路由器管理界面后，首次登录会自动跳转到“设置向导”界面，可根据向导完成上网基本网络参数的设置。具体设置步骤如下：

1）单击“下一步”按钮，进入“上网方式”选择页面，这里我们选择“PPPoE（ADSL 虚拟拨号）”方式，如图 2-5-25 所示。

2）单击“下一步”按钮，进入“上网账号”设置页面，输入上网账号和密码，如图 2-5-26 所示。

3）单击“下一步”按钮，进入“无线设置”页面，设置路由器无线网络的基本参数及无线安全，特别是无线网络密码需要设置得复杂些，防止他人恶意破解登录，如图 2-5-27 所示。

4）单击“下一步”按钮，完成路由器上网基本网络参数的设置，如图 2-5-28 所示。

5）单击“重启”按钮重启路由器，就可以访问 Internet 了。

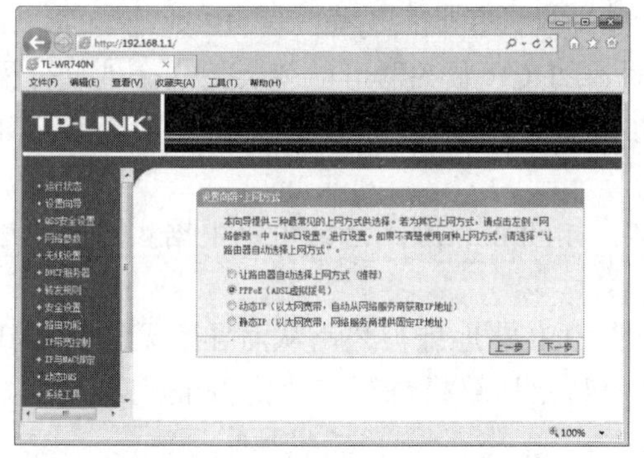

图 2-5-25 “上网方式”选择页面

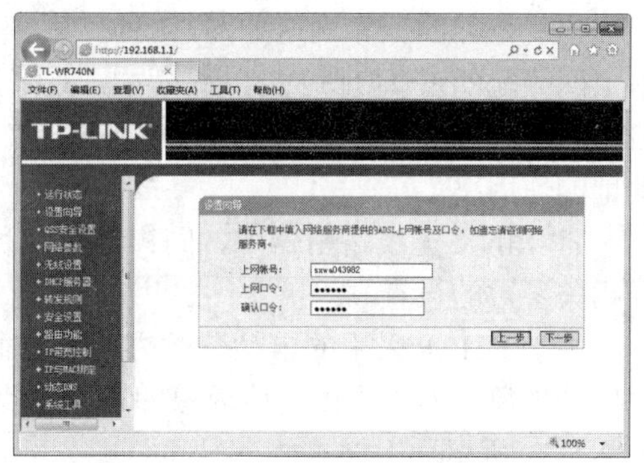

图 2-5-26 “上网账号”设置页面

图 2-5-27 “无线设置”页面

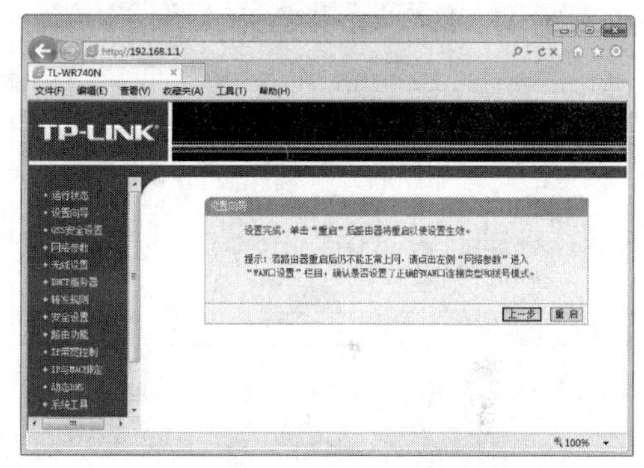

图 2-5-28 “设置完成”页面

（3）开启无线功能

重启后，如果没有发现无线网络信号，则可能是无线网络功能没有开启。需要进入路由器管理界面进行开启，操作步骤如下：

通过 LAN 口连接，登录路由器管理界面，单击“无线设置”链接，打开“无线网络基本设置”页面，选中“开启无线功能”复选框，如图 2-5-29 所示，保存后重启路由器。

图 2-5-29 “无线网络基本设置”页面

（4）DHCP 服务器功能

DHCP 是一个局域网的网络协议。我们知道，两台连接到互联网上的计算机之间相互通信，必须有各自的 IP 地址，但由于现在的 IP 地址资源有限，宽带接入运营商不能做到给每个报装宽带的用户都分配一个固定的 IP 地址，所以要采用 DHCP 方式对上网的用户进行临时的地址分配。

也就是你的计算机连上网，DHCP 服务器才从地址池里临时分配一个 IP 地址给你，每次上网分配的 IP 地址可能会不一样。当你下线时，DHCP 服务器可能就会把这个地址分配给之后上线的其他计算机。这样就可以有效节约 IP 地址，既保证了你的通信，又提高了 IP 地址的使用率。

TP-LINK 无线路由器中，同样具有这种功能，如图 2-5-30 所示，可以根据实际需要进行相关参数的设置。

由于 DHCP 采用的自动分配方式，有时会存在 DHCP 地址被盗用从而导致无法获取 IP 地址的现象。为了防止这种现象的发生，我们会对特定计算机进行 IP 地址的静态分配，如图 2-5-31 所示。

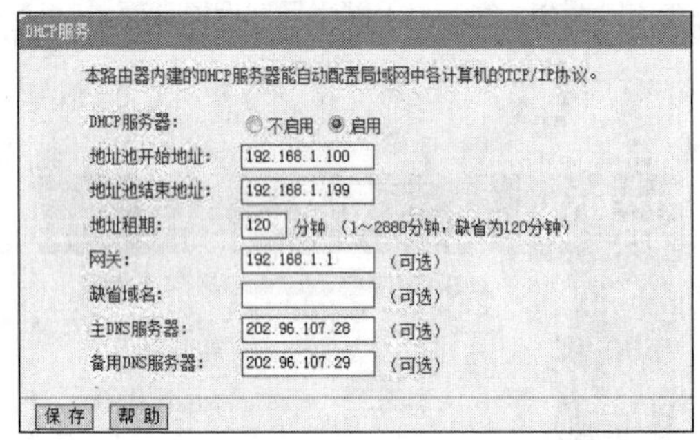

图 2-5-30 “DHCP 服务”页面

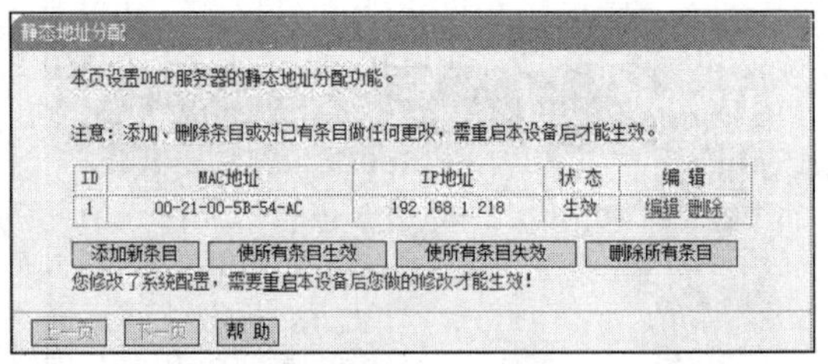

图 2-5-31 “静态地址分配”页面

（5）无线 MAC 地址过滤功能

MAC 地址也称为物理地址或硬件地址，是由 48 位二进制数构成的，一般用十六进制数表示，如图 2-5-31 中的 00-21-00-5B-54-AC，一般具有全球唯一性和不可更改性。在网络底层的物理传输过程中，就是通过物理地址来识别主机的。因此，对无线接入设备的 MAC 地址过滤，可以有效杜绝其他计算机访问无线网络，具体设置步骤如下：

单击“无线设置”链接，选择“无线 MAC 地址过滤设置”选项，打开“无线网络 MAC 地址过滤设置”页面，设置效果如图 2-5-32 所示。

（6）安全设置

为防止他人蹭网，占用网络资源，影响网络速度，可以对安全选项进行设置。

具体设置步骤如下：单击“安全设置”链接，选择“防火墙设置”选项，打开“防火墙设置”页面，选中“开启防火墙（防火墙的总开关）”复选框，选中“开启 MAC 地址过滤”复选框，选中“仅允许已设 MAC 地址列表中已启用的 MAC 地址访问 Internet，允许其他 MAC 地址访问 Internet”单选按钮，如图 2-5-33 所示，单击“保存”按钮完成设置。

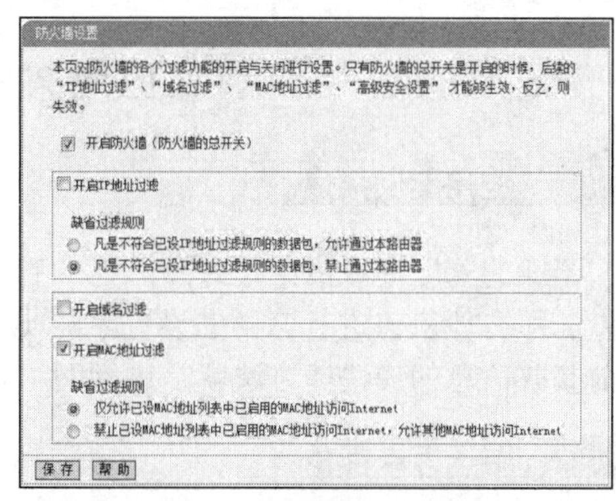

图 2-5-32　“无线网络 MAC 地址过滤设置”页面　　　　图 2-5-33　“防火墙设置”页面

该功能需要和“MAC 地址过滤”功能配合使用才能生效。其设置步骤如下：

选择“MAC 地址过滤”选项，打开“MAC 地址过滤”页面，单击“添加新条目”按钮，打开“MAC 地址过滤”添加页面，在对应文本框中填写需要添加的 MAC 地址和描述信息，如图 2-5-34 所示。

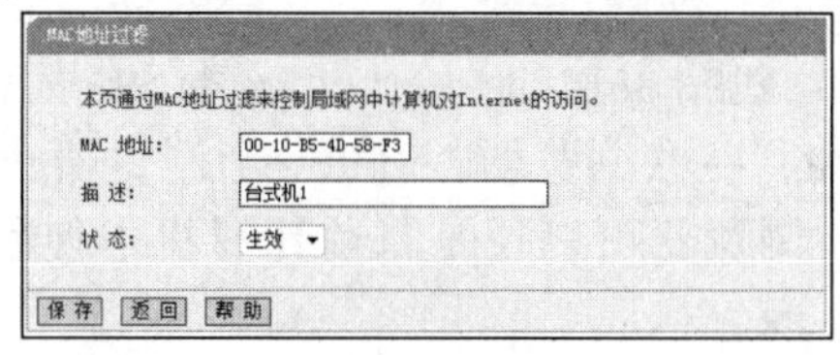

图 2-5-34　“MAC 地址过滤”添加页面

完成以后如图 2-5-35 所示，表示该列表中的 4 个接入设备能访问 Internet，其他的则不能访问 Internet。

（7）备份和载入配置文件

为了防止硬件故障损坏、恢复出厂设置或黑客攻击导致丢失路由器的配置信息，我们需要对路由器配置进行备份，在出现意外的时候能及时把备份载入设备中，第一时间恢复设备和网络的正常运行。

TP-LINK 路由器提供“备份和载入配置文件”的功能，如图 2-5-36 所示，可以在配置完成后对配置进行备份。

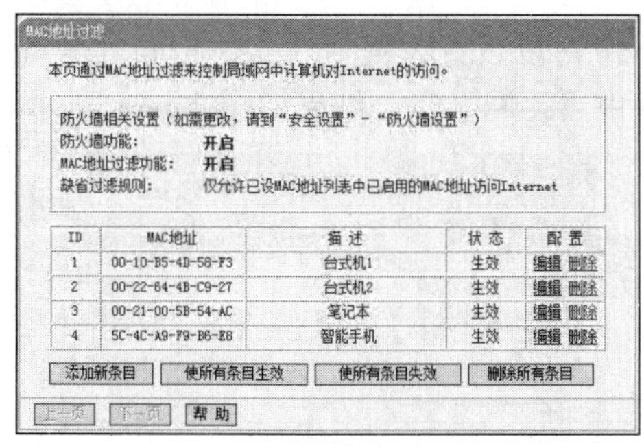

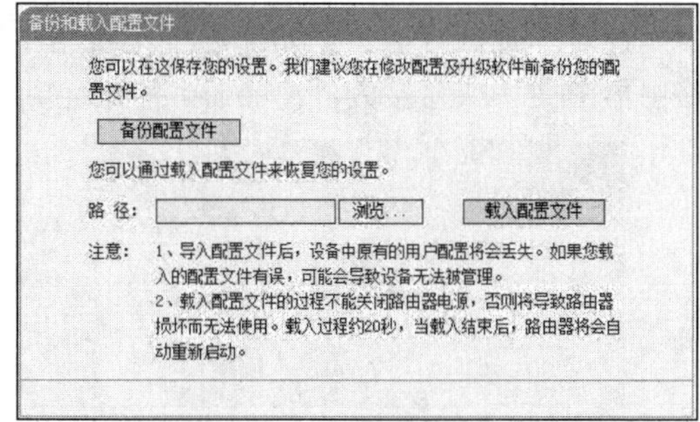

图 2-5-35　“MAC 地址过滤”列表　　　　图 2-5-36　“备份和载入配置文件”页面

5.3 应用案例 2——信息获取

5.3.1 应用案例描述

李廉的家庭局域网组建好后，他的智能手机也希望通过无线路由器上网，以节省手机流量。那么他应该进行怎样的设置才能实现手机无线联网呢？于是他想到了互联网，因为目前获取信息的最快捷方法就是进行网上搜索。

5.3.2 解决方案与步骤

1. 总体规划与设计方案

本案例描述的是通过互联网搜索获取有用信息，解决智能手机通过无线路由器上网的问题。通过互联网搜索信息是目前最有效、最快捷获取信息的途径。

浏览网页信息的软件就是浏览器。网页浏览器主要通过 HTTP 协议与网页服务器交互并获取网页的。

目前，常见的网页浏览器包括微软的 Internet Explorer（简称 IE）、Mozilla 的 Firefox、Apple 的 Safari，以及 Opera、谷歌浏览器、360 安全浏览器、搜狗高速浏览器、傲游浏览器、腾讯 QQ 浏览器等。浏览器可以说是目前计算机中使用频繁的客户端程序之一。

2. 网页浏览

要搜索智能手机如何通过无线路由器上网的相关资料，可以借助搜索引擎。目前，中国最常用的搜索引擎有百度、Google 等。我们以 IE 9 浏览器来访问百度搜索引擎为例，具体操作步骤如下：

1）启动和认识 IE 浏览器。双击桌面上的“Internet Explorer”图标，启动 IE 浏览器，在地址栏中输入“www.baidu.com”，按 Enter 键，打开百度网站，如图 2-5-37 所示。

2）设置搜索关键字。要提高搜索效率，搜索关键字的设置十分重要。一般我们把要解决的问题概括成一句话。如果不能概括，则可以设置多个关键字，各关键字之间用空格间隔。如果在搜索结果中要去除某个关键字的信息，可以在此关键字前加“-”号，如绍兴-黄酒，其含义就是搜索绍兴的相关信息，但不包括黄酒。

针对本案例智能手机如何通过无线路由器上网，可以设置关键字为“Android 手机无线路由器图文”或直接为“Android 手机连接无线路由器上网”等，结果如图 2-5-38 所示。

图 2-5-37 百度搜索界面

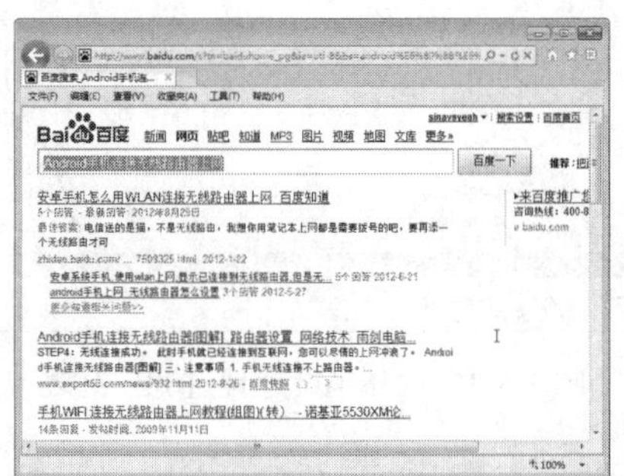

图 2-5-38 搜索结果

3）浏览网页。单击“Android 手机连接无线路由器[图解]”链接，打开“Android 手机连接无线路由器[图解]”页面，如图 2-5-39 所示，根据图解提示，完成智能手机通过无线路由器上网的设置。

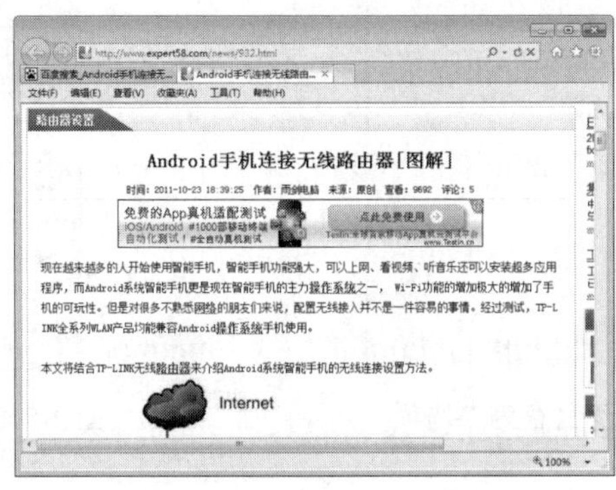

图 2-5-39　“Android 手机连接无线路由器[图解]”页面

3. 网页内容保存

对于需要的信息可以保留在自己的存储设备中，这类信息包括不同形式的资料，如网页、图片、文本资料等，以便于自己阅读、研究和整理。

1）保存网页。选择“文件”→“另存为”选项，如图 2-5-40 所示，在打开的“保存网页”对话框中设置保存网页的路径、文件名和保存类型，如图 2-5-41 所示，然后单击“保存”按钮完成网页的保存操作。

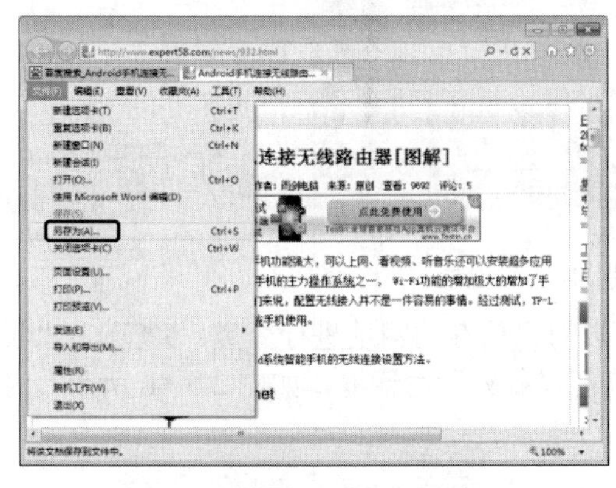

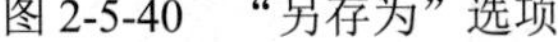

图 2-5-40　“另存为”选项

图 2-5-41　“保存网页”对话框

2）保存图片。将鼠标指针移至要保存的图片上方右击，在弹出的快捷菜单中选择“图片另存为”选项，如图 2-5-42 所示，在打开的“保存图片”对话框中设置保存图片的路径、文件名和保存类型，然后单击“保存”按钮完成图片的保存操作。

网页上的每张图片都有自己的文件名，如果要查看，可以将鼠标指针移至要查看的图片上方右击，在弹出的快捷菜单中选择“属性”选项，打开图片的“属性”对话框，如图 2-5-43 所示，即可看到图片的文件名。

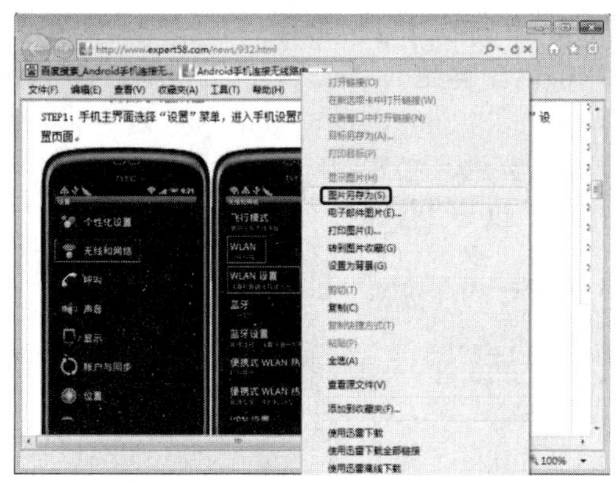

图 2-5-42 “图片另存为”选项

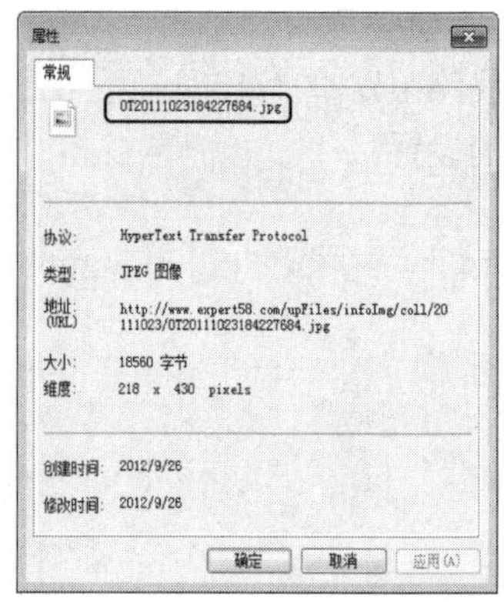

图 2-5-43 图片的“属性”对话框

4. 使用收藏夹

如果以后需要多次访问该网页，可以将该网页添加到收藏夹，并进行分组整理。但需要注意的是，收藏夹中保存的是该网页的网址，而非内容，因此，该网址有可能在若干年后失效，而导致无法访问。

使用收藏夹的操作步骤如下：

1）添加到收藏夹。选择“收藏”→“添加到收藏夹”选项，如图 2-5-44 所示，打开“添加收藏”对话框。在“添加收藏”对话框中，修改网页名称、创建位置，如图 2-5-45 所示，然后单击“添加”按钮完成该网页的收藏操作。

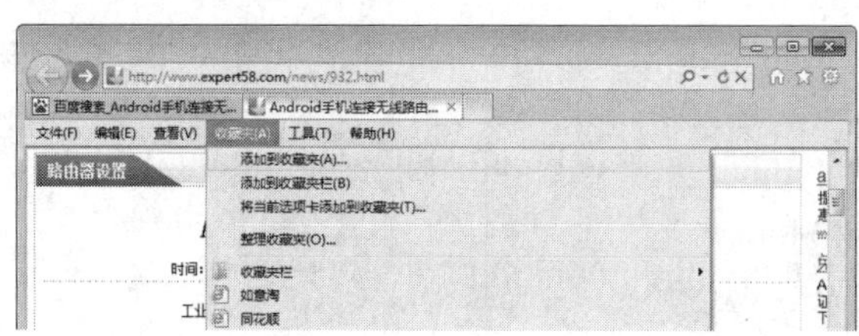

图 2-5-44 “添加到收藏夹”选项

2）整理收藏夹。通过“整理收藏夹”命令可以对已保存的网址进行分类、整理。在“收藏”菜单中选择“整理收藏夹”选项，打开“整理收藏夹”对话框，如图 2-5-46 所示，对收藏的网址进行整理、分类。

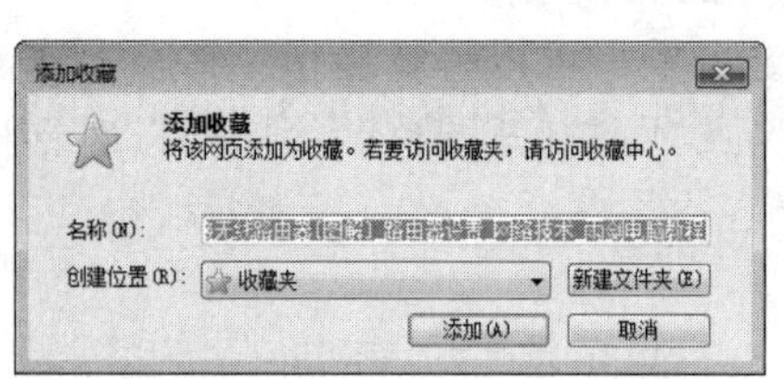

图 2-5-45 “添加收藏”对话框

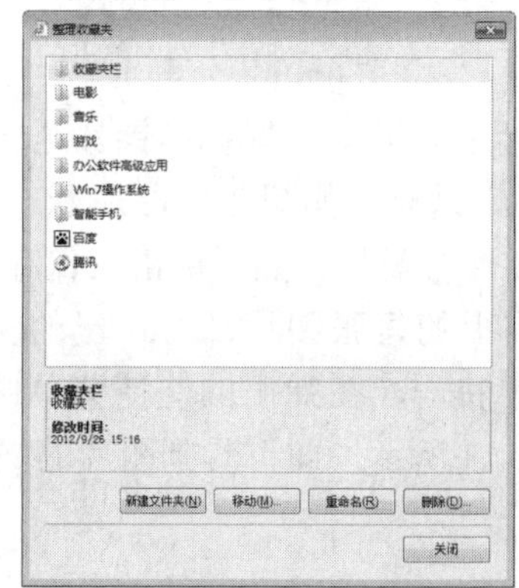

图 2-5-46 “整理收藏夹”对话框

5. Internet 选项设置

当网络环境发生变化时，可以对 IE 浏览器进行个性化设置，以获得顺畅的浏览效果，如主页设置、安全级别设置、网页浏览时的方式、环境和禁用选择等。

选择“工具”→“Internet 选项”选项，打开“Internet 选项”对话框，如图 2-5-47 所示，可以对浏览器进行设置。

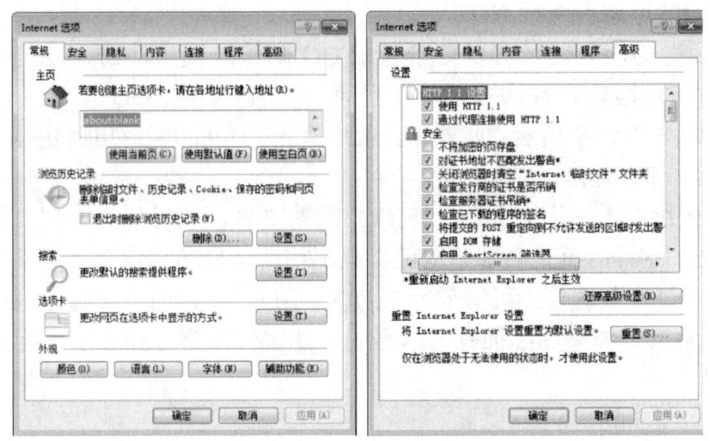

图 2-5-47 “Internet 选项”对话框

在“Internet 选项”对话框中有 7 个选项卡，其中最常用的是“常规”和“高级”选项卡。在“常规”选项卡中，主要设置 IE 的默认主页、删除访问网页时留下的缓存信息和其他一些辅助功能，如忽略网页中指定的颜色等。在“高级”选项卡中，可以设置网页浏览的方式，如是否“友好现实 HTTP 错误信息”。这个选项在进行动态网页错误调试时非常重要，必须取消选中，否则就无法查看具体的错误信息。还可以设置多媒体的显示方式，如是否显示网页中的图片等。

5.4 应用案例 3——电子邮件的使用

5.4.1 应用案例描述

毕业后的李廉通过父母、亲戚朋友介绍工作，但是一直没有心仪的单位和岗位，因此，他想通过搜索引擎在互联网上浏览各类招聘网站，寻找招聘信息，并将个人简历以电子邮件的方式发送给招聘单位。

5.4.2 解决方案与步骤

1. 总体规划与设计方案

通过网络的电子邮件系统，用户可以用非常低廉的价格和非常快速的方式，与世界上任何一个角落的网络用户联系，是 Internet 上较广泛的应用之一。

发送电子邮件，必须拥有自己的电子邮箱，本案例描述的是进行腾讯 QQ 电子邮箱的申请、使用及个性化设置。

2. QQ 电子邮箱的申请

QQ 电子邮箱是腾讯公司 2002 年向用户提供安全、稳定、快速、便捷电子邮件服务的邮箱产品。经过十几年的不断更新完善，QQ 邮箱已成为用户喜欢的邮箱之一。它具有完善的邮件收发、通讯录等功能，而且还与 QQ 紧密结合，直接单击 QQ 面板即可登录，省去输入账户名和密码的麻烦。同时，新邮件到达随时提醒，可让用户及时收到并处理邮件。

QQ 电子邮箱的申请有两种方法：

1）如果已经有 QQ 号码，可以直接登录 QQ 邮箱，无须注册，并且使用“QQ 号码@qq.com”作为邮箱地址。首次登录，在登录页中直接输入 QQ 号码和 QQ 密码即可开通并登录邮箱，如图 2-5-48 所示。此外，登录邮箱后，还可以额外申请获得一个类似 chen@qq.com 这样的英文名邮箱地址。

2）如果未使用 QQ，可以直接注册 QQ 邮箱账号，获得一个类似 chen@qq.com 或 chen@foxmail.com 这样的英文名邮箱地址。该邮箱地址自动绑定一个由系统生成的新 QQ 号码，并且作为 QQ 主显账号，可用来登录 QQ。不过，申请的英文邮箱地址，不可与系统生成的 QQ 号码解绑。如果已经拥有 QQ 号码，建议使用第一种方法，英文名邮箱地址可以登录后再获得。

3. 邮件收发

开通邮箱后，就可以使用 QQ 号码登录 QQ 邮箱进行电子邮件的接收和发送了。

（1）登录邮箱

登录 QQ 邮箱有两种方式：

1）通过 QQ 邮箱登录页面 http://mail.qq.com 进行邮箱的登录，如图 2-5-49 所示。

图 2-5-48　首次登录“开通”页面

图 2-5-49　QQ 邮箱登录页面

2）通过单击 QQ 软件界面的“QQ 邮箱”图标进行邮箱的登录，如图 2-5-50 所示。

（2）写邮件

登录 QQ 邮箱后，单击左侧的“写信”按钮，即可进入“QQ-邮箱写信”页面，如图 2-5-51 所示。

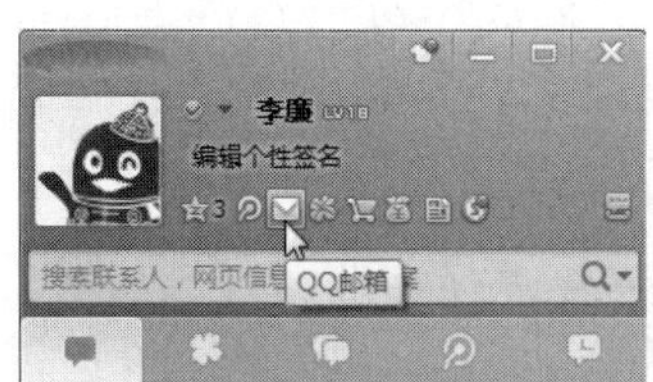

图2-5-50 QQ软件界面中的“QQ邮箱”图标

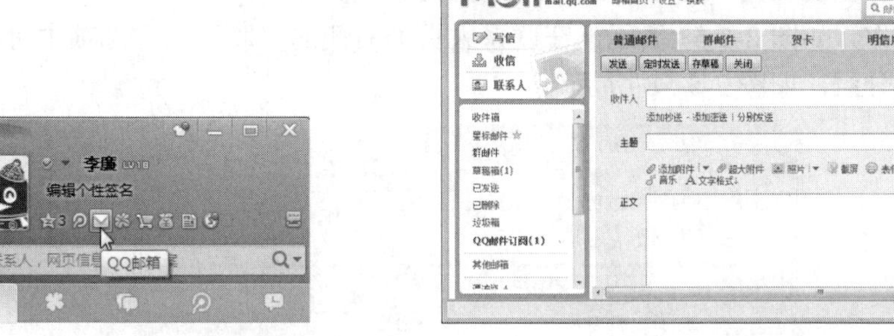

图2-5-51 “QQ邮箱-写信”页面

在“收件人”文本框中输入收件人的邮件地址，同时，可以选择该邮件是否需要同时发给他人。如抄送、密送或分别发送，如图2-5-52所示。注意：当有多个邮件地址时，各邮件之间使用英文状态下的“;”进行间隔。

在“主题”文本框中输入邮件的主题，并可以根据需要，在右侧的下拉列表更改主题颜色，如图2-5-53所示。

图2-5-52 分别发送

图2-5-53 选择主题字体颜色

在“正文”文本框中输入邮件内容，同时，可以根据实际邮件情况添加其他元素，如附件、超大附件、照片、截屏、表情、音乐等。QQ邮箱的附件最大不能超过20MB，如果超过20MB，就需要选择添加超大附件，它将以QQ文件中转站的形式，存放在服务器，供用户下载。

完成邮件的填写后，可以选择三种方式进行操作：一是单击“发送”按钮将邮件直接发送给对方；二是单击“定时发送”按钮，并选择某一特定时间进行发送；三是单击“存草稿”按钮将邮件作为“草稿”暂时存储于邮箱中，以供再次编辑。

（3）收信

单击左侧的“收信”按钮，就可以进入收件箱查看、管理邮件。

管理邮件包括删除、彻底删除、转发、举报、标记、移动等操作，如图2-5-54所示。

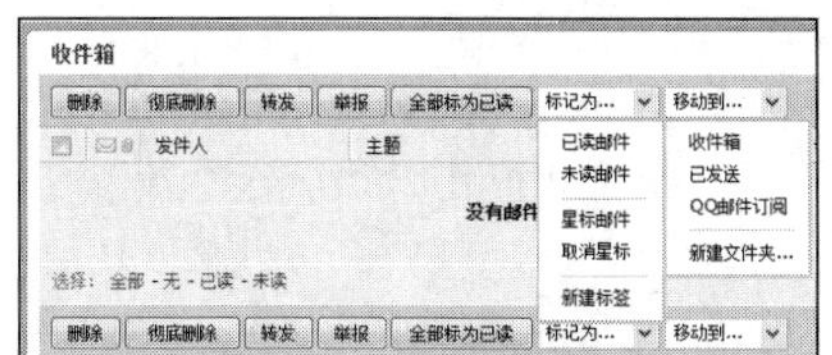

图2-5-54 “收件箱”界面

4. 联系人管理

QQ邮箱的联系人功能十分强大，能方便地对联系人进行管理，同时，能自动同步QQ

好友，保持联系人信息一致性。单击 QQ 邮箱左侧的“联系人”按钮，即可进入“联系人”页面，如图 2-5-55 所示。单击“新建联系人”按钮能够进行联系人的添加，如图 2-5-56 所示。在联系人页面右上角，单击“工具”下拉按钮，在弹出的下拉列表中可对邮箱联系人进行相应的操作，如图 2-5-57 所示。在联系人页面右侧的“联系人”选项中可以选择联系人分组及新建分组，如图 2-5-58 所示。

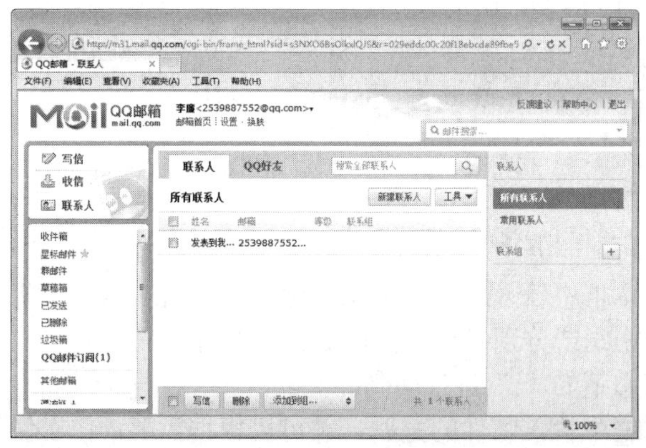

图 2-5-55　“联系人”页面

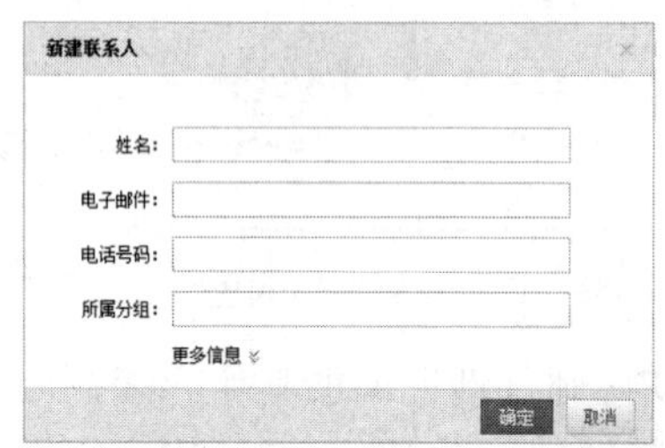

图 2-5-56　添加新建联系人

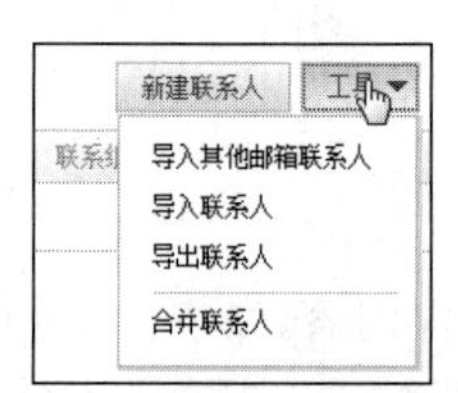

图 2-5-57　联系人导入/导出工具

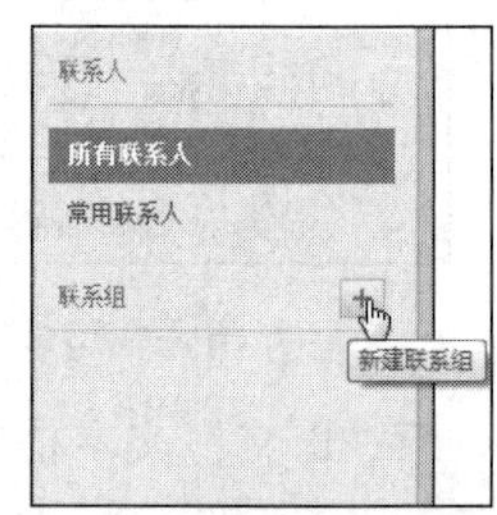

图 2-5-58　联系人分组操作

5. 邮件账户的个性化设置

单击 QQ 邮箱首页的“设置”链接，进入“邮箱设置”页面，可以对邮箱进行个性化设置，如图 2-5-59 所示。

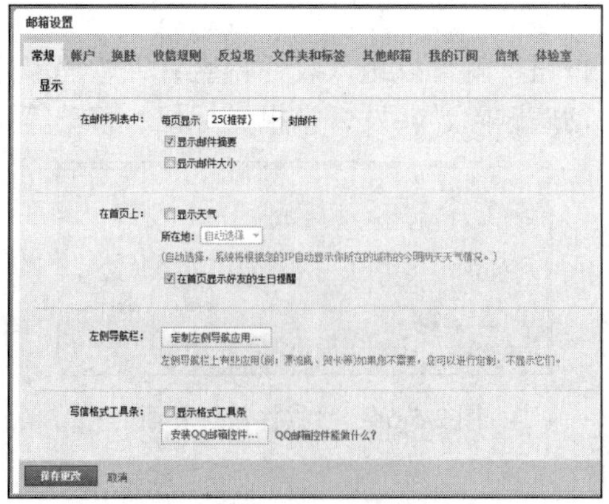

图 2-5-59　“邮箱设置”页面

1）在“常规”选项卡中可进行邮件显示方式、个性签名、自动回复等的设置。

2）在“账户”选项卡中可进行账户信息、邮箱账户、账户安全、POP3/SMTP 服务等的设置。

3）在“收信规则”选项卡中可进行收信规则的创建和邮件过滤的设置。

4）在“反垃圾”选项卡中可进行黑名单、白名单、反垃圾选项的设置。

5）在“文件夹和标签”选项卡中可进行邮箱文件夹的新建、删除等管理操作。

6）在“其他邮箱”选项卡中可进行其他邮箱的添加，通过设置其他邮箱账户，可在 QQ 邮箱中收取到其他邮箱的邮件。

7）在“体验室”选项卡中可进行 QQ 邮箱新功能的体验。

操作习题

1. 浏览“浙江省高校计算机等级考试网”（网址为 http://djks.edu.cn），将“中国美术学院”页面上的图片“041_1.jpg”另存到 D 盘“djks”子目录中，文件名为“中国美院校园风光”，保存类型为“位图（*.bmp）”。

2. 将“浙江省高校计算机等级考试成绩、证书和结果的分析”页面另存到 D 盘“djks”子目录中，文件名为“等考成绩分析”，保存类型为“网页，仅 HTML（*.htm;*.html）”。

3. 将“浙江省高校计算机等级考试网”主页添加到收藏夹，命名为“浙江省高校计算机等级考试”。

4. 整理 IE 浏览器的收藏夹，创建文件夹，命名为“等级考试”，并将第 3 题中收藏的网址移动到“等级考试”文件夹中。

5. 设置 IE 浏览器的主页地址为 http://djks.edu.cn。

6. 设置 IE 浏览器的高级选项，按要求完成下列选项的设置：

- 不显示图片，始终扩展图像的说明文本。
- 显示每个脚本错误的通知。
- 不显示友好 HTTP 错误信息。
- 下载完成后不发出通知。

7. 登录 QQ 邮箱，按要求完成下列选项的设置：

- 在邮件列表中每页显示 50 封邮件。
- 在首页上显示天气。
- 邮件自动保存到“已发送”。
- 在 QQ 中点亮邮箱图标。

启用假期自动回复功能，回复内容默认。

应用操作6　常用应用软件

随着HTML5技术的不断发展，HTML5应用越来越广泛，最典型的应用是谷歌浏览器操作系统概念，就是用浏览器代替操作系统，所有软件、App都运行在云端，用户通过浏览器获取软件服务，浏览器相当于操作系统，计算机软件（如Office、思维导图等）界面就是浏览器上不同网址的一个个窗口，而软件操作界面就是HTML5网页。许多公司基于HTML5技术开发众多在线应用软件，这些应用软件能让我们更简单、更快捷、更高效地使用计算机，能让我们的日常生活、工作变得轻松。

6.1　知 识 要 点

从实用角度出发，本书重点介绍几款在学习、工作、生活等方面必备的在线应用软件，由于计算机软硬件技术发展迅速，在线应用软件的更新速度过于频繁，软件淘汰率高，因此本书介绍的在线应用软件都经过精挑细选，既实用又有良好的用户口碑。具体的在线应用软件主要有以下几种。

- H5页面编辑软件，如百度H5、秀米网、易企秀、秀堂、微学宝等。
- 在线文档编辑软件，如腾讯文档、石墨文档、WPS在线协作等。
- 调查问卷类在线应用软件，如腾讯问卷、问卷星、调查派等。
- 思维导图应用软件，如百度脑图、石墨文档等。

6.1.1　应用软件基础

软件是计算机的灵魂，人们针对某一需要而为计算机编制的指令序列称为程序，程序连同有关的说明资料称为软件。配上软件的计算机才成为完整的计算机系统。计算机软件分为系统软件和应用软件两大类。系统软件是指控制和协调计算机及外部设备，支持应用软件开发和运行的系统，主要功能是调度、监控和维护计算机系统，负责管理计算机系统中各种独立的硬件，使它们可以协调工作。应用软件是和系统软件相对应的，是用户可以使用的各种程序设计语言，以及用各种程序设计语言编制的，满足用户不同领域、不同需求的应用程序，它拓宽了计算机系统的应用领域，放大了硬件的功能。

大多数的应用软件可以从网络上下载使用。根据软件的授权方式不同，应用软件存在以下不同的版本：

① 商业版（正式版）　正规的商业发行版。这种软件本应通过正规购买方式获得，但一些网站将这些软件进行技术处理之后以软件包的形式提供下载。

② 试用版　由软件开发商在正式版推出之前提供的试用版本，功能同正式版一样。此类软件在使用时间上有一定的限制，在正式版推出之后将不再提供试用。

③ 共享版　也就是共享软件，这类软件主要通过网络下载的方式发行。但软件开发者为了获取利益，会对软件进行技术处理，使用户在使用过程中受到一定的限制，如使用次数、使用时间，或无法使用某些高级功能等。当使用者向软件开发者付款之后，可通过注

册码等方式对软件进行解锁，从而能够不受限制地使用软件的完整功能。

④ *免费版* 大多由个人开发，免费提供给大家使用，没有任何功能或时间、次数上的限制，但一般不允许对该软件进行二次开发或用于商业营利目的。

⑤ *破解版（注册版）* 严格来说这不属于一种授权版本，因为是针对商业版、试用版、共享版这类有使用限制的软件进行二次开发之后所形成的特殊版本，即使用者可以在没有任何经济付出的条件下无限制地使用该软件的全部功能。

⑥ *自由版* 这类软件不但向使用者提供没有任何限制的使用权限，而且遵循相关的自由软件授权协议，允许任何人对该软件进行二次开发或用于商业用途，甚至有时会提供软件源代码。

随着 HTML5 技术的不断发展，有一些应用软件直接开发成网络在线使用，方便用户使用，不需要下载安装，直接上网访问就能操作，用户体验良好。在线应用软件使用流程一般是访问网站、注册账号、登录使用、保存输出。

6.1.2 H5 页面编辑软件

Hyper Text Mark-up Language 5.0，即第 5 代超文本标记语言，HTML5 是其英文规范简称，H5 是国内特定人群对第 5 代 HTML 及用其制作的一切数字产品的简称。随着微信使用的升级，朋友圈中经常看到制作精美的电子邀请函、电子海报、抽奖营销活动等微场景，这些微场景页面画质精美，体验流畅，支持音乐、视频播放等。这些页面都是利用 H5 进行制作的，但是使用 HTML5 语言直接制作页面需要用户有较高的技术背景，难度很大，于是一些公司就开发第三方 H5 页面编辑软件，帮助用户快速方便地制作 H5 页面。随着使用者逐渐增多，朋友圈的微信 HTML5 页面越来越多，商业化程度越来越高，慢慢地 H5 就专指微信 HTML5 页面了。

H5 页面编辑工具应用

用户使用第三方 H5 页面编辑软件制作 H5 页面，就像制作 PPT 演示文稿一样，在每个页面根据需求添加文字、图形图片、声音、视频等，就可以完成一个 H5 页面微场景的制作。目前第三方 H5 页面编辑软件有许多，如易企秀、人人秀、MAKA、兔展、秀堂、微学宝、秀米、iH5、BaoMiTu、意派 Epub360、70 度、iebook、最酷网、Mugeda（木疙瘩）、初页、易企微、凡科网、战鼓、橙秀等。有些属于专业型，如 iH5、意派、微吾、最酷网、云来、Mugeda（木疙瘩）等，创作自由度强，学习难度也较大。有些属于大众型，如易企秀、人人秀、MAKA、兔展、秀堂、秀米、百度 H5 等，简单易学，只要会使用 PPT 就能进行页面编辑制作。

1. 易企秀

2014 年 11 月，易企秀（http://www.eqxiu.com/）上线 H5 自助制作工具，用户可以零代码快速制作一个炫酷的 H5 场景，一键上线，自助开展 H5 营销，满足企业活动邀约、品牌展示、引流吸粉、数据管理、电商促销等营销需求。其操作界面如图 2-6-1 所示。

2. 人人秀

人人秀（https://rrx.cn）是一个提供一站式微信活动服务的平台，用户包括阿里巴巴、腾讯、滴滴出行、爱奇艺等。在模板数量和互动功能上，人人秀行业领先。10000 个模板，每周更新 100 个，全行业首发的互动功能有抽奖红包、口令红包、照片投票、转盘抽奖、测试问答、表单等。

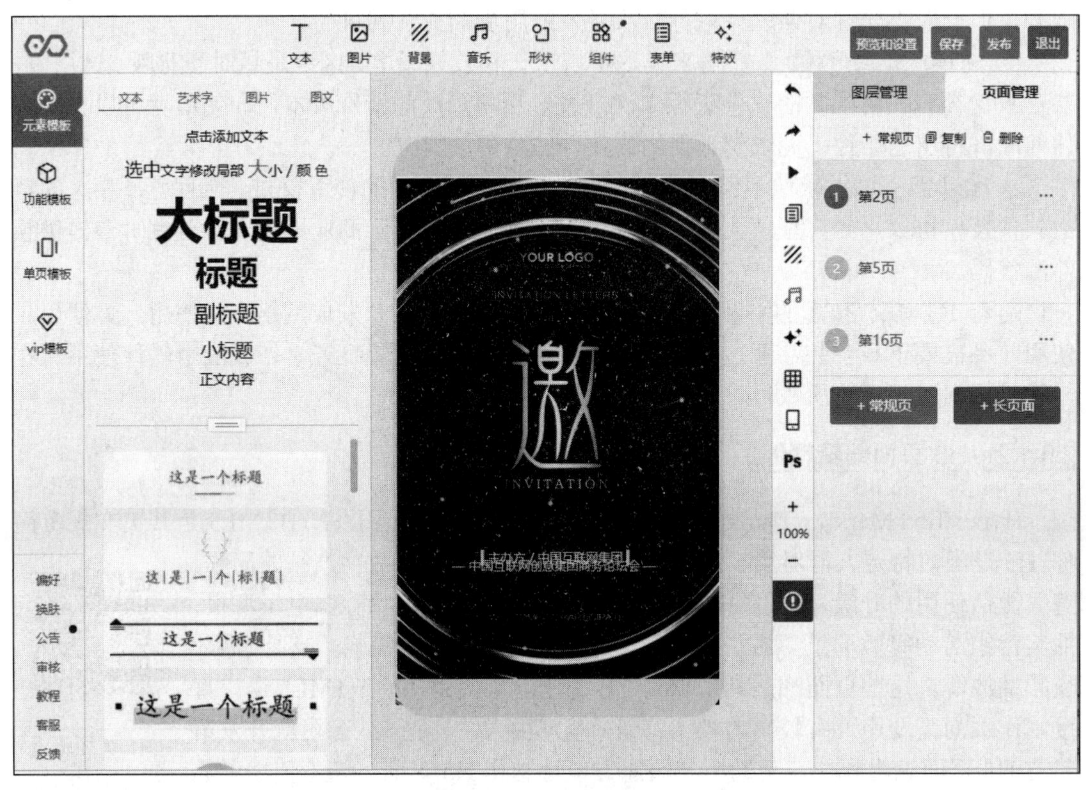

图 2-6-1　易企秀操作界面

3. MAKA

MAKA（http://maka.im/v4）由一家从中山大学实验室里诞生的年轻创业团队研发，是国内首家 H5 在线创作工具，提供全品类富媒体内容创作工具。其 2013 年成立至今，已服务 3000 万+中小企业用户，致力于开发简单易用的产品，解决用户在企业营销上高成本、低质量的痛点。

4. 兔展

兔展（https://www.rabbitpre.com/）专注 H5 技术实现，是微信 H5 页面、微场景、模板、短视频、微信邀请函、场景应用的智能专业制作平台。平台使用简单，服务全面，有制作教程等，让用户像制作 PPT 一样制作生动的移动展示。

5. 秀堂

秀堂（https://s.wps.cn/#NewFrom）是金山软件集团子公司金山办公软件 WPS 团队，针对移动社交产品趋势，倾力打造的一款面向普通用户的 H5 制作软件。秀堂提供海量 H5 模板，用户通过简单图文替换，即可实现图文音乐的自由组合，快速生成具备丰富动画效果的在线 HTML5 页面。

6. 秀米

秀米（https://xiumi.us/#1/）具有原创模板素材，精选风格排版，独一无二的排版方式，丰富的页面模板，独有的秀米组件，无论是多页场景 H5，还是长页内容，都能让用户得心应手地使用。

7. 微学宝

微学宝（http://www.vxuebao.com/）是专注于微课制作的平台，微课制作简单方便，课件即转即用，主要内容有微课宝、二维码、语音宝等，专为企业内训场景而设计，平台界面如图 2-6-2 所示。

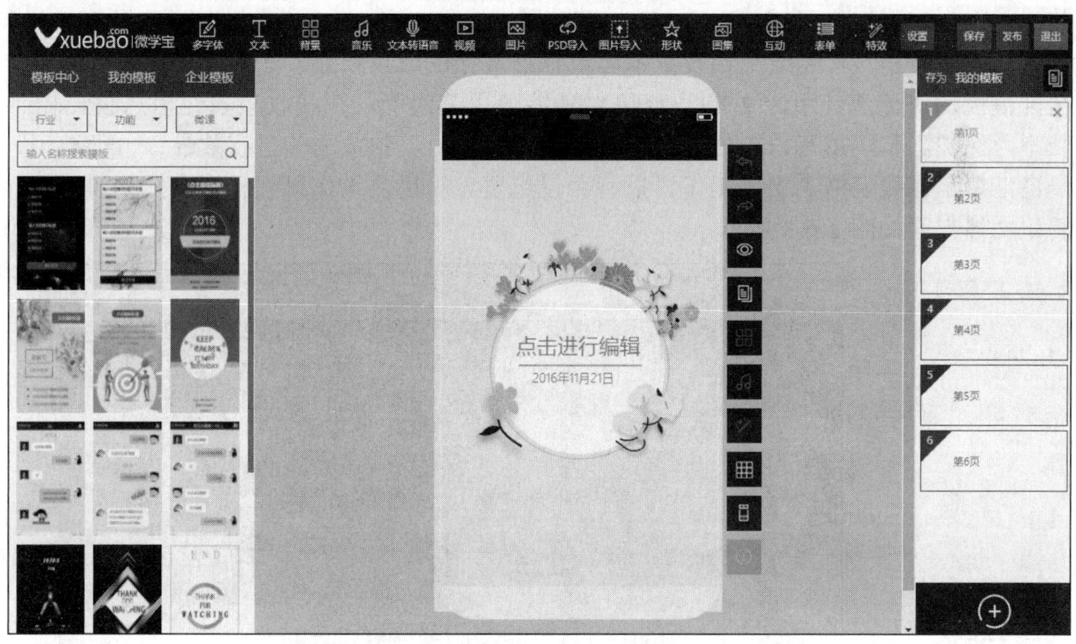

图 2-6-2　微学宝操作界面

8. 百度 H5

百度 H5（https://h5.bce.baidu.com）是百度公司推出的移动端 H5 页面快速制作工具平台，可视化地构建并发布专属 H5 页面，无须付费，支持自由定制加载页、支持单页和多页编辑模式等。某具备强大的编辑功能，支持文本、媒体（含音频、图片、视频）、形状、表单、图表、插件六大类组件，全方位满足各种需求；独创分层编辑模式，组织页面更灵活。

第三方 H5 页面编辑软件众多，但使用方法与流程大同小异，一般是注册、登录、编辑、发布。在使用过程中，有些功能需要会员用户才能使用，大家可以根据需求选择使用。

6.1.3　在线文档编辑软件

随着社会分工越来越细，团队必须合作才能完美地完成工作任务，为了加强团队沟通，提高团队工作效率，需要借助一些在线文档编辑软件，以满足团队对文档管理的需求。国外，在线文档类产品大致可以分为两类。一类是像 Google Docs、Etherpad 和 Quip 等在线协作类产品，主打协作编辑。另一类是像 Evernote 这样的个人笔记类产品，主打跨平台个人知识管理。而国内，个人笔记类市场竞争激烈，网易旗下的有道云笔记、Evernote 在华推出的印象笔记、盛大旗下的麦库记事都已经积累起百万级用户，而在线协作类产品有腾讯文档，金山旗下的 WPS 云文档，网易的有道云协作，以小而美著称的石墨文档、齐书、一起写等。微软办公产品进入国内市场多年，其 Office 365 也具有在线协作功能，有些云存储产品也具有在线协作功能，如亿方云等。

1. 腾讯在线文档编辑

腾讯文档（https://docs.qq.com）是一款可多人协作的在线文档。支持 Word 和 Excel 类型，打开网页就能查看和编辑，云端实时保存；可多人实时编辑文档，单文件协作人数无上限，权限安全可控。PC、Mac、iPad、iOS 和 Android，任意设备皆可顺畅访问、创建和编辑文档。可以给文档设置水印，保护文档的版权权益。无限次使用翻译功能，全部模板均可免费使用，文档/表格高级功能使用无限制。在线收集表让信息收集轻而易举，保护隐私，填写内容他人不可见；规范填写，确保数据信息有效性；方便整理，一键汇总至在线表格。支持工作日报、会议纪要、简历、工作日程和报名签到等模板。腾讯文档界面如图 2-6-3 所示。

腾讯在线
文档使用

图 2-6-3　腾讯文档界面

腾讯在线文档编辑使用简单，一般步骤为登录、使用、分享。登录可用 QQ、微信、企业微信扫码登录，简单快捷。如图 2-6-4 所示为腾讯文档登录界面。登录后可直接导入文档使用，也可新建在线文档、表格、收集表进行编辑。如图 2-6-5 所示为腾讯文档使用界面，编辑过程中，可添加协作人，进行团队协作使用。如图 2-6-6 所示为腾讯文档添加协作人界面，编辑后可通过 QQ、微信、链接分享使用。如图 2-6-7 所示为腾讯文档分享界面。

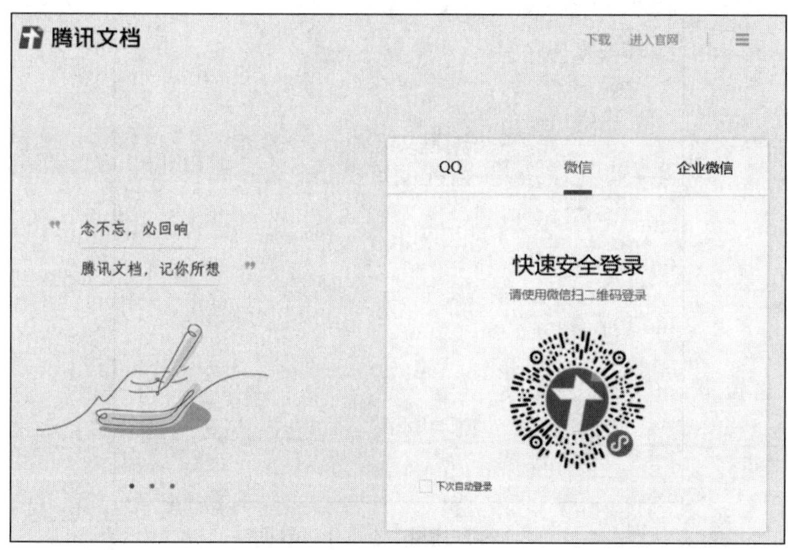

图 2-6-4　腾讯文档登录界面

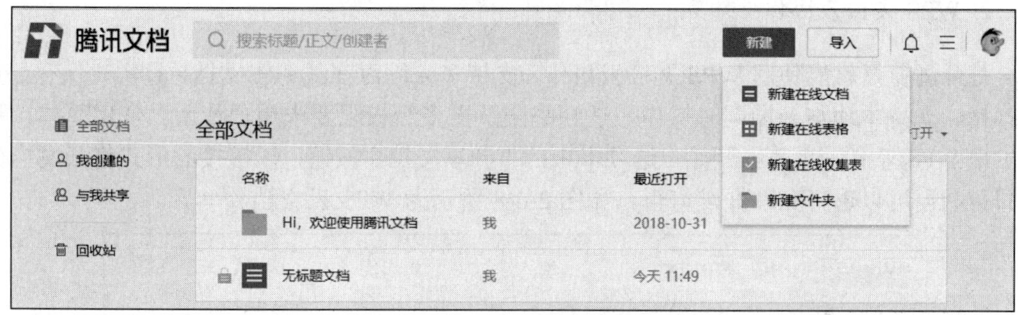

图 2-6-5　腾讯文档使用界面

图 2-6-6　腾讯文档添加协作人界面

图 2-6-7　腾讯文档分享界面

2. WPS 文档云协作

打开浏览器就能使用 WPS 文档云协作，支持多人同时在线编辑文档，且实时保存，互不打扰。支持本地与云端同时操作，适合小团队无多级权限要求用户使用。使用简单，打开本地 WPS 软件，单击“开始”选项卡中的“分享文档”按钮，以链接的形式将云文档分享即可，也可以选择允许好友编辑。如图 2-6-8 所示为 WPS 云文档分享界面。

图 2-6-8　WPS 云文档分享界面

在 WPS 软件中，单击“特色应用”中的“在线协作”按钮，会打开网页，开始云编辑，如图 2-6-9 所示。单击云编辑页面右上角的“分享”按钮，可发送链接，添加协作人，如图 2-6-10 所示。编辑完成后可通过二维码扫码分享文档，如图 2-6-11 所示，单击右侧的“…”按钮，在弹出的下拉列表中可将云文档下载，输出为图片、PDF 格式等，如图 2-6-12 所示。

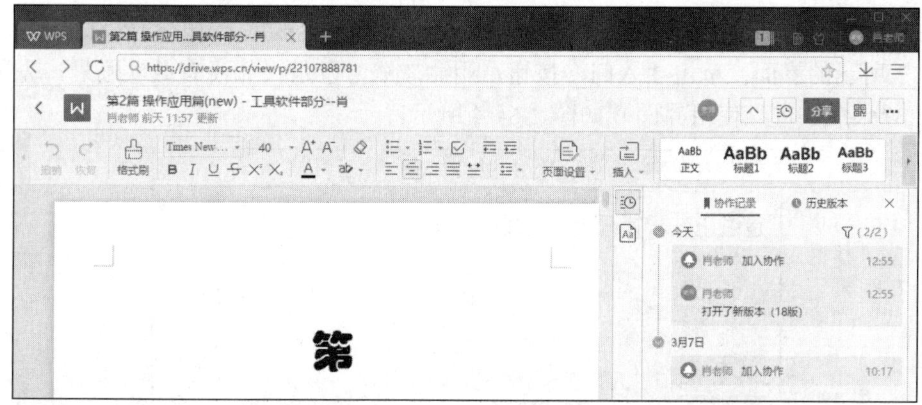

图 2-6-9　WPS 云编辑界面

图 2-6-10　WPS 云编辑添加协作人界面

图 2-6-11　WPS 云编辑分享界面

图 2-6-12　WPS 云编辑输出界面

3. 微软 Office 365

与微软的办公软件收费模式不同，微软 Office 365 的云编辑是免费的，可以实时协作处理共享文档。打开链接 https://products.office.com/zh-cn/student/office-for-students，出现图 2-6-13 所示的界面，单击“入门”按钮，用微软账号登录（如没有微软账号，先用邮箱注册），登录后，进入使用界面，如图 2-6-14 所示。

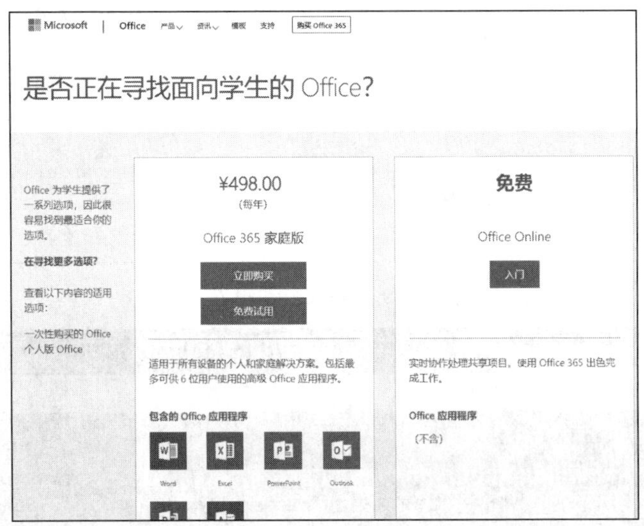

图 2-6-13　微软 Office Online 入门

图 2-6-14　微软 Office Online 使用界面

4. 有道云协作

有道公司云应用产品，采用可评论、可多人同时编辑的在线文档、表格，减少时间成本，告别邮件低效的文件传输，过程可监督，操作有记录，内部资料随时随地可查阅，以协作群形式开展协同办公，可建立固定的部门群和临时的项目群。协作群具备多种协作方式，可以高效地处理办公文档、清晰地分配任务和简单聚焦地沟通讨论。

有道笔记、表格，云端协同编辑，工作高效且有趣；全面兼容 Office 及主流文件格式，无论编辑、分享、检索和版本管理，都不在话下；可搭配云笔记，网罗收集多渠道文档；细粒度权限设置，从文件外链密码设置、文件夹可见和只读权限，到群成员多角色权限设置及企业版组织内部管理，层层保障。

5. 亿方云

亿方云（https://www.fangcloud.com/）是硅谷团队打造的企业文件管理及协作云平台，为企业提供海量文件的集中存储与管理、用户权限控制和最高级别的数据安全保障，是国内率先通过工业和信息化部可信云服务认证的企业文件云存储厂商之一，取得 ISO 20000 信息技术服务管理规范和 ISO 27001 信息安全管理体系双认证，为用户投保国内首份企业数据安全责任险，最高赔付 100 万美元。其基于 Word、Excel、PPT 等文档，除了可以在线编辑之外，还能进行分享、评论等操作，操作比较简单，专为移动办公场景打造全功能客户端，可应用于手机、平板等多种终端，包括文件极速访问、专业格式预览、语音评论等，可将第三方应用中的文件直接存储到亿方云，同时支持微信、QQ 便捷分享给好友。

6. 一起写

一起写（https://yiqixie.com/）是北京晴云科技有限公司的产品，提供多人实时同步协作文档、表格、演示文稿。其支持导入 Word、Excel、PPT、PDF 和印象笔记，可用微信、钉钉登录，操作简单，界面简洁。

7. 石墨文档

石墨文档（https://shimo.im/）是一款轻便、简洁的在线协作文档工具，支持多人在线编辑同一个文档、表格、幻灯片、思维导图、表单、白板等。在协作编辑状态下，每个人当前编辑的段落前会显示各自的头像，这样大家就能实时看到每个人输入的位置和输入的内容。石墨文档支持多平台，如网页、iOS、Android、微信服务号等，随时随地就能打开查看或编写，同步响应速度达到毫秒级。石墨文档还是一款具有中国式美感的科技产品，2015 年获得极客公园评选的最佳互联网创新产品 50 强。在 SaaS 类协作云文档国内市场占有规模排名第一，并且是中国各大 SaaS 产品中云文档服务的首选合作伙伴。2016 年 8 月，石墨文档启动 To B 战略上线企业版，提供诸如权限分级、数据保护等加强功能，目前注册企业超过两万家；同时与钉钉达成深度战略合作，成为钉钉首批推荐应用中的唯一的新品，也是唯一的云文档类应用。2018 年 11 月，云端 Office 品牌石墨文档正式上线了首款小程序。如图 2-6-15 所示为石墨文档界面。

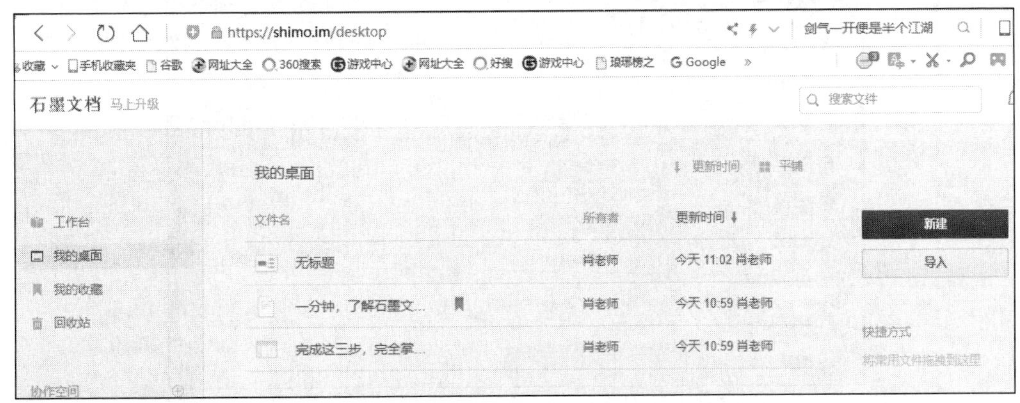

图 2-6-15　石墨文档界面

6.1.4 问卷类在线应用软件

我们在学习、工作中经常需要进行活动报名、活动反馈、活动投票、培训报名、产品调研、市场调研、客户调研、员工评估、论文撰写、用户调查等。调查问卷类在线应用软件可以让我们轻松地完成这些调研工作，目前，有许多在线应用软件都有类似功能，如腾讯问卷、问卷星、调查派、问卷网、调研宝、爱调研等。使用这些软件可以避免大量纸质问卷的印刷与派发，减少社会资源浪费和环境污染，大家可根据自己的喜好，选择使用合适的在线问卷应用软件。

在线问卷软件应用

1. 腾讯问卷

腾讯问卷（https://wj.qq.com/）是腾讯公司根据多年问卷调查的经验开发的免费在线问卷调查平台，该平台的前身是腾讯公司内部进行用户、市场、产品研究的重要工具，提供选择模板、文本导入、创建空白问卷三种问卷创建方式，提供单选、多选、下拉、填空、矩阵、量表、排序等题型，使用简单，直接用 QQ 号或微信扫码就可以登录使用。无论是数十人的小型问卷调查，还是上万、十万的企业问卷调查，都可以通过该平台完成，没有使用人数和问卷回收数量的限制。腾讯问卷界面设计简洁轻量，简单好用，无须复杂的操作，只要利用拖拉、点选等方式即可轻松创建、编辑一份完整的线上问卷，非常容易上手。除在 PC 端使用外，还可以在移动端（手机、平板等）自适应，只需将问卷链接或二维码投放到目标地址，用户就可以随时随地填写问卷，可以实时统计问卷回收数据，并以图表形式展示结果，还可以将结果导出 Excel 进行个性化分析，同时，能够直接在线上进行交叉和筛选分析，只需选择相应的交叉或筛选条件即可在线查看分析结果，功能强大。如图 2-6-16 所示为腾讯问卷界面。

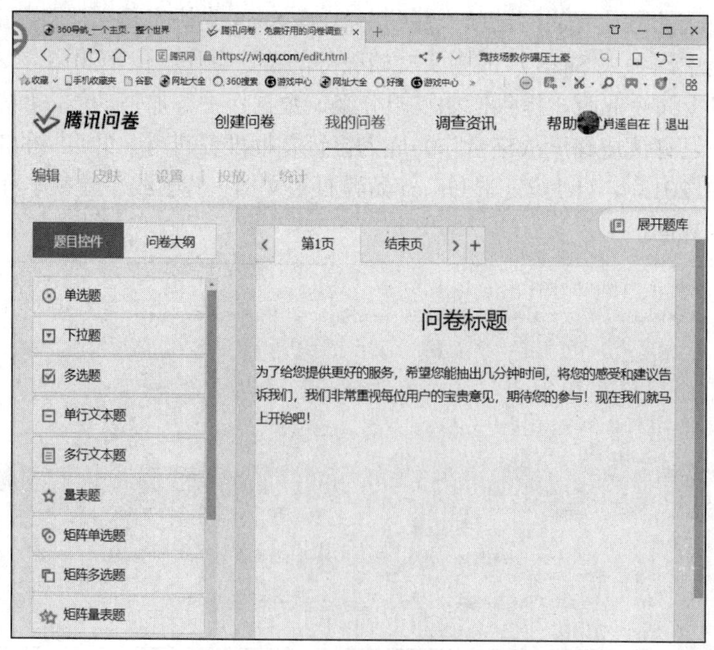

图 2-6-16 腾讯问卷界面

2. 问卷星

问卷星（https://www.wjx.cn/）是长沙冉星信息科技有限公司旗下的产品，是国内最早也是目前最大的在线问卷调查、考试和投票平台，自 2006 年上线至今用户累计发布了超过 3607 万份问卷，累计回收超过 24.84 亿份答卷，并且保持每年 100%以上的增长率。用户已覆盖国内 90%以上的高校和科研院所，是各行业领导企业信赖的问卷调查、考试、投票的知名品牌。

问卷星的问卷调查提供 32 种题型、三种问卷逻辑、丰富的设置和精确的统计报表。在线考试可随机抽题、系统判分、成绩查询、限时考试、预防作弊。在线投票支持微信投票，结果实时展示，支持图片、视频、音频上传。报名表单可处理微信签到、预约登记、外卖订单、请假申请、邀请函等。

3. 调查派

调查派（https://www.diaochapai.com/）是一款简单好用的在线自助调查工具，问卷设计设置操作简单，可制作带有自己商标的问卷，应用广泛，数据收集方便，支持手机填写，可实时了解调查结果，结果数据可以以表格、图表等多种形式展示，数据存储安全。

调查派由重庆甚为派科技有限公司设计开发，该公司是一家致力于向公众宣传小而美产品理念的企业。公司于 2007 年 11 月推出调查派以来，一直保持与用户积极沟通，收集用户反馈，并对系统做出不断改进。

4. 爱调研、问卷网

爱调研（http://www.idiaoyan.com/）是一个在线任务参与平台，任务类型以在线问卷为主。用户可通过计算机、手机、平板等各类终端访问网站、App，参与任务、回答问卷、获取奖励并兑换各类奖品。问卷网（https://www.wenjuan.com/）专注于为企业和个人提供免费的问卷创建、发布、管理、收集及分析服务。爱调研和问卷网都隶属于苏州众言网络科技股份有限公司，该公司是中国市场研究协会会员，以提供专业市场调查、市场研究、样本执行、线上/线下市场调查管理软件等业务为主。

5. 调研宝

调研宝（http://www.diaoyanbao.com）是一款在线自助调研软件平台，通过简单拖动即可完成问卷编辑。调研宝预置大量问卷模板可供使用，可通过邮件导入、社交网络转发等多种问卷发布渠道，数据分析直观明了。调研宝是天会集团旗下产品。天会集团成立于 2006 年，是中国最早将网络调查及其衍生产品与网络用户的体验度紧密结合在一起的调研集团之一，公司长期坚持免费版本策略，为用户提供优秀的数据调查和分析产品。

6.1.5 思维导图应用软件

思维导图软件应用

思维导图又叫心智导图，是表达发散性思维的有效图形思维工具，广泛应用于记忆、学习、思考等。思维导图充分运用左右脑的机能，利用记忆、阅读、思维的规律，激发大脑潜能。思维导图是一种将思维形象化的方法，它用一个中央关键词或想法以辐射线连接所有的其他关联项目的图解方式激发我们的思考潜能。思维导图是一种革命性的思维工具，已经在全球范围得到广泛应用。

目前，市面上的思维导图软件有很多，单机版的有 MindManager、XMind 等，在线版的有百度脑图、ProcessOn、MindMaster、石墨文档等。

1. MindMaster

深圳市亿图（https://www.edrawsoft.cn）软件有限公司成立于 2014 年，自成立以来一直致力于办公效率类软件的研究和开发，主要产品包括亿图图示 Edraw Max、思维导图软件 MindMaster、信息图软件 Infographics、组织架构图软件 OrgCharting 等。MindMaster 思维导图软件支持单机、在线、移动等多平台，可以在不同的设备上实现思维导图的编辑和浏览，文件可以在各终端随处可用。如图 2-6-17 所示为 MindMaster 在线版界面。

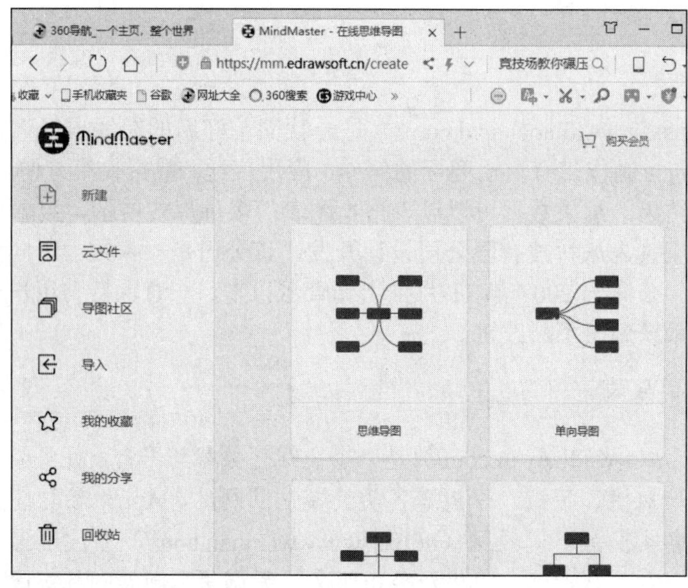

图 2-6-17 MindMaster 在线版界面

2. XMind

XMind（https://www.xmind.cn/）是一款全功能的思维导图和头脑风暴软件，为激发灵感和创意而生。作为有效提升工作和生活效率的工具，受到全球百千万用户的青睐。XMind 是深圳市爱思软件技术有限公司的旗舰产品，是一个发布于 2008 年 11 月的开源项目。

Xmind 有三款产品，分别是 XMind ZEN、XMind 8 和移动版。XMind 8 更注重专业性，XMind ZEN 少一些专业的功能，如幻灯片演示、头脑风暴、甘特图等。

3. 百度脑图

百度脑图（http://naotu.baidu.com/）是一个在线的思维导图工具，操作界面简洁。用户创建一个节点右击，就可以在弹出的快捷菜单中选择创建下级、同级的节点，当然也有很多快捷键：Enter 键创建下级节点，Tab 键创建同级节点，还可以标注优先级和进度。百度脑图免安装，使用百度账号登录即可，云存储，保存简单，分享容易。图 2-6-18 所示为百度脑图操作界面。

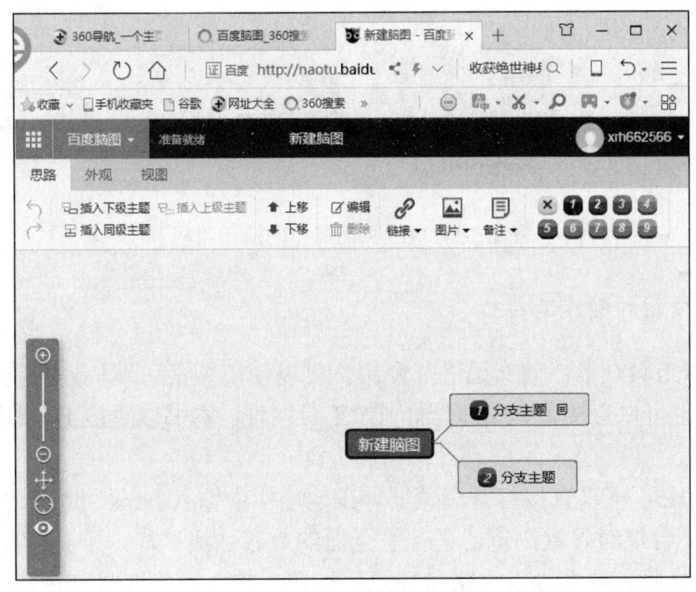

图 2-6-18　百度脑图的操作界面

4. ProcessOn

ProcessOn（https://www.processon.com/）隶属于北京大麦地信息技术有限公司，是一个专业在线作图工具的聚合平台，它支持在线画流程图、思维导图、UI 原型图、网络拓扑图、组织结构图等，不需要下载安装，只要通过浏览器就可以发挥创意，规划工作。

6.2　应用案例 1——H5 页面编辑

6.2.1　应用案例描述

在生活、学习、工作中，经常需要对信息进行推送，对产品进行宣传，对活动进行推广，为了吸引流量，可以通过微场景设计进行快速传播。请你选用一种 H5 页面制作工具，学习它的使用方法，制作一份暑期企业实习应聘 H5 页面进行推送，以利于暑期找到实习工作。具体要求如下：

- 选择一种 H5 页面制作工具，注册、登录。
- 学习 H5 页面制作基本操作，如添加文本、图片、音频、视频等。
- 根据自己的专业课程学习，详细列出自己的应聘信息，如姓名、性别、专业、特长、爱好、应聘岗位、学习经历、培训经历、实践经历、取得成绩、获奖及荣誉等。
- 根据应聘信息，设计制作 H5 页面，并分享二维码。

6.2.2　解决方案与步骤

1. 总体分析与规划设计

应用案例 1 主要涉及选择 H5 页面制作工具、学习 H5 页面制作基本操作、列出自己的应聘信息、制作 H5 页面等。其操作思路如图 2-6-19 所示。

图 2-6-19 H5 页面制作的操作流程

2. 选择 H5 页面的制作工具

H5 页面制作工具众多，前文已进行介绍。可以使用搜索引擎快速找到所需的 H5 页面制作工具软件，也可以直接输入 H5 页面制作工具网址。本书以百度 H5 为例，介绍其基本使用方法。

要使用百度 H5，可以直接打开浏览器，在地址栏中输入 https://h5.bce.baidu.com 即可。目前，百度 H5 平台仅对谷歌浏览器进行了全面的兼容性测试，为了获得更好的编辑体验，请先下载谷歌浏览器。单击“百度账号登录”按钮，输入百度账号和密码，登入平台，单击项目列表页中的“+”按钮，在打开的界面中选择想要的项目类型（分页布局和整页布局），就可以新建一个项目，界面如图 2-6-20 所示。

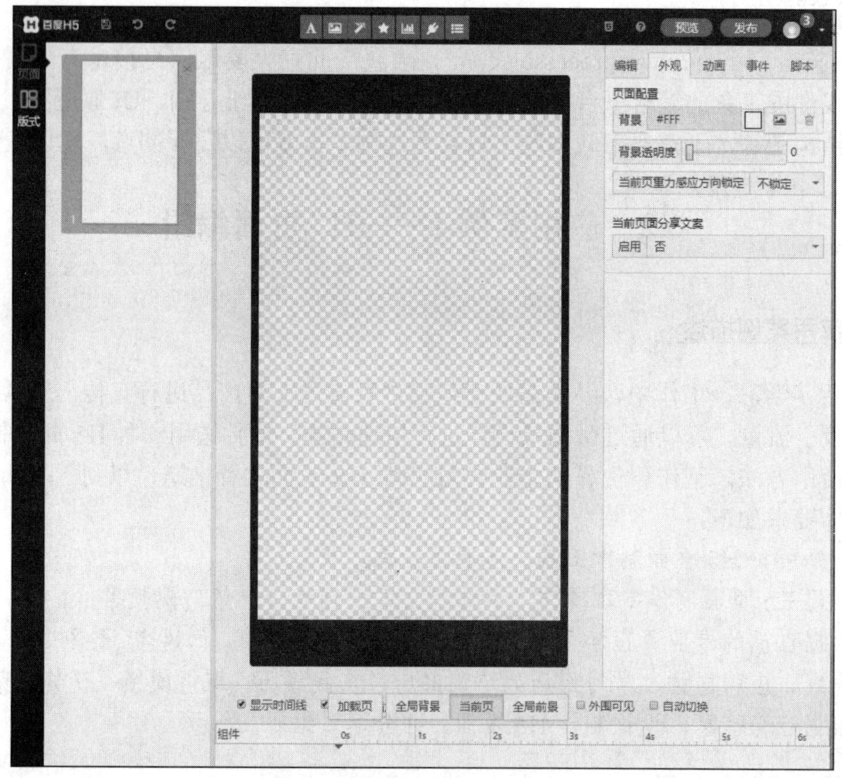

图 2-6-20 百度 H5 操作界面

3. 学习 H5 页面制作的基本操作

1）添加页面：一是单击左侧页面下方的“+”按钮，添加新页面；二是单击左上角的

“版式”按钮，选择某一版式，添加某版式页面，版式类别有推荐、封面、多图、表单等；三是右击页面，在弹出的快捷菜单中选择“复制”选项，添加一个页面，也可以先复制，再粘贴，会增加 3 张页面。

2）选择编辑模式：为了让编辑更加灵活，百度 H5 引入了“全局前景”和“全局背景”的概念。单击编辑区下方的几个按钮可自由切换“全局前景”“当前页”“全局背景”模式。当选中“自动切换”复选框时，编辑区会随着选中的组件自动切换到组件所在的模式，如图 2-6-21 所示。“全局前景”就是始终悬浮在页面最上层的内容；“全局背景”则是始终固定在页面底层的内容。“全局前景”最常用的场合是用于添加背景音乐，“全局背景”最常用的场合是制作固定背景，百度 H5 默认的全局背景是透明（实际在设备上显示为白色）的。若全局背景是透明的，在转场过程中就会露出全局背景的白色，而这个白色可能与整体风格并不相称。更改“全局背景”的背景色步骤是，首先单击页面下方的按钮，切换到“全局背景”模式。在右侧的“外观”选项卡中将“全局背景”的背景颜色调成和整体风格比较相配的色彩。

图 2-6-21　百度 H5 编辑模式

如果希望在滑动的时候只有页面内容滑动，而背景图片不随页面滑动，则可利用“全局背景”实现这个需求。首先依次选中各个页面，切换到“外观”选项卡，将页面的背景色设置为透明，然后切换到“全局背景”模式，选择一张背景图片上传，并将其设置为背景图片即可。

自定义“加载页”，加载页在 H5 加载过程中起到缓冲作用，百度 H5 平台默认的加载页是白底上一个旋转的蓝色圆珠串+一个标识进度的百分比数字，这是一个比较通用的效果，但是很多时候为了保持加载页和 H5 内容的风格一致，我们希望定制自己的加载页。首先单击下方的按钮，切换到“加载页”模式，可以看到加载页上预先放置了两个默认的组件：一个是默认加载效果的图片，另一个是标识进度的加载进度组件。然后我们就可以按照自己的需求删除默认组件，以及往加载页中添加新的组件。

页面下方有时间线设置，用于调节各组件出现的顺序与时间长短。

3）添加组件：在页面上方有一排按钮，如图 2-6-22 所示，可以添加文本、媒体、PSD 图片、图形、图表、插件、表单等各种组件。媒体项可以添加不超过 2MB 的图片（.jpg/.png/.gif）、不超过 5MB 的音频（.mp3）、视频及全景照片等。

A 文本 ▾　媒体 ▾　PSD ▾　图形 ▾　图表 ▾　插件 ▾　表单 ▾

图 2-6-22　组件添加按钮

4）编辑与设置组件：在页面添加组件后，选中组件可以进行编辑与设置，可以使用快捷键对组件进行编辑，快捷键功能如图 2-6-23 所示。也可以右击，在弹出的快捷菜单中可以设置相应操作，如编组、对齐、复制、粘贴等，如图 2-6-24 所示。选中组件，在编辑区右侧会显示设置菜单，如图 2-6-25 所示，设置菜单有“编辑”“外观”“动画”“事件”“脚本”等选项卡。“编辑”选项卡主要设置裁切、色彩、触碰响应等；“外观”选项卡主要设置位置和尺寸、旋转、样式、效果等；“动画”选项卡主要对组件设置动画（类似 PPT）；

“事件”选项卡主要用于高级编辑使用，有控制类、链接类、下载类三类事件，分别用于控制组件是否显示，链接跳转网页，iOS 下载和安卓下载链接设置等；“脚本”选项卡用于编写 js 和 css 代码自由控制 H5 页面上的组件。

快捷键	作用
Ctrl + C	复制
Ctrl + V	粘贴
Ctrl + S	保存
Ctrl + Z	撤销
Ctrl + Y	重做
delete	删除
方向键↑	向上微移 1 像素
方向键↓	向下微移 1 像素
方向键←	向左微移 1 像素
方向键→	向右微移 1 像素
shift + 方向键↑	向上微移 10 像素
shift + 方向键↓	向下微移 10 像素
shift + 方向键←	向左微移 10 像素
shift + 方向键→	向右微移 10 像素
shift + 鼠标拖动滑块	等比缩放组件（目前仅支持单个组件的等比缩放）
shift + 鼠标点击	依次选中多个组件

图 2-6-23 快捷键功能

图 2-6-24 右键快捷菜单

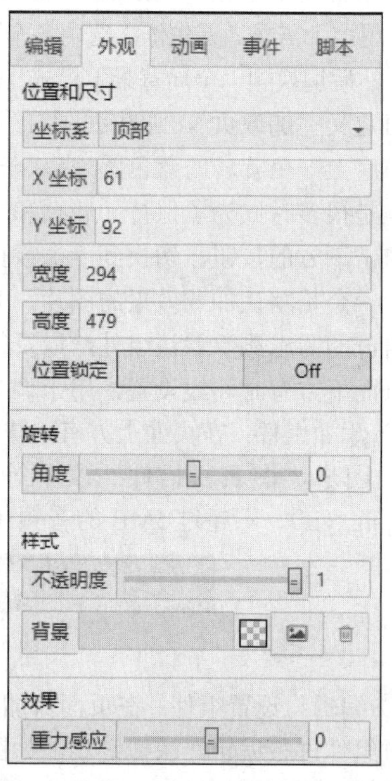

图 2-6-25 设置菜单

4. 总结归纳应聘信息

1）准备文本素材。H5 主题是关于“暑期实习应聘”的个人应聘信息推广专题，包括各种信息的展示，如姓名、性别、专业、特长、爱好、应聘岗位、学习经历、培训经历、实践经历、取得成绩、获奖及荣誉等。大家根据自己的信息，将以上信息文本编辑到“记事本”纯文本编辑器中，并按 H5 页分段整理。使用纯文本编辑器的目的在于清除多余的格式属性，防止复制时出错，要对自己的特长、爱好进行归纳总结，突出自己的能力。

2）准备图片素材。图片素材包括背景图片、页面装饰图片、个人照、工作照等。图片最大为 2MB，支持.jpg、.png、.gif 格式，将所需的图片按要求整理好。

3）准备音频、视频素材。音频、视频素材包括背景音乐、个人语音介绍、朋友对自己的评价、实践工作短视频、自我介绍短视频等。音频文件要求.mp3 格式，不能超过 5MB，视频支持的格式为.mp4 和.mov 两种，文件大小限制为 10MB，支持十几秒的短视频，如果希望嵌入的视频比较长，需要使用嵌入视频的方式。

5. 制作应聘信息 H5

1）设置背景。将页面背景设为喜欢的颜色或图片。单击页面任意空白区域，右侧“编辑”选项卡切换到“外观”选项卡，配置页面属性。单击“背景”右侧的图片小图标，将准备好的背景图片上传，并选中作为当前页面背景。或单击颜色选块将背景设置为合适的颜色。

2）复制页面。选中左侧页面列表，通过右键菜单，选择“复制”选项或使用快捷键（Ctrl + C，Ctrl + V）复制当前页。

3）页面基本制作。开始往每个页面中添加图片和文字，并调整图片大小，在右侧的“编辑”属性面板中调整文字的颜色、行高、对齐方式、文本投影等属性。“外观”选项卡“效果”中的“重力感应”，是指在移动设备上组件随着手机晃动出现偏移的效果。

4）添加音乐。百度 H5 可添加分页音频和全局背景音乐，在“当前页”编辑模式添加的是单页音频，切换到下一页面时，音频会停止；在“全局前景”模式下添加的音乐是全局背景音乐。单击“媒体”下拉按钮，在弹出的下拉列表中将其切换到“音频”面板，将准备好的音频上传到音频列表（商业用途请注意版权问题）。单击将音频添加到页面中。添加到页面中的音频默认外观为白色的音符小图标。选中音频，可在“编辑”选项卡中设置是否自动播放。添加到页面中的音频默认是自动播放的，如果不希望音频自动播放，可以在右侧的面板设置中将“自动播放”选项设为“否”，这样就只有在用户单击音频图标时音频才会播放。

5）添加视频。百度 H5 中添加视频的方式有两种：一种是将直接上传的视频添加到页面中，另一种是使用来自爱奇艺、土豆、优酷等视频网站的外链视频。上传视频的方法非常简单，单击“媒体”下拉按钮，在弹出的下拉列表中将其切换到“视频”面板，单击“上传视频”按钮，选择想要上传的视频等待上传完毕，就可以将视频添加到页面中了。目前，百度 H5 上传视频的尺寸限制为 10MB，一般来说可以支持十几秒的短视频，支持的格式有.mp4 和.mov 两种，视频的默认播放模式为全屏播放模式。如果希望嵌入的视频非常长，10MB 无法满足需求，那么我们需要使用嵌入视频的方式。首先找一个视频网站（这里以爱奇艺为例），将准备好的视频上传到该网站。等待审核完成之后，在视频的播放区下方有一个“分享”选项，单击展开后页面下方的箭头，如图 2-6-26 所示。然后复制分享代码中的“通用代码”，如图 2-6-27 所示。复制好之后回到百度 H5 平台，切换到“嵌入视频”选项卡，单击“嵌入视频”按钮，在打开的界面中粘贴刚刚复制的代码。在面板中单击外链视频的缩略图，就可以将外链视频添加到页面中了，目前外链视频在编辑状态显示为一个透明的方块，单击“预览”按钮可预览外链视频的播放效果。

图 2-6-26 视频上传爱奇艺分享界面

图 2-6-27 视频的通用代码

6）添加动画。选中要添加动画的组件，右侧编辑面板切换到“动画”选项卡，单击“添加动画”按钮，添加一个动画，单击“方案”下拉按钮，在弹出的下拉列表中显示可选的动画方案，逐个尝试，选择喜欢的动画效果。选择了动画方案之后，在“方案”选项下方会出现一系列选项，可以配置动画的时长、延时、重复次数、播放顺序；单击主编辑区下方的“播放”按钮查看效果。

控制动画次序，以达到最佳动画效果，控制动画先后次序的要点在于“延时”选项的设置。通过对每个动画的“延时”（即动画开始播放的时间）进行调整，来实现上述页面元素的先后出现。也可以通过更改面板上的数值，或选择面板下方的“显示时间线”，通过拖动时间线上的滑块来控制动画的先后次序。

7）转场效果设置。在没有选中任何组件的时候，选择“动画”面板可以调出转场效果的选择面板，通过调整面板上的三个选项可以组合出不同风格的转场形式。百度 H5 目前支持的转场方向有横向和纵向，翻页效果有演示稿、立方体、翻转等多种。选择不同的选项，然后单击“预览”按钮可以查看效果。当没有选中任何组件的时候切换到“外观”选项卡，开启“禁止滑动”开关，用户将无法通过滑动操作进入下一个页面（可以通过按钮链接等方式跳转）。

8）制作表单页面。百度 H5 提供的默认表单组件包括单行文本框、多行文本框、下拉列表、提交按钮几大类。打开 http://h5.bce.baidu.com，进入项目列表页面，单击 H5 项目右侧图标中的“统计”按钮，可以查看收集到的数据。

9）预览调整。单击“预览”按钮，预览当前页面，查看效果，编辑过程中可反复预览，确认当前阶段的效果。预览界面左侧的手机选项卡分别对应 iPhone 5、iPhone 6、iPhone 6+下的微信分辨率，可以切换查看在不同手机下的页面效果。

6.3 应用案例 2——腾讯在线文档编辑

6.3.1 应用案例描述

现用腾讯在线文档完成 H5 主题微场景制作小组讨论，确定 H5 主题、任务分工，并完成文字材料凝练，每页主要内容及多媒体素材使用等，具体要求如下：

- 打开腾讯文档网页，用微信扫码登录，设计基本文档。
- 分享文档，小组展开讨论、头脑风暴。
- 确定 H5 的主题和任务分工。
- 进行文本凝练，确定每页内容。

6.3.2 解决方案与步骤

1. 总体分析与规划设计

根据应用案例 2 的要求，用腾讯在线文档中完成 H5 主题微场景制作的小组讨论，其操作思路如图 2-6-28 所示。

图 2-6-28 腾讯文档思路

2. 操作步骤

1）组长启动 IE 浏览器，在地址栏中输入腾讯文档地址 https://docs.qq.com，用微信扫码登录。单击“新建”按钮，选择“新建在线文档”→“头脑风暴汇总”模板。

2）编辑并设计基本文档，如图 2-6-29 所示，并分享给小组成员。

组别：

H5微场景头脑风暴汇总梳理

地点 | XXXX

整理人 | 王XX

参与人员 | 1.王XX，2.李XX，3.张XX，4.刘XX，5.刘XX.

讨论H5主题及任务分工

1. 此次头脑风暴想要讨论的主题
2. 继续填写
3. 继续填写

想法汇总

王XX 想法观点
填写脑暴的想法。
想法来源：填写脑暴的想法的来源或思路。

李XX 想法观点
填写脑暴的想法。
想法来源：填写脑暴的想法的来源或思路。

张XX 想法观点
填写脑暴的想法。
想法来源：填写脑暴的想法的来源或思路。

总结结论

- 填写脑暴结论。
- 继续填写

注：头脑风暴后要将上述结论进行任务跟踪。

图 2-6-29 头脑风暴的基本文档

3）小组成员登录，小组成员根据主题内容、设计风格进行头脑风暴，最后由组长整理结果，确定 H5 主题、任务分工和设计风格。

4）组长再单击“新建”按钮，选择“新建在线文档”选项。

5）编辑、设计基本文档，并分享给小组成员。

6）小组成员登录，小组成员根据任务分工，按页讨论每页内容，并进行文字凝练，准备每页需要的图片、视频、音频，并按“第×页图片 1”的格式进行命名，然后上传到小组空间或组长邮箱，最后由组长整理结果，确定 H5 每页内容，并带领小组共同完成 H5 页面的制作。

6.4　应用案例 3——腾讯问卷

6.4.1　应用案例描述

现利用腾讯问卷，结合各小组完成的“H5 主题微场景”，创建一份投票问卷，具体要求如下：

- 可用手机扫码投票。
- 每人只能投票一次。
- 每次投 4 票（假设有 8 组）。
- 结果数据分析。

6.4.2　解决方案与步骤

1. 总体分析与规划设计

根据应用案例 3 的要求，用腾讯问卷创建一份小组“H5 主题微场景”效果投票问卷，其操作思路如图 2-6-30 所示。

图 2-6-30　腾讯问卷的思路

2. 操作步骤

1）启动 IE 浏览器，在地址栏中输入腾讯问卷地址 https://wj.qq.com，用微信扫码登录，选择“创建问卷”选项。

2）编辑并设计问卷内容：如第 1 页输入标题“H5 微场景效果投票”，在文本框中输入“请大家认真观看各小组 H5 微场景，根据 H5 微场景效果，给各组投票。每人投票一次，选择你认为最优秀的 4 个作品进行投票，谢谢您的宝贵意见，期待您的参与！”。在第 2 页题目文本框中输入“选出你认为最优秀的 4 个 H5 微场景作品！”，在备注文本框中输入“每人限投一次”，选中“多选题”“必选”复选框，分别输入“第 1 组”～“第 8 组”，也可分别插入小于 1MB 的.png/.jpg/.gif 图片，并在展开高级设置中设置最多可选 4 项，选择显示投票结果。问卷页的设计效果如图 2-6-31 所示。

3）设置每个用户只能回答一次，设置答题奖品等，如图 2-6-32 所示。

4）单击“投放”按钮可分享二维码、链接、网站嵌入代码等。单击“统计”按钮可了解回收概况、回收数据、统计图表、交叉分析、中奖结果等情况。

其他题目控件的使用、题库的使用等，请大家多尝试使用，可以在“帮助中心”学习更多、更个性化的使用。

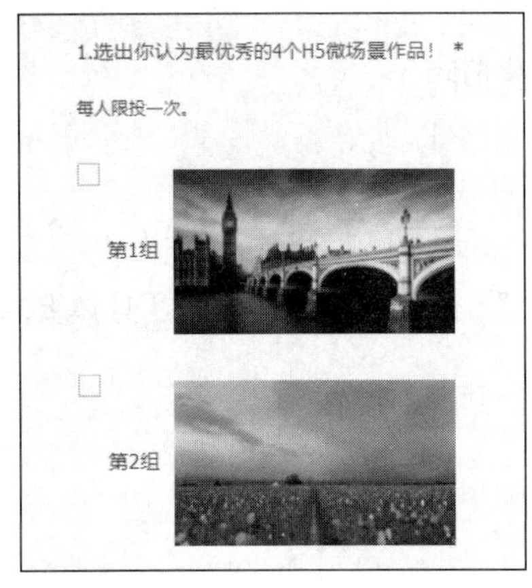

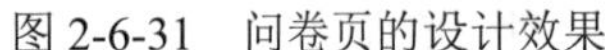
图 2-6-31 问卷页的设计效果

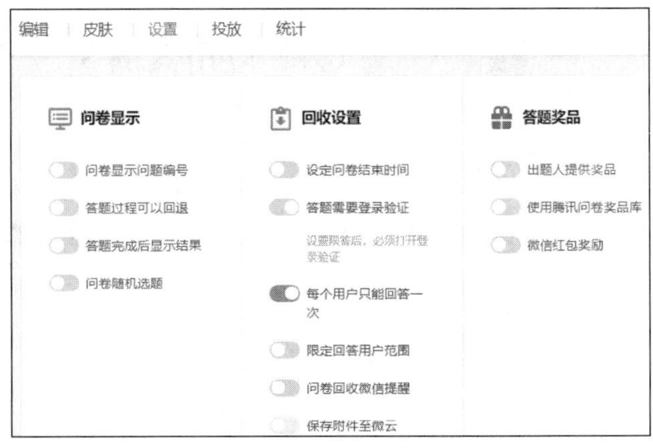

图 2-6-32 设置界面

6.5 应用案例 4——百度脑图的使用

6.5.1 应用案例描述

现利用百度脑图，总结四类在线应用软件中的所有工具，以方便以后学习使用，具体要求如下：

- 使用百度脑图，用百度账号登录。
- 总结 H5、在线文档、问卷、思维导图等四类在线应用软件中的所有工具。
- 保存导出。

6.5.2 解决方案与步骤

1. 总体分析与规划设计

根据应用案例 4 的要求，用百度脑图总结本章 H5、在线文档、问卷、思维导图等四类在线应用软件中的所有工具，把这些工具列出来，方便以后学习使用，其操作思路如图 2-6-33 所示。

图 2-6-33 百度脑图的操作思路

2. 操作步骤

1）选择浏览器。百度脑图支持的浏览器分为 A、B、C 三类，支持度从高到低依次为 A 类（谷歌浏览器）、B 类（Firefox、Safari、Edge、IE 11.0 以上）、C 类（猎豹浏览器、搜狗浏览器、百度浏览器）。打开合适的浏览器，在地址栏中输入百度脑图地址

http://naotu.baidu.com/，用百度账号登录。

2）新建脑图，总结四类在线应用软件，如图 2-6-34 所示。

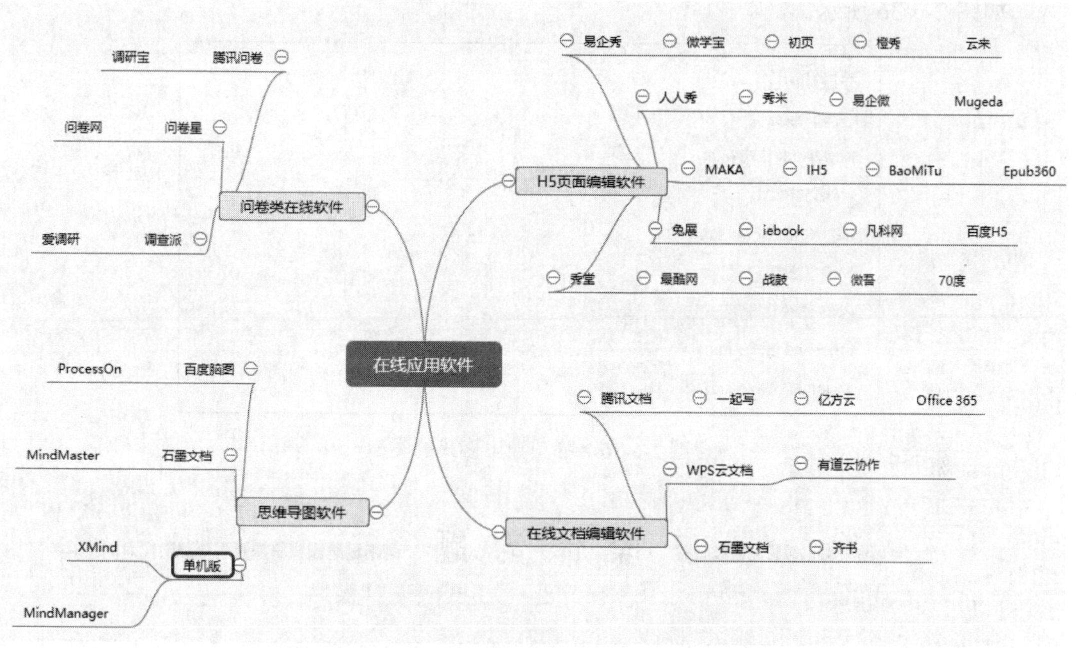

图 2-6-34　在线应用软件的各种工具脑图

3）编辑美化脑图，如果文字太长，在节点内部，可以使用 Shift+Enter 组合键实现换行。在编辑过程中，可以通过 Alt+左键移动视野，通过拖动鼠标可以随意移动各级主题位置，可以给各级主题添加优先级、备注文本等，如图 2-6-35 所示。

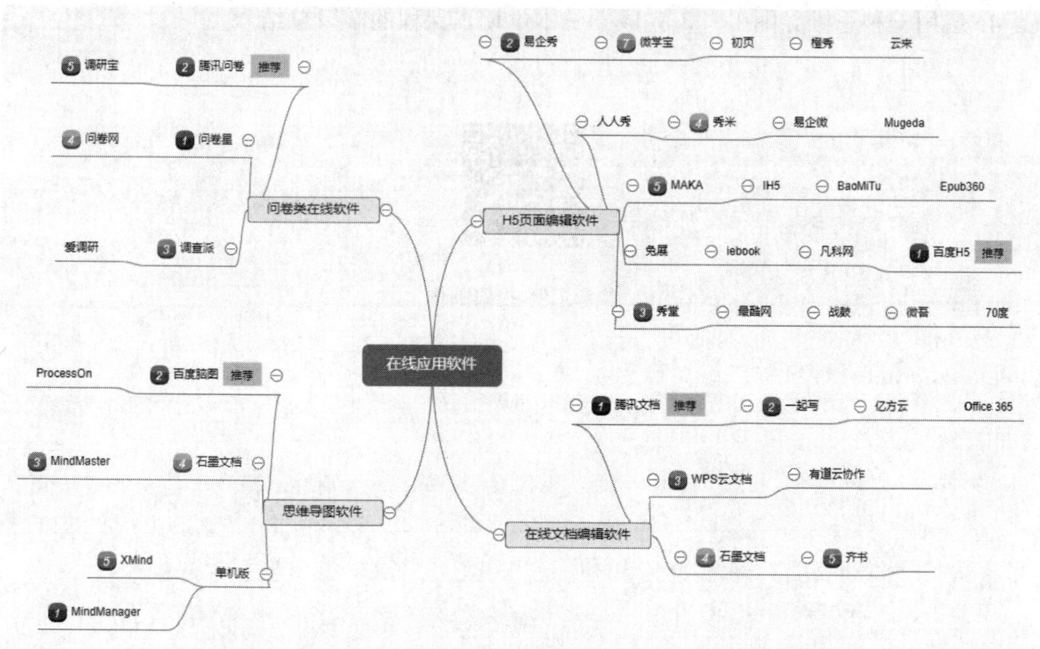

图 2-6-35　脑图编辑后的效果

4）保存、导出脑图。百度脑图中的内容都是实时保存到本地的，每隔 10s 同步至云端，也可通过 Ctrl+S 组合键将脑图内容同步至云端。导出脑图格式有文本、.png、.km、.xmind 等，如图 2-6-36 所示。

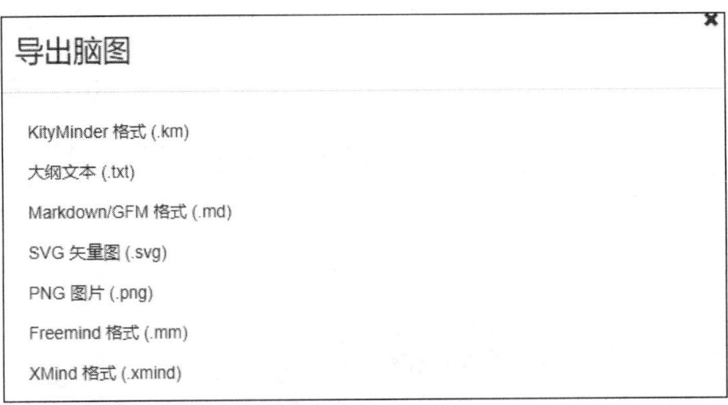

图 2-6-36 脑图导出格式的类型

操 作 习 题

1. 常用在线 H5 页面编辑工具有哪些？请选用一种 H5 页面编辑工具，以小组为单位完成一个主题 H5 微场景制作。
2. 选用一种在线编辑工具，以小组为单位，共同完成“H5 主题制作”汇报演示文稿制作。
3. 选用一种问卷类在线工具，制作一个对短视频播放效果进行调查的问卷。
4. 选用一种思维导图工具，完成一份本学期本课程的学习总结。

参考示例-投票制作